全国高等农林院校"十二五"规划教材

# 测 量 学

## （第2版）

谷达华　主编

中 国 林 业 出 版 社

# 内 容 简 介

全书共分 12 章，分别介绍了测量学的基本知识、水准测量、角度测量、距离测量与直线定向、测量误差及数据处理的基本知识、小地区控制测量、GPS 定位技术及应用、大比例尺地形图测绘、数字化测图、地形图的识读与应用、施工测量以及土地整治测量等内容。在编写中尽可能反映常规测绘手段与现代测绘技术的新成果和新发展，体现了教材的成熟性和先进性。

本书可作为高等农林院校的农业资源与环境、城乡规划与管理、土地资源管理、水利工程、水土保持、林学、环境工程、环境科学、建筑工程、园林工程等专业测量学课程的基本教材及农林工程技术人员的参考书。

**图书在版编目（CIP）数据**

测量学/谷达华主编. －2 版. －北京：中国林业出版社，2010.7（2015.10 重印）
全国高等农林院校"十二五"规划教材
ISBN 978-7-5038-6021-8

Ⅰ. ①测⋯　Ⅱ. ①谷⋯　Ⅲ. ①测量学—高等学校—教材　Ⅳ. ①P2

中国版本图书馆 CIP 数据核字（2010）第 241289 号

**中国林业出版社·教材出版中心**

策划编辑：牛玉莲　　　　责任编辑：吴　卉
电话：83220109　83221489　　传真：83220109

出版发行　中国林业出版社（100009　北京市西城区德内大街刘海胡同 7 号）
　　　　　E-mail：jiaocaipublic@163.com　　电话：(010) 83224477
　　　　　网址：http：// lycb. forestry. gov. cn
经　　销　新华书店
印　　刷　北京市昌平百善印刷厂
版　　次　2004 年 2 月第 1 版（共印 5 次）
　　　　　2011 年 1 月第 2 版
印　　次　2015 年 10 月第 9 次印刷
开　　本　850mm×1168mm　1/16
印　　张　22.75
字　　数　509 千字
定　　价　36.00 元

# 《测量学》（第2版）编写人员

主　　编：谷达华
副 主 编：夏友福　蔡学成　王永东　杨朝现
编写人员：（以姓氏笔画为序）

王永东　四川农业大学
艾　晏　四川农业大学
李　兵　西南大学
谷达华　西南大学
杨朝现　西南大学
陈附图　湖南农业大学
姜华根　西南林学院
夏友福　西南林学院
蔡学成　贵州大学
谭家兵　重庆大学

# 《测量学》（第1版）编写人员

主　　编：谷达华　西南农业大学
副 主 编：夏友福　西南林学院
　　　　　蔡学成　贵州大学
　　　　　刘柏铁　湖南农业大学
编　　委：谭家兵　重庆大学
　　　　　夏建国　四川农业大学
　　　　　王永东　四川农业大学
　　　　　艾　晏　四川农业大学
　　　　　姜华根　西南林学院
　　　　　杨朝现　西南农业大学
　　　　　李　兵　西南农业大学
　　　　　陈附图　湖南农业大学

# 第 2 版前言

《测量学》第 1 版自 2004 年出版以来，迄今已重印多次，在高等农林院校测量学课程教学中发挥了非常积极的作用，并得到了广大授课师生的认同。他们在首肯该教材特色的同时，对教材的不足也提出了宝贵的修改意见，这为本教材的修订再版提供了重要参考意见。

近年来，测绘科学的发展突飞猛进，测绘的技术手段也日新月异，这就要求培养现代化测绘技术人才的《测量学》教材内容也应跟上时代的步伐。基于本教材第 1 版在使用中发现的问题与教学内容更新的要求，在中国林业出版社的主持下，于 2008 年 12 月在重庆西南大学召开了由 6 所高校教师参加的教材修订讨论会，通过大家的建言献策、集思广益，精心设计教材修订方案，在广泛征求意见的基础上确定教材结构体系与增减内容。

本次修订时，力求保持原有教材简明扼要、通俗易懂、图文并茂、逻辑推理严密、结构严谨的特色，认真订正第 1 版存在的缺点和错误。在保持教材基础内容完整的同时，并对近年来测绘生产中采用的新仪器、新技术方面的内容进行进一步的充实，更加体现了教材的成熟性与先进性。

修订后教材体系基本不变，而各章节的内容根据各院校实际教学的需要进行了适当的整合与增减。考虑到房产测量已出版有专门的教材，又因为各院校测量学课程教学学时数的限制而较少涉及房产测量的内容，为了减少教材的篇幅，将原教材第 12 章的内容不再列入修订后的教材，教材的体系由原 13 章变为 12 章。修改较大的章节有：第 1 章增加了大地经、纬度坐标与高斯平面直角坐标之间的转换及中国 2000 大地坐标系的内容；第 2、3 章删除了仪器检验校正方面的内容，而增加了水准仪、经纬仪的几何轴系与其测量误差关系的内容；第 4 章删除了应用较少的钢尺量距及视距测量误差分析的内容，同时增加了测绘生产中应用广泛的全站仪测量技术方面的内容；第 5 章删除了普通测量学教学中不常涉及的条件平差的内容；

第 6 章对导线测量平差计算的思路进行了重新设计，将有利于培养学生通过电算编程实现导线平差计算的能力；第 7 章与第 9 章分别增加了 GPS RTK 定位技术及数字化测图中 CASS 软件的具体应用，使教材在测绘新技术应用方面的内容得到进一步的充实；第 11 章增加了 GPS RTK 放样及竣工测量方面的内容，使施工测量的内容体系更加完整。同时对第 1 版教材中部分插图进行了更新和修改，使之更能方便教学。

本教材修订编写的具体分工：

谷达华：第 1 章、第 10 章、第 12 章；夏友福：第 2 章；陈附图：第 3 章；王永东：第 4 章；杨朝现：第 5 章；蔡学成：第 6 章；谭家兵：第 7 章；艾宴：第 8 章；李兵：第 9 章；姜华根：第 11 章。全书由谷达华教授统一修改定稿，杨朝现副教授负责全书的校订工作。

由于作者水平有限，对于第 2 版中出现的缺点和错误，敬请广大读者批评指正。

谷达华

2010 年 2 月

# 第1版前言

本书为全国高等农林院校非测绘专业《测量学》"十五"规划教材。根据测量学课程全面培养学生"测、算、绘"三方面的能力的需求，并考虑到测绘科学技术已经进入了电子信息时代，向数字化、一体化、智能化方向发展的趋势，本书不仅系统和完整地阐述了测量的基本理论、基本技术及作业方法，而且还重点介绍了数字化测图和 GPS 定位等测绘新技术，理论与实践并重。在内容选材上兼顾了多个专业的不同需求，本书可作为高等农林院校中的农业资源与环境、城乡规划与管理、土地资源管理、GIS 的应用、水利工程、水土保持、林学、建筑工程、环境工程、环境科学、园林工程等专业测量学课程的基本教材及农林工程技术人员的参考书。

全书共分 13 章。参加编写人员及分工如下：谷达华编写第 1 章、第 13 章；夏友福编写第 2 章；陈附图编写第 3 章；王永东编写第 4 章；杨朝现编写第 5 章；蔡学成编写第 6 章；谭家兵编写第 7 章；艾晏编写第 8 章；李兵编写第 9 章；夏建国编写第 10 章；姜华根编写第 11 章；刘柏铁编写第 12 章。西南农业大学吴英勇老师做了部分插图的绘制工作。谷达华、夏友福、蔡学成、夏建国、王永东、艾晏、谭家兵、杨朝现、李兵九位同志参加了统稿工作，对有关章节作了较大的修改。最后由谷达华统一修改定稿。

在编写过程中，为了使教材内容与现行测绘技术标准紧密结合；全书有关章节分别参照了 1999 年版《城市测量规范 CJJ8—1999》《房地产测量规范 GB/T. 17986.1—2000》《房地产测量规范 GB/T. 17986.2—2000》等规程、规范。并参阅了国内外大量的文献资料及国内同类测量学教材，本书编写组对这些文献的作者表示由衷的感谢。

本教材力求简明扼要、通俗易懂、逻辑推理严密、结构严谨、内容充实。在写作时尽力用反映了常规测绘手段与现代测绘技术的新成果及新发展，体现了教材的成熟性和先进性。但由于作者水平有限，书中难免出现缺点和错误，敬请读者批评指正。

重庆大学王熔教授对全书进行了审阅，并提出了许多宝贵的意见和建议，在此表示诚挚的谢意。

谷达华

2004 年 1 月于重庆

# 目　录

# 第 1 章
## 绪 论

本章介绍了测绘学的概念及测绘学的发展状况;测绘科学的任务与作用;地球的形状和大小;椭球定位;地面点位置的表示方法;地球曲率对测量工作的影响及测量工作的基本内容和程序。通过本章的学习,使学生掌握测量的基本知识。

# 1.1　测量学的任务与作用

## 1.1.1　测绘学的基本概念

测绘学研究的对象是地球整体及其表面和外层空间的各种自然物体和人工物体的有关信息。它研究的内容是对这些与地理空间有关的信息进行采集、处理、管理、更新和利用。由此，测绘学可定义为：测绘学就是研究测定和推算地面及其外层空间点的几何位置，确定地球形状和地球重力场，获取地球表面自然形态和人工设施的几何分布以及与其属性有关的信息，并结合某些社会信息和自然信息，编制全球或局部地区各种比例尺的普通地图和专题地图的理论和技术的学科，是地球科学的重要组成部分。

## 1.1.2　测绘学的分支学科

测绘学按照研究范围、研究对象及采用技术手段的不同，可分为大地测量学、摄影测量学、地图制图学、工程测量学及海洋测绘学等学科。

### 1.1.2.1　大地测量学

研究和确定地球的形状、大小和地球重力场，测定地面点几何位置和地球整体与局部运动的理论和技术的学科。大地测量学由于将地球表面的一个大范围作为一个整体来研究，必须考虑地球曲率的影响。大地测量学的基本任务是在全国范围内布设大地控制网和重力网，精密测定一系列点的空间位置和重力，为地球科学、空间科学、地形图测绘及工程施工提供控制依据，为研究地球的形状、大小、重力场及其变化，地壳形变及地震预报提供信息。由于人造地球卫星的发射及遥感技术的发展，大地测量学的研究对象已从地球延伸到宇宙空间，可将其进一步分成几何大地测量学、物理大地测量学和卫星大地测量学。几何大地测量是通过几何观测量(距离、角度、方向、高差)来精密测定地面点的平面位置和高程；物理大地测量是用地球的重力等物理观测量通过地球重力场的理论和方法来推求大地水准面相对于地球椭球的距离、地球的扁率(地球的形状)等；卫星大地测量是通过人造地球卫星观测方法和运动规律来解决大地测量问题的现代大地测量。

### 1.1.2.2　摄影测量学

摄影测量学是以获取地表摄影像片和辐射能的各种图像记录为手段，经过图像的处理、量测、判释和研究，以测得物体的形状、大小和位置，并判断其属性的一门学科。按获取相片的方法不同，分为地面摄影测量学、航空摄影测量学及航天摄影测量学，其主要任务是测绘地形图。但随着科学技术特别是遥感技术的发展，摄影方式和研究对象日趋多样化，摄影测量还用于矿产资源勘察、地球板块运动研究、大型工程建筑物及环境污染的监测、农业估产和农林业灾害预防等。因此，摄影测量与遥感已成为非常活跃和富有生命力的一个独立学科。

### 1.1.2.3 地图学

地图学是研究模拟和数字地图的基础理论、地图设计、地图编制与复制的技术方法及其应用的学科。地图是经济建设、国防建设及相关科学研究工作中一种重要的基础图件,也是测绘工作的重要产品形式。地图学由地图的基础理论、制图的方法与技术和地图应用三部分组成。

### 1.1.2.4 工程测量学

研究各种工程建设和资源开发中,在规划、设计、施工和运营管理阶段所进行的各种测量工作的学科。其主要内容包括工程控制网的建立、地形测绘、施工放样、设备安装测量、竣工测量、变形观测和维修养护测量的理论、技术和方法。

工程测量学是一门应用学科,按其研究对象可分为:建筑工程测量、矿山测量、水利工程测量、公路工程测量、铁路工程测量、桥梁工程测量、隧道工程测量、输电线与输油管道测量、三维工业测量等;按各工程要求的测量精度不同,有精密工程测量、特种精密工程测量学之分。

### 1.1.2.5 海洋测绘学

海洋测绘学是研究以海洋水体和海底为对象所进行的测量和海图编制理论、技术与方法的学科。其主要内容包括海洋大地测量、海洋工程测量、海道测量、海底地形测量和海图编制等。

普通测量学(也称为测量学或地形测量学)是以上各门测绘学科的公共基础。它主要研究地球表面局部区域测绘工作的基本理论、技术、方法及应用。普通测量学是以地球表面小区域为研究对象,因地球曲率半径很大(平均半径为 6 371 km),可视小区域的球面为平面而不必顾及地球曲率的影响,其结果使测量的理论和方法都得到简化。普通测量学研究的内容主要包括测绘的基本技术、地形图测绘与地形图应用、一般工程测量等。

本教材属于普通测量学的范畴。其主要讲述测量的基本知识、测量工作的基本技术、测量误差及数据处理的基本知识、图根控制测量、大比例尺地形图测绘、地形图的识读与应用、一般工程施工测量的基本原理与方法等内容。

## 1.1.3 测绘学的发展状况

### 1.1.3.1 测绘学的发展简史

科学技术是生产力。现代科学技术是人类世世代代同自然界斗争的结晶。测绘科学也不例外,早在远古时代就有夏禹治水时使用的"准、绳、规、矩"4 种测量工具和埃及尼罗河泛滥后农田边界整理工作中所产生的原始测量技术。

在天文测量方面,远在颛顼高阳氏时就开始观测日、月、五星来定一年的长短。

战国时编制了四分历，一年为 365.25 日，与罗马人采用的儒略历相同，但比其早四五百年。南北朝时祖冲之所测的朔望月为 29.530 588 日，与现代值相比仅差 0.3s。宋代《信天历》，一年为 365.242 5 日，与现今采用的值也只差 26s。可见，天文测量在古代已有很大的发展。汉代张衡改进的浑天仪和他提出的"浑天说"更是加快了天文测量仪器和技术前进的步伐。

在研究地球形状和大小方面，在公元前已有人提出丈量子午线上的弧长，以推算地球的形状和大小。其中最著名的是在公元 720 年前后，由唐代僧一行主持的用弧度测量的方法丈量了自滑县经浚仪、扶沟到上蔡，直接丈量了长达 300km 的子午线弧长，以此推算出子午线 1° 所对的弧长为 132.31km，并用日圭测太阳的阴影来定纬度，为人类认识地球作出了贡献。17 世纪末，牛顿和惠更斯从力学的观点提出了地球是两极略扁的地扁说，从此与地圆说展开了一场大讨论，直至 1739 年经过弧长测量才证实了地扁说的正确性，为正确认识地球奠定了理论基础。1743 年，法国克莱洛论证了地球几何扁率与重力扁率之间的关系，为物理大地测量打下了基础。1849 年，斯托克斯提出利用重力观测资料确定地球形状的理论，他后来提出了用大地水准面来表示地球的形状，从而使人们对地球的形状才有了真正的认识。

17 世纪，荷兰人汉斯发明了望远镜，斯纳尔创造了三角测量的方法。之后，法国人将望远镜装置在全圆分度器上用于角度测量，创造了世界上最早的经纬仪，为大地测量创造了条件。18 世纪中叶，出现了水准测量，法国地理学家毕阿土在总结前人成果的基础上，提出了用等高线表示地形起伏的高低，绘制地形图。19 世纪，德国人高斯提出了最小二乘法原理和横圆柱正形投影。1859 年，法国人洛斯达开创摄影测量，并制成了第一台地形摄影仪，用于地面摄影成图。1899 年摄影测量的理论研究取得进展，并在 1903 年飞机发明后，开创了航空摄影测量的先河。

地形图是测绘工作的重要成果，是生产和军事活动的重要工具。在早于公元前 20 世纪之前，就有人用陶片作为载体，用柳条做模型制作地图，说明地图早已被人们所重视。我国最早的记载是夏禹将地图铸于九鼎上，这已是地图的雏形。公元前 7 世纪，春秋时期管仲著的《管子》一书中已论述地图，平山县发掘出土的春秋战国时期的"兆域图"，已经表示了比例和符号的概念；在长沙马王堆发现公元前 168 年的长沙国地图和驻军图，地物、军事要素都进行了表示。公元 224—271 年，我国西晋的裴秀总结了前人的经验，拟定了《制图六体》，成为世界上最早的小比例地图制图规范之一。此后，历代都编制过多种地图，使地图制图技术有了较大的发展。

### 1.1.3.2　测绘科学发展现状

20 世纪中叶，由于电子学、信息学、计算机科学和空间科学的迅猛发展，微电子技术、激光技术、遥感技术的应用，极大地推动着测绘科学的变革和进步。测绘科学的发展很大部分是从测绘仪器开始的，40 年代光电测距仪的问世，使长期以来艰苦的手工测距工作发生了根本性的变化，高精度高效率的光电测距改变了控制网传统布网方法，三角网已被三边网、边角网、测距导线网所代替；电磁波测距三角高程测量可代替三、四等水准测量。数字化测角仪器——电子经纬仪的出现，逐步将传统的光学经纬仪测角改变为数字化电子测角；光电测距仪与电子经纬仪集成为一体的全站仪，具有自动测角、测距、记录、计算的功能，将传统的点位平面位置与高程位置分离测量转变为融为一体的三维坐标测量，电动全站仪的研制，实现了地面测量技术向数字化和智能化方向发展。激光水准仪、全自动数字水准仪的应用，也实现了几何水准测量的数字化和自动化。

20 世纪 80 年代，全球定位系统（GPS）问世，采用卫星直接进行空间点的三维定位，引起测绘工作的重大变革，由于卫星定位具有全球、全天候、快速、高精度和无需相邻控制点通视的优点，在大地测量、工程测量、地形测量及军事的导航定位中有着广泛的应用。世界上许多国家为了使用全球定位技术，迅速进行了 GPS 信号接收仪器的研制。从 70 年代以来，各国仪器厂家已生产出多种不同精度不同型号的 GPS 信号接收机。到目前，已生产出第五代具有体积更小、重量更轻、功能更全的 GPS 定位仪器。这几年推出的 GPS 连续运行参考站系统（简称 CORS）技术及多个单基站通过组网而成的网络 CORS 技术，标志着测绘定位技术迈进了高科技时代。

数字化测绘技术在测量中有着广泛的应用，常规的大比例尺地形图测绘，通常采用的是野外手工图解测图法，具有野外工作量大，测绘产品单一，产品更新难度大的缺点。由于全站仪数字化测量技术及高效率的 GPS 定位技术的广泛应用和数字化测图软件研制的日益成熟，通过借助计算机、数控绘图仪等辅助设备，将形成一个从野外或室内数据采集、数据处理和绘图的数字化自动测图系统，测绘行业已全面进入了信息化时代。

随着测绘科学理论的发展与技术的进步，特别是"5S"技术即 GIS、GPS、RS、DPS（数字摄影测量技术）和 ES（专家系统）的迅猛发展，为测绘科学带来了一场深刻的变革，它将在国民经济建设各领域中发挥更大作用。

## 1.1.4 测绘科学的作用

### 1.1.4.1 测绘科学在国民经济建设中的作用

测绘科学应用范围广泛，在国民经济和社会发展规划中，测绘信息是最重要的基础信息之一。各种工程建设的规划和土地资源管理需要测绘地形图和地籍图，工程建设的施工、竣工阶段及国防建设都需要进行大量的测绘工作。因此测绘工作者常被人们称为各项工程建设的尖兵。测绘工作在国民经济建设中起着十分重要的作用，其主要体现为以下几点：

（1）为科学研究、地形图测绘和工程施工提供所需点的大地坐标、高程和重力值。

（2）提供多种比例尺地形图和地图，作为规划、工程设计、施工和编制各种专用图的基础。

（3）在工程竣工、大型设备安装和工程运营中提供定位依据，确保工程质量和工程建筑物的安全运营。

（4）在国防建设方面，测绘科学为军事提供地形信息及攻击目标的定位和远程导弹、空间武器的发射提供测绘保障。

（5）为诸如人造卫星发射、宇宙航行等空间技术提供定位基础。

（6）为信息高速公路、空间信息基础设施与数字地球提供基础地理信息。

#### 1.1.4.2 测绘科学在相关专业知识结构中的作用

测绘科学在资源与环境、城乡规划、土地资源管理、林学、水土保持、水利工程、建筑工程、园林工程等专业领域中有广泛的应用，并且与各专业结合得越来越紧密。这些专业对测绘知识的需求体现在以下几个方面：

（1）利用测绘获得的地形图进行各种工程的规划与设计。

（2）借助于相关测绘技术进行各种资源的调查与专题地图的绘制。

（3）将规划设计图纸通过测量的手段标定到实地。

（4）利用测量手段标定取样点的位置、监控工程施工质量等。

（5）绘制工程竣工平面图或更新施工区域地形图等。

（6）为各种信息系统提供基础地理信息。

## 1.2  地球的形状和大小

### 1.2.1  地球的形状和大小

地球的形状与大小，自古以来为人类所关注，对它的研究从来没有停止过。认识地球的形状和大小是通过测量工作进行的。

地球自然表面是极不规则的，有陆地、海洋、高山和平原。地球上最高的山是我国境内的珠穆朗玛峰，其高程为 8 844.43m，而在太平洋西部的马里亚纳海沟深达11 022m，地形起伏很大，但这样的高低起伏相对于地球的平均半径6 371km 相比，是可以忽略不计的，仍可把地球看作为圆滑的球体。

地心有引力，地球上每个质点都受到地心引力而不能脱离地球。地球的自转又使每个质点受到离心力的作用。因地球上每个质点都受到这两个力的作用，其合力称为重力，如图1-1 所示。重力的方向线称为铅垂线，铅垂线是测量工作的基准线。

地球表面的海洋面积达到71%，陆地面积仅为29%。设想将静止的海水面向陆地延伸，形成一个封闭的曲面，称为水准面。水准面具有处处与铅垂线相垂直的特性。与水准面相切的平面称为水平面。由于海水有潮汐变化，时高时低，所以水准面有无限多个，其中通过平均海水面的水准面，称为大地水准面，大地水准面是测量工作的基准面。大地水准面所包围的地球形体称为大地体，它表示了地球的形状和大小。

由于地球内部的质量分布不均匀，引起地面上各点沿垂线方向产生不规则的变化，因而大地水准面成为一个有微小起伏的不规则曲面，大地体也并非是一个规则的几何球体，其表面也是一个不规则的数学曲面，测量数据在这个不规则的曲面上是无法运算的，因此，必须寻找一个与大地体十分接近的规则数学球体，才能解决地面点投影、计算的问题。

地球实际上是一个南北极略扁，非常接近数学上的旋转椭球的球体（图1-2）。旋

图 1-1　大地体、重力与铅垂线

（a）大地体　（b）铅垂线方向

图 1-2　大地水准面与旋转椭球面

转椭球的大小和形状由长半径 $a$、短半径 $b$ 及由长、短半径确定的扁率 $\alpha = \dfrac{a-b}{a}$ 三个参数来确定。几个世纪以来，许多学者曾利用局部资料分别推算出了表达椭球形状大小的参数见表 1-1。

由于这些参数都具有一定的局限性，只能作为确定地球形状、大小的参考，故称参考椭球。在测量学中，将参考椭球面代替大地水准面作为测量计算和制图的基准面。

表 1-1 各国学者推算的椭球参数

| 参数推算者 | 长半轴 $a(\mathrm{m})$ | 短半轴 $b(\mathrm{m})$ | 扁率 $\alpha = \dfrac{a-b}{a}$ | 推算年代和国家 |
|---|---|---|---|---|
| 德兰布尔 | 6 375 653 | 6 356 564 | 1:334 | 1800 年法国 |
| 贝塞尔 | 6 377 397 | 6 356 079 | 1:299.2 | 1841 年德国 |
| 克拉克 | 6 378 249 | 6 356 515 | 1:293.5 | 1880 年英国 |
| 海福特 | 6 378 388 | 6 356 912 | 1:297.0 | 1909 年美国 |
| 克拉索夫斯基 | 6 378 245 | 6 356 863 | 1:298.3 | 1940 年苏联 |
| IUGG | 6 378 140 | 6 356 755.3 | 1:298.257 | 1975 年 IUGG |
| IUGG | 6 378 137 | 6 356 752 | 1:298.257 | 1980 年 IUGG |
| 中 国 | 6 378 143 | 6 356 758 | 1:298.255 | 1978 年中国 |

注:IUGG 为国际大地测量与地球物理联合会的英文缩写。

## 1.2.2 椭球定位

确定了椭球的形状和大小后,还必须进一步确定椭球与大地体、椭球面与大地水准面的相关位置,使椭球与大地体间达到最好的密合,才能将地面上的观测成果归算到椭球面上。最简单是单点定位,如图 1-3 所示,在一个国家的合适地方选择一点 $P$,设想在该点把椭球体和大地体相切,切点 $P'$ 位于 $P$ 点的铅垂线上,此时,过椭球面上 $P'$ 点的法线与该点对大地水准面的铅垂线相重合,这样,椭球体与大地体的相关位置就确定了。这项工作称为椭

图 1-3 椭球定位

球定位,切点称为大地原点,$P$ 点的球面位置——大地经度 $L$ 与大地纬度 $B$ 就作为全国其他点球面位置的起算数据。

世界各国都采用适合本国的椭球参数和定位方法。

我国在新中国成立前采用海福特椭球,新中国成立后一直用克拉索夫斯基椭球,大地原点在前苏联普尔科沃(现俄罗斯境内)。20 世纪 80 年代,我国采用了 IUGG 推荐的总地球椭球,其参数见表 1-1。大地原点选在位于我国中部陕西省泾阳县的永乐镇。

由于地球的扁率很小,接近圆球,因此在测量精度要求不高的情况下,可以视椭球为圆球,其半径采用曲率半径平均值,即

$$R = \frac{1}{3}(a + a + b) = 6\ 371\ \mathrm{km} \tag{1-1}$$

# 1.3 地面点位置的表示

## 1.3.1 地面点位置的确定

由于地球表面的高低起伏和地物的占地轮廓都是由地面点位置确定的，因此测量工作的基本任务就是确定地面点的位置。要确定地面点的位置，必须首先对地面点的位置进行表示。地面点的位置由坐标和高程表示。坐标是地面点沿着铅垂线在投影基准面（大地水准面、椭球面或平面）上的位置；高程是地面点沿着铅垂线到投影面的距离。如图 1-4 所示，地面点 $A$、$B$ 沿铅垂线投影到基准面上为 $a$、$b$ 两点，可以得到在投影面坐标系的坐标。沿铅垂线量出高程 $H_A$、$H_B$，由此可确定地面点的空间位置。

图 1-4　地面点空间位置的确定

## 1.3.2 地面点在常用测量坐标系中的表示

地面点的空间位置是相对一定的坐标系统而言的。测量中常用的坐标系有天文坐标系、大地坐标系、高斯平面直角坐标系和独立平面直角坐标系等。

### 1.3.2.1 天文坐标系

天文坐标又称天文地理坐标，用天文经度 $\lambda$ 和天文纬度 $\varphi$ 表示地面点的位置。它是以铅垂线为基准线，以大地水准面为基准面。如图 1-5 所示，过地面点与地轴的平面称为子午面，该子午面与格林尼治子午面（首子午面）间的二面角为经度 $\lambda$。过 $P$ 点的铅垂线与赤道平面的交角为纬度 $\varphi$。由于地球离心力的作用，过 $P$ 点的铅垂线不一定经过地球中心。地面点的天文坐标是由天文测量获得的。由于天文测量定位精度不高，并且天文坐标之间在以大地水准面为基准面上推算困难，它在精确定位中较少使用，常用于导弹发射、天文大地网或独立工程控制网起始点定向。

图 1-5　天文坐标系

### 1.3.2.2　大地坐标系

大地坐标系是以大地经度 $L$、大地纬度 $B$、大地高 $H$ 表示地面点的空间位置。大地坐标系以法线为基准线，以椭球面为基准面。如图1-6所示，地面点 $P$ 沿着法线投影到椭球面上为 $P'$。过 $P'$ 点的子午面和首子午面的二面角为 $P$ 点大地经度 $L$。过 $P$ 点的法线与赤道面的交角为该点的大地纬度 $B$，$P$ 点沿法线到椭球面的距离 $H_{大}$ 称为大地高。

大地经纬度是根据大地原点在该点将天文经纬度作为大地经纬度的大地坐标，按大地测量所得的数据推算而得的。由于天文坐标系与大地坐标系选用的基准线、基准面有所不同，所以同一点的天文坐标与大地坐标不同。同一点法线与铅垂线的偏差称为垂线偏差。

**图1-6　大地坐标系**

### 1.3.2.3　高斯平面直角坐标系

大地坐标系是大地测量的基本坐标系，它对于大地问题的解算、研究地球的形状与大小、编制地形图都十分有用。但它不能直接用来地形测图。若将球面上的大地坐标按一定的数学法则归算到平面上，在平面上进行数据运算，这将对用平面图纸来表示地表形态的地形测图带来很大的方便。将球面上的图形、数据转换到平面上的方法，称为地图投影。用地图投影建立椭球体上的点与平面上的点之间的函数关系式为：

$$\left. \begin{array}{l} x = f_1(L, B) \\ y = f_2(L, B) \end{array} \right\} \tag{1-2}$$

式中：$(L, B)$——某点在椭球面上的大地坐标；

$(x, y)$——该点投影到平面上的直角坐标。

由于旋转椭球面是一个不可展开的曲面，无论 $f_1$、$f_2$ 以什么函数关系式将其投影至平面，都会产生投影变形。

投影变形的形式有正形投影、等面积投影和任意投影 3 种。在测量上，一般要求投影后的角度保持不变，使地形图上的任何图形都与实地图形相似，这对地形图的测绘和使用都带来很大的方便。而这几种投影方式中正形投影能满足这一要求。

所谓正形投影，就是高等数学中所讲的保角变换（也称保角映射）。它具有两个特性：一是保角性，即投影后角度保持不变；二是伸长的固定性，即长度投影后会产生变形，但在同一点的各个方向上的微分线段，投影后长度比为一常数。

高斯投影是正形投影的一种。除满足正形投影的两个特性外，高斯投影还必须满足本身的特定条件，即中央子午线投影后为一直线，且长度不变。设想有一个椭圆柱

**图 1-7　横切椭圆柱投影**

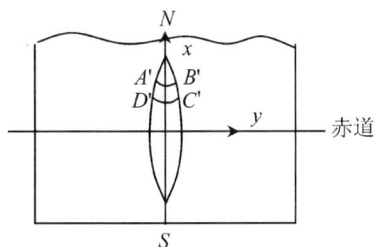

**图 1-8　高斯投影平面**

面横套在地球椭球的外面，如图 1-7 所示，并与一子午线相切，此子午线称为中央子午线或轴子午线，椭圆柱的中心轴通过椭球体赤道面及椭球中心。然后将椭球面上中央子午线附近有限范围的点线按正形投影条件向椭圆柱面上投影，再将椭圆柱面通过南、北极的母线切开，并展开为平面，此平面称为高斯投影平面（图 1-8）。在此平面上，中央子午线和赤道的投影都是直线，并且正交，其他子午线和纬线都是曲线，投影后中央子午线的长度不变，离开中央子午线愈远的线变形愈大，并凹向中央子午线，各纬圈投影后凸向赤道。

由于高斯投影除中央子午线投影长度不变外，其他子午线长度投影后均有变形，且离中央子午线愈远，这种变形愈大。当变形超过一定限度后，就会影响测图、施工的精度。因此，必须控制这种变形在一定的范围内，控制的方法是将投影区域限制在靠近中央子午线两侧的狭长地带内，即确定投影宽度的投影方法称为分带投影。

投影宽度是以两条中央子午线的经度差 $l$ 来划分的，其划分的方法有 6°带和 3°带 2 种。6°带是从 0°子午线起，自西向东每隔 6°为一带，编号为 1 ~ 60，中央子午线的经度 $L_n^6$ 依次为 3°，9°，15°，…，357°。3°带是自东经 1.5°开始以经度差 3°划分的，编号为 1 ~ 120，各带中央子午线经度 $L_k^3$ 依次为 3°，6°，9°，…，360°。如图 1-9 所示。在我国领土范围内，6°带是从 13 ~ 23 带共 11 带，而 3°带是从 25 ~ 45 带共 21 带。两种分带的带号与中央子午线经度的关系为：

$$\left. \begin{array}{l} L_n^6 = 6n - 3 \\ L_k^3 = 3k \end{array} \right\} \tag{1-3}$$

式中：$L_n^6$，$L_k^3$——分别为 6°带和 3°带的中央子午线经度；

$n$，$k$——各自代表 6°带和 3°带的带号。

不难看出，分带愈多，各带包含的范围愈小，投影变形也就愈小。但分带过多，在工程中要进行相邻带之间的坐标换算工作量也增加。因此，为了减少换带计算，分带不宜过多。根据我国测图精度要求，用 6°分带投影后，其边缘部分变形能满足 1:25 000 或更小比例尺地形图的精度要求，而 1:10 000 以上的大比例尺测图，只有采用 3°分带法才能满足其精度要求。

高斯分带投影后，每一个投影带就形成了一个高斯平面直角坐标系。如图 1-10 所示，投影后的中央子午线与赤道为两条正交的直线，其交点 $O$ 为坐标原点，中央子午线为纵坐标轴 $x$，赤道为横坐标轴 $y$，并规定 $x$ 轴正方向指向北，$y$ 轴正方向指向东。我国位于北半球，纵坐标均为正值。为了避免横坐标出现负值，规定把纵坐标轴向西

图 1-9　分带投影

图 1-10　高斯平面直角坐标系　　图 1-11　$x$ 轴平移后的高斯平面直角坐标系

平移 500 km（图 1-11）。将地面点在纵坐标轴 $x$ 平移以前的高斯平面直角坐标系中的坐标值称为该点坐标的自然值；将地面点在纵坐标轴 $x$ 平移以后的高斯平面直角坐标系中的坐标值称为该点坐标的通用值。同时为了区分点位于哪一带，通用值要求在横坐标值前面冠以带号。例如 $P$ 点位于 6°带第 20 带，其平面坐标自然值为：

$$x'_p = 3\ 278\ 324.836\ \text{m} \qquad y'_p = -327\ 876.382\ \text{m}$$

则该点平面坐标的通用值为：

$$x_p = 3\ 278\ 324.836\ \text{m} \qquad y_p = 20\ 172\ 123.618\ \text{m}$$

国家基本地形图上的坐标值及测绘部门提供的坐标成果均为通用值。

高斯平面直角坐标系与数学上的笛卡尔平面直角坐标系有以下几个方面不同：

（1）坐标轴不同，高斯平面直角坐标系中纵坐标为 $x$，正方向指向北，横坐标轴为 $y$，正方向指向东，而笛卡尔平面直角坐标系的纵坐标为 $y$，横坐标为 $x$，正好相反。

（2）表示直线方向的方位角定义不同，高斯平面直角坐标系以纵坐标 $x$ 的北端起算，顺时针旋转到直线所夹的水平角；而笛卡尔坐标系以横轴 $x$ 轴东端起算，逆时针旋转计值。

（3）坐标系象限不同，高斯平面直角坐标系，以北东区（NE）为第一象限，顺时针旋转划分为 4 个象限；而笛卡尔坐标系也是以北东为第一象限，逆时针旋转划分成 4 个象限，如图 1-12 所示。

图 1-12 两个坐标系的比较

高斯平面直角坐标系的如此规定是为了定向方便及直接将数学中的三角公式应用到测量计算中。

#### 1.3.2.4 假定平面直角坐标系

当测量区域较小（如半径不大于 10 km 的区域）时，可以不考虑地球曲率的影响，用测区中心点 $A$ 的切平面 $P$ 来代替椭球体面作为基准面（图 1-13）。在该切平面上建立独立平面直角坐标系，以该地区真子午线或磁子午线为 $x$ 轴，正向指北，顺时针方向旋转构成右手系坐标系（图 1-14）。为了避免坐标出现负值，该坐标系的原点应选在测区西南角（图 1-13）。地面点 $A$ 在椭球面的投影位置，就可利用该平面直角坐标中坐标值 $x_A$、$y_A$ 来确定。

图 1-13 水平面代替大地水准面

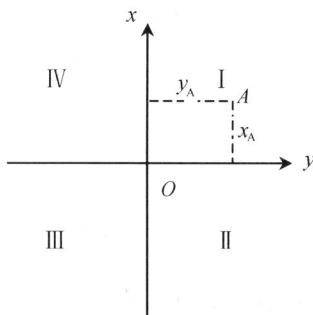

图 1-14 平面直角坐标系

### 1.3.3 大地经、纬度坐标$(L, B)$与高斯平面直角坐标$(x, y)$之间的转换

大地经、纬度坐标$(L, B)$与高斯平面直角坐标$(x, y)$之间的转换通过高斯投影的正、反算公式来实现，其转换公式的理论推导较繁琐，在这里不再赘述，具体可参阅《椭球大地测量学》或《地图投影学》的相关内容，下面仅列出高斯投影变换的正、反算的实用计算公式。

#### 1.3.3.1 高斯投影的正算公式

将大地经、纬度坐标$(L, B)$转换成高斯平面直角坐标$(x, y)$的计算公式称为高斯投影的正算公式。其基本公式为：

$$\begin{cases} x = X + \dfrac{N}{2\rho^2} \cdot \sin B \cdot \cos B \cdot l^2 + \dfrac{N}{24\rho^4} \cdot \sin B \cdot \cos^3 B \cdot (5 - t^2 + 9\eta^2 + 4\eta^4) \cdot l^4 + \\ \qquad \dfrac{N}{720\rho^6} \cdot \sin B \cdot \cos^5 B \cdot (61 - 58t^2 + t^4) \cdot l^6 \\ y = \dfrac{N}{\rho} \cdot \cos B \cdot l + \dfrac{N}{6\rho^3} \cdot \cos^3 B \cdot (1 - t^2 + \eta^2) \cdot l^3 + \dfrac{N}{120\rho^5} \cdot \cos^5 B \cdot (5 - 18t^2 + \\ \qquad t^4 + 14\eta^2 - 58\eta^2 \cdot t^2) \cdot l^5 \end{cases}$$

$$(1\text{-}4)$$

上式中常数$\rho$、大地经度$L$与投影带中央子午线经度$L_0$的经差$l = L - L_0$以秒为单位。公式中的其他参数按以下公式计算：

$$\left. \begin{array}{l} t = \tan B \\ e = \left( \dfrac{a^2 - b^2}{a^2} \right)^{\frac{1}{2}} \quad e' = \left( \dfrac{a^2 - b^2}{b^2} \right)^{\frac{1}{2}} \\ \eta = e' \cdot \cos B \quad W = \sqrt{1 - e^2 \cdot \sin^2 B} \\ M = a \cdot (1 - e^2)/W \quad N = a/W \end{array} \right\}$$

$$(1\text{-}5)$$

垂足的子午线长$X$为：

$$X = a(1 - e^2)\left( A \frac{B}{\rho} - \frac{Q}{2}\sin 2B + \frac{C}{4}\sin 4B - \frac{D}{6}\sin 6B \right) \qquad (1\text{-}6)$$

上式中$A$、$Q$、$C$、$D$由椭球第一扁心率$e$算出的常数，即

$$\left. \begin{array}{l} A = 1 + 3e^2/4 + 45e^4/64 + 350e^6/512 + 11\ 025e^8/16\ 384 \\ Q = 3e^2/4 + 60e^4/64 + 525e^6/512 + 17\ 640e^8/16\ 384 \\ C = 15e^4/64 + 210e^6 512 + 8\ 820e^8/16\ 384 \\ D = 35e^6/512 + 2\ 520e^8/16\ 384 \end{array} \right\}$$

$$(1\text{-}7)$$

通过以上几个公式可将大地经、纬度坐标$(L, B)$转换成高斯平面直角坐标$(x, y)$。

#### 1.3.3.2 高斯投影的反算公式

将高斯平面直角坐标$(x, y)$转换成大地经、纬度坐标$(L, B)$的计算公式称为高斯投影的反算公式。其基本公式为：

$$\begin{cases} B = B_f - \dfrac{\rho t_f}{24 M_f N_f} y^2 + \dfrac{\rho t_f}{24 M_f N_f} (5 + 3t_f^2 + \eta_f^2 - 9t_f^2 \cdot \eta_f^2) y^4 - \\[2mm] \qquad \dfrac{\rho t_f}{720 M_f N_f^5} \cdot (61 + 90t_f^2 + 45t_f^4) y^6 \\[3mm] l = y \cdot \left\{ \dfrac{N_f \cos B_f}{\rho} + \dfrac{(1 + 2t_f^2 + \eta_f^2) \cos B_f}{6 N_f \rho} y^2 \right\} + \dfrac{\rho}{360 N_f^5 \cos B_f} \cdot (5 + \\[2mm] \qquad 44t_f^2 + 32t_f^4 - 2\eta_f^2 - 16\eta^2 \cdot t_f^2) y^5 \end{cases} \qquad (1\text{-}8)$$

上式中 $B_f$ 为垂足纬度，它的初始近似值可用 $B_f = x\rho/R$ 计算，先由式（1-5）～式（1-8）经三次迭代后求出 $B_f$ 数值，然后再由这两组公式解算出大地纬度 $B$ 和经度差 $l$，经度差 $l$ 加上投影带中央子午线的经度 $L_0$ 即为所求的大地经度 $L$。

大地经、纬度坐标 $(L, B)$ 与高斯平面直角坐标 $(x, y)$ 之间的转换计算比较复杂，实际工作中应根据其转换模型，编制相应的计算机程序，利用计算机来实现它们之间的转换会非常容易，目前，常用的控制测量平差软件中的大地解算就能很方便的解决这一问题。

## 1.3.4 我国目前常用的坐标系

### 1.3.4.1 1954 年北京坐标系

在新中国成立初期采用克拉索夫斯基椭球参数，将我国东北端地区的呼玛、吉拉林、东宁三个点与苏联大地网联测后的坐标作为我国天文大地网起算数据，然后通过天文大地网坐标，推算出北京一点的坐标，故命名为 1954 年北京坐标系。该坐标实际上是苏联的 1942 年坐标系，原点不在北京，而在普尔科沃。新中国成立以来，1954 年北京坐标在我国经济建设和国防建设中发挥了重要作用。但这个坐标系存在以下一些问题。

（1）参考椭球长半轴偏长，比地球总椭球的长半轴长了 100 m 多。

（2）椭球基准轴定向不明确。

（3）椭球面与我国境内的大地水准面不太吻合，东部高程异常值可达 +68 m，西部新疆地区高程异常为 0。

（4）点位精度不高。

### 1.3.4.2 1980 国家大地坐标系

为了克服 1954 年北京坐标系的缺陷，利用我国原有天文大地网的潜在精度，对原大地网进行重新平差，在 1980 年建立了国家大地坐标系。

该坐标系采用了 IUGG—75 地球椭球参数，大地原点选在我国中部地区陕西省永乐镇，椭球面与我国境内的大地水准面达到了最佳密合。平差后，其大地水准面与椭球面差距在 ±20 m 之内，边长精度为 1/500 000。

### 1.3.4.3 WGS—84 坐标系

WGS—84 是由美国国防制图局于 20 世纪 80 年代中期所建立的，正式成为 GPS 的新坐标参照系。它是采用 WGS—84 地球椭球参数的一个地心坐标系，其原点与各坐标轴定义为：

（1）WGS—84 的原点是地球的质心；

（2）Z 轴指向国际时间局 1984 年定义的协议地球极点方向；

（3）X 轴指向国际时间局 1984 年定义的零度子午面和协议地球极赤道的交点；

（4）Y 轴和 Z 轴、X 轴构成右手坐标系；

（5）WGS—84 坐标参照系的原点也被当作 WGS—84 椭球的几何中心，而 Z 轴作为该旋转椭球的自转轴。

### 1. 3. 4. 4　2000 中国大地坐标系

在人类进入空间时代的今天，测绘也进入了空间时代。1980 国家大地坐标系虽然是经典大地测量成果的归算及其应用，但它仍是一个二维参心局部坐标系，这会导致用 GPS 定位技术获得的高精度、三维坐标与参心局部坐标系的低精度二维坐标成果之间产生了无法调和的矛盾，因此建立我国自己的地心坐标系已成必然。

2000 中国大地坐标系（China Geodetic Coordinate System 2000，缩写：CGCS2000）是以地心为原点的一个右手地心固直角坐标系，它的原点和坐标轴定义如下：

（1）原点在地球质量中心；

（2）Z 轴指向 IERS（国际地球自转和参考系服务）协议参考极方向；

（3）X 轴为 IERS 参考子午面与通过原点且同 Z 轴正交的赤道面的交线；

（4）Y 轴与 Z、X 轴构成右手直角坐标系；

（5）参考椭球的几何中心与坐标系的原点重合，其旋转轴与坐标系的 Z 轴重合；

（6）正常椭球与参考椭球一致。

CGCS2000 与 WGS—84 坐标系采用的几何物理参数除参考椭球短半径值相差 0.1 mm 以外，其他完全相同。鉴于两种坐标系的原点与坐标轴的定义和所采用几何物理参数都具有很高的相容性，因此可以认为 CGCS2000 和 WGS—84 是非常吻合的。在坐标系的实现精度范围内，CGCS2000 坐标和 WGS—84 坐标是一致的。因此 CGCS2000 将使测绘定位应用 GPS 技术越来越方便。

经国务院批准，从 2008 年 7 月起，我国启用 2000 国家大地坐标系。

### 1. 3. 5　地面点的高程

地面点沿铅垂线到大地水准面的距离称为该点的绝对高程，或称海拔高度，记为 $H$。地面点沿垂线到任意水准面的距离称为该点的相对高程，记为 $H'$。如图 1-15 所示，$A$ 点的绝对高程为 $H_A$，其相对高程为 $H'_A$。

图 1-15　地面点的高程

#### 1.3.5.1 国家高程基准

海水面因受潮汐、风浪的影响，是个动态的曲面。通过在海边设立验潮站，长期观测海水面涨落情况，取其平均高度作为高程零点，通过该点的大地水准面称为高程基准面。新中国成立前，我国采用的高程基准面十分混乱。新中国成立后，国家测绘局统一了高程基准面，以设在青岛市国家验潮站在1950—1956年收集的验潮资料，推算的黄海平均海水面作为我国高程起算面，并在青岛市观象山建立了国家水准原点，用精密高程测量的方法测出国家水程原点到验潮站平均海水面的高程为72.289 m。这个高程系统称为"1956年黄海高程系"。全国各地的高程都是由它作为已知高程数据引测推算而得。

20世纪80年代初，国家又根据1953—1979年青岛验潮站的观测资料，推算出新的黄海平均海水面位置，并以此为起算面，测得青岛国家水准原点的高程为72.260 4 m，称为"1985年国家高程基准"。并从1985年1月1日起执行这一高程基准。

为了将"1985年国家高程基准"与以前使用过的"1956年黄海高程系"成果进行换算，将"1985年国家高程基准"与"1956年黄海高程系"的水准点进行联测比较，得出两种高程系的零点差为$\delta$，零点差$\delta$值在不同的区域由于对其大地水准面不断的精化处理后有一定的差异，但在一定的区域范围内，$\delta$可以当成一个常数，在国家水准原点处两种高程系的零点差为$\delta = 72.260\ 4 - 72.289 = -0.028\ 6$ m。"1985年国家高程基准"与"1956年黄海高程系"成果进行换算的公式为：

$$H_{85} = H_{56} + \delta \tag{1-9}$$

式中：$H_{85}$——地面点在1985年国家高程基准中高程；

$H_{56}$——地面点在1956年黄海高程系统中的高程。

通过式(1-9)可将1956黄海高程系的高程换算成1985年国家高程基准的高程。

#### 1.3.5.2 高差

地面上两点的高程之差称为高差，用$h$表示。如图1-15所示，$A$、$B$两点的高差表示为：

$$h_{AB} = H_B - H_A \tag{1-10}$$

高差有正负，如$h_{AB} > 0$，表示$B$点高程大于$A$点的高程，$A$点到$B$点为上坡，反之$A$点到$B$点为下坡。

# 1.4 地球曲率对测量工作的影响

在普通测量中，将大地水准面近似看作圆球面。若将地面投影到球面上，然后再投影到平面的图纸上，这是很复杂的。在实际测量工作中，若测区小、工程对测量精度要求不高的情况下，通常用水平面代替水准面，将地面上的点投影到该水平面上，以确定其位置，可以简化一些复杂的投影计算。但必须通过地球曲率对测量工作的影响来讨论用水平面代替水准面的限度。

### 1.4.1 地球曲率对距离测量的影响

在图 1-16 中，在测区中部选一点 $A$，$A$ 点沿铅垂线投影到水准面 $P$ 上为 $a$，过 $a$ 点作切平面 $P'$。地面上 $A$、$B$ 两点投影到水准面上的弧长为 $S$，在水平面上距离为 $t$，则 $A$、$B$ 两点投影到水准面与投影到水平面引起的距离误差为：

$$\Delta S = t - S = R\tan\theta - R\theta = R(\tan\theta - \theta)$$
(1-11)

上式按级数展开，因 $\theta$ 很小，略去五次方以上的各项，并以 $\theta = S/R$ 代入可导出下式：

$$\Delta S = \frac{S^3}{3R^2}$$ (1-12)

上式两端同除 $S$ 得相对误差为：

$$\frac{\Delta S}{S} = \frac{S^2}{3R^2}$$ (1-13)

对上式以地球半径 $R = 6\ 371\mathrm{km}$，并取不同的大地水准面上两点的距离 $S$ 值代入，得到表 1-2 的计算结果。

**图 1-16 地球曲率对测量的影响**

表 1-2 水平面代替水准面对距离的影响

| $S(\mathrm{km})$ | 1 | 5 | 10 | 15 |
|---|---|---|---|---|
| $\Delta S(\mathrm{cm})$ | 0.00 | 0.10 | 0.82 | 2.77 |
| $\Delta S/S$ | — | 1/5 000 000 | 1/1 217 700 | 1/541 516 |

由表 1-2 可知，当距离为 10km 时，以水平面代替水准面所产生的距离相对误差仅为 1/1 217 700，这样小的误差，即使对地面上精密测距的影响都可以忽略不计。因此，在以半径为 10km 的测区内，用水平面代替水准面所产生的测距投影误差是可以不考虑的。

### 1.4.2 地球曲率对水平角的影响

由球面三角学可知，同一个空间多边形在球面上投影的各内角之和，较其在平面上投影的内角之和多出一个球面角超 $\varepsilon$。其值可用多边形的面积求得，即

$$\varepsilon = \rho'' \frac{P}{R^2}$$ (1-14)

式中：$P$——球面多边形面积；

$R$——地球半径；

$\rho'' = 206\ 265''$。

以球面上不同的面积代入式(1-14)，分别计算出球面角超见表 1-3。

表1-3 水平面代替水准面对角度的影响

| 球面面积 $P(\mathrm{km}^2)$ | 10 | 50 | 100 | 400 |
|---|---|---|---|---|
| 球面角超 $\varepsilon''$ | 0.05 | 0.25 | 0.51 | 2.03 |

计算结果表明，当测区面积为100km²时，用水平面代替水准面时，对角度的影响仅为0.51″，在普通测量中可以忽略不计。

### 1.4.3 地球曲率对高程的影响

由图1-16可知，用水平面代替水准面时，产生的高程误差为 $b'b$，设为 $\Delta h$。在 $\Delta Oab'$ 中有：

$$(R + \Delta h)^2 = R^2 + t^2$$
$$2R\Delta h + \Delta h^2 = t^2$$
$$\Delta h = \frac{t^2}{2R + \Delta h}$$

因 $\Delta h$ 很小，上式右端的 $\Delta h$ 与 $2R$ 相比可略去，平面距离 $ab' = t$ 也可用曲面距离 $\overset{\frown}{ab} = S$ 近似代替，则上式简化为：

$$\Delta h = \frac{S^2}{2R} \tag{1-15}$$

以不同的距离 $S$ 代入式(1-15)计算出高程误差，列入表1-4。

表1-4 地球曲率对高差的影响

| $S(\mathrm{m})$ | 10 | 50 | 100 | 500 | 1 000 |
|---|---|---|---|---|---|
| $\Delta h(\mathrm{mm})$ | 0.0 | 0.2 | 0.8 | 19.6 | 78.5 |

上述计算结果表明：地球曲率对高程的影响很大。在高程测量中，即使在很短的距离内也应顾及地球曲率的影响。

## 1.5 测量工作的基本内容和程序

### 1.5.1 测量工作的基本内容

测量工作的任务很多，其应用领域也十分广泛，但归结起来有两个方面。一方面是测出地面点的位置，并在图纸上表示出来称为测图或测定，另一方面是把图纸上设计的点标定到地面上称为测设或放样。实施这两项任务的核心工作就是确定地面点的位置。

如图1-17所示，设 $A$、$B$ 为已知坐标点，$P$ 为待定点。在 $\triangle ABP$ 中，除已知边 $AB$ 外，只要测出一边一角、两个角或两条边长，就可

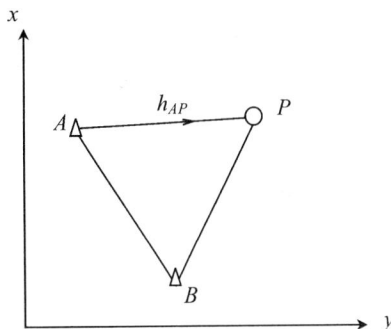

图1-17 测定点位的基本测量工作

以推算出 $P$ 点的平面坐标。如果再测出 $A$ 点至 $P$ 点的高差 $h_{AP}$，即可推算出 $P$ 点的高程。因此角度测量、距离测量和高程测量是确定地面点位置的三大测量基本工作。观测、计算和绘图是测量工作的基本技能。

### 1.5.2　测量工作应遵循的原则

在测绘地形图时，需要测定很多碎部点（地物点和地貌点）的位置。由于任何一种测量工作都会产生不可避免的误差，若从一个已知点开始，逐点施测，将会出现前一

(a)

(b)

**图 1-18　地形图测绘**

点的测量误差，传递给下一点，这样积累起来，最后可能达到不可容许的程度。为防止误差的积累，在实际测量工作中，都是先在测区内选择一定数量有控制意义的点子作为控制点。如图 1-18(a)所示，$A$，$B$，…，$F$ 为在测区选择的控制点，全部控制点组成的网称为控制网，测定控制点位置的工作称为控制测量。控制点的数量不多，可以通过较精密的测量方法及增加具有检核条件的多余观测，保证控制点位置测定的准确性。然后再把已经具有精确位置的控制点作为已知点施测它们附近的碎部点，如图 1-18(b)所示。碎部测量的精度虽比控制测量的精度低，但由于碎部点位置都是从控制点测定的，所以误差就不会从一个碎部点传递到另外一个碎部点，在一定的观测条件下，使各个碎部点都能保证应有的精度。

同时，测绘工作的每项成果必须经过检核，保证无误后，才能进行下一步工作，中间环节只要一步有错误，后续的工作是不能进行下去的。只有这样，才能保证测绘成果的正确性。

综上所述，测量工作应遵循的基本原则是：在布局上，"从整体到局部"；在程序上，"先控制，后碎部"；在精度上，"由高级到低级"；对具体工作而言"应步步有检核"。

### 1.5.3　测量工作的实施步骤

#### 1.5.3.1　技术设计

技术设计是从技术上的可行、实践上的可能和经济上合理三方面，对测绘工作进行总体策划，选定出优化方案、安排好实施计划。

#### 1.5.3.2　控制测量

根据测区范围的大小，确定测区首级控制网等级，布设首级控制网及各级加密控制网，测定各级控制点的平面位置和高程。

#### 1.5.3.3　碎部测量

以控制点作为已知点测定其附近的碎部点的平面位置及其高程，用多个碎部点的空间位置，就可真实地描述地物、地貌的空间形态和分布。

上述步骤中，有些工作在野外进行，称为外业，其主要任务是进行信息(数据、图像等)的采集；有些工作在室内进行，称为内业，它的主要任务是将采集的信息加工(数据处理和绘图)。现代测绘技术发展的总趋势，是逐步实行外业和内业的一体化和自动化。

## 思考题

1. 测绘学的研究对象和任务是什么？

2. 地球的形状近似于怎样的形体？大地体与参考椭球有何不同？

3. 测量中常用坐标系有哪几种？各有何特点？

4. 什么叫大地水准面？测绘中的点位计算及绘图，能否投影到大地水准面上进行？为什么？

5. 什么是"1954 年北京坐标系"？什么叫"1980 西安坐标系"？它们的主要区别是什么？

6. 什么是"2000 中国大地坐标系"？在测量工作中采用 2000 中国大地坐标系有什么好处？

7. 什么叫"1956 年黄海高程系"与"1985 年国家高程基准"？两点之间的高差在这两种高程系统中是否一样？

8. 试用公式说明水平面代替水准面的限度对距离、水平角度及高程会产生什么影响？由此可得出什么结论？

9. 测量工作应遵循的原则是什么？为什么要遵循这些原则？

10. 设某地面点的大地经度为东经 $106°25'36''$，试计算它所在 6° 带和 3° 带的带号及中央子午线的经度。

11. 若我国某处地面点 $A$ 的高斯平面直角坐标值为 $x = 3\ 234\ 567.68\text{m}$，$y = 35\ 453\ 786.63\text{m}$。问该坐标值是按几度带投影计算而得？$A$ 点位于第几带？该带中央子午线的经度是多少？$A$ 点在该带中央子午线的哪一侧？距离中央子午线和赤道各为多少米？

## 本章可供参考书目

1. 测绘学概论．宁津生，陈俊勇，李德仁，等．武汉大学出版社，2004.

2. 数字测图原理与方法．潘正风，杨正尧，程效军，等．武汉大学出版社，2004.

3. 现代测量学．王侬，过静珺．清华大学出版社，2001.

4. 测量学．卡正富．中国农业出版社，2002.

5. 测量学试题与解答．陈学平．中国林业出版社，2002.

# 第 2 章
# 水准测量

水准测量是高程测量的基本方法,也是测量的三要素之一。本章主要讲述了水准测量原理;水准仪分类、构造及使用;水准仪应满足的几何条件;水准测量的工具;水准测量实施的方法、精度要求与高程计算;自动安平水准仪和电子水准仪的测量;水准测量误差来源及减弱措施等内容。通过本章的学习,使学生掌握水准测量的原理及运用水准测量测定地面点高程的基本技能。

　　为确定地面点高程所进行的测量工作，称为高程测量。高程测量根据所用仪器与施测方法不同，分为水准测量、三角高程测量、GPS 定位高程测量和气压高程测量。水准测量精度高，它适用于建立各等级高程控制网的测量。三角高程测量比精密水准测量的精度低，但观测速度快，适用于地形起伏较大地区的图根高程控制测量和山区以及位于高建筑物上平面控制点高程的测定，光电三角高程测量在精度上能达到四等水准。静态 GPS 定位高程测量其拟合高程精度能达到 ±5cm，GPS RTK 定位测量其高程精度能满足地形碎部点高程的精度要求。气压高程只适用于调查或普查方面的概略高程测量。本章介绍水准测量。

## 2.1　水准测量的原理

　　水准测量是利用水准仪提供的水平视线测定地面两点间的高差，然后根据其中一点的已知高程推算其他各点高程的一种方法。如图 2-1 所示，已知 $A$ 点的高程为 $H_A$，要测出 $B$ 点的高程 $H_B$，只要在 $A$、$B$ 两点间安置一台能提供水平视线的仪器——水准仪，并在 $A$、$B$ 两点上竖立水准尺，利用水平视线分别读出已知高程 $A$ 点的尺上读数 $a$ 和未知高程 $B$ 点的尺上读数 $b$，在测量是由 $A$ 向 $B$ 方向前进的情况下，$A$ 点称为后视点，$B$ 点称为前视点。在后视点的尺上读数称为后视读数，在前视点的尺上读数称为前视读数。则 $A$、$B$ 两点间的高差为：

$$h_{AB} = a - b \tag{2-1}$$

即两点间的高差等于后视读数 $a$ 减去前视读数 $b$。高差的正或负是表示以后视点为准，前视点对后视点的高低关系，当 $a > b$ 时，$h_{AB}$ 为正，如图 2-1（a）所示。当 $a < b$ 时，$h_{AB}$ 为负，如图 2-1（b）所示。高程的计算方法有：

　　（1）由高差计算 $B$ 点高程

$$H_B = H_A + h_{AB} = H_A + (a - b) \tag{2-2}$$

　　（2）由视线高程（亦称仪器高程）计算 $B$ 点高程

　　由图 2-1 可知，$A$ 点的高程 $H_A$ 加后视读数 $a$ 等于视线高程，设为 $H_i$：

$$H_i = H_A + a \tag{2-3}$$

$B$ 点高程等于视线高程减去前视读数 $b$，即

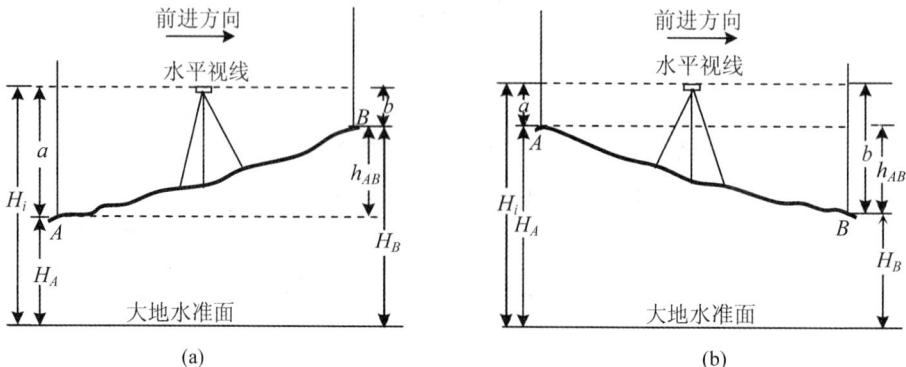

图 2-1　水准测量原理

$$H_B = H_i - b = (H_A + a) - b \tag{2-4}$$

在一个测站上要同时测出许多点高程(面水准测量)时,用式(2-4)计算更为方便。由水准测量的原理可知,用水准仪测量地面点的高差时,水准仪的视线必须水平。如果视线不水平,上述公式不成立,测算就发生错误。因此在水准测量中必须牢记视线水平这个最重要、最基本的要求。

## 2.2 水准测量的仪器和工具

水准测量所使用的仪器为水准仪,工具为水准尺和尺垫。

### 2.2.1 水准仪的分类

按构造分类:水准仪按构造可分为微倾水准仪、自动安平水准仪、电子水准仪。

按精度分类:高精度仪器 $DS_{0.5}$、$DS_1$,主要用于精度要求较高的精密水准测量。中等精度仪器 $DS_3$,主要用于三、四等水准测量。一般精度仪器 $DS_{10}$、$DS_{20}$,主要用于图根水准测量。DS 分别为大地测量仪器和水准仪的汉语拼音第一个字母,0.5,1,3…下标表示每千米水准路线长度往返测高差平均值中误差为 0.5mm,1mm,3mm……。本节主要介绍 $DS_3$ 级微倾式水准仪。

### 2.2.2 水准仪的构造

根据水准测量原理,水准仪的作用是提供一条水平视线,并能瞄准水准尺进行读数。因此,水准仪主要由望远镜、水准器、托板及基座四部分组成,图 2-2 是我国生产的 $DS_3$ 级微倾式水准仪。

**图 2-2　水准仪的构造**

1. 准星　2. 物镜　3. 微动螺旋　4. 制动螺旋　5. 符合水准器观测镜　6. 水准管　7. 圆水准器　8. 校正螺丝　9. 照门　10. 目镜　11. 目镜调焦螺旋　12. 物镜调焦螺旋　13. 微倾螺旋　14. 基座　15. 脚螺旋　16. 连接板　17. 架头　18. 连接螺旋　19. 三脚架

### 2. 2. 2. 1  望远镜

望远镜是用于瞄准目标和读数,它主要是由物镜、调焦透镜、十字丝和目镜等几个部分组成,如图 2-3 (a) 所示,此外还有制动、微动螺旋和微倾螺旋。

(1)物镜  由冕牌玻璃及火石玻璃组成,目的是消除色散像差,改善成像质量。物镜的主要作用是收集众多的光线,成一小而光强的物像,便于目镜放大,有足够的光亮度,以利观测。物镜的大小是望远镜分辨率大小的主要指标之一。因为物镜大,收集物体的光线便多,可以放得较大而又有足够的明亮度。另外物像的清晰度,对分辨率有较大的影响,清晰度由物镜、目镜等琢磨的精度和光学质量所决定。$DS_3$ 级水准仪望远镜的放大率一般为 30 ~ 35 倍。望远镜物镜光心与十字丝交点的连线,称为视准轴。

图 2-3  望远镜的构造

(2)调焦透镜  如果物镜与十字丝的距离不变动,则远近不同的物体,将成像在十字丝的前后,移动调焦透镜,可使物像精确地落在十字丝平面上。这种望远镜叫内调焦望远镜,我国生产的水准仪和经纬仪上的望远镜都是内调焦。如果不用调焦透镜,而使物镜对十字丝做相对运动,也可使远近不同的物像,精确落在十字丝平面上,这种望远镜称外调焦望远镜,罗盘仪上的望远镜就属于外调焦望远镜。内调焦望远镜的优点是:密封性好、灰尘和潮气不容易进入望远镜内,望远镜可以做得短些,仪器比较轻便等。

(3)十字丝  是刻划在玻璃板上,竖直的一条称为竖丝,横的一条称为中丝,是为瞄准目标和读数用的。中丝上下还有对称的二条短横丝,是测定距离用的,称为视距丝,如图 2-3(b)所示。十字丝分划板一般用四个止头螺丝安装在镜筒上。

(4)目镜  主要起放大作用,将十字丝和物体在十字丝平面上的物像同时放大,以便观测。为了使十字丝的虚像在明视距离上,目镜对十字丝可做相对运动。旋转目镜,可使十字丝看得十分清晰。倒像望远镜的目镜由两个平凸透镜组成,正像望远镜的目镜由四个平凸透镜组成,因为增加了两个透镜,使镜筒变长,光线损失较多。我国北光厂和天津厂生产的自动安平水准仪均系正像望远镜。

### 2. 2. 2. 2  水准器

水准仪上的水准器,是用来指示视线是否水平或竖轴是否竖直的装置。水准器分圆水准器和管水准器（又称为长水准管）两种。圆水准器一般装在基座部分上，作为概略整平用，管水准器和望远镜连在一起，供精确调平视线用。

水准器是一个内表面磨成圆弧的玻璃管，如图2-4（a）所示，管内贮满乙醚和乙醇的混合液体，加热封闭，冷却后便形成一个气泡，水准管上刻有间隔2mm的刻划，每2mm弧长所对圆心角称为水准器的分划值，用$\tau$表示，如图2-4（b）、（c）所示。水准管的分划值越小，灵敏度越高。我国生产的$DS_3$级水准仪管水准器的分划管值为20″/2mm，$DS_{10}$级水准仪管水准器的分划值为45″/2mm。水准管圆弧内壁中点的切线称为水准管轴$LL$。当气泡居中时，水准管轴就处于水平位置。由于水准管轴和视准轴平行，此时仪器的视线即为水平视线。

为了便于观察气泡是否居中和提高目估水准管气泡居中的精度，在水准管的上方安装一组符合棱镜和窥望镜，如图2-4（d）所示，水准管气泡的影像，通过棱镜组90°的转向作用，把气泡两端点的影像反映到符合水准器的窥望镜视场内。在窥望镜内看到气泡两个一半的影像，当它们构成半圆时，气泡就完全居中了，如图2-4（e）所示。

圆水准是一个内表面磨成球面的玻璃管，如图2-4（f）所示，通过球面中点的法线称为圆水准轴。当气泡居中时，圆水准轴处于铅垂位置。如果圆水准轴与仪器竖轴平行，则气泡居中时，竖轴也处于铅垂位置。圆水准器的分划值为$8' \sim 10'/2mm$，由于精度低，故只用于仪器的概略整平。

图2-4  管水准器和圆水准器

### 2. 2. 2. 3 托板和基座

托板是连接望远镜和竖轴的主要部件，它是由托板和固定弹簧片将望远镜和竖轴固联在一起，它上是支撑着望远镜和水准器，下与竖轴相连接，竖轴插于基座内。托板上有圆水准器、水平制动螺旋、微动螺旋及精平用的微倾螺旋。基座是由轴座、脚螺旋和三角形底板所组成，它的作用是支撑仪器的上部并与三脚架相连接。

### 2. 2. 2. 4 水准仪在构造上应满足的条件

根据水准测量原理，水准仪必须提供一条水平视线，才能正确地测出地面两点间的高差。为此，水准仪必须满足下列的几何条件(图 2-5)：

图 2-5　水准仪的几何轴线

(1)圆水准器轴 $L'L'$ 应平行于仪器的竖轴 $VV$。其目的是当圆水准器气泡居中时，圆水准器轴 $L'L'$ 处于铅垂位置，仪器的竖轴也处于铅垂位置。

(2)十字丝的横丝应垂直于仪器的竖轴 $VV$。其目的是当竖轴处于铅垂位置时，横丝处于水平位置，这样就可用水平的中横丝去代替十字丝交点照准、读数，从而使水准仪照准、读数更加方便。

(3)水准管轴 $LL$ 应平行于视准轴 $CC$。其目的是当水准管气泡居中时，水准管轴就是一条水平线，视准轴也是一条水平线。

水准仪应满足的各条件，在出厂时已经过严格的检验而得到满足，但经过长途运输或长期使用等原因，各轴线间的几何关系会发生变化，若不及时检验校正，将会影响测量成果的质量。因此，在水准测量之前，即使是一台新仪器，都应使其满足上述的条件。

### 2. 2. 3 水准尺和尺垫

水准尺是水准测量所使用的标尺，其规格必须符合精度要求，水准尺有塔尺和双面尺两种，图 2-6 为几种不同注记形式的水准尺。水准尺的零点一般都是尺的底部，自零点起每隔 1cm 或 5mm 刻一刻划，为了能从远处清晰地看出刻划，尺的刻划是黑白相间，每 1dm 刻划处都注有数字。有的尺面字顶注记表示整分米位置，也有的是字脚注记表示整分米位置，使用时应注意分清。注记有正字和倒字两种。超过 1m 的注记加红点表示，一个点表示 1m，如 ∴、∷ 表示 3m、4m，也有用分米直接注记，如 12、22、56 则表示为 1.2m、2.2m、5.6m 等。

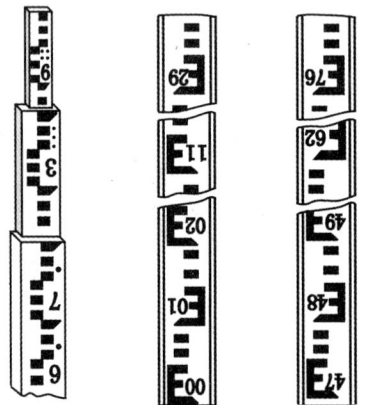

图 2-6　水准尺

塔尺一般用于等外水准测量，其长度为 2～5m，它由 3～5 截套在一起，使用时必须注意接口位置是否正确。标准水准尺主要用于三、四等水准测量，其长度为 3m，双面刻划，黑面由零点起黑白相间刻划，红面由 4687 或 4787 起红白相间刻划，标准水准尺必须是成对使用，即一根红面起点是 4687，另一根红面起点必须是 4787。

图 2-7 尺 垫

尺垫由生铁铸成，一般为三角形和圆形的底座，其下方有三只脚，中央有一突起的半球体，如图 2-7 所示。尺垫的作用是防止水准尺下沉或移动，为保证水准测量的精度，水准测量转点时要把尺垫紧紧踩在地上。在尺垫的半球体上竖立水准尺，可使水准尺在尺垫上朝不同方向转动的过程中保持高度不变。

## 2.3 水准仪的使用

水准仪的使用包括粗平、瞄准、精平和读数 4 个步骤。

### 2.3.1 粗平

在安置仪器的地方，打开三脚架，目估架头大致水平，其高度应与观测者身高相适应。再把脚架踩入地面，然后从箱中取出仪器，一手握住基座，一手拧紧中心固定螺旋，将水准仪固定在三脚架上。转动脚螺旋使圆水准气泡居中。如图 2-8 所示，气泡偏离中央，首先按箭头所指方向（顺时针转动脚螺旋，该脚螺旋基座端位置升高；反之亦然）两手同时反方向转动脚螺旋 1 和 2 使气泡移到前后或左右的连线上，再转动脚螺旋 3 使气泡居中。此时仪器竖轴就大致处于铅垂位置。在整平过程中，气泡移动的方向与左手大拇指转动的方向一致。

图 2-8 圆水准器整平

图 2-9 视差现象

### 2.3.2 瞄准

（1）目镜调焦 将望远镜对向明亮的背景，根据观测者的视力，转动目镜调焦螺旋，使十字丝清晰。

（2）粗瞄 松开制动螺旋，转动望远镜，利用望远镜上的瞄准设备，瞄准标尺，然后拧紧制动螺旋。

（3）精瞄　转动物镜调焦螺旋，使水准尺读数成像清晰，再转动微动螺旋使水准尺影像位于视场中央。

（4）消除视差　瞄准目标时，应使物像精确落在十字丝平面上，否则当眼睛靠近目镜上下微微移动时，十字丝交点所对物像（尺上读数）会相对移动，这种现象称为视差。如图 2-9（a）所示，视差将影响目标的照准和读数的正确性，必须加以消除。

消除的方法是仔细转动物镜调焦螺旋，改变物像平面的前后位置，使其与十字丝平面重合，此时十字丝交点所对的尺上读数就不再变化了，如图 2-9（b）所示，即消除了视差。

### 2.3.3　精平

转动微倾螺旋使气泡两端的影像符合，称为精平。如图 2-10（a）所示，方法是眼睛通过目镜左边的符合气泡观察窗查看水准管气泡，右手慢慢转动微倾螺旋，使气泡两端的影像严格符合。微倾螺旋转动的方向，同左侧气泡所应移动的方向一致，如图 2-10 中（b）、（c）箭头所指的方向。

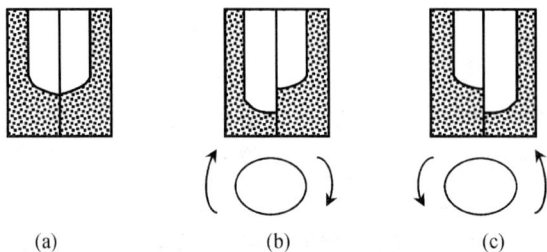

图 2-10　水准管气泡精平

### 2.3.4　读数

当符合水准器精平后应立即读数。读数就是读取十字丝中横丝在水准尺上所指示的数值。使用倒像望远镜观测时，望远镜中看到的水准尺是倒像，所以读数时要注意尺上的注记顺序，由上往下，其读数从小到大（正像望远镜观测，则刚好相反），先估读出毫米数，共读四位数。如图 2-11 为正字和倒字注记的读数例子，分别为 1.274 m、5.960 m、2.530 m。读数后还要检查气泡是否完全符合，如有偏差，读数作废，应重新精平，再次读数。

必须注意，当仪器转到另一方向进行观测时，仍需再次转动微倾螺旋，使管水准气泡严格符合精平后，才能读数。也就是说每次读数之前都要精平，这是微倾水准仪的使用特点。

图2-11 水准尺读数

## 2.4 水准测量的实施方法

### 2.4.1 水准点

为了统一全国高程测量和满足地形测图、施工放样以及科学研究等方面的需要，有关部门在全国范围内埋设了许多固定的各等级的高程标志点，标志点的高程是通过水准测量获得的，则这些点称为水准点，简记为 $BM$。国家水准点的高程由专业测量单位施测。至于工矿地区、建筑工地、水利工程工地、林业工程及桥梁工程等所需埋设的水准点，其位置应选择在土质坚硬，便于长期保存和使用方便的地方。

水准点分为永久性水准点[图2-12(a)、(b)]和临时性水准点[图2-12(c)、(d)]两种。临时水准点一般不埋石，而是利用建筑物的下部基石、桥墩或在坚硬的大石头上刻一"十"字，并画一个圆圈表示点位，用油漆写明点号，以便寻找。

水准点设置好后，应绘制草图，并附以必要的说明。

图2-12 水准点

### 2.4.2 水准路线的布设形式

水准测量经过的路径称为水准路线。水准路线应尽量沿铁路、公路以及其他坡度较小的道路敷设，使其通视良好，土质坚硬，避免跨越湖泊、沼泽、山谷、河流及其他障碍物。水准路线的布设形式有如下几种：

#### 2.4.2.1 闭合水准路线

当测区内只有一个已知水准点，而水准路线又较长时，可布设成闭合水准路线，如图2-13(a)所示。

### 2.4.2.2　附合水准路线

当测区内或附近有两个或两个以上已知高级水准点时，可布设成附合水准路线，如图 2-13(b)所示。

### 2.4.2.3　支水准路线

当测区狭长或短距离的图根水准测量，在测区内只有一个已知水准点，无条件闭合或附合时，用往返观测的方法，测定未知点的高程，称为支水准路线，如图 2-13(c)所示。

图 2-13　水准路线的布设形式

### 2.4.2.4　结点水准网

当测区较大，用单一水准路线无法满足精度及所需水准点的密度要求时，可布设成结点水准网的形式，如图 2-13(d)中高等级的已知高程水准点 $BM$ 与结点 $B$、$C$、$D$、$E$ 构成环状的结点水准网。

## 2.4.3　水准测量的方法

### 2.4.3.1　一个测站上的水准测量(简单水准测量)

如图 2-14 所示，测定 $A$、$B$ 两点间的高差 $h$，或求 $B$ 点的高程时，可将水准仪安置在距 $A$、$B$ 两点等距的地方，仪器粗平后，先瞄准后视目标 $A$，精平仪器，读出 $A$ 点的尺上读 $a_1$；再瞄准前视目标 $B$，精平仪器，读出 $B$ 点的尺上读数 $b_1$。则第一次测量的高差 $h_1$ 为：

$$h_1 = a_1 - b_1$$

为了校核测量成果是否有误，再将水准仪升高或降低(10cm 左右)，用

图 2-14　一个测站上的水准测量

上述同样的方法重新测量一次，得出 $a_2$ 及 $b_2$，则第二次测量的高差：

$$h_2 = a_2 - b_2$$

若 $h_1$ 及 $h_2$ 之差一般不超过 $\pm 5\text{mm}$，则认为测量两点间的高差 $h_{AB}$ 为：

$$h_{AB} = \frac{1}{2}(h_1 + h_2) \tag{2-5}$$

$B$ 点高程为：

$$H_B = H_A + h_{AB} \tag{2-6}$$

$h_1$ 及 $h_2$ 的测量也可用双面尺测量法：

在 $A$、$B$ 两点上竖立双面水准尺，在 $A$、$B$ 两点的中间安置水准仪，瞄准后视尺 $A$，精平后读出黑面尺读数 $a_黑$ 及红面尺读数 $a_红$，红、黑面读数之差与其理论值 $(4.687$ 或 $4.787)$ 的较差应小于 $\pm 3\text{mm}$，然后瞄准前视尺 $B$，精平后读出黑面尺读数 $b_黑$ 及红面尺读数 $b_红$，红、黑面读数之差同样要满足上述的要求。

$A$、$B$ 两点间的高差为：

$$\left.\begin{array}{l} h_黑 = a_黑 - b_黑 \\ h_红 = a_红 - b_红 \end{array}\right\} \tag{2-7}$$

若 $h_黑$ 与 $(h_红 \pm 0.1\text{m})$ 互差小于 $\pm 5\text{mm}$，则认为测量满足精度要求，可取平均值作为 $A$、$B$ 两点间的高差 $h_{AB}$：

$$h_{AB} = \frac{h_黑 + (h_红 \pm 0.1\text{m})}{2} \tag{2-8}$$

上述所进行一个测站的水准测量称为简单水准测量。

每站测量采用前、后视距相等（即中间法）能消除水准管轴不平行视准轴的误差、大气折光差及地球曲率差。如图 2-15 所示，仪器的水准管轴不平行于视准轴产生的读数差（$\Delta X$）、大气折光产生的折光差（$r$）及地球曲率产生的曲率差（$f$）都与水准仪距水准尺的距离 $d$ 成正比，因此，若前、后视距离相等，对前、后视所都产生相等的三项误差，用后视减前视求高差时，就可将这三项误差的影响消除。

**图 2-15 消除三差示意图**

### 2.4.3.2 连续中间法（复合水准测量）

如果待测点与已知高程点相距较远或高差较大，可采用连续的中间法来测量每一测站的高差，各站高差的总和为该测段两标志点之间的高差。如图 2-16 所示，一个测站无法测出 $A$ 至 $B$ 点的高差，则必须经过多个测站的观测才能测出 $A$、$B$ 两点间的高差。其具体方法为：先在 $A$ 点和转点 1 的中间安置水准仪，在 $A$ 点和转点 1 分别竖立水准尺，瞄准后视点 $A$ 的标尺，精平后读数 $a_1$ 为 1.749，记入表 2-1 的后视栏内，再瞄准前视转点 1 的标尺，精平后读数 $b_1$ 为 0.824，记入表 2-1 的前视栏内，则第一次测量的高差为 1.749 - 0.824 = +0.925m，为了进行测站校核，再将仪器升高或降低（或用双面水准尺）再测量一次，若两次测量高差之差小于 ±5mm，取平均值作为高差中数，并记入表 2-1 的高差中数栏内，至此第一测站的测量工作结束。转点 1 的标尺不动，搬仪器到第二测站（图 2-16 中转点 1 及转点 2 的中间），在 A 点立尺的人，持尺前进至转点 2，在转点 2 竖立标尺，重复以上操作测完第二测站，如此依次测量至终点。

各测站高差用式（2-5）求出，然后将高差相加，即得 A、B 两点间的总高差 $h_{AB}$：

$$h_1 = \frac{1}{2}(a_{11} - b_{11} + a_{12} - b_{12})$$

$$h_2 = \frac{1}{2}(a_{21} - b_{21} + a_{22} - b_{22})$$

$$\cdots\cdots$$

$$+ \quad h_n = \frac{1}{2}(a_{n1} - b_{n1} + a_{n1} - b_{n1})$$

$$h_{AB} = \sum h = \frac{1}{2}(\sum a - \sum b) \tag{2-9}$$

一测段的高差等于各站平均高差之和，两次仪高法一测段的高差还可以用后视总和减去前视总和的 1/2 来计算，B 点的高程 $H_B$ 为：

$$H_B = H_A + h_{AB} \tag{2-10}$$

连续中间法又称为复合水准测量。在进行复合水准测量时，需要临时选定传递高程的转点，如图 2-16 中的 1，2，3，…都是用来传递高程的转点。在转点既有上一站的后视读数又有下一站的前视读数，转点高程测量、计算正确与否，直接影响到下一点的高程，因此转点的高低位置在作为前、后视的测量过程中应保持一致，否则就起不到传递高程的作用。为了在测量中固定转点，防止转点高低位置在测量中发生变化，应在转点上放置尺垫，将标尺立于尺垫上。已知高程点及待测的未知高程点均不能放尺垫，直接将标尺立于标志点上。

图 2-16 复合水准测量

**表2-1 水准路线测量记录手簿**

日期：2003 年 12 月 25 日　　仪器：L20　　型号：DS$_3$　地点：主楼周围　　天气：晴

观测者：王　东　　　　记录者：李永康　　　　校核者：王　伟

| 测站 | 后视 | 前视 | 水准尺读数(m) | | 高　差(m) | | 高差中数 | 改正数 | 改正后高差 | 后视点高程(m) |
|---|---|---|---|---|---|---|---|---|---|---|
| | | | 后视 | 前视 | + | − | | | | |
| 1 | BM1 | TP1 | 1.749 | 0.824 | +0.925 | | +0.926 | | | 508.658 |
| | | | 1.864 | 0.937 | +0.927 | | | | | |
| 2 | TP1 | TP2 | 3.140 | 0.355 | +2.785 | | +2.784 | | | |
| | | | 3.268 | 0.485 | +2.783 | | | | | |
| 3 | TP2 | TP3 | 2.655 | 0.958 | +1.697 | | +1.696 | | | |
| | | | 2.587 | 0.892 | +1.695 | | | | | |
| 4 | TP3 | TP4 | 2.310 | 0.428 | +1.882 | | +1.883 | | | |
| | | | 2.298 | 0.414 | +1.884 | | | | | |
| 23 | BM2 | TP1 | 1.726 | 1.866 | | −0.140 | −0.141 | | | |
| | | | 6.512 | 6.554 | | −0.042 | | | | |
| 24 | TP1 | TP2 | 2.007 | 1.832 | +0.175 | | +0.174 | | | |
| | | | 6.793 | 6.520 | +0.273 | | | | | |
| 25 | TP2 | TP3 | 2.580 | 1.284 | +1.296 | | +1.296 | | | |
| | | | 7.368 | 5.971 | +1.397 | | | | | |

### 2.4.3.3 双转点法(过河、过山谷的水准测量)

如图 2-17 所示，欲测 A、B 两点的高差，在前、后视的中间无法安置仪器，此时先在 A 点处安置仪器，精平仪器后，读出 $a_{11}$ 及 $b_{11}$，为了进行测站校核，用红面尺或变动仪器高再测一次 $a_{12}$ 及 $b_{12}$，满足测站精度要求后，将仪器搬至 B 点处，用同样的观测方法测出 $a_{21}$、$b_{21}$ 及 $a_{22}$、$b_{22}$，则 A、B 两处所测的高差分别为：

$$h_1 = \frac{1}{2}(a_{11} - b_{11} + a_{12} - b_{12})$$

$$h_2 = \frac{1}{2}(a_{21} - b_{21} + a_{22} - b_{22})$$

A、B 两点的高差则为：

$$h_{AB} = \frac{1}{2}(h_1 + h_2)$$

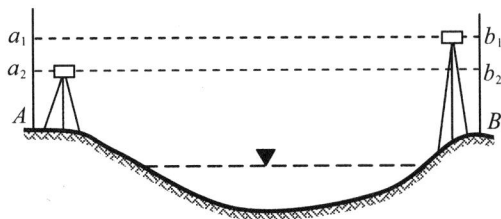

**图 2-17 双转点水准测量**

由于两站的前视距离之和与后视距离之和相等，实质上还是保持了中间法的原理，其测量结果同样消除了三项误差的影响。水准测量因受地形条件的限制，不能严格采用中间法时，应在后一测站给予补偿，如某测站后视距离长了 10m，则在后一测站上使前视距离也长 10m。

## 2.5　水准测量的精度要求及高程计算

### 2.5.1　水准测量的精度要求

在水准测量中，由于种种原因测得的高差总是含有误差，在研究误差产生的规律和总结实践经验的基础上，经过科学分析，可以找出误差的规律，从而规定出误差的容许限度，即容许误差，用 $f_{h容许}$ 来表示，容许误差也叫精度要求，当测量成果的误差小于容许误差时，认为观测精度合格，大于容许误差的应查明原因进行重测。常用水准测量的精度要求如下：

$$
\left.
\begin{aligned}
&三等水准测量精度：&f_{h容许} &= 10\text{mm}\sqrt{L} \text{ 或 } 3\text{mm}\sqrt{n} \\
&四等水准测量精度：&f_{h容许} &= 20\text{mm}\sqrt{L} \text{ 或 } 6\text{mm}\sqrt{n} \\
&五等水准测量精度：&f_{h容许} &= 30\text{mm}\sqrt{L} \text{ 或 } 8\text{mm}\sqrt{n} \\
&工程水准测量精度：&f_{h容许} &= 35\text{mm}\sqrt{L} \text{ 或 } 10\text{mm}\sqrt{n} \\
&图根水准测量精度：&f_{h容许} &= 40\text{mm}\sqrt{L} \text{ 或 } 12\text{mm}\sqrt{n}
\end{aligned}
\right\}
\qquad (2\text{-}11)
$$

在式 (2-11) 中，$L$ 是水准路线长度，以千米 (km) 为单位；$n$ 为测站数。平原地区或每千米少于 15 站时，用水准路线长度 $L$ 计算 $f_{h容许}$；山区或每千米多于 15 站时，用测站数 $n$ 计算 $f_{h容许}$。等外水准测量又分为五等水准测量、工程水准测量和图根水准测量 3 种。

### 2.5.2　水准测量的成果校核

在水准路线测量中，虽然每一站都进行了测站校核，把每个测站所产生的误差已限制在容许误差范围内，但就整条路线来说，有时由于误差的累积，或在转点上标尺未立在同一高度位置而产生转点高程错误，这种转点错误在测站校核中无法察觉，而在整条路线中却含有粗差。为了使测量成果不含有错误，必须进行成果校核。水准路线测得的高差与其理论值 (已知值) 之差称为高差闭合差 $f_h$，水准测量成果校核就是高差闭合差 $f_h$ 与其相应的容许值 $f_{h容许}$ 进行比较，其结果满足 $|f_h| \leqslant f_{h容许}$，则该水准路线高差观测成果合格。否则，成果不合格，应返工重测。水准路线的形式不同，计算水准路线的高差闭合差 $f_h$ 的也不同。

#### 2.5.2.1　闭合水准路线

如图 2-13 (a) 所示，从水准点 *BM* 开始，经过 1、2、3、4 点后，又闭合到 *BM* 点。其所测的高差代数和的理论值应等于 0，则因测量误差的存在而产生的水准路线高差

闭合差 $f_h$ 为：

$$f_h = \sum h_测 - \sum h_理 = \sum h_测 \qquad (2\text{-}12)$$

#### 2.5.2.2 附合水准路线

附合水准路线测量的高差理论值为终点高程 $H_{终点}$ 减去起点高程 $H_{起点}$，则其高差闭合差 $f_h$ 为：

$$f_h = \sum h_测 - (H_{终点} - H_{起点}) \qquad (2\text{-}13)$$

#### 2.5.2.3 往返测的支水准路线

对支水准路线进行往返测获得的高差，在理论上大小相等，符号相反，即往返测高差的代数和为 0。因此，它的高差闭合差 $f_h$ 为：

$$f_h = \sum h_{往测} + \sum h_{返测} \qquad (2\text{-}14)$$

### 2.5.3 路线水准测量的高程计算

#### 2.5.3.1 高差闭合差的计算

高差闭合差等于测量值减去高差的理论值。即

$$f_h = \sum h_测 - \sum h_理 \qquad (2\text{-}15)$$

当 $|f_h| \leqslant f_{h容许}$ 时，测量合格，否则应重测。$f_{h容许}$ 按式(2-11)进行计算。

#### 2.5.3.2 高差闭合差的平差

当按式(2-15)计算的闭合差满足精度要求后，可按下述方法之一进行高差闭合差的平差计算。

(1)将高差闭合差 $f_h$ 反号，按与各测段的测站数成正比计算高差闭合差的改正数 $v_h$。

$$v_{h_i} = -\frac{f_h}{N} \times n_i \qquad (2\text{-}16)$$

式中：$v_{h_i}$——第 $i$ 测段的高差改正数；

      $N$——水准路线的总测站数；

      $n_i$——第 $i$ 测段的测站数。

(2)将高差闭合差 $f_h$ 反号，按各测段的水准路线长度成正比计算高差闭合差的改正数 $v_h$。

$$v_{h_i} = -\frac{f_h}{D} \times d_i \qquad (2\text{-}17)$$

式中：$D$——水准路线的距离总长；

      $d_i$——第 $i$ 测段的水准路线长度。

由于 $v_h$ 值很小，式中 $D$ 及 $d$ 以百米(hm)或千米(km)为单位计算。计算出的改正数以毫米(mm)为单位，因此需进行适当的取舍，使改正数之和与闭合差的绝对值相

等，而符号相反。即

$$\sum v_h = -f_h \qquad (2\text{-}18)$$

### 2.5.3.3　改正后的高差计算公式为

$$h_{i改} = h_{i测} + v_{h_i} \qquad (2\text{-}19)$$

### 2.5.3.4　高程计算

可按下式计算各水准点的高程：

$$H_1 = H_{BM_1}（已知）$$
$$H_2 = H_1 + h_{12改}$$
$$H_3 = H_2 + h_{23改}$$
$$\cdots\cdots$$
$$H_n = H_{n-1} + h_{n-1,n改} \qquad (2\text{-}20)$$

当 $H_n = H_{BM_2}$（附合水准）或 $H_n = H_1 = H_{BM_1}$（闭合水准）时，说明计算无误。

## 2.5.4　路线水准测量的高程计算实例

### 2.5.4.1　附合水准路线的计算实例（表2-2）

（1）高差闭合差的计算

$$\sum h = +0.909 + (-0.360) + 0.118 + (-0.455) = +0.212m$$

$$\sum h_{理} = H_{终点} - H_{起点} = 44.509 - 44.313 = 0.196m$$

$$f_h = \sum h_{测} - \sum h_{理} = 0.212 - 0.196 = +0.016 = +16mm$$

（2）容许误差的计算

$$f_{h容许} = 8mm \times \sqrt{n} = 8mm \times \sqrt{16} = 32mm$$

$|f_h| \leqslant f_{h容许}$，说明测量满足精度要求。

**表 2-2　附合水准路线的高程计算表**

水准路线名称：k32 至 k35 标段　　　　　　　　　　　　　　计算者：王　强
日期：2008 年 10 月 30 日　　　　　　　　　　　　　　　　检查者：李　东

| 点号 | 测站数 $n$ | 高差(m) 观测值 | 改正数 | 改正后值 | 高程(m) | 备 注 |
|---|---|---|---|---|---|---|
| $BM_1$ | 5 | +0.909 | -0.005 | +0.904 | 44.313 | |
| 1 | | | | | 45.217 | |
| | 4 | -0.360 | -0.004 | -0.364 | | |
| 2 | | | | | 44.853 | $f_{h容许} = 8mm\sqrt{n} = 32mm$ |
| | 4 | +0.118 | -0.004 | +0.114 | | |
| 3 | | | | | 44.967 | |
| | 3 | -0.455 | -0.003 | -0.458 | | |
| $BM_2$ | | | | | 44.509 | |
| $\sum$ | $N=16$ | +0.212 | -0.016 | +0.196 | | |

（3）高差改正数的计算

$$v_{h_1} = -\frac{f_h}{N} \times n_1 = -\frac{16}{16} \times 5 = -5\text{mm}$$

$$v_{h_2} = -\frac{f_h}{N} \times n_2 = -\frac{16}{16} \times 4 = -4\text{mm}$$

$$v_{h_3} = -\frac{f_h}{N} \times n_3 = -\frac{16}{16} \times 4 = -4\text{mm}$$

$$v_{h_4} = -\frac{f_h}{N} \times n_4 = -\frac{16}{16} \times 3 = -3\text{mm}$$

改正数的校核计算：

$$\sum v_h = -f_h = (-5) + (-4) + (-4) + (-3) = -16\text{mm}$$

（4）改正后的高差及高程计算

$$h_{1改} = h_1 + v_{h_1} = 0.909 - 0.005 = +0.904\text{m}$$

$$h_{2改} = h_2 + v_{h_2} = -0.360 - 0.004 = -0.364\text{m}$$

$$h_{3改} = h_3 + v_{h_3} = 0.118 - 0.004 = +0.114\text{m}$$

$$h_{4改} = h_4 + v_{h_4} = -0.455 - 0.003 = -0.458\text{m}$$

改正后的高差校核：

$$\sum h_{改} = h_{1改} + h_{2改} + h_{3改} + h_{4改}$$
$$= 0.904 - 0.364 + 0.114 - 0.458 = +0.196\text{m}$$

$\sum h_{改} = \sum h_{理}$，说明计算无误。

高程计算为：

$$H_1 = H_{BM_1} + h_{1改} = 44.313 + 0.904 = 45.217\text{m}$$

$$H_2 = H_1 + h_{2改} = 45.217 - 0.364 = 44.853\text{m}$$

$$H_3 = H_2 + h_{2改} = 44.853 + 0.114 = 44.967\text{m}$$

校核：

$$H_{BM_2} = H_3 + h_{4改} = 44.967 - 0.458 = 44.509\text{m}$$

## 2.5.4.2 闭合水准路线的计算实例（表2-3）

表2-3 闭合水准路线的高程计算表

水准路线名称：东家坝测区 　　　　　　　　　　　　　　　　计算者：王 强

日期：2008 年 12 月 30 日 　　　　　　　　　　　　　　　　检查者：李 东

| 点号 | 距离（km） | 高差（m） | | | 高程 | 备 注 |
|---|---|---|---|---|---|---|
| | | 观测值 | 改正数 | 改正后值 | | |
| $BM_1$ | 0.72 | +8.234 | +0.009 | +8.243 | 84.744 | |
| 1 | 0.52 | -3.491 | +0.006 | -3.485 | 92.987 | |
| 2 | 0.82 | -7.742 | +0.010 | -7.732 | 89.502 | $f_{h容许} = 30\text{mm}\sqrt{L}$ |
| 3 | 0.64 | +2.966 | +0.008 | +2.974 | 81.770 | $= 30\text{mm}\sqrt{2.7} = 49\text{mm}$ |
| $BM_1$ | 2.70 | -0.033 | +0.033 | 0.000 | 84.744 | |
| $\sum$ | | | | | | |

(1)高差闭合差的计算

$$f_h = \sum h_{测} = h_1 + h_2 + h_3 + h_4$$
$$= +8.234 + (-3.491) + (-7.742) + 2.966$$
$$= -0.033\text{m} = -33\text{mm}$$

(2)容许误差的计算

$$f_{h容许} = 30\text{mm}\sqrt{L} = 30\text{mm}\sqrt{2.7} = 49\text{mm}$$

$|f_h| \leqslant f_{h容许}$，说明测量满足精度要求。

(3)高差改正数的计算

$$v_{h_1} = -\frac{f_h}{D} \times d_1 = -\frac{-33}{2.7} \times 0.72 = +9\text{mm}$$

$$v_{h_2} = -\frac{f_h}{D} \times d_2 = -\frac{-33}{2.7} \times 0.52 = +6\text{mm}$$

$$v_{h_3} = -\frac{f_h}{D} \times d_3 = -\frac{-33}{2.7} \times 0.82 = +10\text{mm}$$

$$v_{h_4} = -\frac{f_h}{D} \times d_4 = -\frac{-33}{2.7} \times 0.64 = +8\text{mm}$$

改正数的校核计算：

$$\sum v_h = -f_h = 9 + 6 + 10 + 8 = +33\text{mm}，说明计算无误。$$

(4)改正后的高差及高程计算

$$h_{1改} = h_1 + v_{h_1} = +8.234 + 0.009 = +8.243\text{m}$$
$$h_{2改} = h_2 + v_{h_2} = -3.491 + 0.006 = -3.485\text{m}$$
$$h_{3改} = h_3 + v_{h_3} = -7.742 + 0.010 = -7.732\text{m}$$
$$h_{4改} = h_4 + v_{h_4} = +2.966 + 0.008 = +2.974\text{m}$$

改正后的高差校核：

$$\sum h_{改} = h_{1改} + h_{2改} + h_{3改} + h_{4改}$$
$$= +8.243 + (-3.485) + (-7.723) + 2.974 = +0.000\text{m}$$

$\sum h_{改} = \sum h_{理}$，说明计算无误。

高程计算为：

$$H_1 = H_{BM_1} + h_{1改} = 84.774 + 8.243 = 92.987\text{m}$$
$$H_2 = H_1 + h_{2改} = 92.987 - 3.485 = 89.502\text{m}$$
$$H_3 = H_2 + h_{3改} = 89.502 - 7.732 = 81.770\text{m}$$

校核：
$$H_{BM_1} = H_3 + h_{4改} = 81.770 + 2.974 = 84.774\text{m}$$

## 2.6 自动安平水准仪的使用

自动安平水准仪是利用安装在望远镜内的自动补偿器，自动获得水平视线的一种仪器。使用时只要使圆水准器气泡居中，在望远镜中就能读出视线水平时的尺上读数，它不仅在一个方向上提供了水平视线，而且自动地提供了一个水平面，在任何一个方向上都能读出视线水平时的读数，这种水准仪粗平后，照准标尺无需精平即可直接读数，操作使用更加方便快捷，提高了观测效率。

### 2.6.1 自动安平水准仪的原理和构造

自动安平水准仪测量原理如图 2-18 所示，当水准仪的视线水平时，水准尺与视线等高的点，其成像和十字丝交点 $F$ 重合。当望远镜发生微量倾斜时，十字丝交点从 $F$ 移到 $F_1$，由于望远镜内有自动补偿器对望远镜做相对移动，使水准尺上视线水平时等高点的成像，发生相应位移，也移到 $F_1$，从而获得视线水平时的读数。

设物镜和调焦镜的组合焦距为 $f'$，倾斜的视准轴与水平视线的夹角为 $\alpha$，补偿器到十字丝交点的距离为 $S$，经补偿后光线的偏角为 $\beta$，如在任何情况都满足：

$$f' \times \alpha = S \times \beta \qquad 即 \qquad \frac{\beta}{\alpha} = \frac{f'}{S} \qquad (2-21)$$

则水准尺上视线水平时的读数，就始终落在十字丝中横丝上。因 $f'$ 与 $S$ 为定值，则 $\frac{\beta}{\alpha}$ 亦为定值，令 $\frac{\beta}{\alpha} = K$，则补偿器必须在任何情况下都满足 $\beta = K \times \alpha$。这就是自动安平水准仪的基本原理。$K$ 称为补偿器的放大倍数，不同形式的补偿器，其放大倍数 $K$ 值也有所不同。

图 2-18 自动安平水准仪测量原理

图 2-19 DZS$_{3-1}$ 自动安平水准仪

1. 双分离物镜 2. 调焦镜 3. 直角棱镜 4. 屋脊棱镜
5. 十字丝分划板 6. 对称式目镜 7. 空气阻尼器

北京光学仪器厂生产的 DZS$_{3-1}$ 和天津第二光学仪器厂生产的 FA－32 自动安平水准仪就属于上述原理制造的水准仪，图 2-19 为 DZS$_{3-1}$ 的剖面图，这两种仪器都可以用于三、四等水准测量。望远镜成像为正像，并设有金属的水平度盘，可概略测量水平角。

### 2.6.2 自动安平水准仪的使用

#### 2.6.2.1 粗平

将仪器用中心连接螺旋固定在三脚架上，高度适中，转动脚螺旋使圆水准气泡居中。

#### 2.6.2.2 瞄准

通过瞄准器瞄准标尺，转动望远镜的目镜调焦螺使十字丝清晰。转动物镜调焦螺旋，使目标成像清晰，注意要消除视差。

#### 2.6.2.3 读数

用中横丝读出水准尺上的读数。一般中等精度的自动安平水准仪的补偿范围为 ±10′，只要粗平就可以读数。北京光学仪器厂生产的 DZS$_{3-1}$ 自动安平水准仪，其补偿范围为 ±5′，但该仪器设有警告装置，如果视准轴倾斜角大于 ±5′时，望远镜视场中左端的警告指示窗就会出现红色，这时应重新粗平仪器，当倾斜角小于 ±5′时。警告指示窗全部呈现绿色，才能进行标尺读数。

为了检查补偿机构是否起作用，可先在水准尺上读数，然后微微转动脚螺旋，如果读数不变，说明补偿性能良好。否则该仪器不能使用，需要进行检修。

## 2.7　电子水准仪测量

电子水准仪又称为数字水准仪，它是 20 世纪 90 年代开发的新型水准仪，具有高精度、高可靠性和操作简便等优点。它是利用电子图像处理技术来获得测点高程和测站与测点的距离。观测时只要照准条形编码标尺，通过按键操作便可显示测量结果，实现了读数的自动化和数字化。并可自动存储，自动进行高差、高程和水平距离测量。它在仪器内置有测量软件包，功能包括测量高差连续计算、测量高程计算、路线水准平差、高程网平差及断面计算、多次测量平均值及测量精度计算等。目前已有多个生产厂商在制造生产电子水准仪，图 2-20 为徕卡公司生产的电子水准仪构造图，图 2-21 为结构原理图。图 2-22 为徕卡公司的 NA2002、NA2003 测量原理示意图。

### 2.7.1　电子水准仪测量原理

电子水准仪是利用近代电子工程学原理由传感器识别条形编码水准尺上的条形码分划，经信息转化处理获得观测值，并以数字形式显示在显示窗口上或存储在处理器内。仪器的结构如图 2-20 所示，仪器带自动安平补偿器，补偿范围为 ±12′。与仪器配套的水准尺为条纹编码尺，条纹编码尺为双面分划三段折接式，每段长度为 1.35m，标尺总长为 4.05m，其分划分别为条纹码和厘米分划。条纹码分划供电子水准仪观测时的电子扫描用，标尺另一面的厘米分划可供光学水准仪观测时使用。

观测时，经自动调焦和自动整平后，水准尺条纹码分划影像映射到分光镜上，并将它分为两部分，一部分是可见光，通过十字丝和目镜，供照准用；另一部分是红外光射向探测器并将望远镜接收到的光图像信息转换成电子影像信号，并传输给信息处理器，与机内原有的关于水准尺的条纹码本源信息进行相关处理，于是就得出水准尺上水平视线的读数。

**图 2-20 NA2002 电子水准仪的构造**

1. 圆水准器观测窗 2. 数据显示窗 3. 目镜及调焦螺旋 4. 物镜及调焦螺旋
5. 键盘 6. 水平制动螺旋 7. 脚螺旋 8. 水平度盘 9. 底板

**图 2-21 电子水准仪结构图**

**图 2-22 电子水准仪的测量原理**

电子水准仪采用 REC 模块存储数据和信息，将模块插入电子水准仪的插槽中，便能自动记录外业观测数据，通过 GIF10 或 GIF12 阅读器读取存储数据并与外设（计算机、打印机）进行数据交换。

## 2.7.2 条形码标尺

电子水准仪所使用的条形码标尺采用三种独立互相嵌套在一起的编码尺，如图 2-23 所示，这三种独立信息为参考码 $R$ 和信息码 $A$ 与信息码 $B$。参考码 $R$ 为三道等宽的黑色码条，以中间码条的中线为准，每隔 3cm 就有一组 $R$ 码。信息码 $A$ 与信息码 $B$ 位于 $R$ 码的上、下两边，下边 10mm 处为 $B$ 码，上边 10mm 处为 $A$ 码。$A$ 码与 $B$ 码宽度按正弦规律改变，其信号波长分别为 33cm 和 30cm，最窄的条码宽度不到 1mm，上述三种信号的频率和相位可以通过快速傅立叶变换（FFT）获得。当标尺影像通过望远镜

图 2-23 编码水准尺

成像在十字丝平面上，并经过处理器译释、对比、数字化后，在显示屏上显示出中丝在标尺上的读数或距离。

### 2. 7. 3 电子水准仪的特点

#### 2. 7. 3. 1 电子水准仪的主要性能和指标

精度：NA2002　1.5mm/km；　0.9mm/km（用铟钢条码水准尺）

　　　　NA2003　1.2mm/km；　0.4mm/km（用铟钢条码水准尺）

#### 2. 7. 3. 2 电子水准仪的特点

(1)读数客观　不存在误读、误记问题，没有人为读数误差。

(2)精度高　视线高和视距读数都是采用大量条码分划图像经处理后取平均得出来的，因此减弱了标尺分划误差的影响。许多仪器都有进行多次读数取平均值的功能，可以减弱外界条件的影响。不熟悉的作业人员也能进行高精度测量。

(3)速度快　由于省去了读数、听记、现场计算的时间以及人为出错的重测次数，测量时间与传统仪器相比可以节省约 1/3。

(4)效率高　只需照准、调焦和按键就可以自动读数，减轻了劳动强度。距离还能自动记录、检核、处理，并能输入电子计算机进行后续处理，实现内外业一体化。

### 2. 7. 4 电子水准仪的使用方法

(1)安置仪器　电子水准仪的安置与光学水准仪相同。

(2)整平　转动脚螺旋使圆水准气泡居中。

（3）输入测站参数　输入测量模式、后视点高程。

（4）观测　将望远镜对准条纹编码水准尺，按仪器上的测量键。

（5）读数　直接从显示窗中读取高差、距离和待测点的高程，观测数据还可进行电子记录。由于电子水准仪具有测量速度快、读数客观、精度高、测量数据便于输入计算机和容易实现水准测量内外业一体化等特点，大大减轻了外业劳动强度，使水准测量实现了自动化。

电子水准仪主要用于下列几方面的测量工作：

（1）快速水准测量（用铟钢条码水准尺可进行一、二等精密水准测量），其工作效率可提高30%～50%。

（2）自动沉降观测，如用微型马达驱动器附在电子水准仪上，能快速自动检测建筑物的沉降，配以应用软件可实现内外业一体化。

（3）机器、转台等的精密工业测量。

（4）仪器与计算机相连，可实现实时、自动地连续高程测量。

（5）标准测量、地形测量、线路测量及施工放样测量等。

## 2.8　水准测量的误差分析及减弱措施

水准测量的误差主要有仪器误差、操作误差和外界条件引起的误差。

### 2.8.1　仪器误差

#### 2.8.1.1　水准管轴不平行视准轴的误差

此项误差虽经校正，但仍存有少量的残余误差。这种误差具有累积性。只要在每一测站都采用中间法，使前后视距离相等，就可消除或减弱此项误差的影响。当使用中间法有困难时，也可以采用相邻几个测站的总前视距离等于总后视距离的方法来消除或减弱其影响，这种方法称为距离补偿法。

#### 2.8.1.2　水准尺误差

水准尺误差包括刻划误差和零点误差。刻划误差包括尺长误差和刻划不均匀误差。尺长误差一般影响较小，一般通过对观测高差加改正数的方法来消除或减弱其影响。刻划不均匀误差又分为整米刻划误差和分米刻划误差，整米刻划误差一般小于±0.05 mm，分米刻划误差一般小于±1.0 mm。因此，在测量前应对水准尺进行检验后才能使用。对于水准尺零点不准的误差，可采用设置偶数测站的观测方法来消除或减弱其影响。

### 2.8.2　操作误差

#### 2.8.2.1　水准管气泡居中误差

当水准管气泡没有严格居中时，视线发生倾斜，读数必然产生误差，其误差大小与水准管分划值有关。居中误差一般为 $0.15\tau$，由此引起在水准尺上的读数误差为：

$$m_{居中} = \frac{0.15 \times \tau}{\rho''} \times D \tag{2-22}$$

式中：$D$——仪器距标尺的距离。

采用符合水准器时，气泡居中精度可提高一倍，则：

$$m_{居中} = \frac{0.15 \times \tau}{2\rho''} \times D \tag{2-23}$$

当 $\tau = 20''$，$D = 100\text{m}$ 时：

$$m_{居中} = \frac{0.15 \times 20}{2 \times 206\,265} \times 100\,000 = 0.73\text{mm}$$

当 $\tau = 20''$，$D = 100\text{m}$，气泡偏离一格时：

$$m_{居中} = \frac{20''}{2 \times 206\,265''} \times 100\,000 = 4.8\text{mm}$$

因此，在进行水准测量时，要使气泡严格居中，仪器打伞遮荫，避免日光暴晒，防止气泡假居中。

### 2.8.2.2　照准误差

当观测者通过望远镜在尺上读数时，由于人的眼睛的分辨能力有限，也产生读数误差。通过试验得出，人眼一般分辨率为 $60''$，但经过望远镜放大 $V$ 倍后，相对来说分辨率也提高 $V$ 倍，照准误差与望远镜离开尺子的距离有关。其误差为：

$$m_{照准} = \frac{60}{v} \times \frac{D}{\rho''} \tag{2-24}$$

当 $v = 30$，仪器距标尺的距离 $D = 100\text{m}$ 时：

$$m_{照准} = \frac{60}{30} \times \frac{100\,000}{206\,265} = 0.97\text{mm}$$

### 2.8.2.3　估读水准尺的误差

估读误差与水准尺的基本分划有关，通常水准尺分划都是以厘米为基本分划，并要求估到 1mm。估读误差与望远镜放大倍率和视线长度有关，放大倍率高，估读误差可小些，视线长，误差也大些。一般认为视线在 100m 内，估读误差约为 1mm。

### 2.8.2.4　水准尺倾斜的误差

由于尺子倾斜引起的误差为：如图 2-24 所示，尺子没有立直，则 $a' > a$。

$$a = a' \times \cos\alpha \tag{2-25}$$

$$m_{尺倾} = a' - a = a'(1 - \cos\alpha) \tag{2-26}$$

由上式可知，$m_{尺倾}$ 的大小与倾角 $\alpha$ 有关，也与尺上读数 $a$ 的大小有关。当 $a = 2\text{m}$，$\alpha = 2°$ 时，就会有 1mm 的误差，因此

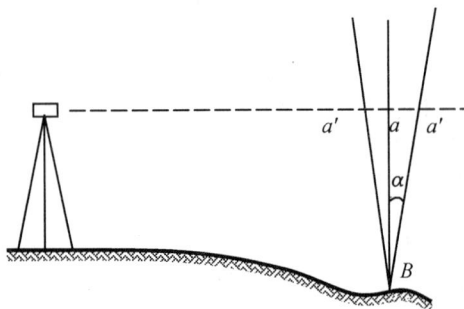

**图 2-24　水准尺倾斜误差**

在实际工作中，使水准尺保持竖直是很重要的，但由于它是系统性的影响（无论前视或后视都使读数偏大），在高差中会抵消一部分，只要认真扶尺。这项误差在成果中不会占主要地位。对于山区而言，下坡处的尺子倾斜误差是不容忽略，必须使用安装有圆水准器的水准尺。

### 2.8.3 外界条件引起的误差

#### 2.8.3.1 仪器和尺垫下沉引起的误差

在观测中，由于地面松软，仪器会随时间增长而下沉，使前视读数减小。往测时高差增大，返测时高差减小。故取往返测高差的平均值可消除仪器下沉的影响。在一个测站上采用后、前、前、后的观测方法，可以消除或减弱其影响。尺垫下沉的误差同仪器下沉一样，采用往返测可消除或减弱其影响。

#### 2.8.3.2 大气折光差和地球曲率差

如图 2-15 所示，当光线通过不同密度的大气层时就发生曲折。因此当视准轴水平时，视线并不水平，而是向地面弯曲，这种受大气密度影响所产生的误差称为大气折光差 $r$。在进行水准测量时，为了减弱大气折光差，水准尺上中丝最小读数应大于 0.3m，即视线离地面应有一定的高度。同时采取前后视距相等的观测措施，前后视由于大气折光产生的读数误差在观测高差中能相互抵消。

地球曲率差是由于过仪器视准轴的水平面与水准面不平行产生的读数差值 $f$。这项误差只要前后视距离相等，即可消除其影响。

#### 2.8.3.3 温度的影响

温度变化不仅引起大气折光的变化，而且当烈日照射水准管时，由于水准管本身和管内液体温度的升高，气泡向着温度高的方向移动。而且影响仪器水平，产生气泡居中误差。因此在水准测量中要打伞，并选择适当的时间进行观测，中午温度高，折光强时，不宜观测。

通过以上的分析，产生误差的原因是多方面的，影响也各有不同。有些误差可以通过一定的观测方法来消除或减弱其影响。因此，必须按照测量规范中规定的细则来进行操作，才能保证测量成果的精度。

## 思考题

1. 名词解释：视准轴、圆水准器轴、水准管轴、水准管分划值。
2. 圆水准器气泡居中后，为什么长水准管气泡不一定居中？
3. 什么叫视差？产生视差的原因是什么？如何消除？
4. 为什么要把水准仪安置在距离两标尺大致相等的地方进行水准测量？
5. 水准管气泡居中时视准轴水平，其前提是什么？

6. 论述一个测站上水准测量的方法步骤。

7. 一个测站上的水准测量与复合水准测量有何差异？

8. 普通工程水准测量与图根水准测量在精度上有何区别？

9. 自动安平水准仪与微倾水准仪有何区别？如何检验补偿器的正确与否？

10. 自动安平水准仪测量与微倾水准仪测量有何异同？

11. 数字水准仪的测量有哪些优点？

12. 调整表1图根闭合水准路线成果，并计算各点高程。其中：水准点的高程 $H_{BM_1} = 44.313$m。

表1  水准测量成果调整表

| 测点 | 测站数 | 高差值 | | | 高 程（m） |
|---|---|---|---|---|---|
| | | 观测值（m） | 改正数（mm） | 改正后高差（m） | |
| $BM_1$ | 10 | +2.134 | | | 44.313 |
| $N_1$ | 8 | +1.424 | | | |
| $N_2$ | 8 | −1.787 | | | |
| $N_3$ | 11 | −1.714 | | | |
| $N_4$ | 12 | −0.108 | | | |
| $BM_1$ | | | | | 44.313 |
| $\Sigma$ | | | | | |
| $f_h = \sum h =$ | | $f_{h容许} =$ | | | |

13. 在水准点 $BM_a$ 和 $BM_b$ 之间进行四等水准测量，所测得的各测段的高差和水准路线长如图1所示。已知 $BM_a$ 的高程为 245.612m，$BM_b$ 的高程为 245.400m。试将有关数据填在水准测量高差调整表中（见表2），最后计算水准点1和2的高程。

图1

表2  水准测量高程调整表

| 点号 | 路线长（km） | 实测高差（m） | 改正数（mm） | 改正后高差（m） | 高程（m） |
|---|---|---|---|---|---|
| $BM_a$ | | | | | 245.612 |
| 1 | | | | | |
| 2 | | | | | |
| $BM_b$ | | | | | 245.400 |
| $\Sigma$ | | | | | |
| $f_h = \sum h - (H_{BM_b} - H_{BM_a}) =$ | | | | | |
| $f_{h容许} =$ | | | | | |

## 本章可供参考书目

1. 测量学. 许筱阳，夏友福. 陕西科学技术出版社，1994.

2. 测量学. 武汉测绘学院《测量学》编写组. 测绘出版社，1995.

3. 测量学. 合肥工业大学，等. 中国建筑工业出版社，1990.

4. 测量学试题与解答. 陈学平. 中国林业出版社，2002.

# 第 **3** 章
# 角度测量

本章介绍了水平角和竖直角的基本概念及测量原理；用于测量角度的经纬仪的构造和使用方法；水平角、竖直角测量方法与操作技能及角度测量的误差分析与消减措施等内容。通过本章的学习，使学生掌握利用经纬仪进行角度测量的基本技能。

## 3.1 角度测量的原理

角度测量是测量的基本工作之一，它包括水平角测量和竖直角测量，角度测量最常用的仪器为经纬仪。

### 3.1.1 水平角及测量原理

水平面上两直线间的夹角，称为水平角。而从一点至两目标的方向线间的水平角，则为这两方向线在水平面上的垂直投影所夹的角。如图 3-1 所示，方向 $OP_1$ 和 $OP_2$ 间的水平角，即为它们在水平面 $H$ 上的垂直投影 $Oq_1$ 和 $Oq_2$ 的夹角 $\beta$。测量中所需观测的不是倾斜面上的 $\angle P_1OP_2$，而是它的水平角 $\angle q_1Oq_2$。

为了量测图 3-1 中的 $OP_1$ 和 $OP_2$ 间的水平角，设想将一个刻度盘水平放置在 $O$ 点，使圆心与 $O$ 点重合，用刻度盘面代表水平面，在量角过程中，圆盘固定不动。设有一个以铅垂线 $OO'$ 为旋转轴的竖直面 $V$，当它与方向线 $OP_1$ 重合时，则在圆盘面的交线所指的度数为 $a$〔见图 3-2(a)〕。旋转竖直面 $V$ 使与 $OP_2$ 重合，同理，交线所指的度数为 $b$〔见图 3-2(b)〕。这样，就可得到 $OP_1$ 和 $OP_2$ 间的水平角为：

$$\beta = b - a \qquad (3-1)$$

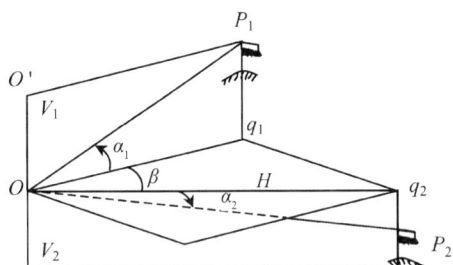

图 3-1 角度概念

$H$：$O$ 点的水平面

$V_1$、$V_2$：分别过 $OP_1$、$OP_2$ 的竖直面

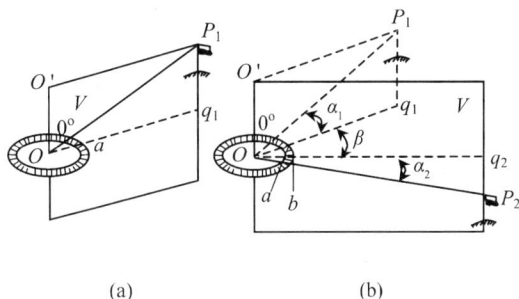

图 3-2 水平角度测量原理

### 3.1.2 竖直角及测量原理

在同一竖直面内，一点至目标点的方向线与水平线间的夹角，称为竖直角。图 3-1 中的 $\alpha_1$ 和 $\alpha_2$，分别为方向线 $OP_1$、$OP_2$ 的竖直角。当方向线上倾时，称为仰角，角值为"＋"（如 $\alpha_1$），方向线下倾时，称为俯角，角值为"－"（如 $\alpha_2$）。

为了量得竖直角，设想将一个刻度圆盘竖直放置在绕铅垂线 $OO'$ 旋转的竖直面 $V$ 内，圆心与 $O'$ 点重合，圆盘可随视线 $O'P$ 绕 $O'$ 点旋转，在铅垂线 $OO'$ 方向有一固定的指标线。当视线水平时，指标线指向圆盘的度数称为始读数，图 3-3(a)中的始读数为 $90°$。旋转竖直面，并使视线 $O'P$ 瞄准目标点 $P_1$，此时指标线所指圆盘的度数设为 $L$，如图 3-3(b)，则得方向线 $O'P_1$ 的竖直角 $\alpha = 始读数 - L$〔图 3-3(b)〕。

**图 3-3　竖直角测量原理**

# 3.2　光学经纬仪

　　从上面的叙述可以知道，用来量测角度的仪器，必须具有量测水平角的水平度盘，量测竖直角的竖直度盘，以及具有能绕一竖轴作水平方向旋转又可作上下转动形成一铅垂面的视线，此外还须有读数设备以及整平仪器的水准器等，由此构成的测角仪器，即为经纬仪。

　　目前各国设计制造有各种类型的经纬仪，有些设备先进且具有多种功能。但常规使用的经纬仪，按其度盘和读数设备来划分，大体上可分为光学经纬仪、电子经纬仪两类。按测角精度可分 $DJ_1$、$DJ_2$、$DJ_6$ 等型号。

　　光学经纬仪精度高，密封性良好，轻巧且操作方便，价格适中，它在测绘生产中有着广泛的应用。

　　电子经纬仪是一种数字化的测角仪器，除具有光学经纬仪的优点外，还具有自动读数和记录的特点，利用电子经纬仪测角更加方便快捷，在目前的测绘生产中，电子经纬仪将逐渐取代光学经纬仪。

　　光学经纬仪与电子经纬仪在构造上除读数设备外基本相同。本节主要介绍光学经纬仪，电子经纬仪在下一节讲述。

## 3.2.1　光学经纬仪的构造

　　各厂家生产的光学经纬仪的外形(图 3-7、图 3-9、图 3-11)虽略有差异，但它们在构造上都是由基座、水平度盘和照准部三个部分组成(图 3-4)。

### 3.2.1.1　基座

　　和水准仪相同，可用中心螺旋将基座连接在三脚架头上，基座中央为轴套，水平度盘的外轴插入轴套后，旋紧轴固定螺旋，则经纬仪上部与基座固连。使用仪器时，切勿松开这一固定螺旋。否则，外轴和水平度盘会随照准部转动而不能测角，甚至引起外轴从基座中脱落而造成事故。

### 3.2.1.2　水平度盘

　　这部分包括水平度盘、度盘变换手轮(在有些仪器上，该功能的部件叫复测扳手)

和外轴等。水平度盘用光学玻璃制成，在度盘上依顺时针方向刻注有 0°～360° 的分划线，相邻两分划线所夹的圆心角，称为度盘的分划值。例如，DJ$_6$ 级光学经纬仪的度盘分划值为 1° 或 0.5°，DJ$_2$ 级光学经纬仪的度盘分划值为 20′。测角时，水平度盘是不动的，这样照准部转至不同的位置，可以在水平度盘上读取不同的方向值。但在对一水平角进行多个测回观测时，为了减少度盘的分划误差，测回间需变换水平度盘的位置。即望远镜照准某一方向时，通过转动水平度盘将其调到一个需要的方向值。控制水平度盘转动的装置在不同类型的经纬仪上有两种：

一是通过转动度盘变换手轮。如图 3-4 中 7 水平度盘变换手轮，观测时，扳下保险手柄，按下手轮并旋转它，可将水平度盘转至所需的读数，随即把保险手柄扳上，以防止水平度盘转动。有些光学经纬仪上的度盘变换手轮，安装在水平度盘外壳下方，有一保护盖，使用时，先转动保护盖

**图 3-4 DJ$_6$ 级光学经纬仪三个组成部分**

1. 底板 2. 连接圆孔 3. 轴套 4. 轴座固定螺旋
5. 外轴 6. 水平度盘 7. 水平度盘变换手轮 8.
内轴 9. 竖盘指标水准管 10. 竖盘 11. 望远镜
12. 读数显微镜 13. 照准部水准管

露出变换手轮，然后旋转变换手轮至水平度盘需要的读数，再转动保护盖至完全盖住度盘变换手轮的位置，即可防止测角过程中因碰动变换手轮而引起水平度盘的变动。

二是复测装置。如图 3-9 中 8 复测扳手，通过复测扳手来操纵照准部与水平度盘的相互转动。扳下复测扳手，水平度盘与照准部扣在一起共同转动，水平度盘的读数不变；扳上扳手〔如图 3-9（a）〕使水平度盘与照准部分离，此时如转动照准部则水平度盘不动，因而度盘读数随之变化。利用这一关系，亦可达到变换水平度盘读数的目的。

外轴是一个空心的旋转轴，它与水平度盘固连。制造上要求水平度盘面与外轴的几何中心线正交，而且外轴中心线应通过度盘的中心。

### 3.2.1.3 照准部

经纬仪基座以上部分是能绕竖轴旋转的整体，称为经纬仪的照准部。它包括：内轴、水准管、支架、望远镜、横轴、竖盘及竖盘指标水准管、光学对中器、读数设备及其光路系统。照准部的内轴插入水平度盘的外轴内，整个照准部借助滚珠可在水平度盘上方旋转，并用其制动螺旋和微动螺旋来控制。内轴的几何中心线，称为仪器的竖直轴，简称为竖轴（一般把内轴称为竖轴）。竖轴应与外轴的几何中心线重合一致。

照准部水准管用于整平仪器。水准管分划值表示仪器整平的精度，例如 DJ$_6$ 级光学经纬仪水准管分划值一般为 30″/2mm。望远镜为内对光式，与水准仪的望远镜大致

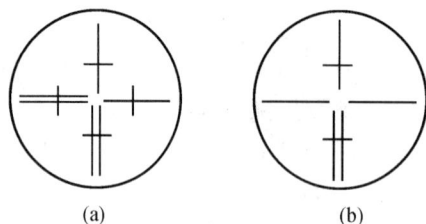

图 3-5　光学经纬仪的十字丝

相同。望远镜目镜里面的十字丝如图 3-5（a）所示，中横丝和竖丝都是一半为双丝，另一半为单丝；在有的仪器上仅竖丝有一半为双丝，其余都为单丝，如图 3-5（b）所示。在照准水平方向的目标时，根据目标成像的大小，将较粗的目标成像夹在竖丝的双丝中央或用竖丝的单丝去重合细小的目标成像，这样能提高照准的精度。望远镜固定在它的旋转轴上，旋转轴则安装在照准部的支架上。望远镜可绕其旋转轴旋转。当各部分关系正确时，它的视准轴在空间旋成一个竖直面。望远镜装配有制动和微动螺旋，以控制望远镜的转动。望远镜旋转轴的几何中心线，称为横轴。

用于量测竖直角的竖直度盘亦为光学玻璃制成，度盘的刻划有沿顺时针方向或逆时针方向两种注记方式，度盘的分划值与水平度盘相同。竖盘指标水准管用于固定竖直度盘读数指标的位置。光学对中器供仪器对准测站点之用。

### 3.2.1.4　经纬仪在构造上应满足的几何条件

如图 3-6 所示，经纬仪在构造上有仪器的旋转轴（竖轴）$VV$、照准部水准管轴 $LL$、望远镜的视准轴 $CC$、望远镜的旋转轴（横轴）$HH$ 4 个主要轴线。根据角度测量原理，经纬仪的 4 个轴线在构造上应满足下列几种条件。

（1）照准部水准管轴应垂直于仪器的竖轴（$LL \perp VV$）；

（2）望远镜视准轴应垂直于横轴（$CC \perp HH$）；

（3）横轴应垂直于仪器的竖轴（$HH \perp VV$）；

（4）十字丝的纵丝应垂直于横轴。

满足条件（1）时，水准管气泡居中，水准管轴 $LL$ 处于水平，从而使仪器（水平度盘）的旋转轴（竖轴）成为一条竖直线，则水平度盘处于水平位置。

满足条件（2）时，使望远镜的视准轴绕横轴旋转的形成的面是平面，否则为一锥面，不能满足测角要求。

满足条件（3）时，使横轴 $HH$ 是一条水平线，从而使望远镜上、下旋转的面是竖直的，保证望远镜的视准轴上、下旋转的投影点在同一条铅垂线上。

满足条件（2）、（3）两个条件时，能使望远镜的视准轴在空间旋成一个竖直平面，符合水平角与竖直角测量的要求。

满足条件（4）时，十字丝的竖丝是一条竖直线，用十字丝的竖丝不同部位去照准目标就等于十字丝交点去照准目标，从而使照准更加方便。

图 3-6　经纬仪的几何轴系

### 3.2.2 光学经纬仪的读数方法

光学经纬仪的读数设备包括度盘、光路系统和测微装置。DJ$_6$级光学经纬仪读数的光路为单光路系统，水平度盘和竖直度盘的分划线都是通过同一条光路经一系列棱镜和透镜的光学作用，成像于望远镜旁的读数显微镜内，观测者可直接在读数显微镜内读取两个度盘的读数。DJ$_2$级光学经纬仪读数的光路为双光路系统，水平度盘和竖直度盘的分划线通过不同的光路进入读数显微镜内，观测者利用这类仪器上换像装置，如图 3-11 中的 10 换像手轮，可分别在读数显微镜内读取水平度盘和竖直度盘的读数。

#### 3.2.2.1 DJ$_6$级光学经纬仪的读数方法

DJ$_6$级光学经纬仪的读数由于测微装置的不同，分为分微尺式读数和单平行玻璃板测微器读数两种类型。

（1）分微尺式读数　读数装置为分微尺式读数的光学经纬仪称为分微尺光学经纬仪（图 3-7）。

打开反光镜，如图 3-7 中的 18 反光镜，观测者可从读数目镜里看到如图 3-8 所示 2 个分划影像，上面窗格的 $H_z$ 表示水平度盘及其分微尺的影像，下面窗格的 $V$ 表示竖盘及其分微尺的影像。有的仪器用"—"表示水平度盘，用"⊥"表示竖直度盘。

分微尺用来读取度盘不足 1°的余数，如同一把尺子，全长等于度盘影像 1°的间隔

(a)　　　　　　　　　　(b)

**图 3-7　DJ$_6$级分微尺光学经纬仪的外形图**

1. 竖盘指标水准管反光镜　2. 瞄准器　3. 望远镜调焦　4. 十字丝分划板护盖
5. 望远镜目镜　6. 照准部水准管　7. 竖盘　8. 望远镜制动螺旋　9. 读数显微镜　10. 读数显微镜目镜　11. 照准部微动螺旋　12. 照准部制动螺旋　13. 轴座固定螺旋　14. 望远镜微动螺旋　15. 光学对中器　16. 基座　17. 竖盘指标水准管　18. 反光镜　19. 竖盘指标水准管微动螺旋　20. 水平度盘变换手轮　21. 保险手柄　22. 圆水准器　23. 脚螺旋　24. 底板　25. 三脚架架头

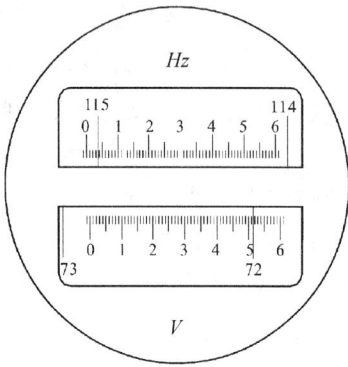

**图 3-8 分微尺式读数装置**

长，并等分为 60 个小格，每小格的读数值为 1′，可估读至 0.1′。分微尺自 0 起，每十小格注记 1，2，…，6 等字，即为 0′，10′，20′，…，60′。

读数前应调整好反光镜，使读数窗照明均匀、明亮而不刺目。然后调整读数目镜，看清读数窗内的分划，注意消除视差。读数时，在度盘分划影像上，先读取落在分微尺上的度盘分划线上的整度数，再以所读度数的分划线为准，在分微尺上读出不足 1° 的读数，两者之和即为全读数。如图 3-8 中水平度盘的读数为 115°。不足 1° 的余数，为分微尺 0 分划线量至度盘 115° 分划线的一段长度，可用 115° 分划线为指标在分微尺上读得为 3.5′(3′30″)，故水平度盘的全读数为：115°+03′30″=115°03′30″。同法读得竖盘的全读数为：72°+51′24″=72°51′24″。

(2)单平行玻璃板测微器读数 图 3-9 为 DJ₆ 级单平行玻璃板测微器光学经纬仪的外形，各部分名称标注于图上。该仪器控制水平度盘转动的装置是复测扳手，测角时，利用它可达到变换水平度盘读数的目的。

图 3-10 是从读数显微镜里看到的水平度盘、竖直度盘及测微器的影像，最上面的小窗为测微尺影像，中间窗格为竖盘分划影像，下面窗格为水平度盘分划影像。

该仪器水平度盘刻划从 0°~360° 共 720 格顺时针方向递增注记，每格的分划值为

(a)                    (b)

**图 3-9 DJ₆ 级单平行玻璃板测微器光学经纬仪的外形图**

1. 准星 2. 望远镜调焦 3. 照门 4. 十字丝分划板护盖 5. 望远镜目镜 6. 读数显微镜目镜 7. 照准部水准管 8. 复测扳手 9. 基座 10. 脚螺旋 11. 物镜 12. 望远镜制动扳手 13. 望远镜微动螺旋 14. 照准部微动螺旋 15. 轴座固定螺旋 16. 底板 17. 反光镜 18. 竖盘 19. 竖盘指标水准管微动螺旋 20. 照准部制动扳手 21. 竖盘指标水准管 22. 反光镜 23. 测微轮 24. 三脚架架头 25. 中心螺旋

竖盘 92°
测微尺 16′00″　　全读数 92°16′00″

水平度盘 5°30′
测微尺 16′30″　　全读数 5°46′30″

**图 3-10　测微器读数装置**
(a)竖盘读数　(b)水平度盘读数

30′。测微尺刻划从 0′～30′共 90 格，每格 20″，可估读到 1/4 格(即 5″)。当测微尺由 0′转至 30′时，度盘分划线影像应恰好移动一格。

　　读数时，先调好照明和读数目镜，然后转动测微轮，使度盘的一条分划线影像精确位于双指标线的中央，读出此分划线的读数值，再由小窗的单指标线读出测微尺的读数值，两个读数相加即可得出度盘的全读数。例如，图 3-10(a)中的竖盘读数为 92°，小窗的单指标线测微尺读数为 16′00″，由此得出竖盘的全读数为 92° + 16′00″ = 92°16′00″。同理可得出图 3-10(b)中水平度盘的全读数为 5°46′30″。

### 3.2.2.2　DJ$_2$级光学经纬仪读数方法

　　DJ$_2$级光学经纬仪由于精度要求较高，其读数设备与 DJ$_6$级光学经纬仪有明显的差异。下面以我国苏州第一光学仪器厂生产的 J$_2$光学经纬仪为例对此类仪器的读数方法作扼要介绍。

　　如图 3-11 所示为该仪器的外形，各部分名称标注于图上。其望远镜的放大倍数为 30 倍，物镜有效孔为 42mm。望远镜筒内装有反光板，供夜间观测照明十字丝之用；转动反光扳手轮 1，可以调节望远镜内的亮度，并可同时看到目标和十字丝。照准部水准管的分划值为 20″/2mm。竖盘指标水准管则为符合水准器，从观察镜 15 可看到气泡符合情况，其水准管分划值亦为 20″/2mm。

　　DJ$_2$级光学经纬仪采用度盘对径分划符合读数的方式。它的度盘由光学玻璃制成，刻度为 360°式，每度注记。1°又分为三格，每格分划值为 20′。度盘直径两端分划(其读数相差 180°)被照明后，经由一系列棱镜和透镜，成像于读数窗。从读数目镜可以看到上、下两排分划影像。被一条横线分隔。上排正字注记为主像，下排倒字注记为副像。左侧为测微尺，全长读数为 10′，分为 600 小格，每小格 1″；左边的数字为分数，右边数字为 10″数。如图 3-12 所示。

**图 3-11 DJ₂ 级光学经纬仪的外形图**

1. 望远镜反光扳手轮 2. 读数显微镜 3. 照准部水准管 4. 照准部制动螺旋 5. 轴座固定螺旋 6. 望远镜制动螺旋 7. 光学瞄准器 8. 测微轮 9. 望远镜微动螺旋 10. 换像手轮 11. 照准部微动螺旋 12. 水平度盘变换手轮 13. 脚螺旋 14. 竖盘反光镜 15. 竖盘指标水准管观察镜 16. 竖盘指标水准管微动螺旋 17. 光学对中器目镜 18. 水平度盘反光镜

DJ₂ 级光学经纬仪采用了双光路系统，水平度盘与竖直度盘的光路是相互分隔的，通过仪器上的换像手轮(图 3-11 中的 10)来实现水平度盘与竖直度盘光路系统的相互转换。当换像手轮旋转至其上的指示线位于水平位置时，竖盘光路被隔断，水平度盘分划影像则显示于读数窗；而旋转换像手轮使其指示线处于竖直位置时，则水平度盘的光路被隔断，读数窗内只显示竖盘分划的影像。

读数的方法步骤为：

(1) 如读取水平度盘读数，先旋转换像手轮使其指示线位于水平，打开反光镜 18，调好照明和读数目镜，看清度盘分划及测微尺的影像(如读竖盘则使指示线处于

| (a) | (b) |
|---|---|
| 大窗读数 160°40' | 大窗读数 81°10' |
| 测微尺 2'00".0 (+ | 测微尺 7'16".0 (+ |
| 全读数 160°42'00".0 | 全读数 81°17'16".0 |

**图 3-12 对径符合读数装置**

竖直，并打开反光镜 14）。

（2）转动测微轮(图 3-11 中的 8)，使主、副像分划线上、下符合，即读出上排中央或左侧主像分划线的度数，如图 3-12( a) 为 160°。

（3）数出主像读数分划与对径分划线间的格数，每格为 10′。如图 3-13( a)，160° 分划线与对径 340° 分划线间共有四格，即为 40′。

（4）在测微尺上用单指标线读出不足 10 ′的分、秒数，与上面两项相加即得全读数。

采用度盘对径分划符合读数的方式，可以提高读数精度和消除度盘偏心差，但读数时仍易出错。为了读数方便而又准确，目前国内外生产的光学经纬仪，都已使读数数字化。如图 3-13 为我国 DJ$_2$ 级光学经纬仪的一种读数方式。读数窗的上格，为度盘度数注记，注记下面有"冂"符号，0，1，…，5 为整 10′ 数。中间窗格为度盘以对径分划影像，下面窗格为测微尺。转动测微轮使度盘对径分划上下符合，即在上面窗格读出 60°及"冂"所罩的 1 字即 10′，测微尺读数为 7′22″.0，得全读数为 60°17′22″.0。图 3-14 为威特 T$_2$ 全能经纬仪的竖盘影像，度数注记下面有"∇"，用以读出整 10′ 数。威特 T$_2$ 全能经纬仪的水平度盘，读数窗的影像背景为黄色，竖盘则为白色，读数方式相同。

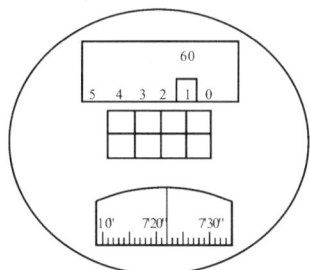

度盘读数：60°10′
测微尺：7′22″.0（＋
全读数：60°17′22″.0

**图 3-13  国产 DJ$_2$ 级光学经纬仪数字度盘读数装置**

竖盘读数：94°12′44″.2

**图 3-14  威特 T$_2$ 全能型经纬仪数字度盘读数装置**

# 3.3  电子经纬仪

自从 1968 年世界上出现了第一台电子经纬仪 Reg Elta14( 原西德 OPTON 厂研制)，经过 20 多年的不断发展和改进，目前的电子经纬仪已日臻完善。与传统的光学经纬仪相比，电子经纬仪采用了光电测角手法，在精度上超过了光学经纬仪，在数据自动获取和处理上，光学经纬仪是无法与之相比拟的。可以断言，电子经纬仪将逐渐取代光学经纬仪。电子经纬仪的主要特点是：

（1）自动记录测量数据。这不但可减少读数误差，而且可避免读错记错测量数据。

（2）电子经纬仪中的微处理机可以自动地进行各种归算改正。

（3）通过接口设备可将电子手簿记录的数据输入计算机，以进行数据处理和绘图。

电子经纬仪具有光学经纬仪类似的结构特征，测角的方法步骤也基本相似，它们之间的最大的区别在于电子经纬仪采用了光电测角方法能将度盘的读数直接以数字的形式显示出来，从而使测角更加方便快捷。

光电测角分为编码度盘测角、光栅度盘测角及近年推出的动态测角系统三类方法。在这三类测角方法中，动态测角系统根据度盘全部分划误差的总和等于零的原理，采用使度盘旋转，利用电子元件对全度盘分划扫描并取均值的方法来消除度盘刻划误差的影响，因此动态测角系统是一种较好的光电测角方法，在目前生产的电子经纬仪中得到了广泛的应用。下面将该方法的原理介绍如下。

如图 3-15 所示，采用动态法测角的电子经纬仪具有由微型马达带动而旋转的度盘。度盘上设置固定光栏 $L_S$ 和随望远镜转动的活动光栅 $L_R$，度盘每个分划由反光和透光两部分组成。观测角度时度盘旋转，两个光栏对度盘分划扫描，把光栏输出的电信号处理后就得到角度的观测值。

角度 $\varphi$ 包括 $n$ 个整分划间隔 $n\varphi_0$ 和不足整分划间隔 $\varphi = n\varphi_0 + \Delta\varphi_0$。它们是由仪器粗测和精测两个电路分别测得的。

粗测　在度盘上设置若干参考标志用以测定两个光栏间的整分划数 $n$。度盘旋转时，当某一光栏识别出一个参考标志后，计算器就开始对整分划计算，到另一光栏也识别出参考标志时停止计数，从而求得整分划数 $n$。

精测　由图 3-15 可知，$\Delta T$ 是某一分划通过 $L_S$ 与其后的另一分划通过 $L_R$ 时间差，因度盘转速均匀，$\Delta\varphi = \dfrac{\Delta T}{T_0}\varphi_0$，所以，只要测定 $\Delta T$ 就能求得角度的精测值 $\Delta\varphi$。粗测、精测数据由微处理器进行衔接处理后即得角值。

瑞士 Wild 厂生产的 T2000 电子经纬仪（图 3-16）采用动态测角原理。T2000 的玻璃

**图 3-15　动态法测角原理**

插入式电池

操作键盘

水平线刻度盘

垂直微动
垂直制动

水平微动
水平制动

图 3-16　电子经纬仪的外形

度盘分划为 1024 个区间，分划周期 $\varphi_0$ 为 21min5.625s。水平和竖直度盘系统中各有两对在径向安装的光栏，以消除度盘偏心的误差。度盘规定转速约为 3 转/s，与分划周期 $\varphi_0$ 相应的时间 $T_0$ 为 325.5 μs。仪器测定 $\Delta T$ 的计数脉冲频率为 1.72MHz，相应的单次测量精度为 0.65s。仪器测角时对度盘扫描一整周，实际进行 512 次量测和取平均，这样 T2000 测角可达到的精度为一测回方向中误差 0.5″。

## 3.4　经纬仪的使用

### 3.4.1　经纬仪的安置

经纬仪的安置是指将经纬仪安置在测站点上，包括仪器的对中和整平两项基本操作。

对中的目的，是把仪器的中心（水平度盘的圆心）安置在测站点的铅垂线上。整平的目的是使仪器竖轴处于铅垂状态，水平度盘居于水平位置。

#### 3.4.1.1　对中

张开三脚架安放在测站点上，架头要大致水平，其中央圆孔粗略对准测站标志，高度要适合于观测，然后将脚架尖插实土中。

打开仪器箱，看清其放置情况。然后两手持照准部支架（或一手持支架一手托基座）从箱内取出仪器，小心安放在三脚架架头上。一手仍持支架，一手将中心螺旋旋入基座底板的连接孔内，适度旋紧。

在中心螺旋下方挂垂球。如垂球尖端偏离测站点标志较大，则平移脚架使垂球尖尽可能对准测站点标志，架头要大致水平。当垂球尖偏离测站点标志较小时，可稍放松中心螺旋，将仪器在三脚架架头上移动，至垂球尖端对测站点标志的偏差不大于 3mm（图 3-17），立即旋紧中心螺旋。

为了加快对中工作，北京光学仪器厂生产的 TDJ$_6$ 型光学经纬仪，其基座底部装有快速对中板。安置仪器时，将滑板的两个长槽套入脚架头两个柱梢上，适度旋紧中心螺旋。用垂球作初步对中并整平仪器，然后稍松中心螺旋，两手扶基座仪器沿滑板互为垂直的两方向平移，至测站点标志落入分划圆圈中央，即适度旋紧中心螺旋。

垂球线

测站点标志中心

对中偏差
≤3mm

图 3-17　测站垂球对中

### 3.4.1.2 整平

(1)转动照准部使其长水准管平行于两个脚螺旋的连线，如图 3-18(a)。两手同时对向或反向旋转这两个脚螺旋，使气泡居中(气泡移动方向与左手大拇指转动方向一致)。

(2)将照准部绕竖轴旋转 90°，使水准管垂直于原来两个脚螺旋的连线，如图 3-18(b)。转动第 3 个脚螺旋使气泡居中。

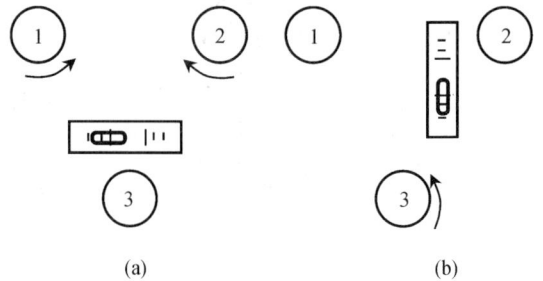

图 3-18　经纬仪整平

(3)按上述两步骤反复整平，直至在两位置气泡都居中为止。

### 3.4.1.3 光学对中与整平

利用光学对中器对中则是对中与整平工作一起进行。张开三脚架安放在测站点上，架头要大致水平，其中央圆孔粗略对准测站标志，然后将脚架尖插实土中。

旋转对中器目镜，看清分划板的小圆，再拉伸镜筒看清测站点标志，调节脚螺旋，使测站点标志落入分划板的小圆圈中央，调节脚架高度使圆水准器气泡居中，再检查测站点标志是否在分划板的小圆圈中央，如不在可稍松开中心螺旋，两手扶基座将仪器在脚架头平面上平移，使测站点标志落入分划板的小圆圈中央，旋紧中心螺旋，再微调脚螺旋使水准管气泡居中。如此反复进行，即可完成仪器安置对中与整平工作。

## 3.4.2 对光和瞄准

用望远镜瞄准目标，包括目镜对光、物镜对光和瞄准等基本操作。

(1)目镜对光　将望远镜对向明亮的背景(如天空)，旋转目镜调焦螺旋使十字丝的分划清晰。

(2)初步瞄准目标和物镜对光　松开照准部望远镜的制动螺旋，转动仪器由望远镜的照门和准星(或瞄准器)瞄准目标，在望远镜内看到测点目标后，制动(即旋紧制动螺旋)照准部及望远镜。转动望远镜调焦螺旋，使目标影像清晰，并检查和消除视差。

(3)精确瞄准目标　转动照准部和望远镜的微动螺旋，使十字丝准确瞄准目标。光学经纬仪的十字丝，如图 3-19 所示，瞄准目标时要用十字丝的中央部位。如观测水平角，可视目标影像的大小情况，将目标影像夹在双纵丝内且与双丝对称，或用单纵丝与目标重合(图 3-19)。为了减少目标倾斜对水平角的影响，如图 3-19(b)、(c)的情况，应尽可能瞄准目标底部。如用垂球线作为瞄准的目标，应注意使垂球尖准确对准测点，并瞄准垂球线的上部，如图 3-19(a)。

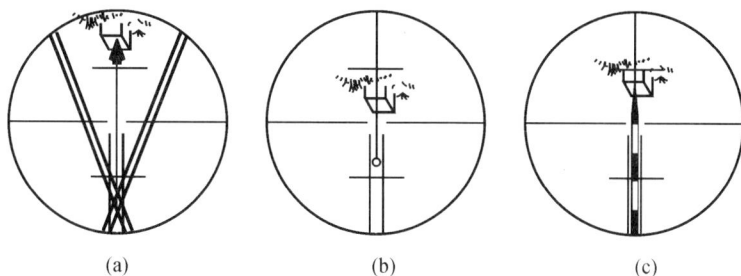

图 3-19 经纬仪的瞄准

（a）瞄准垂球线 （b）瞄准测钎 （c）瞄准测杆

### 3.4.3 读数

瞄准目标后，在光学经纬仪读数显微镜里读取度盘读数，读数时应先估读秒，再读度和分，分和秒读记两位数，分秒不足 10，前面应加 0。电子经纬仪度盘的读数显示在仪器的显示屏上，直接读取即可。关于电子经纬仪显示屏上各种功能键的使用将在第四章全站仪一节作详细的介绍。

## 3.5 水平角观测

当使用经纬仪在实地观测水平角时，为了防止错误和消减仪器误差，以保证观测的结果能达到所需的精度，必须按一定的操作程序进行观测。

在一个测站上，每次只观测一个水平角时，可采用"测回法"。如在一个测站上每次要同时观测相邻两个或两个以上的水平角时，可采用"方向观测法"或称为"全圆测回法"。

为了叙述方便，先对一些术语作如下解释：

左方点和右方点：观测者立于测站点 $A$，面向所观测的水平角 $\beta$ 时，位于左边的方向点称为左方点，位于右边的方向点称为右方点。如图 3-20 所示，测点 $B$ 为左方点，测点 $C$ 为右方点，如要量测水平角 $\beta'$，则测点 $C$ 为左方点，$B$ 为右方点。

盘左与盘右（或正镜与倒镜）：是指经纬仪竖盘的位置与望远镜位置而言。当望远镜瞄向目标时，如竖盘在望远镜的左侧，称此时竖盘位置为"盘左"，或称望远镜位置为"正镜"。如竖盘在望远镜的右侧，则称为"盘右"或"倒镜"。

### 3.5.1 测回法

如图 3-20 所示，在测站点 $A$（角度顶点）上安置经纬仪，同时在测点 $B$、$C$ 标志上垂直竖立供瞄准的目标（如测杆、吊垂球线）。用盘左和盘右各观测水平角 $\beta$ 一次，盘左观测时为上半测回，盘右观测时为下半测回，如两次观测角值相差不超过容许误差，则取其平均值作为一测回的结果。这一观测法，称为测

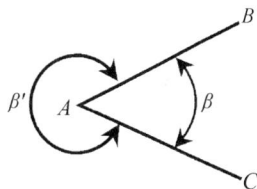

图 3-20 测回法水平角
观测略图

回法。该方法的具体操作步骤如下。

### 3.5.1.1　安置仪器

在测站点 A 上安置经纬仪，对中、整平后，进行目镜对光。

### 3.5.1.2　上半测回(盘左观测)

（1）将经纬仪的竖盘处于盘左位置时，瞄准左方点 B 的目标，读水平度盘读数 $b_{盘左} = 12°14'24''$，记入观测手簿内，如表 3-1。

表 3-1　水平角观测手簿(测回法)

日期：2006 年 10 月 12 日　　　　观测者：李××

天气：晴　　　　　　　　　　　　记录者：王××

仪器型号：$J_6$ – 202188

| 测站 | 目标 | 盘左观测 | | | | 盘右观测 | | | | 半测回差 | 一测回平均值 | | | 备注 |
| | | 读数 | | | 角值 | 读数 | | | 角值 | | | | | |
| | | ° | ′ | ″ | ° ′ ″ | ° | ′ | ″ | ° ′ ″ | ″ | ° | ′ | ″ | |
| A | B | 12 | 14 | 24 | | 192 | 15 | 12 | | | | | | $\lvert \Delta\beta \rvert = 30'' < 40''$, |
| | | | | | 54 23 48 | | | | 54 24 18 | 30 | 54 | 24 | 03 | 即 $\lvert \Delta\beta \rvert < \Delta\beta_容$ |
| | C | 66 | 38 | 12 | | 246 | 39 | 30 | | | | | | 符合要求 |

（2）顺时针方向转动照准部，瞄准右方点的目标 C，读数得 $c_{盘左} = 66°38'12''$。计算上半测回角值：$\beta_{盘左} = c_{盘左} - b_{盘左}$。

### 3.5.1.3　下半测回(盘右观测)

（1）倒转望远镜，逆时针方向转动照准部，在盘右位置瞄准右方点 C，读数得 $c_{盘右} = 246°39'30''$，记录。

（2）逆时针方向转动照准部，瞄准左方点 B，读数得 $b_{盘右} = 192°15'12''$，下半测回角值 $\beta_{盘右} = c_{盘右} - b_{盘右}$。

（3）计算上、下半测回所测得的角值之差（半测回差）$\Delta\beta = \beta_{盘左} - \beta_{盘右}$。各精度等级的经纬仪上、下半测回所测得的角值之差均有一个容许误差。

例如，DJ$_6$ 级经纬仪半测回角值之差的容许误差 $\Delta\beta_容 = 40''$。其观测结果若满足 $\lvert \Delta\beta \rvert \leqslant \Delta\beta_容$，成果合格，则一测回所测得的水平角为：

$$\beta = \frac{1}{2}(\beta_{盘左} + \beta_{盘右}) \qquad (3-2)$$

否则，应查明原因，返工重测。

### 3.5.1.4　各测回间度盘位置的变换

当水平角要求的精度较高时，需要进行多测回观测时，为了减弱度盘的分划误差，各测回间在盘左照准左方点时，要改变水平度盘的读数，其变动值 $\Delta = \dfrac{180°}{n}$（$n$ 为测回数）。每测回的操作方法相同，各测回观测获得的角值的互差的容许值为 24″（DJ$_6$

级经纬仪），如符合要求则取各测回角值的平均值作为最后结果。

### 3.5.2 方向观测法（全圆测回法）

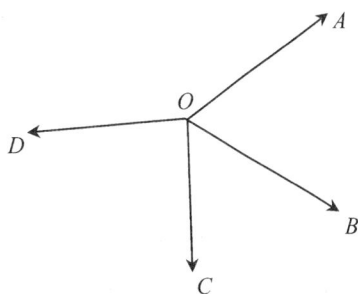

图 3-21 方向观测法水平角
观测略图

方向观测法是测回法的扩展，它先观测测站至各测点的方向值，然后由方向值计算所需的水平角值。在观测之前，应选择几个观测方向中便于照准、目标成像清晰的一个测点作为起始点。观测时，仍按测回进行。在一测回中也分为上半测回和下半测回。如图 3-21 所示，在测站点 $O$ 安置仪器，对中整平后，上半测回，自起始点 $A$ 开始，顺时针方向依次观测 $B$、$C$、$D$ 点。当观测的目标多于 3 个时，为了检查水平度盘有无变动，须再次观测 $A$ 点，两次照准起始点读数之差称为半测回归零差，应不超过规定限差（如 $J_6$ 级经纬仪为 $18''$）。下半测回，逆时针方向旋转照准部，依次观测 $A$、$D$、$C$、$B$、$A$ 点，仍要检查半测回归零差是否超限。

如需观测 $n$ 测回，与测回法一样，要求在各测回间上半测回照准起始点时变换水平度盘读数，其变换递增值仍为 $\frac{180°}{n}$。例如观测两测回，$n=2$，则：变换递增值 $= \frac{180°}{2} = 90°$。

第一测回在盘左照准起始点时水平度盘读数应配为稍大于 $0°$ 的位置（如 $0°03'$）。

第二测回在盘左照准起始点时水平度盘读数应配为稍大于 $90°$ 的位置（如 $90°03'$）。

方向观测法的记录，见表 3-2。观测时要随记随算，发现超限则及时进行重测。现将计算的方法和限差说明如下：

（1）在"水平度盘读数"栏内，盘左时的记录，依 $A$、$B$、$C$、$D$、$A$ 的顺序自上而下记入相应读数；盘右时则依 $A$、$D$、$C$、$B$、$A$ 的顺序由下向上记入读数。

（2）在完成半测回观测后，半测回归零差如超过表 3-3 的规定，则重测这半个测回。如符合要求，继续进行观测。

例如，在第一测回的上半测回中，半测回归零差为

$$0°02'18'' - 0°02'12'' = +6''，未超过限差 18''。$$

（3）二倍视准轴误差（$2c$）。一测回内同一方向的视准轴误差按下式计算。

$$2c = L - (R \pm 180°) \tag{3-3}$$

例如，第一测回内，$B$ 点方向的 $2c$ 为

$$2c = 82°47'36'' - (262°47'30'' - 180°) = +6''$$

同一测回内，$2c$ 的变动范围（即由最小的 $2c$ 值至最大 $2c$ 值的区间），不能超过表 3-3 规定的限差。

## 表 3-2 水平角观测手簿（方向观测法）

日期：2006 年 11 月 26 日上午　　　　　　　　观测者：李××

天气：晴　　　　　　　　　　　　　　　　　　记录者：陈××

仪器型号：DJ$_6$ – 01879　　　　　　　　　　检查者：李××

| 测回数 | 照准点 | 水平度盘读数 盘左(L) ° | ′ | ″ | 水平度盘读数 盘右(R) ° | ′ | ″ | 2c = L – (R ± 180°) ″ | 平均读数 L-c ° | ′ | ″ | 一测回方向值 ° | ′ | ″ | 各测回平均方向值 ° | ′ | ″ | 备　注 |
|---|---|---|---|---|---|---|---|---|---|---|---|---|---|---|---|---|---|---|
| | | | | | | | | | 测站：O 00209 | | | | | | | | |
| 1 | A | 0 | 02 | 12 | 180 | 02 | 00 | +12 | (0 | 02 | 09) 06 | 0 | 00 | 00 | 0 | 00 | 00 | |
| | B | 82 | 47 | 36 | 262 | 47 | 30 | +6 | 82 | 47 | 33 | 82 | 45 | 24 | 82 | 45 | 32 | |
| | C | 151 | 24 | 24 | 331 | 24 | 12 | +12 | 151 | 24 | 18 | 151 | 22 | 09 | 151 | 22 | 17 | |
| | D | 230 | 50 | 18 | 50 | 50 | 00 | +18 | 230 | 50 | 09 | 230 | 48 | 00 | 230 | 48 | 08 | |
| | A | 0 | 02 | 18 | 180 | 02 | 06 | +12 | 0 | 02 | 12 | | | | | | | |
| 2 | | | | | | | | | (90 | 02 | 50) | | | | | | | |
| | A | 90 | 03 | 00 | 270 | 02 | 48 | +12 | 90 | 02 | 54 | 0 | 00 | 00 | | | | |
| | B | 172 | 48 | 30 | 352 | 48 | 36 | –6 | 172 | 48 | 33 | 82 | 45 | 43 | | | | |
| | C | 241 | 25 | 18 | 61 | 25 | 12 | +6 | 241 | 25 | 15 | 151 | 22 | 25 | | | | |
| | D | 320 | 51 | 12 | 140 | 51 | 00 | +12 | 320 | 51 | 06 | 230 | 48 | 16 | | | | |
| | A | 90 | 02 | 48 | 270 | 02 | 42 | +6 | 90 | 02 | 45 | | | | | | | |

例如，第二测回内最小的 2c 值为 B 方向的 – 6″，最大的 2c 值为 + 12″，故变动范围为 – 6″ ~ + 12″，区间值为 18″。

（4）在计算一测回内各方向的平均读数时，各方向的 2c 值都已算出，可按下式计算各方向的平均读数。

$$平均读数 = L - c \tag{3-4}$$

将起始方向的两个平均读数取其中数，记于第一行，加以圆括号，作为该测回起始方向最终的平均读数。

（5）在一测回内，将各方向的平均读数减去起始方向该测回最终的平均读数（即圆括号内的数值，如第一测回为 0°02′09″），则得一测回方向值。

例如：B 方向第一测回方向值为：82°47′33″ – 0°02′09″ = 82°45′24″

第二测回方向值为：172°48′33″ – 90°02′50″ = 82°45′43″

（6）同一测点各测回方向值的互差，如不超过表 3-3 的规定，即取其平均值作为各测回方向值。例如 B 点两测回的互差 17″，未超过限差 24″。其余各方向亦符合要求。

## 表 3-3 水平角观测（方向观测法）各项限差

| 项　　目 | DJ$_6$ 级光学经纬仪 | DJ$_2$ 级光学经纬仪 |
|---|---|---|
| 半测回归零差 | 18″ | 8″ |
| 一测回中二倍视准轴误差(2c)变动范围 | 36″ | 13″ |
| 同一方向值各测回互差 | 24″ | 9″ |

## 3.6 竖直角观测

### 3.6.1 经纬仪竖盘的构造

各种类型经纬仪的竖盘构造基本相近，下面以 DJ$_6$ 级光学经纬仪为例介绍经纬仪的竖盘基本构造。

图 3-22 为一 DJ$_6$ 级光学经纬仪的竖盘构造示意图，竖盘 1 与横轴固连，并随望远镜绕横轴旋转。竖盘读数的光具组 8 与竖盘指标水准管 2 均固定在同一微动框架上，转动框架的微动螺旋 7，水准管及光具组均随之移动。构造上应使竖盘指标水准管轴 3 垂直于光具组的光轴 6，光具组的光轴 6 作为固定的竖盘读数指标，用以指示竖盘读数。为了能在竖盘读数时将竖盘读数指标线处于一个固定的竖直位置，读数之前，应调节竖盘

**图 3-22 DJ$_6$ 级光学经纬仪竖盘的构造**

1. 竖盘 2. 竖盘指标水准管 3. 水准管轴
4. 水准管校正螺丝 5. 望远镜 6. 光具组光轴
7. 竖盘指标水准管微动螺旋 8. 光具组

水准管微动螺旋，使竖盘指标水准管做微小的俯仰运动至水准管气泡居中，水准管轴水平，光具组的光轴6(竖盘读数指标线)便处于铅垂位置，此时才能读取正确的竖盘读数。

目前国内外已生产了一种竖盘指标自动补偿装置的经纬仪，它安置一个自动补偿装置来代替竖盘指标水准管实现固定竖盘读数指标的功能。当仪器的竖盘有微小倾斜时，通过自动补偿装置自动调整光路，使其读数相当于竖盘水准管气泡居中时的读数。补偿的原理与自动安平水准仪相似。使用这种经纬仪观测竖直角，只需将照准部水准管整平，瞄准目标即可读取竖盘读数，从而提高了测量工效。

### 3.6.2 竖直角的计算

光学经纬仪的竖盘刻度为全圆360°式，有顺时针方向递增注记及逆时针方向递增注记两种方式，如图3-23和图3-24所示。

盘左: 始读数＝90°
$\alpha_左 = 90° - L$

盘右: 始读数＝270°
$\alpha_右 = R - 270°$

**图 3-23 顺时针方向递增注记竖盘竖直角计算**

盘左: 始读数=90°
$\alpha_{左} = L - 90°$

盘右: 始读数=270°
$\alpha_{右} = 270° - R$

**图 3-24 逆时针方向递增注记竖盘竖直角计算**

DJ$_6$级光学经纬仪的竖盘与其指标线之间,应满足的条件为:当望远镜视线水平、竖盘指标水准管气泡居中时,竖盘指标所指的读数,称为竖直度盘的"始读数"。盘左时的始读数一般为 90°。盘右时的始读数一般为 270°。

设盘左瞄准目标时的竖盘读数为 $L$,由此算得的竖直角为 $\alpha_{左}$;盘右瞄准同一目标(与盘左保持同一高度)时的竖盘读数为 $R$,由此算得的竖直角为 $\alpha_{右}$。两种注记方式的竖直角计算公式,如图 3-23 竖盘顺时针方向递增注记及图 3-24 竖盘逆时针方向递增注记所示。

由于竖盘注记的方式多种多样,在使用经纬仪时,可先仔细观察其构造和注记方式,并用下述规则(可通用于盘左和盘右)自行导出竖直角的计算式。

(1)望远镜视线大致放平,观察始读数(90°、270°、0°、180°)。

(2)将望远镜物镜端抬高时:

① 如竖盘读数递增,则竖直角 = 读数 – 始读数

② 如竖盘读数递减,则竖直角 = 始读数 – 读数

算得的值为"+"时,竖直角为仰角;为"–"时则为俯角。

### 3.6.3 竖盘指标差

当望远镜视线水平,竖盘指标水准管气泡居中时,竖盘读数指标线所指的读数不为始读数(90°或 270°,0°或 180°),其偏差值即称为竖盘指标差,记为 $x$(图 3-25)。竖盘指标偏离正确位置的方向与竖盘注记方向一致,指标差 $x$ 为正值,反之,指标差 $x$ 为负值。

产生指标差的原因,对于 DJ$_6$ 光学经纬仪来说,是由于竖盘指标水准管轴与读数光具组的光轴不正交造成的。

在图 3-26 中,若所测竖直角的正确值为 $\alpha$,则考虑指标差 $x$ 时的竖直角计算公式应为:

$$\alpha = 90 + x - L = \alpha_{左} + x \qquad (3\text{-}5)$$

$$\alpha = R - (270 + x) = \alpha_{右} - x \qquad (3\text{-}6)$$

由式(3-5)与式(3-6)可得出如下竖盘指

**图 3-25 竖盘指标差示意图**

标差 $x$ 的计算公式及盘左盘右测量一测回竖直角的计算公式。

$$x = \frac{1}{2}(\alpha_左 - \alpha_右) = \frac{1}{2}(L + R) - 180° \qquad (3-7)$$

$$\alpha = \frac{1}{2}(\alpha_左 + \alpha_右) = \frac{1}{2}(R - L) - 90° \qquad (3-8)$$

式(3-7)表明，只要用盘左盘右一测回观测某一竖直角，根据其盘左读数 $L$、盘右读数 $R$ 就能求得该仪器的竖盘指标差。而由式(3-8)可知，盘左盘右一测回观测竖直角取其平均值即可消除仪器的竖盘指标差 $x$。

盘左：始读数=90°

$\alpha_左 = 90° - L$

盘右：始读数=270°

$\alpha_右 = R - 270°$

**图 3-26 顾及竖盘指标差竖直角的计算**

## 3.6.4 竖直角观测方法

竖直角观测是用经纬仪的横丝(一般用中横丝)切取照准目标的指定高度处读取竖盘读数，并根据观测仪器竖直角的计算公式算出竖直角。其具体方法如下：

(1)在测站点安置经纬仪，进行对中、整平。

(2)盘左观测：

① 转动仪器瞄准测点的目标，用十字丝中横丝切取目标某一高度处，如图3-27中旗杆的顶部。

② 转动竖盘指标水准管的微动螺旋，使水准管气泡居中。

③ 读竖盘读数得 $L$，记录。

(3)盘右观测：同上述方法，再瞄准同一目标点(与盘左同一高度处)，得竖盘读数 $R$，记录。

这样完成了一测回，由读数计算出 $\alpha_左$ 和 $\alpha_右$，取其平均值作为最后结果。由此测得的 $\alpha$ 为瞄准目标点时视线的竖直角。其记录计算方法具体见表3-4。

**图 3-27 竖直角观测照准示意图**

**表 3-4 竖直角观测手簿**

日期：2006 年 11 月 21 日　　　　　　　观测者：黄 × ×

天气：晴　　　　　　　　　　　　　　　记录者：张 × ×

仪器型号：DJ₆

| 测站 | 测点 | 竖盘位置 | 竖盘读数 | | | 竖直角 | | | 平均竖直角 | | | 备　注 |
|---|---|---|---|---|---|---|---|---|---|---|---|---|
| | 瞄准目标 | | ° | ′ | ″ | ° | ′ | ″ | ° | ′ | ″ | |
| *O* | *A* | 左 | 72 | 23 | 30 | +17 | 36 | 30 | +17 | 36 | 15 | 竖盘注记 |
| | 标旗顶 | 右 | 287 | 36 | 00 | +17 | 36 | 00 | | | | |
| | *B* | 左 | 95 | 21 | 48 | −5 | 21 | 48 | −5 | 22 | 03 | 盘左　　盘右 |
| | 标旗顶 | 右 | 264 | 37 | 42 | −5 | 22 | 18 | | | | |

使用自动补偿装置的经纬仪观测竖直角时，在读数之前，不用调竖盘指标水准管，但应先旋转仪器支架上的补偿装置锁紧手轮，使轮上的红点转向 ON，指标补偿器处于自由状态，此时转动照准部可以听到清脆的响声，表明自动补偿装置能正常发挥补偿作用。观测完毕，应旋转锁紧手轮，使红点转至 OFF 锁紧补偿器，以致仪器搬动时不受振动而损坏。

## 3.7　水平角观测的误差及其消减方法

观测水平角时，由于仪器未臻完善，观测者的技术水平和生理上的局限，以及外界自然环境等因素的影响，使观测成果含有各种误差，其主要影响因素如下所述：

### 3.7.1　仪器误差

仪器误差主要包括仪器制造不完善引起的误差及校正不完善产生的残余误差。

#### 3.7.1.1　仪器制造不完善引起的误差

仪器制造上的不完善，主要有如照准部偏心差和度盘的分划误差。

如图 3-28 所示，照准部的旋转中心 *O* ′如果与度盘的圆心 *O* 重合，指标线在水平度盘上的正确读数为 α。如果 *O* ′与 *O* 不重合，即产生照准部偏心。此时指标的读数为 $α_左$，与正确读数 α 有一偏心误差 *x*，即为照准部偏心差。它不是一个常数。当指标线在度盘上不同部位读数时，*x* 的数值亦随之变化。

对于 DJ₆ 级光学经纬仪，采用盘左读数 $α_左$ 与盘右读数 $α_右$ 取平均值的方法，来消除照准部偏心差。至于 DJ₂ 级光学经纬仪，则在制造上已采用度盘对径分划符合读数的方法，来消除这一误差。

至于度盘的分划误差，由于当代刻度的技术较为先进，度盘的分划误差较小。当精度要求较高时，可采用变换水平度盘位置的方法进行观测，以减弱这一误差的影响。

### 3.7.1.2 仪器校正不完善所引起的误差

仪器校正不完善所引起的误差主要有视准轴误差、横轴倾斜误差及竖轴倾斜引起的误差。

（1）视准轴误差　视准轴误差是由于视准轴不完全垂直于横轴产生的偏差角值 $c$ 对测角的影响。如图 3-29 所示，当视准轴不垂直于横轴时，盘左时如图 3-29（a），因视准轴偏于正确位置的左侧，使 $M_左$ 比正确读数大了 $c$ 值。盘右时如图 3-29（b），因视准轴偏于正角位置的右侧，$M_右$ 比正确读数小了 $c$ 值，因此，用盘左、盘右观测取其平均值的方法可消除该项误差的影响。

（2）横轴倾斜误差　横轴倾斜误差是由于横轴不垂直于竖轴所产生的偏差角值 $i$。如图 3-30 所示，由于有横轴倾斜误差，望远镜绕横轴旋转时，视准轴将旋转成一倾斜面，使观测产生误差。望远镜视线的竖直角愈大，横轴倾斜误差对测角的影响也愈大。在盘左盘右观测某一方向时，该误差对方向值的影响相反，因此，同样可用盘左、盘右观测取其平均值的方法可消除该项误差的影响。

（3）竖轴倾斜引起的误差　当照准部水准管轴垂直于仪器竖轴的几何条件不完全满足时，水准管气泡居中，水准管轴虽然水平，但仪器竖轴却不完全竖直，由此引起竖轴倾斜，从而导致水平度盘也产生一定的倾斜。照准部的转动和望远镜的俯仰都不会改变水平度盘的倾斜面，因此，由竖轴倾斜引起的观测误差，用盘左盘右观测取平均值的方法不能消除其影响，而且瞄准目标的俯仰角越大，由此产生的误差也越大，这就要求在测站点与观测目标的高差较大时，必须注意校正好照准部水准管轴，使其垂直于竖轴，并注意仪器的整平。

$$\alpha = \alpha_左 - x$$
$$\alpha = (\alpha_右 \pm 180°) + x$$
$$\alpha = 1/2[\alpha_左 + (\alpha_右 \pm 180°)]$$

**图 3-28　照准部的旋转中心与水平度盘的圆心不重合误差**

**图 3-29　视准轴误差对观测方向值的影响**

**图 3-30　横轴倾斜误差对观测方向值的影响**

### 3.7.2 操作误差

经纬仪测角时的对中误差有仪器对中误差和观测目标误差。

#### 3.7.2.1 仪器对中误差

在图 3-31 中，$O$ 为测站点，要求测出水平角 $\angle AOB = \beta$。仪器对中时对准 $O'$ 点，产生的偏心距 $OO' = e$。由此测得角值为 $\angle AO'B = \beta'$。由图知，

$$\beta = \beta' + (\varepsilon_1 + \varepsilon_2) = \beta' + \Delta\beta$$

其中：$\Delta\beta = \varepsilon_1 + \varepsilon_2$

即为仪器对中偏差所引起的测角误差。

$\varepsilon_1$ 和 $\varepsilon_2$ 都很小，可如下计算。

图 3-31　经纬仪对中误差对测角的影响　　图 3-32　经纬仪对中误差计算略图

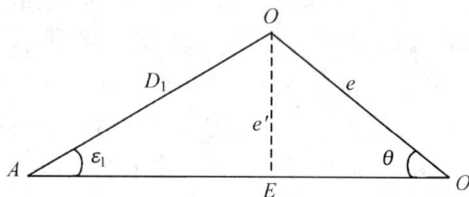

在图 3-32 中，自 $O$ 作 $AO'$ 的垂线，则有

$$e' = e\sin\theta$$

又

$$\sin\varepsilon_1 = \frac{e'}{D_1} = \frac{e}{D_1}\sin\theta$$

当 $\varepsilon_1$ 很小时，$\sin\varepsilon_1 \approx \varepsilon_1$（弧度），同时将 $\varepsilon_1$ 化为（秒），故在前式的右端乘 $\rho''$
得

$$\varepsilon_1 = \frac{\rho''}{D_1}e\sin\theta \tag{3-9}$$

由此可得：

$$\varepsilon_2 = \frac{\rho''}{D_2}e\sin(\beta' - \theta) \tag{3-10}$$

则

$$\Delta\beta = \rho''\left(\frac{e\sin\theta}{D_1} + \frac{e\sin(\beta' - \theta)}{D_2}\right) \tag{3-11}$$

由以上各式可知，当偏心距 $e$ 和 $\theta$ 角一定时，边长 $D$ 越短，对中偏差引起的测角误差越大。因此，对短边的夹角观测时，更应注意对中，偏心距 $e$ 越小越好。

此外，偏心距 $e$ 对测角的影响也因 $\theta$ 角值而变化。如图 3-31 所示，当 $\beta' = 180°$ 时，如 $\theta = 0°$，则 $O'$ 点在 $AO$（或 $BO$）直线上，由式（3-9）和式（3-10）知，$\varepsilon_1 = \varepsilon_2 = 0$，影响为最小，如 $\theta \approx 90°$，即 $OO'$ 约垂直于 $AO$ 和 $BO$，则对测角的影响为最大，此时为

$$\varepsilon_1 = \frac{e}{D_1} \times \rho'' \qquad \varepsilon_2 = \frac{e}{D_1} \times \rho''$$

例：设 $e=3$mm，$D_1=50$m，$D_2=100$m，则有

$$\varepsilon_1 = \frac{3}{50 \times 1\,000} \times 206\,265'' = 12.4''$$

$$\varepsilon_2 = \frac{3}{100 \times 1\,000} \times 206\,265'' = 6.2''$$

引起的测角误差为：$\Delta\beta = \varepsilon_1 + \varepsilon_2 = 12.4'' + 6.2'' = 18.6''$

### 3.7.2.2 观测目标对中误差

如图 3-33 所示，在测点 $B$ 竖立供瞄准用的目标时，如对准观测点的标志有偏差，或在观测点所竖立的标杆有倾斜，则使照准点偏离观测点，其偏心距为 $d=B'B$，由此引起水平角的测角误差为 $\Delta\beta=\beta'-\beta$。当 $d$ 一定时，如果 $B'B\perp OB$，此时对测角的影响为最大，即

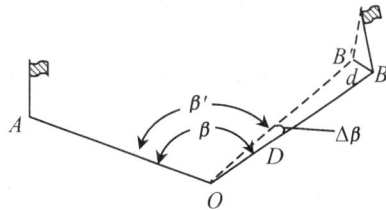

图 3-33 目标偏斜误差对测角的影响

$$\Delta\beta = \rho'' \frac{d}{D}$$

而且，边长 $D$ 越短，其影响亦越大。

此外，当标杆倾斜时，瞄准标杆上的点子越高，则偏心距 $d$ 亦越大，引起的测角误差亦随之增大。

因此，在观测水平角时，要注意使供瞄准的目标对准测点的标志，若在测点上用标杆作观测目标，要使标杆竖直，并尽可能瞄准标杆的底部。

### 3.7.2.3 整平误差

仪器整平有误差，水准管轴不完全水平而引起竖轴倾斜，它对水平角观测成果的影响与前述的竖轴倾斜相同，在此不再赘述。

### 3.7.2.4 瞄准误差与读数误差

瞄准误差主要与望远镜的放大倍数 $V$ 有关，亦受对光时的视差和外界条件的影响。一般用 $\frac{60''}{V}$ 来估算瞄准误差的大小。

读数误差与仪器的读数设备、照明和视差有关，但主要取决于读数设备的精度。例如，DJ$_6$ 级光学经纬仪分微尺读数设备，其读数设备误差可取为 $0.1'$。但读数时应注意消除读数显微镜的视差。

## 3.7.3 外界条件的影响

影响水平角观测的外界因素，主要来源于自然环境。例如，大气透明度差，空气对流和目标背景不良等，会降低瞄准精度，大风将影响仪器的稳定。这些都会造成测角误差。此外，如阳光的照射，亦会引起仪器各部位的变化，因而影响测角的精度，故在有太阳的天气，观测时要打伞，不让阳光直照仪器。自然环境的影响是复杂而多

变的，当要求的精度较高时，要注意选择有利的观测时间，避免不利因素的影响。

## 思考题

1. 名词解释：水平角、竖直角、经纬仪横轴、盘左观测、盘右观测、横轴误差、视准轴误差。

2. 什么叫水平角？在同一竖直面内，由一点至两目标的方向线间的水平角是多少度？为什么？

3. 什么叫竖直角？在同一竖直面内，由一点至两目标的方向线间的夹角是否为竖直角？为什么？

4. DJ$_6$级光学经纬仪的两种读数设备（分微尺及平行玻璃板测微器），其读数方法有何不同？

5. 简述电子经纬仪的特点。电子经纬仪的动态测角法有何优点？

6. 光学经纬仪的安置包括哪两项基本操作？并说明它们的目的和具体操作方法。

7. 说明用测回法观测水平角的方法步骤；方向观测法与测回法有何不同？两种方法各使用于何种场合？观测水平角时，如果经纬仪的水平度盘随着照准部转动能否测出水平角？为什么？用测回法观测水平角时，如果水平度盘是逆时针方向递增注记的，如何计算水平角？

8. 用 J$_6$级光学经纬仪按测回法在 $O$ 点设站观测水平角 $\beta$，其观测数据如图 1 所示，请将观测数据在表 1 中进行记录计算。

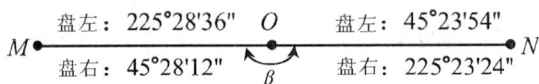

盘左：225°28'36"　　$O$　　盘左：45°23'54"

$M$●———————————————————————————●$N$

盘右：45°28'12"　　$\beta$　　盘右：225°23'24"

**图 1　观测数据**

**表 1　测回法观测记录手簿**

| 测站 | 目标 | 盘左观测 | | 盘右观测 | | 半测回差 | 一测回平均值 |
|---|---|---|---|---|---|---|---|
| | | 读数 ° ' " | 角值 ° ' " | 读数 ° ' " | 角值 ° ' " | " | ° ' " |
| | | | | | | | |
| | | | | | | | |
| | | | | | | | |
| | | | | | | | |

9. 用 J$_6$级光学经纬仪在 $O$ 点设站按方向观测法测出 $A$、$B$、$C$、$D$ 四个方向三个测回的观测数据记录在表 2 中，请在表 2 中完成方向观测法必需的计算。

表2 观测数据记录表

| 测站 | 测回数 | 照准点 | 水平度盘读数 | | | | | | 2c | | | 平均读数 | | | 一测回方向值 | | | 各测回平均方向值 | | |
|---|---|---|---|---|---|---|---|---|---|---|---|---|---|---|---|---|---|---|---|---|
| | | | 盘左 | | | 盘右 | | | | | | | | | | | | | | |
| | | | ° | ′ | ″ | ° | ′ | ″ | ° | ′ | ″ | ° | ′ | ″ | ° | ′ | ″ | ° | ′ | ″ |
| O | I | A | 0 | 02 | 48 | 180 | 03 | 12 | | | | | | | | | | | | |
| | | B | 55 | 36 | 12 | 235 | 36 | 54 | | | | | | | | | | | | |
| | | C | 120 | 26 | 06 | 300 | 27 | 00 | | | | | | | | | | | | |
| | | D | 201 | 46 | 18 | 21 | 47 | 00 | | | | | | | | | | | | |
| | | A | 0 | 02 | 42 | 180 | 03 | 30 | | | | | | | | | | | | |
| | II | A | 60 | 03 | 12 | 240 | 03 | 18 | | | | | | | | | | | | |
| | | B | 115 | 36 | 48 | 295 | 36 | 36 | | | | | | | | | | | | |
| | | C | 180 | 26 | 42 | 0 | 26 | 30 | | | | | | | | | | | | |
| | | D | 261 | 46 | 54 | 81 | 46 | 48 | | | | | | | | | | | | |
| | | A | 60 | 03 | 24 | 240 | 03 | 12 | | | | | | | | | | | | |
| | III | A | 120 | 03 | 12 | 300 | 03 | 18 | | | | | | | | | | | | |
| | | B | 175 | 36 | 48 | 355 | 36 | 30 | | | | | | | | | | | | |
| | | C | 240 | 36 | 42 | 60 | 36 | 48 | | | | | | | | | | | | |
| | | D | 321 | 46 | 48 | 141 | 46 | 54 | | | | | | | | | | | | |
| | | A | 120 | 03 | 24 | 300 | 03 | 30 | | | | | | | | | | | | |

10. 当使用 DJ$_6$ 级光学经纬仪观测竖直角时：

(1)试说明观测竖直角的方法步骤，并说明什么是竖盘的指标差。

(2)用某一 DJ$_6$ 级光学经纬仪置站点 O 观测目标点 M，得竖盘读数为：

盘左：$76°43'42''$；盘右：$283°17'36''$。竖盘注记如图2。试计算 OM 方向的竖直角及竖盘指标差。

(3)设用另一 DJ$_6$ 级光学经纬仪在测站 A 观测目标点 B，竖盘读数为：盘左：$85°30'30''$；盘右：$274°31'36''$。竖盘注记如图3。试计算 AB 方向的竖直角及竖盘指标差。

(4)简述测定竖盘指标差的方法。

图2 竖盘注记 图3 竖盘注记

11. DJ$_6$ 级光学经纬仪有哪些主要轴线？各轴线的定义如何？各轴线间应保持怎样的正确关系？

12. 在水平角观测中可能出现哪些误差？观测时应采用什么措施以消减这些误差对观测的成果的影响？

# 本章可供参考书目

1. 测量学. 卡正富. 中国农业出版社，2002.

2. 园林工程测量. 徐行. 哈尔滨地图出版社，1997.

3. 测量学试题与解答. 陈学平. 中国林业出版社，2002.

# 第 **4** 章

# 距离测量与直线定向

距离测量是测量的基本工作之一。本章重点介绍距离丈量的一般方法与钢尺精密量距方法;视距测量的基本原理与观测计算;光电测距的原理及光电测距仪的使用;全站仪的操作使用;用于直线定向标准方向线的种类与直线方向的表示方法;罗盘仪的构造以及磁方位角的测定等内容。通过本章的学习,使学生掌握距离测量与确定直线方向的基本方法及全站仪的操作技能。

距离是指两点间的水平距离。若测得的是倾斜距离，一般需要进行改斜计算，转换成水平距离。距离测量按所用仪器和工具的不同，一般分为钢尺量距、视距测量、光电测距等。

# 4.1 距离丈量

## 4.1.1 距离丈量的工具

距离丈量是指用钢尺、皮尺等丈量工具测得地面上相邻两点间的水平距离的工作。根据不同的精度要求，距离丈量常用的工具有钢尺、皮尺、测绳等量距工具以及标杆、测钎、垂球等辅助工具。另外在精密量距中还采用弹簧秤、温度计等来控制拉力和测定温度。

### 4.1.1.1 钢尺

钢尺多为薄钢制成，也称为钢卷尺，一般适用于精度要求较高的距离丈量。钢尺按长度分有 20m、30m、50m 等几种规格；按形式分有钢带尺和有皮盒的钢尺，如图 4-1 所示；按零点位置的不同，有端点尺和刻线尺。端点尺的零点在尺的最外端，在丈量两实体地物间的距离时较为方便，如图 4-2(a)所示。刻线尺的零点在尺面内，一般以尺前端的某一处刻线作为尺的零点，如图 4-2(b)所示。在使用钢尺进行量距时一定要认清其零点位置。

**图 4-1　钢尺的形式**
(a)钢带尺　(b)带盒的钢尺

**图 4-2　钢尺的零点分类形式**
(a)端点尺　(b)刻线尺

钢尺的基本分划单位多为厘米，在每米和每分米处有数字注记，每米一般采用红色数字注记。为了精密距离丈量，一般在钢尺前一段内，有毫米注记，另外现有的钢尺多为在整个尺面上都是毫米注记，这两类钢尺都适合于精密量距工作。在使用钢尺量距时，必须认清其尺面注记，避免读数错误。

### 4.1.1.2 皮尺

皮尺是用麻线和金属丝制成的带状尺，因伸缩性较大，一般适合于精度较低的距离丈量工作。其基本分划单位为厘米，在每米和每分米处有数字注记，每米处的数字注记一般为红色。其长度有 20m、30m、50m 三种规格。它一般为端点尺，其零点由始端拉环的外侧算起。

### 4.1.1.3　铟瓦尺(invar)

铟瓦尺是用铁镍以及少量的锰、硅、碳等合金制成的线状尺,也称铟钢尺。因其热膨胀系数较普通钢尺小,因而温度对尺长的伸缩变化影响小,故铟瓦尺的量距精度高,可达到 1/1 000 000,适用于精密量距,但量距十分繁琐,常用于精度要求很高的基线丈量或用于检定普通钢尺。铟瓦尺全套由 4 根主尺、一根 8m 或 4m 长的辅尺组成。主尺直径为 1.5mm,长度为 24m,尺面上无分划和数字注记,在尺两端各连一个三棱形的分划尺,长为 8cm,其上最小分划单位为毫米。

### 4.1.1.4　标杆

标杆也称为花杆、测杆。一般由木材、玻璃钢或铝合金制成,其直径约为 3 ~ 4cm,长度为 2m 或 3m,其上用红白油漆交替漆成 20cm 的小段,杆底部装有铁尖,以便插入地中或对准测点的中心,作为观测觇标使用,如图 4-3 所示。

### 4.1.1.5　测钎

测钎由钢丝或粗铁丝制成,其长度约为 30 ~ 40cm,如图 4-4 所示。一般以 11 根或 6 根为一组,套在铁环上。测钎上端被弯成圆环形,下端磨尖,主要用于标定尺的端点位置和统计整尺段数。

### 4.1.1.6　锤球

锤球多为金属制成,其外形像圆锥形,如图 4-5 所示。一般用来对点、标点和投点。

图 4-3　标　杆　　　　图 4-4　测　钎　　　　图 4-5　锤　球

## 4.1.2　距离丈量的一般方法

距离丈量因其精度要求不同以及不同的地形条件,可采用一般量距方法或精密量距方法进行,现先介绍距离丈量的一般方法。

#### 4.1.2.1　准备工作

距离丈量的准备工作包括地面点位的标定与直线定线工作。

(1)地面点位的标定　测量要解决的根本问题就是确定地面点的位置。在测量工作中被测定的点通常称为测点,如三角点、导线点、水准点等控制点,一般需要保留一段时间,必须在地面上确定其位置,设立标志,作为细部测量或其他测量时使用。

根据测点(或控制点)等级的不同或保留时间的长短不同,其标志的形式也不尽相同。一般可分为永久性标志和临时性标志。临时性标志可用长约 30~50cm、粗约 3~5cm 的木桩,削尖其下端,打入地中,桩头露出地面 3~5cm,桩顶钉一小铁钉或刻一"+"字,以其交点精确表示点位,如图 4-6 所示。永久性标志(或半永久性标志)可采用水泥桩或石桩,在其上设立标志,如图 4-7 所示。

图 4-6　临时标志　　　　图 4-7　永久标志

(2)直线定线　当地面两点之间的地面起伏较大或距离较长时,一个尺段不能完成距离丈量,需要分成多段沿已知直线的方向进行分段量测,最后汇总得其长度。这时须在直线方向上竖立若干标杆来标定直线的位置和走向,这项工作称之为直线定线。根据精度要求的不同,可采用目估法定线或经纬仪定线。

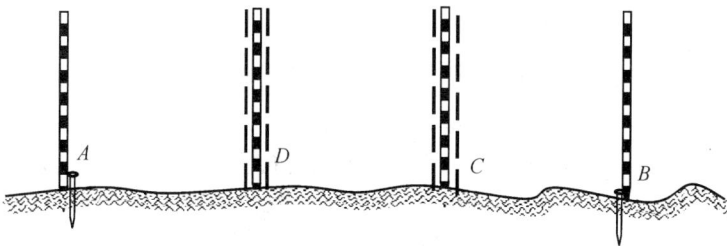

图 4-8　目估法定线

①目估法定线　若距离丈量的精度要求不是很高时可采用目估定线法。如图 4-8 所示,假设通视的 A、B 两点间的距离较长,现要测定 A、B 两点间的距离,则需在 A、B 两点之间标定 C、D 等点,使其在 A、B 两点的直线上。要使 A、B、C、D 等点在同一直线上,采用目估法定线的操作步骤为:

a. 在 A、B 两端点上竖立标杆,由一测量员站于 A 点标杆后 1~2m 处,由 A 端瞄向 B 端;

b. 另一测量员手持标杆，处于 $A$、$B$ 两点之间，按 $A$ 点标杆后测量员的手势在该直线方向上左右移动，直到 $A$、$B$、$C$ 三点处于同一直线上为止，将标杆竖直插入 $C$ 点处；

c. 以同样的方法继续确定出 $D$ 点及其他各点的位置。

在图 4-8 中，若先定 $C$ 点，再定 $D$ 点，称为走近定线法；若先定 $D$ 点，再定 $C$ 点，称之为走远定线法。直线定线一般采用走近定线法。

②经纬仪定线　当距离丈量的精度要求较高时可采用经纬仪定线法或其他的仪器定线法。如图 4-9 所示，设 $A$、$B$ 两点间相互通视，需在 $AB$ 两点间定出 $C$、$D$ 等点来标定直线 $AB$ 的位置和方向，则其操作步骤如下：

**图 4-9　经纬仪定线**

a. 在 $A$ 点安置经纬仪（对中、整平），在 $B$ 点竖立标杆或挂上垂球线；

b. 一人在 $A$ 点用望远镜精确瞄准 $B$ 点的标杆，尽量瞄准标杆底部，或瞄准 $B$ 点的垂球线，以望远镜的视线指挥另一人将标杆左右移动（尽量瞄准标杆底部）定出 $C$，则直线 $A$、$B$、$C$ 三点在同一直线上；

c. 以同样方法定出 $D$ 点或其余各点。

### 4.1.2.2　距离丈量的一般方法

距离丈量的一般方法是指当丈量精度要求不高时所采用的量距方法。这种方法量距的精度能达到 $1/1000 \sim 1/3000$。根据地面的起伏状态，可分为平坦地面的距离丈量和倾斜地面的距离丈量两种形式。

（1）平坦地面的距离丈量　平坦地面的距离丈量根据不同的精度要求，可选用整尺法和串尺法量距。

①整尺法量距　在平坦地面，当量距精度要求不高时，可采用整尺法量距，也就是直接将钢尺沿地面丈量水平距离。可先进行直线定线工作，也可边定线边丈量。量距前，先在待测距离的两个端点 $A$、$B$ 用木桩设（桩上钉一小钉）标志，或直接在柏油或水泥路面上钉铁钉标志。丈量时由两人进行，如图 4-10 所示，前者称为前尺手，后者称为后尺手。量距时后尺手持钢尺用零点分划线对准地面测点（起点），前尺手拿一

**图 4-10　整尺法量距**

组测钎和标杆，手持钢尺末端。丈量时前、后尺手按直线定线方向沿地面拉紧、拉平钢尺，由后尺手确定方向，前尺手在整尺末端分划处垂直插下一根测钎，这样就完成了一个尺段的丈量工作。然后，两人同时将钢尺抬起(悬空勿在地面拖拉)前进。后尺手走到第一根测钎处，用尺零点对准测点(第一尺段的终点处)，两人拉紧、拉平钢尺，前尺手在整尺末端处插下第二根测钎，完成第二个尺段的距离丈量，然后后尺手拔起测钎套入环内，依次继续丈量。每量完一尺段，后尺手都要注意收回测钎，再继续前进，依法量至终点。若当最后一尺段不足一整尺时，前尺手在测点处读取尺上刻划值，得到余尺长 $q$。计算时统计后尺手中的测钎数，此为整尺段数 $n$。则其水平距离 $D$ 可按下式计算：

$$D = n \cdot l + q \qquad (4\text{-}1)$$

式中：$n$——整尺段数；

$l$——钢尺长度；

$q$——余尺长。

为了避免量距时发生错误及提高量距精度，应进行往返丈量。返测时从 $B$ 点测向 $A$ 点，要重新定线。若量距精度能达到要求，则取往返距离的平均值为丈量结果。

②串尺法量距　在平坦地面上，当量距精度要求较高时可采用此法。如图 4-11 所

**图 4-11　串尺法量距**

示，设要测定 $A$、$B$ 间的距离，先进行直线定线工作已确定出 1，2，3，4……等点，同时分别竖立好测钎。距离丈量时，由后尺手手持钢尺前端，以大于零点的分划线对准地面点 $A$，前尺手手持钢尺末端对准第 1 点，两人拉紧、拉平钢尺，并同时读数。若后尺手读得的数为 0.053m，前尺手读得的数为 29.835m，则可计算出第一尺段第一次读数所得的长度为：

$$D_{A1} = 29.835 - 0.053 = 29.782\text{m}$$

量完第一尺段后，依同样方法进行其他尺段的距离丈量，则直线 $AB$ 的全长为：

$$D_{AB} = D_{A1} + D_{12} + D_{23} + \cdots + D_{nB}$$

以上介绍的步骤是将直线定线和量距分开进行的。实际上，在平坦地面上定线和量距可同时进行。

③丈量精度的评定　为了检验丈量结果是否可靠和提高丈量的精度，通常需要往返丈量或多次丈量，其精度衡量一般采用相对误差来进行评定。相对误差是指较差与平均值的比，其表达采用分子为 1 的分数形式。相对误差可按下式计算：

$$K = \frac{|D_{往} - D_{返}|}{\frac{1}{2}(D_{往} + D_{返})} = \frac{1}{N} \qquad (4\text{-}2)$$

钢尺量距一般要求相对误差在平坦地区要达到 1/3 000，在地形起伏较大地区应达到 1/2 000，在困难地区不得低于 1/1 000。如果丈量结果达到精度要求，取其平均

值作为最后结果；如果超过允许限度，则应返工重测，直到符合要求为止。

（2）倾斜地面的距离丈量　根据地形条件，倾斜地面的距离丈量可分为平量法和斜量法。

①平量法　当地形起伏不大（尺两端的高差不大）时，可采用此法。如图 4-12 所示，将钢尺的一端对准测点，另一端抬起（尺子的高度一般不超过前、后尺手的胸高），并用垂球将尺子的端点投影到地面上，在垂球尖处插上测钎，一般后尺手将零端点对准地面点，前尺手目估尺面水平，测出各段的水平距离后，各段相加即得全线段的水平距离。采用此法量距，丈量时自上坡量至下坡为好。

**图 4-12　平量法量距**

**图 4-13　斜量法量距**

②斜量法　当倾斜地面的坡度比较均匀时，可采用此法。如图 4-13 所示，丈量时将钢尺贴在地面上量斜距 $S$。若线段距离较长，则应分段量取，最后汇总得全线段的斜距 $S$。并同时用经纬仪测得地面的倾斜角 $\alpha$，按下式将量得的斜距 $S$ 换算成平距 $D$：

$$D = S \cdot \cos\alpha \qquad (4-3)$$

为了提高测量精度，防止丈量错误，同样也采用往返丈量，满足误差要求取平均值为丈量结果。

## 4.1.3　钢尺量距的精密方法

### 4.1.3.1　钢尺精密量距的要求

精密量距是指精度要求较高，读数为毫米的量距工作。其作业一般采用上述方法中的串尺法进行，但各步的具体要求有所不同：

（1）对于所用钢尺须有毫米分划，至少尺的零点端要有毫米分划；

（2）在使用前，须对钢尺进行检定，用弹簧秤将检定钢尺按规定的拉力拉直，得出尺长改正数；用温度计测出检定时和丈量时的尺子温度，以此计算出温度改正数；用水准测量的方法测出各尺段两端的高差，得出倾斜改正数；

（3）丈量前先用经纬仪进行直线定线工作，尺端位置一般不用测钎标记，在定线时应打下木桩，两木桩之间的距离约等于钢尺的全长，在木桩桩顶钉上小钉或刻划十字线来标定地面点的位置。

(4)为提高丈量精度，对同一尺段需改动钢尺丈量 3 次，改动钢尺时以不同的位置对准测点，改动范围一般不超过 10cm。3 次丈量的结果若满足限差要求(一般要求3 次丈量所得的长度之差不超过 2 ~ 5mm)，取其平均值作为丈量结果，若超过限差，则应进行第四次丈量，最后取其平均值作为丈量结果。

### 4.1.3.2 钢尺精密量距的成果计算

钢尺精密量距时，由于钢尺长度有误差并受量距时的环境影响，对量距结果应进行尺长改正、温度改正及倾斜改正，得出每尺段的水平距离，再将每尺段的水平距离汇总得所求直线的全长，以保证距离测量精度。

(1)尺长改正计算　设钢尺名义长度(尺面上刻划的长度)为 $l_0$，其值一般和实际长度(钢尺在标准温度、标准拉力下的长度)$l'$不相等，因而距离丈量时每量一段都需加入尺长改正。对任一长度为 $l$ 的尺段长时其尺长改正数 $\Delta L_l$ 为：

整尺段的尺长改正数 $\Delta L$ 　　　　$\Delta L = l' - l_0$ 　　　　(4-4)

长度为 $l$ 的尺长改正数 $\Delta L_l$ 　　　　$\Delta L_l = \dfrac{\Delta L}{l_0} \cdot l$ 　　　　(4-5)

(2)温度改正计算　设钢尺在检定时的温度为 $t_0$，在丈量时的温度为 $t$，若钢尺的膨胀系数为 $\alpha$，其值一般为 $1.25 \times 10^{-5}/1℃$，则当丈量距离为 $l$ 时，其温度改正数为：

$$\Delta L_t = (t - t_0) \cdot \alpha \cdot l \qquad (4-6)$$

(3)倾斜改正计算　如图 4-14 所示，丈量的斜距为 $l$，测得两端点的高差为 $h$，要得到平距 $l_o$，须进行倾斜改正 $\Delta L_h$，由图可知：

$$\Delta L_h = \sqrt{l^2 - h^2} - l = l\left[\sqrt{\left(1 - \dfrac{h^2}{l^2}\right)} - 1\right] \qquad (4-7)$$

将上式用级数展开，则变为：

$$\Delta L_h = l\left[\left(1 - \dfrac{h^2}{2l^2} - \dfrac{h^4}{8l^4} - \cdots\right) - 1\right] \quad (4-8)$$

图 4-14　倾斜改正

当坡度小于 10% 时，$h$ 与 $l$ 的比值总是很小，故 $\dfrac{h^4}{8l^2}$ 及其以后的各项都可舍去，式(4-8)可变为：

$$\Delta L_h = -\dfrac{h^2}{2l} \qquad (4-9)$$

综合上述各项改正数，得每一尺段改正后的水平距离为：

$$D = l + \Delta L_l + \Delta L_t + \Delta L_h \qquad (4-10)$$

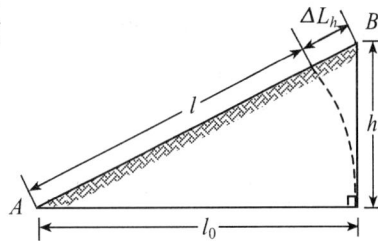

## 4.2　视距测量

视距测量是利用望远镜内的视距装置及视距尺（或水准尺），根据几何光学和三角测量的原理，同时测定水平距离和高差的一种测量方法。在一般的测量仪器，如经纬仪、水准仪的望远镜内均有视距装置，如图 4-15 所示。在十字丝分划板上刻制上、下两根对称的两条短线，称视距丝。视距测量时根据视距丝和中横丝在视距尺或水准尺的读数来进行距离和高差的计算。这种方法具有操作方便、速度快、不受地面起伏状况的限制等优点，但也存在精

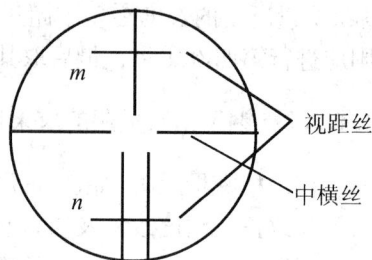

图 4-15　视距丝

度较低的缺点，一般精度只能达到 1/200 ～ 1/300，因而适用于碎部点的测定。若采用精密视距测量，也可用于图根控制点的加密。

### 4.2.1　视距测量的原理

#### 4.2.1.1　视线水平时的视距测量原理及计算公式

如图 4-16 所示，图中 $D$ 为要测定的两点间的水平距离，$h$ 为两点间的高差，$A$ 点安置经纬仪，$B$ 点竖立视距尺（或水准尺）。图中 $\delta$ 为望远镜物镜中心至仪器中心（竖轴中心）的距离，$f$ 为物镜焦距，$F$ 为物镜的焦点，$i$ 为视线高（仪器高），$m$、$n$ 为十字丝分划板上的上、下丝，其间距为 $p$，$d$ 为物镜焦点至视距尺的距离，$M$、$N$ 分别是十字丝上、下丝在视距尺的上读数，其差值称为尺间隔 $l$：

$$l = N - M \tag{4-11}$$

从图 4-16 中可知，待测距离 $D$ 为：

$$D = d + f + \delta \tag{4-12}$$

式中 $f$ 和 $\delta$ 为望远镜物镜的参数，为定值。因而只需计算出 $d$ 即得 $D$。

图 4-16　视线水平时的视距测量原理

从凸透镜几何成像原理和相似三角形原理可得：

因 $$\triangle NFM \backsim \triangle m'Fn'$$

$$\frac{d}{l} = \frac{f}{p}$$

$$d = \frac{f}{p} \cdot l \tag{4-13}$$

将式(4-13)代入式(4-12)可得：

$$D = \frac{f}{p} \cdot l + f + \delta \tag{4-14}$$

上式中令： $$\frac{f}{p} = K, \qquad f + \delta = C$$

则式(4-14)可为：

$$D = Kl + C \tag{4-15}$$

式中：$K$——视距乘常数；

$l$——尺间隔；

$C$——视距加常数。

为计算方便，在仪器生产过程中选择合适的 $f$ 和 $p$，使得 $K = 100$，在对外调焦望远镜中，$C$ 一般为 0.3m 左右，而在对内调焦望远镜中，经调整 $f$ 和十字丝分划板上的上、下丝等参数，使 $C$ 值一般接近于零。因此对于对内调焦望远镜其水平距离计算公式为：

$$D = Kl \tag{4-16}$$

由图 4-16 可知，两点间的高差 $h$ 的计算公式为：

$$h = i - v \tag{4-17}$$

式中：$i$——仪器高(视线高)，是地面桩点至经纬仪横轴的距离；

$v$——中横丝在视距尺上的读数。

由此可知，当视线水平时，要测定两点间的距离和高差，只需得到上、中、下丝在视距尺上的读数和量得仪器高，即可计算出水平距离和高差。这种情况下，也可采用水准仪进行测定。

### 4.2.1.2 视线倾斜时的视距测量原理及计算公式

当地面起伏较大时要进行视距测量，需将望远镜视线倾斜才能瞄到视距尺，如图 4-17 所示。这时要测定水平距离，需将视距尺上的尺间隔 $l$，也就是 $N$、$M$ 的读数差，换算为与视线垂直的尺间隔 $l'$，据此计算出倾斜距离 $D'$，再根据竖直角 $\alpha$ 可得到水平距离 $D$ 和高差 $h$。

在图 4-17 中，设视线竖直角为 $\alpha$，由于十字丝上、下丝的间距很小，视线夹角 $\varphi$ 约为 $34'$，因而可以将 $\angle QM'M$ 和 $\angle QN'N$ 近似看成直角。即得 $\angle MQM' = \angle NQN' = \alpha$

则在直角三角形 $\Delta MM'Q$ 和 $\Delta NN'Q$ 中易得出：

$$l' = N'Q + QM' = NQ \cdot \cos\alpha + MQ \cdot \cos\alpha = l \cdot \cos\alpha \tag{4-18}$$

由式(4-16)和式(4-18)可得：

$$D' = Kl' = Kl\cos\alpha \qquad (4\text{-}19)$$

则由图 4-17 可知，水平距离 $D$ 的计算公式为：

$$D = D'\cos\alpha = Kl\cos^2\alpha \qquad (4\text{-}20)$$

**图 4-17　视线倾斜时的视距测量原理**

由图 4-17 中还可知两点间的高差 $h$ 为：

$$h = h' + i - v \qquad (4\text{-}21)$$

$i$ 为仪器高，可直接量得，$v$ 为中横丝在视距尺上的读数，$h'$ 为初算高差，其计算式为：

$$h' = D\tan\alpha \qquad (4\text{-}22)$$

由式（4-21）和式（4-22）可得两点间的高差 $h$ 的计算公式为：

$$h = D\tan\alpha + i - v \qquad (4\text{-}23)$$

在公式应用中，需注意竖直角 $\alpha$ 的正负号，其值决定了两点间高差的正负之分。

### 4.2.2　视距测量的观测与计算

若要测定 $A$、$B$ 两点间的水平距离 $D_{AB}$ 和 $h_{AB}$，如图 4-17 所示，其观测步骤和计算方法如下：

#### 4.2.2.1　视距测量的观测

（1）在测站 $A$ 点上安置仪器，进行对中、整平；

（2）量取仪器高 $i$，可用钢卷尺或直接用视距尺量取，量至厘米，记入手簿；

（3）在 $B$ 点竖立视距尺，注意视距尺须立竖直；

（4）分别以盘左盘右位置照准某一高度，读取竖盘读数，测定竖盘的指标差；

（5）在盘左位置用望远镜瞄准视距尺，在尺面上读取尺间间隔 $l$、中丝读数 $v$ 及竖盘读数 $L$，用公式 $\alpha = 90° - (L - X)$ 计算出竖直角。

#### 4.2.2.2　视距测量的计算

根据视距测量中水平距离计算公式（4-20）和高差计算公式（4-23），利用计算器可

计算出水平距离 $D$ 和高差 $h$。计算方法见表 4-1。

表 4-1　视距测量记录及计算表（测定的竖盘指标差 $X = 18''$）

| 测站<br>仪器高<br>（$i$） | 点号 | 视距间隔 $l$<br>中丝读数<br>（m） | 竖盘读数<br>（° ′ ″） | 竖直角<br>（° ′ ″） | 水平距离<br>（m） | 高差<br>（$h$） |
|---|---|---|---|---|---|---|
| *O*<br>（1.32m） | A | 0.378<br>0.503 | 90°05′54″ | −0°05′36″ | 37.80 | +0.755 |
| | B | 0.235<br>2.000 | 87°46′18″ | 2°14′00″ | 23.46 | +0.235 |

## 4.3　光电测距

前面介绍的钢尺量距，作业工作十分繁重，而且效率较低，在山区或沼泽地区使用钢尺更为困难。视距测量精度又太低。为了提高测距速度和精度，随着科学技术的进步，在 20 世纪 40 年代末人们就研制成了光电测距仪。它具有测量速度快、方便，受地形影响小，测量精度高等优点，现已逐渐代替常规量距，如今，光电测距仪的应用，大大提高了作业的速度和效率，使测边的精度大为提高。

光电测距仪按测程划分有：短程测距仪（≤5km）、中程测距仪（5～15km）、远程测距仪（15km 以上）；按测量精度划分为：I 级（$m_D \leqslant 5$mm）、II 级（$5$mm$\leqslant m_D \leqslant 10$mm）和Ⅲ级（$m_D \geqslant 10$mm）（$m_D$ 为 1km 测距的中误差）；按采用载波划分有：微波测距仪、激光测距仪和红外测距仪。

### 4.3.1　光电测距仪测距的原理

如图 4-18 所示，光电测距的原理是以电磁波（光波等）作为载波，通过测定光波在测线两端点间的往返传播时间 $t_{2D}$ 及光波在大气中的传播速度 $c$ 来测量两点间距离的方法。若电磁波在测线两端往返传播的时间为 $t_{2D}$，光波在大气中的传播速度为 $c$，则可求出两点间的水平距离 $D$。

$$D = \frac{1}{2}c \cdot t_{2D} \tag{4-24}$$

式中：$c$——光波在大气中的传播速度，$c = \dfrac{c_0}{n}$（$c_0$ 为光波在真空中的传播速度，其值为 299 792 458m/s；$n$ 为大气折射率，是大气压力、温度、湿度的函数）；

　　　　$t_{2D}$——光波在被测两端点间往返传播一次所用的时间（s）。

从上式可知，光电测距仪主要是确定光波在待测距离上所用的时间 $t_{2D}$，据此计算出所测距离。因此测距的精度主要取决于测定时间 $t_{2D}$ 的精度，时间 $t_{2D}$ 的测定可采用直接方式，也可采用间接方式，如要达到 ±1cm 的测距精度，时间量测精度应达到 $6.7 \times 10^{-11}$s，这对电子元件的性能要求很高，难以达到。根据测定光波传播时间 $t_{2D}$ 的方法，光电测距仪可分为脉冲式和相位式两种。

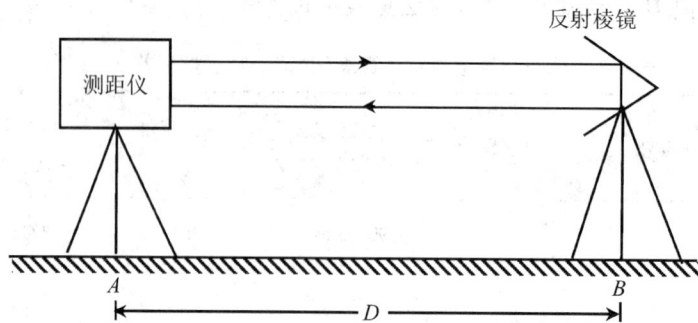

**图 4-18　光电测距原理**

#### 4.3.1.1　脉冲式光电测距仪

脉冲式测距仪是由测距仪发射系统发出脉冲，经被测目标反射后，再由测距仪的接收系统接收，直接测定脉冲在待测距离上所用的时间 $t_{2D}$，即测量发射光脉冲与接收光脉冲的时间差，从而求得距离的仪器。

脉冲式测距仪具有功率大、测程远等优点，但测距的绝对精度较低，一般只能达到米级，不能满足地籍测量和工程测量所需的精度要求。目前高精度的光电测距仪都采用相位式测距。

#### 4.3.1.2　相位式光电测距仪

相位式测距仪是将测量时间变成测量光在测线中传播的载波相位差，通过测定相位差来测定距离的仪器。

光源灯的发射光管发出的光会随输入电流的大小发生相应的变化，这种光称为调制光。随输入电流变化的调制光射向测线另一端的反射镜，经反射镜反射后被接收系统接收，然后由相位计将发射信号（又称参考信号）与接收信号（又称测距信号）进行相位比较，并由显示器显示出调制光在被测距离上往返传播所引起的相位移 $\Phi$，将调制光在测线上的往程和返程展开后，得到如图 4-19 所示的波形。

由图 4-19 可知，调制光往返程的总位移 $\Phi$ 为：

**图 4-19　相位法测距往返波形展开示意图**

$$\Phi = N \cdot 2\pi + \Delta\Phi = 2\pi(N + \frac{\Delta\Phi}{2\pi}) \qquad (4\text{-}25)$$

式中：$N$——调制光往返程总位移的整周期个数，其值可为零或正整数；

$\Delta\Phi$——不足整周期的相位移尾数，其值 $<2\pi$，则 $\frac{\Delta\Phi}{2\pi}$ 为不足整周期的比例数。

对应的距离值为：

$$D = \frac{1}{2}(N\lambda + \Delta\lambda) = \frac{\lambda}{2}(N + \frac{\Delta\lambda}{\lambda}) \qquad (4\text{-}26)$$

式中：$N$——调制光往返程总位移的整周期个数，其值可为零或正整数；

$\lambda$——调制光的波长；

$\Delta\lambda$——不足一个波长的调制光的长度。

此为相位式光电测距仪的基本测距公式。式中的 $\lambda$ 可看成是一根"光尺"的长度，光电测距仪就是用这根"光尺"去量距。式中的 $N$ 表示"光尺"的整尺段数，$\Delta\lambda$ 为不足一根"光尺"长的余长值。因此 $\frac{\Delta\lambda}{\lambda}$ 必然是小于 1 的数，$\lambda$ 所对应的相位移为 $2\pi$，$\Delta\lambda$ 所对应的相位移为 $\Delta\Phi$，故

$$\frac{\Delta\lambda}{\lambda} = \frac{\Delta\Phi}{2\pi}$$

则

$$\Delta\lambda = \lambda \cdot \frac{\Delta\Phi}{2\pi}$$

相位式光电测距仪中的相位计只能测定全程相位移尾数 $\Delta\Phi$，而无法测定整周期数 $N$。因此，在相位式光电测距仪中，可采取发射两个或两个以上不同频率的调制光波，然后将不同频率的调制光波所测得的距离正确衔接起来就可得到被测距离。其中较低的测尺频率所对应的测尺称为粗测尺，较高的测尺频率所对应的测尺称为精测尺。将两个测尺的读数联合起来，即可求得单一的距离确定值。

由于 $c$ 值是大气压力、温度、湿度的函数，故在不同的气压、温度、湿度条件下，其值的大小略有变动。因此，在进行测距时，还需测出当时的气象数据，用来计算距离的气象改正数。

相位式光电测距仪与脉冲式光电测距仪相比，具有测距精度高的优势，目前精度高的光电测距仪能达到毫米级，甚至可达到 0.1mm 级。但也具有测程较短的缺点。

## 4.3.2 光电测距仪的使用

目前的光电测距仪的型号很多，下面仅以南方测绘公司生产的 ND3000 红外相位式测距仪为例，简要介绍其使用。

### 4.3.2.1 仪器结构

ND3000 红外相位式测距仪(图 4-20)自带望远镜，望远镜的视准轴、发射光轴和接收光轴同轴，有垂直制动螺旋和微动螺旋，可以安装在光学经纬仪上或电子经纬仪上。该仪器主要技术指标有：测程为 2km(单棱镜)，3km(三棱镜)，精度为 5mm + 3

**图 4-20　ND3000 红外相位式测距仪组成示意图**

1. 粗瞄准器　2. 显示屏　3. 电源开关　4. 操作键盘
5. 照准望远镜目镜　6. 电池盒　7. U 型支架

$\times 10^{-6}$mm。

测距时，测距仪瞄准棱镜测距，经纬仪瞄准棱镜测量竖直角，通过测距仪面板上的键盘，将经纬仪测量出的天顶距输入到测距仪中，可以计算出水平距离和高差。

#### 4.3.2.2　仪器的操作与使用

（1）测距前的准备

①取下电子经纬仪的手提把；或者将连接器安装在光学经纬仪的顶端。

②安装经纬仪，对中整平。注意高度适当。

③用随箱配带的内六角扳手，松开测距仪 U 型支架下端的两个支脚固定螺丝，调整它们的间距，使其适合经纬仪顶端的连接器，然后固定支脚。装好电池，将测距仪安装在经纬仪顶端，旋紧连接螺丝。

④镜站安装好反射棱镜。

⑤经纬仪照准觇牌中心，测量垂直角。同时，观测和记录温度和气压计上的读数。其目的是对测距仪测量出的斜距进行倾斜改正、温度改正和气压改正，从而测得正确的水平距离。

⑥俯仰测距仪，用垂直制动螺旋固定，再用垂直微动螺旋和水平调整螺旋精确照准反射镜中心，开始测距。

（2）开机置数

①开机自检。按电源开关键 $\boxed{\text{PWR}}$ 开机，主机自检并显示原设定的温度、气压和棱镜常数值，自检通过后将显示"good"。

②新的温度值、气压值与棱镜常数的设置。若需修正原设定值，可按 $\boxed{\text{TPC}}$ 键后输

入新的温度、气压值或棱镜常数（一般可通过 ENT 键和数字键逐个输入）。但一般情况下，只要使用同一类的反光镜，棱镜常数不变，而温度、气压每次观测均可能不同，需要重新设定。

③主机望远镜对准棱镜中心，调整主机俯仰微动螺旋和水平微动螺旋，使回光信号显示数字最大，然后用手动减光键增或减至显示数为 60 左右即可测距。在显示"good"状态下，精确瞄准也可根据蜂鸣器声音来判断，信号越强声音越大，上下左右微动测距仪，使蜂鸣器的声音最大，便完成了精确瞄准，出现"﹡"。

（3）连续测距　精确瞄准后，按 MSR 键进行连续测距。ND3000 红外相位式测距仪平均 3s 自动测量一次。

### 4.3.3　光电测距仪测距的误差分析

光电测距的精度与仪器性能、检定和测距时的操作方法、使用时的外界环境条件等有关，分析光电测距的各种误差来源、性质及其规律性，对提高测距的精度，正确使用、检定和维护仪器具有重要作用。

#### 4.3.3.1　光电测距的误差来源

相位式测距仪考虑到大气中光波的传播速度 $c = \dfrac{c_0}{n}$ 及仪器加常数（仪器中心与等效反射面差值 $K$）的影响，相位式测距仪的基本测距公式（4-26）可以写成：

$$D = \frac{c_0}{2nf}\left(N + \frac{\Delta\Phi}{2\pi}\right) + K \tag{4-27}$$

式中：$c_0$——真空中的光速；

　　　$n$——大气的折射率；

　　　$f$——光波的调制频率；

　　　$N$——调制光在测线上往返传播的整波数；

　　　$\Delta\Phi$——往返传播的相位差。

为求出这些变量中所包含的误差对测距的影响，将式（4-27）取全微分，得到：

$$dD = \frac{c_0}{4nf\pi}d\Phi + dK + \frac{D}{c_0}dc_0 - \frac{D}{f}df - \frac{D}{n}dn \tag{4-28}$$

将 $\dfrac{c_0}{nf} = \lambda$ 代入式（4-28），按误差传播定律得到测距中误差：

$$m_D^2 = D^2\left(\frac{m_{c_0}^2}{c_0^2} + \frac{m_f^2}{f^2} + \frac{m_n^2}{n^2}\right) + \left(\frac{\lambda}{4\pi}\right)^2 m_\Phi^2 + m_k^2 \tag{4-29}$$

由此可知，测距的误差来源可分为两部分：一部分是由测定相位的误差 $m_\Phi$ 和仪器加常数的误差 $m_k$ 所引起的测距中误差。它与被测距离的长短无关，对某一仪器，在某一外界条件下施测，其中误差固定不变，故称为固定误差（或称为常数误差）；另一部分是由真空中的光速值误差 $m_{c_0}$、调制频率误差 $m_f$ 和大气折射率误差 $m_n$ 所引起的测距中误差，它与被测距离的长短成正比，故称为比例误差。

光电测距的误差来源，除式(4-29)中的各项误差外，还有安置仪器与反射棱镜的对中误差 $m_c$ 和由固定的电子和光信号串扰所产生的测定相位的周期误差 $m_t$。对中误差 $m_c$ 与所测距离的长短无关，周期误差 $m_t$ 虽然在精测尺的尺长度范围内作周期性变化，但经过检定并在测距成果中加以改正，其剩余部分也属于与距离无关的偶然误差。因而这两项误差也可划入固定误差的范围。

考虑上述各项误差，总的测距误差可写成：

$$m_D = \sqrt{D^2 \left( \frac{m_{c_0}^2}{c_0^2} + \frac{m_f^2}{f^2} + \frac{m_n^2}{n^2} \right) + \left( \frac{\lambda}{4\pi} \right)^2 m_\Phi^2 + m_k^2 + m_c^2 + m_t^2} \qquad (4\text{-}30)$$

上式可缩写成：

$$m_D^2 = A' + B'D^2 \qquad (4\text{-}31)$$

将上式简化成经验公式：

$$m_D = (A + BD) \qquad (4\text{-}32)$$

式(4-32)就成了测距仪出厂时的标称精度公式。

### 4.3.3.2　光电测距仪测距误差分析

(1)比例误差分析

①真空中光速值误差的影响　若采用光速值 $c_0 = 299\ 792\ 458\text{m/s} \pm 1.2\text{m/s}$，则有

$$\frac{m_{c_0}}{c_0} = \frac{1.2}{299\ 792\ 458} \approx 0.4 \times 10^{-8}$$

这对测距的影响很小，可以忽略不计。

②调制频率误差的影响　调制频率误差是指测距仪主控晶体振荡器提供的精测尺的测尺频率误差。调制频率决定了测尺长度，调制频率变化将给测距成果带来影响，此项误差将随距离的增大而增大，其比例常数称为乘常数。对于长边需进行检定和改正，而对于短边可不考虑。在作业时对仪器要有足够的预热时间，否则会给测距成果带来系统误差。

③大气折射率误差的影响　由 $c = \dfrac{c_0}{n}$ 可知，光波传播速度是由已知的真空光速值 $c_0$ 和观测时的大气折射率 $n$ 计算得到的。而大气折射率又是根据测距仪所采用的光波波长和观测时的气象因素计算得到的，见式(4-33)。

$$n = 1 + \frac{n_0 - 1}{1 + \alpha t} \cdot \frac{p}{760} - \frac{5.5 \times 10^{-8}}{1 + \alpha t} \cdot e \qquad (4\text{-}33)$$

式中：$n_0$——光波的平均波长在标准状态下的大气折射率；

$$n_0 = 1 + \left( 2876.04 + \frac{48.864}{\lambda_g^2} + \frac{0.680}{\lambda_g^4} \right) \times 10^{-7}$$

$\lambda_g$——光波的平均波长($\mu$m)；

$\alpha$——空气的膨胀系数($\alpha = \dfrac{1}{273.2}$)；

$t$——观测时的大气温度；

$p$——观测时的大气压力；

$e$——观测时的大气湿度。

因而测定气象因素的误差影响大气折射率的误差，进而影响测距的误差。只要在测距时，温度测量误差 <1℃，气压测定误差 <3.33hPa，将使气象参数测定误差减到很小。但气象代表性误差是影响测距精度最大的因素，目前尚无较好的办法减小此项误差。

（2）固定误差分析

①测相误差　测相误差包括自动数字测相系统的误差、信噪比误差、幅相误差和照相误差。这些误差与所测距离的长短无关，并且一般具有偶然误差的性质。

测相系统误差与相位计灵敏度、检相电路的时间分辨率、噪声干扰、时标脉冲的频率及一次测相的平均次数等因素有关，要减弱此项误差需提高仪器的结构、元件的质量和电路的调整，也可以采取多次测相取平均值来减弱此项误差。

噪声误差是由于大气湍流和杂散光等的干扰使测距的回光信号产生附加随机相移而产生的误差。噪音不能完全避免，但要求有较高的信噪比，信噪比愈低，测距误差就愈大。因此在高温条件下作业，需注意通风散热并避免长时间的连续作业，高精度测距时，应选择在阴天及大气清晰的气象条件下操作。

幅相误差是由于接收光信号强弱不同而产生的测相误差。要减小此项误差，可将接收光信号的强度控制在一定的范围内。

照准误差是因调制光束截面不同部位的相位不均匀，当反射镜位于发射光束截面的不同部分时导致测距结果不一致产生的误差。因此对于购置的仪器要进行等相位曲线的测定、电照准系统共轴性或平行性的检验，在实际操作时，先用望远镜瞄准反射镜进行光照准，再根据面板上的光信号指示，调整水平、竖直微动螺旋，使信号强度达到最大值，完成电照准，以减少照准误差对测距的影响。

②对中误差　要减弱此项误差，须操作人员精心操作，一般要把对中误差控制在 3mm 之内。另外对测距仪和反射棱镜的对中器要进行校正，操作时要严格整平水准管和精确对中。

③仪器加常数校正误差　测距仪的加常数误差包括在基线上检测的加常数误差以及在长期使用过程中发生的加常数变化。由于加常数给测距带来的是系统误差，因而要对仪器的加常数作定期的检测。检测时需注意反射棱镜的配套，同一测距仪对不同的反射棱镜可能有不同的加常数。

（3）周期误差分析　周期误差是由于测距仪内部电信号的串扰而存在相位不变的串扰信号，使相位计测得的相位值为测距信号和串扰信号合成矢量的相位值，从而产生的误差。它随所测距离的不同而作周期性变化，并以精测尺的尺长为周期，变化周期为半个波长，误差曲线为正弦曲线。在测距作业时，应定期对仪器进行周期误差的测定，在观测成果中加以改正，以消除周期误差对测距的影响。

## 4.3.4　光电测距的成果整理

光电测距获得的是所测两点间的倾斜距离，还须进行倾斜改正、气象改正、加常数改正、乘常数改正和周期误差改正，化为两点间的平均高程面上的水平距离，才能获得高精度的水平距离。

#### 4.3.4.1　气象改正

气象改正是计算观测时大气状态的大气折射率 $n$ 和标准状态下的大气折射率 $n_0$，进而进行距离的改正。气象改正值一般以 $\Delta D_n$ 表示，其计算式为：

$$\Delta D_n = \left\{ (n_R - 1) - \frac{n_0 - 1}{1 + 0.003\,66t} \cdot \frac{p}{760} \right\} D \qquad (4\text{-}34)$$

式中：$n_R$——按规定的气象参考点算得的大气折射率；

$$n_R = 1 + \frac{n_0 - 1}{1 + 0.0366t_R} \cdot \frac{p_R}{760}$$

$n_0$——光波的平均波长在标准状态下的大气折射率；

$$n_0 = 1 + \left( 2876.04 + \frac{48.864}{\lambda_g^2} + \frac{0.680}{\lambda_g^4} \right) \times 10^{-7}$$

$t,\ p$——观测时的大气参数，此式中略去了大气湿度 $e$ 的影响。

#### 4.3.4.2　加常数改正

光电测距仪具有预置加常数的功能，但仍有剩余的加常数 $K$ 需要进行改正。加常数是由发光管的发射面、接收面与仪器中心不一致；仪器在搬运过程中的震动、电子元件老化；反光镜的等效反射面与反光镜中心不一致；内光路产生相位延迟及电子元件的相位延迟等因素引起的。因此使得测距仪测出的距离值与实际距离值不一致。可用六段法或基线比较法测定剩余加常数，一般与反射棱镜配套进行，不同型号的测距仪，其反光镜常数是不一样的。因此在进行距离改正时也要注意用与棱镜配套的加常数改正。

#### 4.3.4.3　乘常数改正

仪器的测尺长度与仪器振荡频率有关，在测距时仪器的振荡频率与设计频率有偏移，产生与测试距离成正比的系统误差，其比例因子称为乘常数。乘常数改正值 $\Delta D_C$ 与所测距离成正比，即

$$\Delta D_C = C \cdot D \qquad (4\text{-}35)$$

式中乘常数 $C$ 的单位取"毫米/百米"，即边长 $D$ 以百米为单位，改正数 $\Delta D_C$ 以毫米为单位。

现在的光电测距仪都具有设置仪器常数的功能，可在测距前预先设计常数，在测距过程中将会自动改正。若测距前未设置常数，则可按下式计算：

$$\Delta D_R = K + C \cdot D \qquad (4\text{-}36)$$

式中：$K$——仪器加常数；

$C$——仪器乘常数，其运用见式(4-35)。

#### 4.3.4.4 周期误差改正

周期误差的改正随所测距离的长短而变化,以仪器的精测尺尺长为变化周期。在改正时需对仪器的周期误差进行测定,由等距间隔的距离尾数为引数求得周期改正值。

#### 4.3.4.5 倾斜改正

经过上述前几项改正后的距离,得到的是测距仪几何中心到反射棱镜几何中心的斜距。要换算成水平距离还应进行倾斜改正。其计算的方法如下:

(1)根据上述各项改正后得到的斜距 $S$ 和配合经纬仪使用测得的视线竖直角 $\alpha$,可计算出倾斜改正值 $\Delta D_h$:

$$\Delta D_h = S\cos\alpha - S = S(\cos\alpha - 1) \tag{4-37}$$

(2)当已知测站点与照准点的高程为 $H_1$ 和 $H_2$ 时,其倾斜改正值 $\Delta D_h$ 为:

$$\Delta D_h = -\frac{\Delta H^2}{2S} - \frac{\Delta H^4}{8S^3} \tag{4-38}$$

式中:$\Delta H = (H_2 - H_1) + V - i$

$V$——棱镜高度;

$i$——仪器高度。

以上各项改正均可在仪器中自动进行。

## 4.4 全站仪及其使用

全站仪(General Total Station,简称 GTS),也称全站型电子速测仪。它由电子测角、光电测距、微处理机及其软件组成,能够在测站上同时进行角度(水平角、竖直角)测量、距离(斜距、平距、高差)测量和数据处理,并能够自动计算方位角、坐标等。全站仪含有四大光电系统,即水平角测量系统、竖直角测量系统、水平补偿系统和测距系统,各系统通过键盘可以输入操作指令、数据和设置参数,并可通过数据传输接口,将测量数据传输给计算机及绘图仪,并通过相应的软件实现测图的自动化。

自 1968 年世界第一台全站仪 Eltal4 由奥普托(Opton)公司研制成功以来,世界各测绘仪器厂商生产的全站仪品种越来越多,精度越来越高,使用也越来越方便。与普通测绘仪器相比,全站仪具有以下功能。

①具有普通测绘仪器的全部功能,能在数秒内测定距离、坐标值。

②仪器可自动进行温度、气压等气象改正,不需人工读数、计算,角度、距离、坐标等测量结果在液晶显示屏上自动显示。

③菜单操作模式,可进行人机对话,系统参数可视需要进行设置与更改。

④内存大,可储存几千个点的测量数据,能充分满足野外测量的需要,且数据可直接输入计算机进行处理。

⑤仪器内置多种测量应用程序,可按实际测量需要调用相关程序。

目前，我国常用的全站仪有徕卡(Leica)公司的 TPS 系列、尼康(Nikon)公司的 DTM 系列、拓普康(Topcon)公司的 GTS 系列以及我国南方测绘仪器公司的 NTS 系列等。图 4-21 为南方测绘仪器公司生产的 NTS360 全站仪的外形。

**图 4-21   NTS360 全站仪**

1. 粗瞄器  2. 物镜  3. 管水准器  4. 显示屏  5. 基座锁定钮  6. 电池  7. 电池锁紧杆  8. SD 卡接口  9. USB 接口  10. 水平微动螺旋  11. 水平制动螺旋  12. 仪器中心标志  13. 光学对中器  14. 数据通讯接口  15. 整平脚螺旋  16. 底板  17. 望远镜把手  18. 目镜  19. 垂直制动螺旋  20. 垂直微动螺旋  21. 键盘  22. 圆水准器

## 4.4.1   全站仪的基本操作

全站仪的测量模式一般有基本测量模式和特殊测量模式两种。其中，基本测量模式包括角度测量模式、距离测量模式和坐标测量模式；特殊测量模式也称应用程序模式，可进行距离放样、坐标放样、面积计算、悬高测量、偏心测量等。各种全站仪的基本测量模式差别不大，而特殊测量模式差别较大。下面以 NTS360 为例介绍全站仪的基本功能及操作。

NTS360 全站仪的各项技术指标为：测角精度为 5″，测角方式为光电增量式，测距精度为 $5\text{mm} + 2 \times 10^{-6} \cdot D$，最大测量距离 3.0km，望远镜放大倍数为 30 倍，成正像，视场角 1°30′，管水准器分划值 30″/2mm，圆水准器分划值 8′/2mm，采用 6V 可充电镍–氢电池，连续工作时间 8h。

NTS360 全站仪的操作面板如图 4-22 所示，其各按键的功能如表 4-2。

**图 4-22 NTS360 全站仪操作面板**

1. F1～F4 键　2. 菜单键(右移键)　3. 回车键　4. 退出键　5. 星键
6. 电源开关键　7. 数字键盘　8. 角度测量(上移键)
9. 距离测量(下移键)　10. 坐标测量(左移键)

**表 4-2 NTS360 键盘功能表**

| 按　键 | 名　称 | 功　能 |
|---|---|---|
| ANG | 角度测量键 | 进入角度测量模式(▲光标上移或向上选取选择项) |
| DIST | 距离测量键 | 进入距离测量模式(▼光标下移或向下选取选择项) |
| CORD | 坐标测量键 | 进入坐标测量模式(◀光标左移) |
| MENU | 菜单键 | 进入菜单模式(▶光标右移) |
| ENT | 回车键 | 确认数据输入或存入该行数据并换行 |
| ESC | 退出键 | 取消前一操作,返回到前一个显示屏或前一个模式 |
| POWER | 电源键 | 控制电源的开/关 |
| F1～F4 | 软　键 | 功能参见所显示的信息 |
| 0～9 | 数字键 | 输入数字和字母或选取菜单项 |
| ·～− | 符号键 | 输入符号、小数点、正负号 |
| ★ | 星　键 | 用于仪器若干常用功能的操作 |

### 4.4.1.1　角度测量模式

仪器的出厂设置为开机自动进入角度测量模式,若当开机后是其他模式,则按 ANG 键进入角度测量模式。角度测量模式共有 3 个界面菜单,如图 4-23 所示。其各键和显示符号的功能见表 4-3。

图 4-23　角度测量模式菜单

表 4-3　角度测量模式各键和显示符号的功能表

| 页　数 | 软键 | 显示符号 | 功　能 |
|---|---|---|---|
| 第 1 页<br>(P1) | F1 | 测存 | 启动角度测量，将测量数据记录到相对应的文件中（测量文件和坐标文件在数据采集功能中选定） |
| | F2 | 置零 | 水平度盘读数置零 |
| | F3 | 置盘 | 通过键盘输入设置水平度盘读数 |
| | F4 | P1 ↓ | 显示第 2 页软键功能 |
| 第 2 页<br>(P2) | F1 | 锁定 | 水平度盘读数锁定 |
| | F2 | 复测 | 水平角重复测量 |
| | F3 | 坡度 | 显示垂直角角度值与百分比坡度之间的切换 |
| | F4 | P2 ↓ | 显示第 3 页软键功能 |
| 第 3 页(P3) | F1 | H 蜂鸣 | 仪器转动至水平角 0°、90°、180°、270°是否蜂鸣 |
| | F2 | 右左 | 照准部右转使水平度盘读数递增与照准部左转使水平度盘读数递增之间的切换 |
| | F3 | 竖角 | 垂直角显示格式（高度角/天顶距）的切换 |
| | F4 | P3 ↓ | 显示第 1 页软键功能 |

## 4.4.1.2　距离测量模式

仪器照准棱镜中心时，按 DIST 键进入距离测量模式并自动开始测距。距离测量模式有两个界面菜单，如图 4-24 所示，其各键和显示符号的功能见表 4-4。

图 4-24　距离测量模式菜单

表 4-4 距离测量模式各键和显示符号的功能表

| 页 数 | 软键 | 显示符号 | 功 能 |
|---|---|---|---|
| 第 1 页<br>(P1) | F1 | 测存 | 启动距离测量，将测量数据记录到相对应的文件中(测量文件和坐标文件在数据采集功能中选定) |
| | F2 | 测量 | 启动距离测量 |
| | F3 | 模式 | 设置测距模式单次精测/N 次精测/重复精测/跟踪测量的转换 |
| | F4 | P1 ↓ | 显示第 2 页软键功能 |
| 第 2 页<br>(P2) | F1 | 偏心 | 偏心测量模式 |
| | F2 | 放样 | 距离放样模式 |
| | F3 | m/f/i | 设置距离单位米/英尺/英寸 |
| | F4 | P2 ↓ | 显示第 1 页软键功能 |

## 4.4.1.3 坐标测量模式

仪器照准棱镜中心时，按 CORD 键进入坐标测量模式并自动开始测量坐标。坐标测量模式共有 3 个界面菜单，如图 4-25 所示。其各键和显示符号的功能见表 4-5。

图 4-25 坐标测量模式菜单

表 4-5 坐标测量模式各键和显示符号的功能表

| 页 数 | 软键 | 显示符号 | 功 能 |
|---|---|---|---|
| 第 1 页<br>(P1) | F1 | 测存 | 启动坐标测量，将测量数据记录到相对应的文件中(测量文件和坐标文件在数据采集功能中选定) |
| | F2 | 测量 | 启动坐标测量 |
| | F3 | 模式 | 设置测量模式单次精测/N 次精测/重复精测/跟踪测量的转换 |
| | F4 | P1 ↓ | 显示第 2 页软键功能 |
| 第 2 页<br>(P2) | F1 | 设置 | 设置目标高和仪器高 |
| | F2 | 后视 | 设置后视点的坐标 |
| | F3 | 测站 | 设置测站点的坐标 |
| | F4 | P2 ↓ | 显示第 3 页软键功能 |

（续）

| 页　数 | 软键 | 显示符号 | 功　　能 |
|---|---|---|---|
| 第 3 页<br>（P3） | F1 | 偏心 | 偏心测量模式 |
| | F2 | 放样 | 坐标放样模式 |
| | F3 | 均值 | 设置 N 次精测的次数 |
| | F4 | P3 ↓ | 显示第 1 页软键功能 |

#### 4.4.1.4　星(★)键模式

按下(★)键后，进入星键模式，其屏幕显示如图 4-26 所示。

```
反射体：[反射片]→

对比度：2 ↕                    ▮

照明    补偿    指向    参数
```

**图 4-26　星键模式菜单**

由星键(★)可作如下仪器设置：

①对比度调节　通过按[▲]或[▼]键，可以调节液晶显示对比度。

②背景光照明

按[F1]：打开背景光；

再按[F1]：关闭背景光。

③补偿　按[F2]键进入"补偿"设置功能，按[F1]或[F3]键设置倾斜补偿的打开或者关。

④反射体　按 MENU 键可设置反射目标的类型。按下 MENU 键一次，反射目标便在棱镜/免棱镜/反射片之间切换。

⑤指向　按[F3]键出现可见激光束。

⑥参数　按[F4]键选择"参数"，可以对棱镜常数、PPM 值和温度气压值进行设置，并且可以查看回光信号的强弱。

### 4.4.2　全站仪数据采集

全站仪数据采集的操作：按下 MENU 键，仪器进入"主菜单 1/2"模式，按下数字键[1]进入数据采集操作。其操作流程如图 4-27 所示。

全站仪数据采集的操作步骤可以归纳为以下 6 个步骤：

①选择数据采集文件，使其所采集数据存储在该文件中；

②选择存储坐标文件，将原始数据转换成的坐标数据存储在该文件中；

③选择调用坐标数据文件，可进行测站坐标数据及后视坐标数据的调用；（当无需调用已知点坐标数据时，可省略此步骤）；

④置测站点，包括仪器高和测站点号及坐标；

```
┌─────────────────────────┐
│       正常测量模式        │
└─────────────────────────┘
   ［ESC］↑    ↓［MENU］
┌─────────────────────────┐
│ 菜单            1/2      │
│ 1.数据采集               │
│ 2.放样          📱       │
│ 3.存储管理               │
│ 4.程序                   │
│ 5.参数设置      P1↓      │
└─────────────────────────┘
         ↓ ［1］
┌─────────────────────────┐
│ 选择测量和坐标文件        │
│ 文件名：  SOUTH  📱      │
│                         │
│                         │
│ 回退 调用 字母 确认      │
└─────────────────────────┘
       设置文件
┌─────────────────────────┐
│ 数据采集         1/2     │      ┌──────────┐   ┌──────────┐
│ 1.设置测站点     📱      │─────│ 设置测站点 │   │ 输入测站点 │
│ 2.设置后视点             │     └──────────┘   └──────────┘
│ 3.测量点        P↓      │──────┌──────────┐   ┌──────────┐
└─────────────────────────┘     │ 设置后视点 │   │ 输入后视点 │
    数据采集菜单 1/2             └──────────┘   └──────────┘
         ↕ ［F4］              ┌──────────┐   ┌──────────────┐
┌─────────────────────────┐   │  测量点   │   │  进行数据采集  │
│ 数据采集         2/2     │   └──────────┘   └──────────────┘
│ 1.选择文件       📱      │─────┌──────────┐   ┌────────────────────┐
│ 2.数据采集设置           │     │ 选择文件  │   │ 选择用于采集、调用、 │
│                 P↓      │     └──────────┘   │ 存储的坐标文件      │
└─────────────────────────┘                    └────────────────────┘
    数据采集菜单 2/2              ┌────────────┐   ┌──────────────────┐
                                 │ 数据采集设置 │   │ 设置数据采集参数  │
                                 └────────────┘   └──────────────────┘
```

**图 4-27　全站仪数据采集示意图**

⑤置后视点，通过测量后视点进行定向，确定方位角；

⑥置待测点的目标高，开始采集，存储数据。

### 4.4.2.1　数据采集文件的选择

全站仪数据采集首先必须选定一个数据采集文件。在正常测量模式下，按 MENU 键，仪器进入主菜单 1/2，如图 4-28 所示。按数字键 1 进入数据采集，首先进行"选择测量和坐标文件"项，如图 4-29 所示。在"文件名"项输入所要创建的文件名，按 F4 键确认，仪器将自动创建两个同名的文件，一个是数据文件，一个是坐标文件。如果要使用仪器里面已有的文件，可按 F2 键选择"调用"选项，从仪器中选择已有的文件。选定文件后，按 ENT 键，调用文件成功，屏幕返回数据采集菜单 1/2，如图 4-30 所示。

```
菜单            1/2
1.数据采集
2.放样
3.存储管理
4.程序
5.参数设置       P1↓
```

```
选择测量和坐标文件
文件名:SOUTH

回退 调用 字母 确认
```

```
数据采集         1/2
1.设置测站点
2.设置后视点
3.测量点         P↓
```

**图 4-28 主菜单 1/2 界面** **图 4-29 数据采集文件选择界面** **图 4-30 "数据采集"菜单 1/2 界面**

### 4.4.2.2 设置测站点

测站点坐标可按以下两种方法进行设定,一是利用内存中的坐标数据来设定,二是直接由键盘输入。下面以利用内存中的坐标数据来设置测站点的操作为例介绍测站点的设置。

在选择"设置测站点"选项前,应先确定测站点坐标所在的坐标文件名。在"数据采集 1/2"界面按 F4 切换到"数据采集 2/2"界面,按数字键 1 (选择文件)进入"选择文件界面",再按数字键 2 (调用坐标文件)进入"选择调用坐标文件"界面,输入或选择测站点坐标所在的文件,再按 F4 键确认,返回"数据采集 1/2"界面,如图 4-31 所示。

```
数据采集        2/2
1.选择文件
2.数据采集设置

               P↓
```

```
选择文件
1.测量数据文件
2.调用坐标文件
3.存储坐标文件
```

```
选择调用坐标文件
文件名:SOUTH

回退 调用 字母 确认
```

**图 4-31 "选择文件"界面**

在数据采集菜单 1/2 界面,按数字键 1 (设置测站点),即显示原有数据。按 F4 (测站)键进入数据采集中设置测站点点名界面,在此界面按 F1 (输入)键进入点名输入界面,输入点号之后,按 F4 确认。系统查找当前调用文件,找到点名,则将该点的坐标数据显示在屏幕上,按 F4 (是)确认测站点坐标。屏幕返回设置测站点界面。用[▼]键将"→"移到编码栏,输入编码,并按 F4 键(确认),"→"自动移到仪器高上栏,输入仪器高,并按 F4 键(确认),再按 F3 (记录)键,则显示该测站点坐标。最后按 F4 (是)键完成测站点的设置。如图 4-32 所示。显示屏返回"数据采集菜单 1/2"界面。

### 4.4.2.3 设置后视点

后视点定向角可按以下三种方法进行设定,一是利用内存中的坐标数据来设定,二是直接键入后视点坐标,三是直接键入设置的定向角。同样以利用内存中的坐标数据来设置后视点的操作为例介绍后视点的设置。

```
设置测站点            数据采集              数据采集
测站点→               设置测站点            设置测站点
编　码：          ▮    点名：           ▮    点名： PT-01      ▮
仪器高：  2.000m
输入 查找 记录 测站   输入 调用 坐标 确认   输入 调用 坐标 确认

设置测站点            设置测站点            设置测站点
N0：   100.000m       测站点→1              测站点：      1
E0：   100.000m  ▮    编　码：SOUTH   ▮    编　码→_        ▮
Z0：    10.000m       仪器高：  0.000m      仪器高：   0.000m
>确定吗? [否] [是]    输入 查找 记录 测站   回退 调用 字母 确认

设置测站点            设置测站点            设置测站点
测站点：      1        测站点：      1        N0：   100.000m
编　码：  SOUTH  ▮    编　码：  SOUTH  ▮    E0：   100.000m  ▮
仪器高→  2.000m       仪器高→  2.000m       Z0：    10.000m
回退        确认       输入    记录    测站   >确定吗? [否] [是]
```

**图 4-32　设置测站点**

同设置测站点一样，先要确定后视点坐标所在的坐标文件，其设置方法同前面介绍的方法一致。确认了后视点坐标文件后，在"数据采集菜单 1/2"界面，按数字键 2（设置后视点）进入"设置后视点"界面，屏幕显示上次设置的数据，按 F4（后视）键设置新的后视点数据，分别输入后视点点名、编码、目标高，再按 F3（测量）键，照准后视点选择一种测量模式进行测量，如图 4-33 所示，根据定向角计算结果设置水平度盘读数，测量结果被寄存，显示屏返回到"数据采集菜单 1/2"界面。

```
设置后视点            数据采集              设置后视点
后视点→1              设置后视点            NBS：  20.000m
编　码：         ▮    点名： 2         ▮    EBS：  20.000m  ▮
目标高：  0.000m                            ZBS：  10.000m
输入 查找 测量 后视   回退 调用 字母 确认   >确定吗? [否] [是]

设置后视点            设置后视点            V：  90° 00′ 00″
后视点：1             后视点：1             HR: 225° 00′ 00″
编　码：SOUTH   ▮    编　码：SOUTH   ▮    斜距* [单次] ‹‹‹ m ▮
目标高→  1.500m       目标高→  1.500m       平距：
输入 置零 测量 后视   角度 *平距 坐标       高差：
                                           正在测距…
```

**图 4-33　设置后视点**

### 4.4.2.4 细部点测量

在进行细部点测量前同样需确认将细部点结果存放的文件，方法同前。另外在测量前还应根据测量要求对全站仪进行一定的设置。进入"数据采集菜单 2/2"界面，对细部测量的"测距模式"、"测量次数"、"存储设置"进行设置。

返回到"数据采集菜单 1/2"界面后，按数字键 3 进入待测点测量。按 F1（输入）

| 测量点 | 测量点 | 测量点 |
|---|---|---|
| 点名→ | 点名： 3 | 点 名： 3 |
| 编码： | 编码： SOUTH | 编码：SOUTH |
| 目标高： 0.000m | 目标高→ 1.000m | 目标高→ 1.000m |
| 输入 查找 测量 同前 | 回退 确认 | 输入 测量 同前 |

| 测量点 | V: 90°00′00″ | V: 90°00′00″ |
|---|---|---|
| 点 名： 3 | HR: 225°00′00″ | HR: 225°00′00″ |
| 编 码：SOUTH | 斜距* [3次] 《《 m | 斜距： 17.247m |
| 目标高→ 1.000m | 平距： | 平距： 17.176m |
| 角度 *平距 坐标 偏心 | 高差： | 高差： −1.563m |
| | 正在测距… | >确定吗？ [否] [是] |

**图 4-34 细部点测量**

键进行细部点点号、编码、目标高的输入，按 F4 键确认。输入完成后，按 F3（测量）键进入"测量点"界面。照准目标点，按需求按 F1 ~ F3 键中的一个键启动测量。测量结束后，按 F4（是）键将数据存储在内存中，如图 4-34 所示。同时系统自动将点名 + 1，开始一下点的测量。输入目标点名并照准该点，可按 F4（同前）键，按照上一个点的测量方式进行测量，也可按 F3（测量）键选择测量方式。测量完毕，数据被存储在内存中，按 ESC 键即可结束数据采集模式。

#### 4.4.2.5 下载细部点坐标

完成数据采集后，使用数据传输线将全站仪和计算机连接好，将数据传输到计算机上，再利用成图软件就可绘制地形图。

## 4.5 直线定向

确定地面上两点之间的相对位置，仅知道两点之间的水平距离是不够的，还必须确定此直线的方向。确定直线方向的工作，称为直线定向。要确定一条直线的方向，首先要选定一个标准方向作为直线定向的依据，如果测出了一条直线与标准方向间的水平角，则该直线的方向也就确定了。

### 4.5.1 标准方向的种类

测量工作中，通常采用的标准方向线有真子午线、磁子午线和坐标纵轴线三种。

#### 4.5.1.1 真子午线方向

通过地球表面某点的真子午线的切线方向，称为该点的真子午线。它是用天文测量的方法测定，或用陀螺经纬仪测定。在国家大面积测图中采用它作为定向的基准。

#### 4.5.1.2 磁子午线方向

磁子午线方向是磁针在地球磁场的作用下，磁针自由静止时其轴线所指的方向，磁子午线方向可用罗盘仪测定，在小面积测图中常采用磁子午线方向作为定向的基准。

### 4.5.1.3 坐标纵轴线方向

坐标纵轴线方向就是直角坐标系中纵坐标轴的方向。

由于地面上各点的子午线方向都是指向地球南北极，故除赤道上各点的子午线是互相平行外，其他地面上各点的子午线都不平行，这给计算工作带来不便。在一个坐标系中，坐标纵轴线方向都是平行的。在一个高斯投影带中，中央子午线为纵坐标轴，在其各处的坐标纵轴线方向都是与该投影带中央子午线相平行的，因此在一般测量工作中，采用坐标纵轴线方向作为标准方向，就可使测区内地面各点的标准方向都互相平行了。

## 4.5.2 直线方向表示的方法

表示直线方向有方位角及象限角两种。

### 4.5.2.1 方位角

由标准方向的北端顺时针方向量至某一直线的水平角，称为该直线的方位角，方位角的大小应在 $0° \sim 360°$ 范围内。如图4-35所示，若以真子午线方向作为标准方向所确定的方位角称为真方位角，用 $\alpha_{真}$ 表示；若以磁子午线方向作为标准方向所确定的方位角称为磁方位角，用 $\alpha_{磁}$ 表示；若以坐标纵轴线作为标准方向所确定的方位角称为坐标方位角，用 $\alpha$ 表示。

应用坐标方位角来确定直线的方向在计算上是比较方便的，因为各点的坐标纵轴线方向都是互相平行的。若直线 $AB$（由 $A$ 至 $B$ 为直线的前进方向）的方位角 $\alpha_{AB}$ 称为正坐标方位角。则直线 $BA$（由 $B$ 至 $A$ 为直线的前进方向）的方位角 $\alpha_{BA}$ 称为反坐标方位角，同一直线正、反坐标方位角相差 $180°$，如图4-36所示，即

$$\alpha_{AB} = \alpha_{BA} \pm 180° \qquad (4-39)$$

图4-35　方位角

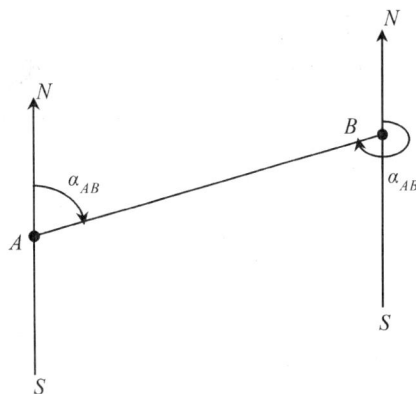

图4-36　正反坐标方位角的关系

#### 4.5.2.2 象限角

为了更直观地表示直线所处的东南西北方位，测量工作中也常采用象限角表示直线的方向。由标准方向线的北端或南端顺时针或逆时针方向量至直线的锐角，并注出象限名称，这个锐角称为象限角。象限角在 0°～90° 范围内，常用 $R$ 表示。图 4-37 中直线 $OA$、$OB$、$OC$ 和 $OD$ 的象限角依次为 $NER_{OA}$、$SER_{OB}$、$SWR_{OC}$ 和 $NWR_{OD}$。

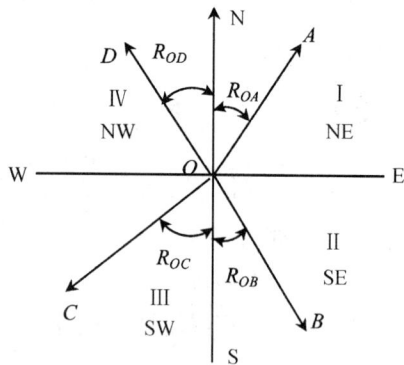

图 4-37　象限角

坐标方位角与象限角之间的换算关系如表 4-6 所示。

表 4-6　方位角与象限角的换算关系

| 直线方向 | | 由象限角 $R$ 求方位角 $\alpha$ | 由方位角 $\alpha$ 求象限角 $R$ |
|---|---|---|---|
| 第 I 象限 | 北偏东 | $\alpha = R$ | $R = \alpha$ |
| 第 II 象限 | 南偏东 | $\alpha = 180 - R$ | $R = 180° - \alpha$ |
| 第 III 象限 | 南偏西 | $\alpha = 180° + R$ | $R = \alpha - 180$ |
| 第 IV 象限 | 北偏西 | $\alpha = 360° - R$ | $R = 360° - \alpha$ |

### 4.5.3　几种方位角之间的关系

#### 4.5.3.1　真方位角与磁方位角之间的关系

由于地磁南北极与地球南北极并不重合，因此，过地面上某点的真子午线方向与磁子午线方向通常是不重合的，两者之间的夹角称为磁偏角，如图 4-38 中的 $\delta$。磁针北端偏于真子午线以东称东偏，偏于真子午线以西称西偏。直线的真方位角与磁方位角之间可用下式进行换算。

$$\alpha_{真} = \alpha_{磁} + \delta \tag{4-40}$$

式（4-40）中的 $\delta$ 值，东偏时取正值，西偏时取负值。

地球上不同的地点磁偏角是不同的，我国磁偏角的变化大约在 $+6°\sim-10°$ 之间。

#### 4.5.3.2　真方位角与坐标方位角之间的关系

第一章已述及，中央子午线在高斯投影面上是一条直线，并作为这个带的纵坐标轴，而其他子午线投影后均为曲线，如图 4-39 所示。图中地面点 $M$、$N$ 等点的真子午线方向与中央子午线之间的夹角，称为子午线收敛角，用 $\gamma$ 表示，$\gamma$ 角有正有负。在中央子午线以东地区，各点的坐标纵轴线偏在真子午线的东边，$\gamma$ 为正值；在中央子午线以西地区，$\gamma$ 则为负值，地面上某点的子午线收敛角 $\gamma$ 可用下式计算：

$$\gamma = (L - L_0)\sin B \tag{4-41}$$

式中：$L_0$——中央子午线经度；

　　　$L$，$B$——某点的经度、纬度。

真方位角与坐标方位角之间的关系，如图 4-40 所示，可用下式进行换算：

$$\alpha_{12真} = \alpha_{12} + \gamma \tag{4-42}$$

图 4-38　磁偏角示意图

图 4-39 子午线收敛角

图 4-40 真方位角与坐标方位角的关系

### 4.5.3.3 坐标方位角与磁方位角的关系

若已知某点的磁偏角 $\delta$ 与子午线收敛角 $\gamma$，由式(4-40)及式(4-42)可得坐标方位角与磁方位角之间的换算关系为：

$$\alpha = \alpha_{磁} + \delta - \gamma \tag{4-43}$$

### 4.5.4 罗盘仪测定磁方位角

罗盘仪是用来测定直线磁方位角的仪器。构造简单，使用方便，广泛应用于各种勘测和精度要求不高的测量工作中。

#### 4.5.4.1 罗盘仪的构造

罗盘仪主要由磁针、刻度盘和望远镜三部分组成，如图 4-41 所示。

（1）磁针 磁针为长条形磁铁，支承于刻度盘中心的顶针尖端上，可灵活转动。磁针一端绕有一铜圈，此铜圈是为了消除磁倾角而设置的。因为在北半球，地磁北极对磁针南端引力较大，而磁针是一根粗细均匀的磁铁，顶针顶于磁针的中部，地磁北极的引力就会使磁针南端向下倾斜，此时，磁针与水平线有一夹角，此夹角称为磁倾角。为了克服磁倾角，在磁针北端加一铜圈以使磁针保持平衡。铜丝还有一个作用是区分磁针的南北极，不带铜丝一端为磁针南极，它是指向地磁北极的，读方位角时就读该端所指读数。

（2）刻度盘 刻度盘从 0° 按逆时针方向注记到 360°，一般刻有 1° 和 30′ 的分划，每隔 10° 有一注记。

（3）望远镜 由物镜、目镜、十字丝组成，用于瞄准目标。

除上述三部分外，还附有支撑仪器的三脚架、对点用的垂球等。

1. 望远镜物镜    6. 磁针制动螺旋
2. 调焦轮    7. 安平连接器
3. 瞄准星    8. 水平度盘
4. 望远镜目镜    9. 磁针
5. 竖直度盘    10. 长水准器

**图 4-41　罗盘仪**

### 4.5.4.2　罗盘仪测定磁方位角

（1）将仪器搬到测线的一端，并在测线另一端插上花杆

（2）罗盘仪的安置

①对中　将仪器装于三脚架上，并挂上锤球后，移动三脚架，使垂球尖对准测站点，此时仪器中心与地面点处于同一条铅垂线上。

②整平　松开仪器球形支柱上的螺旋，上、下俯仰度盘位置，使度盘上的两个水准气泡同时居中，旋紧螺旋，固定度盘，此时罗盘仪度盘处于水平位置。

（3）瞄准读数

①转动目镜调焦螺旋，使十字丝清晰。

②转动罗盘仪，使望远镜对准测线另一端的目标，调节对光螺旋，使目标成像清晰稳定，再转动望远镜，使十字丝竖丝对准立于测点上的花杆的最底部。

③松开磁针制动螺旋，等磁针静止后，从正上方向下读取磁针指北端（磁针南端）所指的读数，即为测线的磁方位角。

④读数完毕后，旋紧磁针制动螺旋，将磁针顶起以防止磁针磨损。

## 思考题

1. 距离丈量的方法有哪几种？各适用于什么情况？

2. 丈量距离时，为什么要进行直线定线？直线定线的方法有哪几种？

3. 用钢尺丈量了 AB、CD 两段水平距离，AB 的往测值为 226.780m，返测值为 226.735m；CD 的往测值 457.235m，返测值为 457.190m。问这两段距离哪一段的丈量结果更精确？为什么？

4. 试述相位式测距仪测距的基本原理。光电测距仪为什么要使用粗测尺和精测尺？

5. 光电测距的误差有哪些？其中哪几项属于比例误差？哪几项属于固定误差？为什么？

6. 何谓光电测距仪加常数？

7. 光电测距时，为什么要加入气象改正？如何进行气象改正？

8. 光电测距获得的观测值一般需要加入哪几项改正才能获得两点间平均高程的水平距离？

9. 简述利用 NTS360 全站仪进行数据采集的主要操作步骤。

10. 什么叫直线定向？在直线定向中有哪几种标准方向线？它们之间存在什么关系？

11. 用钢尺往返丈量了一段距离，其平均值为 325.63m，要求量距的相对误差为 1/2 000，则往返丈量距离之差不能超过多少？

12. 某钢尺名义长度为 30m，在 20℃条件下的检定长度为 29.992m。用此钢尺在 30℃条件下丈量一段坡度均匀、长度为 150.620m 的距离。丈量时的拉力与钢尺检定拉力相同，并测得该段距离的两端点高差为 -1.8m。试求其正确的水平距离。

13. 已知 $A$ 点的磁偏角为 -2°16′，子午线收敛角为 -5°37′，$A$ 点至 $B$ 点的坐标方位角为 352°46′。求 $A$ 点至 $B$ 点的磁方位角。并绘图说明之。

14. 表1 为视距测量成果，计算各点所测得的水平距离和高差。

**表1　视距测量计算**（已测定竖盘的指标差 $X = +26″$）

| 测站 仪器高 ($i$) | 点号 | 视距间隔 中丝读数 (m) | 竖盘读数 (° ′ ″) | 竖直角 (° ′ ″) | 尺间隔($l$) (m) | 水平距离 $D$ (m) | 高差($h$) (m) |
|---|---|---|---|---|---|---|---|
| $O$ (1.32m) | $A$ | 0.383 0.500 | 87°53′36″ | | | | |
| | $B$ | 0.269 0.529 | 91°31′12″ | | | | |

15. 如图1所示，若已知 $\alpha_{AB} = 54°30′$，求其余各边的坐标方位角。

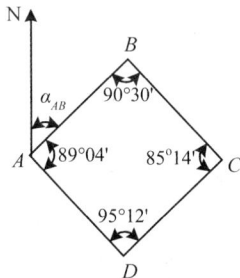

**图1**

# 本章可供参考书目

1. 测量学．卞正富．中国农业出版社，2002.

2. 现代普通测量学．王侬，过静珺．清华大学出版社，2001.

3. 测量学．同济大学，清华大学．测绘出版社，1991.

4. 测量学．3版．李秀江．中国农业出版社，2007.

5. 测量学试题与解答．陈学平．中国林业出版社，2002.

# 第 **5** 章
# 测量误差及数据处理的基本知识

本章主要讲述了测量误差的含义、来源、观测与观测值分类和测量误差的分类；偶然误差的特性；衡量观测值精度的标准；误差传播定律；等精度和不等精度直接观测平差的原理与方法。通过本章的学习，使学生掌握运用测量误差理论进行测量数据处理的基本知识。

## 5.1 测量误差概述

在实际测量工作中，无论测距、测角、还是测高差，如果对某一观测量进行多次重复观测，无论测量仪器多么先进，测量方法多么严密，测量工作者多么认真仔细，而每一次测量的结果通常是互有差异的。例如，根据几何原理一平面三角形三内角之和理论值应为180°，但通过测角仪器对同一三角形三内角和进行多次观测，所得每次测量结果通常不是180°，而相互间也有一定的差异，这是什么原因呢？这是因为观测结果中存在测量误差的缘故，而且测量误差在测量结果中是不可避免的。因此，只有弄清测量误差产生的原因、规律及其特性，才能提高测量成果的质量，正确评判测量的精度。

### 5.1.1 测量误差的含义

测量中任何一个观测量，客观上都存在一个真实值 $X$（又称为理论值），简称真值，对该量进行观测所得的值 $L$ 称为观测值，通常将观测值与其真实值之间的差异 $\Delta$（不符值）称为真误差，其数学函数表达式为

$$\Delta = L - X \tag{5-1}$$

### 5.1.2 测量误差的来源

产生测量误差的原因很多，其来源归结起来主要有以下三个方面。

#### 5.1.2.1 测量仪器误差

任何一种测量仪器无论在设计、制造、使用等方面都不可能做到十全十美，即每一种测量仪器都具有一定限度的精密度，使观测结果受到相应的影响，这必然会给测量结果带来测量误差。例如，在用刻有厘米分划的普通水准尺进行测量时，就难以保证估读的毫米值的完全准确性；再说仪器本身也存在着一定的误差，例如，水准测量中水准仪的视准轴不水平误差，经纬仪测角中视准轴不垂直于横轴误差及横轴倾斜误差等，都属于测量仪器误差，它们都会使测量结果产生误差。

这里阐述的测量仪器误差是指仪器经过检验校正后剩余的残存误差（即此项误差应限制在一定的范围内），而不是指测量仪器在设计、制造方面存在重大的缺陷或差错（即仪器含有较大的粗差），含有较大粗差的测量仪器在一般情况下不能用来进行测量工作。

#### 5.1.2.2 观测者人为误差

观测者人为误差是指观测者在测量过程中严格按照测量规范正确操作测量仪器（对不按测量规范而导致错误或失误操作仪器所获得的测量结果应返工重测）产生的误差。这是由于观测者的视觉、听觉等感觉器官的鉴别能力有一定的限度，在仪器安置、照准、读数等方面产生的误差。与此同时，观测者的技术水平、工作态度也对观

测结果的质量有直接的影响。例如，在水准测量中，水准尺的毫米估读误差，水平角观测中的仪器对中误差、瞄准误差就属于这种观测者人为误差。

### 5.1.2.3 外界环境条件误差

测量工作都是在一定的外界环境条件下进行的，如地形、温度、风力、大气折光等自然因素都会给观测结果带来种种影响，况且这些因素又在随时发生变化，这必然会给测量成果带来测量误差。例如水准测量的大气折光差就属于这种由外界环境条件影响产生的误差。

## 5.1.3 观测与观测值分类

### 5.1.3.1 等精度观测和不等精度观测

测量工作主要由观测者、测量仪器和外界环境条件三大要素组成，通常将这些测量工作的要素统称为观测条件。根据测量时所处的观测条件可分为等精度观测和不等精度观测。在相同的观测条件下，即用同一精度等级的仪器设备，用相同观测方法和在相同的外界环境条件下，由具有大致相同技术水平的工作人员所进行的观测称为等精度观测或同精度观测，所得观测值称为等精度观测值或同精度观测值。如果观测者、测量仪器和外界环境条件三者不完全相同，则称为不等精度观测或不同精度观测，所得观测值称为不等精度观测值或不同精度观测值。例如，两人用同一台光电测距仪各自测得的一测回水平距离值属于等精度观测值；如果一人用 $DJ_2$ 经纬仪、一人用 $DJ_6$ 经纬仪测得的一测回水平角度值，或两人都用 $DJ_6$ 经纬仪但一人测二测回，一人测四测回，各自所得到的均值则属于不等精度观测值。

### 5.1.3.2 直接观测和间接观测

根据观测量与未知量之间的关系可分为直接观测和间接观测，相应的观测值称为直接观测值和间接观测值。为测定某一观测量而直接进行的观测，即被观测量就是所求未知量本身，称为直接观测，其观测值称为直接观测值。通过被观测量与未知量建立相应函数关系式来确定未知量的观测称为间接观测，其观测值称为间接观测值。例如，为确定两点间的距离，用钢尺直接丈量属于直接观测；而用视距测量则属于间接观测。

### 5.1.3.3 独立观测和非独立观测

根据各观测值之间是否有相互独立或相互依存的关系可分为独立观测和非独立观测。如果各观测量之间无任何相互依存关系，是相互独立的观测，称为独立观测，其观测值称为独立观测值。如果各观测量之间有一定的几何或物理条件约束，则称为非独立观测，其观测值称为非独立观测值。例如对某一单个未知量进行多次重复观测，则各次观测是独立的，各观测值属于独立观测值。又如平面三角形的三个内角与三角形的角度闭合差，因角度闭合差由三角形的三内角算得，所以三角形的角度闭合差与三个内角之间属于非独立观测值。

## 5.1.4 测量误差的分类

根据测量误差性质的不同，可将测量误差分为粗差、系统误差和偶然误差三大类。

### 5.1.4.1 粗差

粗差是一种超限的大量级误差，俗称错误，是由于观测者使用仪器不正确、操作方法不当、疏忽大意或外界环境条件的干扰而造成所得的错误测量结果，比如观测时瞄错测量目标，读错、记错或算错测量数据等造成的错误，或因外界环境条件发生显著变动而引起的错误测量结果。粗差的数值往往偏大，使观测结果显著偏离真值。因此，粗差在观测结果中是不允许存在的，一旦发现观测值中含有粗差，应将其从观测成果中剔除，该观测值必须重测或舍弃。一般来说，只要测量工作者具有高度的责任心，严谨科学的工作态度，工作中仔细谨慎，严格遵守测量规范，并对观测结果及时作必要的检核、验算，这样粗差是可以避免和及时发现的。

### 5.1.4.2 系统误差

在相同的观测条件下，对某量进行一系列观测，如果测量误差在数值大小和正负符号方面按一定的规律发生变化或保持一特定的常数，这种误差称为系统误差。例如用一把名义长为30m而实际比30m长出$\Delta$的钢卷尺进行距离丈量，量出的结果比实际距离短了，假若测量结果为$D'$，则$D'$中含有因尺长不准确而带来的误差为$-D'\Delta/30$，这种误差的大小与所量直线距离的长度成正比，而且符号始终一致。

系统误差随着观测次数的增加而逐渐积累，它具有一定的累积性，对观测的结果影响很大，但是由于系统误差在符号、大小上表现出一定的规律性，因而只要了解其产生的原因，就可以在实际工作中采取各种具体措施和方法来消除系统误差，或者将其对测量成果的影响削减到最小，达到实际上可以忽略不计的程度。消除或削弱系统误差通常可以采取以下具体措施：

（1）改正观测值　通过一定的方法确定系统误差的大小，对观测值进行改正，如用钢尺测量距离时，通过对钢尺的实际长度进行检定，然后与该钢尺所标注的名义长度比较求出尺长改正数，对用该钢尺所测得的观测值进行尺长改正和温度变化改正，来消除或削弱钢尺的系统误差。

（2）采用适当的观测方法　在测量过程中，采用适当的观测方法可以减弱系统误差对观测结果的影响。如在水准测量中，可以采用前、后视距相等的对称观测方法来减小视准轴不平行水准管轴所引起的系统误差对观测结果的影响；经纬仪测角时，采用盘左、盘右两个观测值取均值的方法可削弱视准轴不垂直于横轴、横轴倾斜等系统误差的影响；三角高程测量中，可采用对向观测的方法来减少系统误差对观测值的影响。

（3）校正仪器　要将系统误差对观测结果的影响降低到最小限度，或限制在允许的范围内，除了在测量过程中采用一定的观测方法和对观测值进行改正外，有时还需对仪器进行校正。如经纬仪照准部水准管轴不垂直于竖轴、度盘偏心、竖轴倾斜等系统误差对测角的影响，可通过精确检校仪器方法来减弱其对观测结果的影响。

对系统误差的消除或削弱，取决于我们对它的了解程度。由于系统误差的存在形式是多种多样的，采用的测量仪器和测量方法不同，消除系统误差的方法也就不一样。因此必须根据实际情况进行分析研究，采取相应对策措施。

### 5.1.4.3 偶然误差

在相同的观测条件下，对某量进行一系列观测，如果测量误差在其数值的大小和正负符号上都没有一致的倾向性，即没有一定的规律性，这种误差称为偶然误差。例如经纬仪测角时，由于受照准误差、读数误差、外界环境条件变化所引起的误差等综合影响，测角误差的大小和正负号都不可预知，即具有一定的偶然性。这种性质的误差就属于偶然误差。

在观测过程中，系统误差和偶然误差往往是同时产生的。当观测结果中有显著的系统误差时，偶然误差就居于次要地位，观测误差呈现出系统的性质；反之，当观测结果中有显著的偶然误差时，观测误差呈现出偶然的性质。由于系统误差在观测结果中具有一定的累积性，对测量结果的影响特别显著，在实际工作中，应采用各种方法来消除系统误差，或减小其对观测结果的影响，使其处于次要地位达到可以忽略不计的程度。因此，对一组剔除了粗差的观测值，首先应寻找、判断和排除系统误差，或将其控制在允许的范围之内，然后根据偶然误差的特性对该组观测值进行处理，求出与未知量最为接近的值(最或是值)，从而评判观测结果的可靠程度。

## 5.1.5 偶然误差的特性

在一切观测结果中，都不可避免地存在偶然误差。虽然单个偶然误差表现出不具有规律性，但在相同的观测条件下对同一量进行多次观测时，所出现的偶然误差就其总体而言就会遵循一定的统计规律，故有时又把偶然误差称为随机误差，我们可根据概率原理，应用统计学的方法来分析研究它的特性。

下面先介绍一个测量中的例子：在相同的观测条件下，观测了 358 个平面三角形的三个内角，由于观测值结果中存在误差，各三角形内角观测值之和一般不等于 180°，产生的真误差为 $\Delta_i$，设三角形三内角之和真值为 $X$，三内角观测值之和为 $L_i$，则三角形内角和的真误差为

$$\Delta_i = L_i - X \qquad (i = 1, 2, \cdots, 358)$$

现将 358 个三角形内角和的真误差以误差区间 $d\Delta$(间隔)为 0.2″，按其绝对值的大小进行排列，统计出各区间的误差个数 $k$ 及其相对百分率见表 5-1。

从表 5-1 的统计结果可以看出，小误差出现的百分率比大误差出现的百分率大，绝对值相等的正负误差出现的百分率相近，误差的最大值不会超过某一特定值(本例为 1.6″)。在其他测量结果中，当观测次数较多时，误差也会显示出同样的规律，因此，在相同观测条件下，当观测值的次数增大到一定量时，就可以总结出偶然误差具

表 5-1  误差统计

| 误差区间 dΔ | 负误差 | | 正误差 | |
| --- | --- | --- | --- | --- |
| (″) | 个数 k | 百分率(%) | 个数 k | 百分率(%) |
| 0.0 ~ 0.2 | 45 | 12.6 | 46 | 12.8 |
| 0.2 ~ 0.4 | 40 | 11.2 | 41 | 11.5 |
| 0.4 ~ 0.6 | 33 | 9.2 | 33 | 9.2 |
| 0.6 ~ 0.8 | 23 | 6.4 | 21 | 5.9 |
| 0.8 ~ 1.0 | 17 | 4.7 | 16 | 4.5 |
| 1.0 ~ 1.2 | 13 | 3.6 | 13 | 3.6 |
| 1.2 ~ 1.4 | 6 | 1.7 | 5 | 1.4 |
| 1.4 ~ 1.6 | 4 | 1.1 | 2 | 0.6 |
| 1.6 以上 | 0 | 0.0 | 0 | 0.0 |
| 总　　数 | 181 | 50.5 | 177 | 49.5 |

有如下的统计规律特性：

(1)在一定的观测条件下，偶然误差的绝对值不会超过一定的限度；

(2)绝对值小的误差比绝对值大的误差出现的可能性大；

(3)绝对值相等的正误差和负误差出现的机会相等；

(4)同一量的等精度观测，其偶然误差的算术平均值随着观测次数的无限增加而趋于零，即

$$\lim_{n\to\infty}\frac{\Delta_1+\Delta_2+\cdots+\Delta_n}{n}=\lim_{n\to\infty}\frac{[\Delta]}{n}=0 \qquad (5\text{-}2)$$

式中：$n$——观测次数；

[ ]——表示求和。

上述第四个特性可由第三个特性导出，这说明偶然误差具有相互抵偿性。这个特性对深入研究偶然误差的特性具有十分重要的意义。

为了更充分地反映偶然误差的分布情况，除了用上述误差分布统计表(表 5-1)的形式外，还可以用较为直观的图形来进行表示。若以横坐标表示偶然误差的大小，纵坐标表示各区间误差出现的相对个数 $k/n$(又称为频率)除以区间的间隔值 dΔ(本例为 0.2″)。这样，每一误差区间上方的长方形面积就代表误差在该区间出现的相对个数。这样就可以绘出误差统计直方图(图 5-1)。

若使观测次数 $n\to\infty$，由于误差出现的频率已趋于完全稳定，如果此时把误差区间间隔 dΔ 无限缩小，即 dΔ→0，直方图顶端连线将变成一条光滑的对称曲线(图 5-2)，这种曲线就是误差的概率分布曲线(或称为误差分布曲线)，也就是说，在一定的观测条件下，对应着一个确定的误差分布。在数理统计中，这条曲线称为正态分布密度曲线，该曲线又称为高斯偶然误差分布曲线。高斯根据偶然误差的统计特性，推导出了该曲线的方程式。即

$$f(\Delta)=\frac{1}{\sqrt{2\pi}\delta}e^{-\frac{\Delta^2}{2\delta^2}} \qquad (5\text{-}3)$$

图 5-1 误差统计直方图

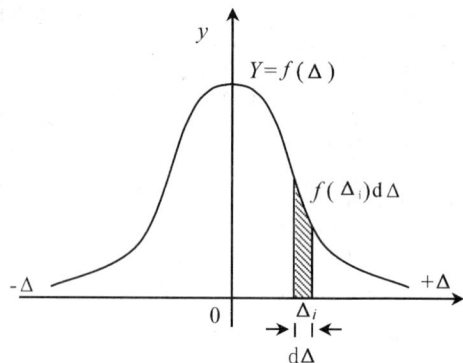

图 5-2 误差正态分布曲线

$y = f(\Delta)$ 称为分布密度。式中 $\delta$ 称为标准差，标准差的平方 $\delta^2$ 为方差。

由上述偶然误差分布特点可以知道，偶然误差不能用计算来改正或用一定的观测方法简单地加以消除，只能根据其特性，改进观测方法和合理处理观测数据，才能提高观测成果的质量。

## 5.2 衡量观测值精度的标准

在任何测量工作中，测量的结果都不可避免存在测量误差，即使在相同的观测条件下，对同一个量的多次观测，其结果也不尽相同。因此，测量工作的任务除了获得一个量的观测结果以外，还应对观测结果的优劣程度即精度进行评价。测量中通常将中误差、相对中误差和容许误差来作为衡量精度的标准。

### 5.2.1 中误差

中误差又称标准差，在一定的观测条件下，对同一未知量进行多次($n$ 次)观测，各个观测值的真误差平方 $\Delta^2$ 之平均值的极限，称为观测值中误差的平方或方差。即

$$\delta^2 = \lim_{n \to \infty} \frac{\sum_{i=1}^{n} \Delta_i^2}{n} \tag{5-4}$$

上式是在 $n \to \infty$ 的情况下定义的，实际上观测个数 $n$ 不可能无限多，总是有限的，所以实用上取标准差的估值 $\delta$ 作为测量中的中误差 $m$。即

$$m = \hat{\delta} = \sqrt{\frac{\sum_{i=1}^{n} \Delta_i^2}{n}} = \sqrt{\frac{[\Delta\Delta]}{n}} \tag{5-5}$$

上式中：$[\Delta\Delta] = \Delta_1^2 + \Delta_2^2 + \cdots + \Delta_n^2$

中误差 $m$ 值的大小不同反映了不同组观测值的精度不一样，其偶然误差的概率分布密度曲线也不同。$m$ 数值越小，表示这组观测值的精度越高，即观测成果的可靠程度越大。如图 5-3 所示，设 $m_2 > m_1$，则说明相应于 $m_1$ 的偶然误差列比相应于 $m_2$ 的偶

然误差列更密集在原点两侧。由于分布密度曲线与横轴之间的面积皆等于 1，故 $m_1$ 的曲线所截纵轴的位置比 $m_2$ 的曲线高，说明 $m_1$ 所对应观测值的精度比 $m_2$ 所对应观测值的精度高。

【例】在相同观测条件下，两工作组对某三角形内角和分别作了 10 次观测，观测结果见表5-2。

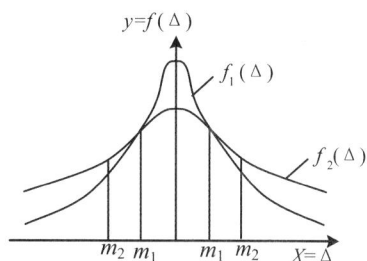

图5-3　不同精度的中误差曲线

表5-2　三角形内角和观测结果

| 第一组观测 | | | | 第二组观测 | | | |
|---|---|---|---|---|---|---|---|
| 次数 | 观测值<br>(°　′　″) | | 真误差<br>(″) | 次数 | 观测值<br>(°　′　″) | | 真误差<br>(″) |
| 1 | 180　00　03 | | +3 | 1 | 180　00　00 | | 0 |
| 2 | 180　00　02 | | +2 | 2 | 179　59　59 | | −1 |
| 3 | 179　59　58 | | −2 | 3 | 180　00　07 | | +7 |
| 4 | 179　59　56 | | −4 | 4 | 180　00　02 | | +2 |
| 5 | 180　00　01 | | +1 | 5 | 180　00　01 | | +1 |
| 6 | 180　00　00 | | 0 | 6 | 179　59　59 | | −1 |
| 7 | 180　00　04 | | +4 | 7 | 179　59　52 | | −8 |
| 8 | 179　59　57 | | −3 | 8 | 180　00　00 | | 0 |
| 9 | 179　59　58 | | −2 | 9 | 179　59　57 | | −3 |
| 10 | 180　00　03 | | +3 | 10 | 180　00　01 | | +1 |

根据表5-2的数据和中误差计算公式(5-5)可计算出第一组观测值中误差为

$$m_1 = \sqrt{\frac{3^2 + 2^2 + 2^2 + 4^2 + 1^2 + 0^2 + 4^2 + 3^2 + 2^2 + 3^2}{10}} = 2.7''$$

第二组观测值中误差为

$$m_2 = \sqrt{\frac{0^2 + 1^2 + 7^2 + 2^2 + 1^2 + 1^2 + 8^2 + 0^2 + 3^2 + 1^2}{10}} = 3.6''$$

$m_1 < m_2$，它表明第一组观测值的精度比第二组观测值的精度高，故有理由认为第一组观测结果比第二组观测结果更可靠。

## 5.2.2　相对中误差

由于真误差 $\Delta$ 及中误差 $m$ 都是绝对误差，对于衡量测量成果的精度来说，有时单靠中误差 $m$ 还不能完全评价观测结果的优劣情况。例如，用钢尺分别丈量了一段长度为 100m，另一段长度为 200m 的距离，其中误差都为 10mm。显然，单从中误差看就不能判断丈量这两段距离精度的高低。为了更客观地衡量测量成果精度，这时应采用另一种衡量精度的标准，那就是相对中误差。

相对中误差是指中误差 $m$ 与相应测量结果 $L$ 之比，是个无量纲数，在测量上通常将其分子化为 1，即用 $K = 1/N$ 的形式来进行表示。例如，相对中误差可表示为

$$K = \frac{m}{L} = 1/(L/m) \qquad (5\text{-}6)$$

则上述两段距离的相对中误差为

$$K_1 = \frac{m_1}{L_1} = \frac{0.01}{100} = \frac{1}{10\,000}$$

$$K_2 = \frac{m_2}{L_2} = \frac{0.01}{200} = \frac{1}{20\,000}$$

可见 $K_1 > K_2$，后者的精度比前者高。

### 5.2.3　极限误差

在测量工作中，为了判断一个观测成果是否符合精度要求，往往需要定出测量误差最大不能超出某个限值，通常称这个限值为极限误差或容许误差。

由偶然误差的特性可知，在一定的观测条件下，偶然误差的绝对值不会超过某个限值（极限误差），在实际工作中，如果某误差超出了极限误差，那就可以说明观测值中包含除偶然误差以外，还存在粗差或错误，相应的观测值就应舍去不用，进行重测。根据误差统计规律理论和大量实践表明，在一系列等精度观测误差中，绝对值大于中误差的偶然误差，其出现可能性约为 30%；绝对值大于 2 倍中误差的偶然误差出现的可能性约为 5%；绝对值大于 3 倍中误差的偶然误差出现的可能性约为 0.3%。因此，测量中常取 2 倍中误差作为误差的限值，也就是在测量中规定的容许误差（或限差），即

$$\Delta_{容许} = 2m \qquad (5\text{-}7)$$

在有的测量规范中，也有取 3 倍中误差作为容许误差的。

由上述可知，中误差 $\delta$ 或 $m$ 虽然不代表某一个别误差 $\Delta$ 的大小，但由它可以估计出 $\Delta$ 的实际可能范围。

## 5.3　误差传播定律

上节讨论了如何根据等精度观测值的真误差来评定观测值精度的问题。但是，在实际测量工作中有许多未知量是不能直接观测而求其值的，而是要依靠直接观测值的某种函数关系间接求出来。例如，某未知点 $B$ 的高程 $H_B$，是由起始点 $A$ 的高程 $H_A$ 加上从 $A$ 点到 $B$ 点间进行了若干站水准测量而得来的观测高差 $h_1$，$h_2$，$\cdots$，$h_n$ 求和得来的。此时未知点 $B$ 的高程 $H_B$ 是各独立观测值（$h_1$，$h_2$，$\cdots$，$h_n$）的函数。那么如何根据观测值的中误差去求观测值函数的中误差呢？我们把表述观测值函数的中误差与观测值中误差之间关系的定律称为误差传播定律。

设有一般函数

$$Z = f(x_1, x_2, \cdots, x_n)$$

式中，$x_1$，$x_2$，$\cdots$，$x_n$ 为独立的可直接观测的未知变量，设 $x_i$ 相对应的观测值为 $l_i$（$i = 1, 2, \cdots, n$），其相对应的真误差为 $\Delta x_i$，中误差为 $m_i$，$Z$ 为不可直接观测的待

求未知量，由于 $\Delta x_i$ 的存在，使函数 $Z$ 产生相应的真误差为 $\Delta_Z$，中误差为 $m_Z$。因为 $x_i = l_i - \Delta x_i$，当观测值 $x_i$ 变化 $\Delta x_i$（真误差）时，函数 $Z$ 也随之相应变化 $\Delta_Z$（真误差）。即

$$Z + \Delta_Z = f(x_1 + \Delta x_1, x_2 + \Delta x_2, \cdots, x_n + \Delta x_n)$$

因真误差 $\Delta_i$ 都很小，可按泰勒级数公式将上式展开，并取至一次项得

$$Z + \Delta_Z = f(x_1, x_2, \cdots, x_n) + \left( \frac{\partial f}{\partial x_1} \Delta x_1 + \frac{\partial f}{\partial x_2} \Delta x_2 + \cdots + \frac{\partial f}{\partial x_n} \Delta x_n \right)$$

即

$$\Delta_Z = \frac{\partial f}{\partial x_1} \Delta x_1 + \frac{\partial f}{\partial x_2} \Delta x_2 + \cdots + \frac{\partial f}{\partial x_n} \Delta x_n$$

其中 $\frac{\partial f}{\partial x_i} (i = 1, 2, \cdots, n)$ 是函数对各变量所取的偏导数，以变量近似值（观测值）代入计算出数值，它们是常数，上式 $\Delta_Z$ 变成了 $\Delta x_1, \Delta x_2, \cdots, \Delta x_n$ 的直线函数形式。

为了求得观测值和函数之间的中误差关系，假设对 $x_i$ 进行了 $k$ 次独立观测，相应可得出 $k$ 个类似的函数式

$$\Delta_Z^{(1)} = \frac{\partial f}{\partial x_1} \Delta x_1^{(1)} + \frac{\partial f}{\partial x_2} \Delta x_2^{(1)} + \cdots + \frac{\partial f}{\partial x_n} \Delta x_n^{(1)}$$

$$\Delta_Z^{(2)} = \frac{\partial f}{\partial x_1} \Delta x_1^{(2)} + \frac{\partial f}{\partial x_2} \Delta x_2^{(2)} + \cdots + \frac{\partial f}{\partial x_n} \Delta x_n^{(2)}$$

$$\vdots$$

$$\Delta_Z^{(k)} = \frac{\partial f}{\partial x_1} \Delta x_1^{(k)} + \frac{\partial f}{\partial x_2} \Delta x_2^{(k)} + \cdots + \frac{\partial f}{\partial x_n} \Delta x_n^{(k)}$$

将以上各式平方后求和，并将式子两边除以 $k$，另由偶然误差的特性可知，当观测次数 $k \to \infty$ 时，下式中各偶然误差 $\Delta x_i$ 的交叉项总和均趋向于 $0$，则有

$$\frac{[\Delta_Z^2]}{k} = \left( \frac{\partial f}{\partial x_1} \right)^2 \frac{[\Delta x_1^2]}{k} + \left( \frac{\partial f}{\partial x_2} \right)^2 \frac{[\Delta x_2^2]}{k} + \cdots + \left( \frac{\partial f}{\partial x_n} \right)^2 \frac{[\Delta x_n^2]}{k}$$

由式（5-4）可写成

$$m_Z^2 = \left( \frac{\partial f}{\partial x_1} \right)^2 m_1^2 + \left( \frac{\partial f}{\partial x_2} \right)^2 m_2^2 + \cdots + \left( \frac{\partial f}{\partial x_n} \right)^2 m_n^2 \tag{5-8}$$

或

$$m_Z = \sqrt{\left( \frac{\partial f}{\partial x_1} \right)^2 m_1^2 + \left( \frac{\partial f}{\partial x_2} \right)^2 m_2^2 + \cdots + \left( \frac{\partial f}{\partial x_n} \right)^2 m_n^2}$$

式（5-8）就是观测值中误差与其函数中误差的一般函数关系式，称中误差传播公式。根据以上推导过程不难求出表 5-3 中简单函数式的中误差传播公式。

中误差传播公式在测量中应用十分广泛。利用这些公式不仅可以求得观测值函数的中误差，还可以用来确定容许误差值的大小以及分析观测结果可能达到的精度等。

表 5-3 中误差传播公式

| 函数形式 | 函数关系式 | 中误差传播公式 |
| --- | --- | --- |
| 倍数函数 | $Z = Ax$ | $m_Z = Am$ |
| 和差函数 | $Z = x_1 \pm x_2$ <br> $Z = x_1 \pm x_2 \pm \cdots \pm x_n$ | $m_Z = \sqrt{m_1^2 + m_2^2}$ <br> $m_Z = \sqrt{m_1^2 + m_2^2 + \cdots + m_n^2}$ |
| 线性函数 | $Z = A_1 x_1 \pm A_2 x_2 \pm \cdots \pm A_n x_n$ | $m_Z = \sqrt{A_1^2 m_1^2 + A_2^2 m_2^2 + \cdots + A_n^2 m_n^2}$ |

在应用中误差传播公式求解观测值函数中误差时，一般需按下列程序进行：其一需要确认观测值之间是否独立，然后才能计算观测值的中误差；其二建立观测值函数关系式，并对函数进行全微分，建立误差传播公式；最后把数值代入误差传播公式进行计算。下面举例说明其应用方法。

【例 1】 在 1:1000 地形图上量得 $A$ 与 $B$ 两点间的距离 $d_{AB} = 45.4\text{mm}$，其中误差 $m_{d_{AB}} = 0.3\text{mm}$。求 $A$ 与 $B$ 两点间的实地水平距离 $D_{AB}$ 的值及其中误差 $m_{D_{AB}}$。

解：$D_{AB} = 1000\ d_{AB} = 1000 \times 45.4\text{mm} = 45400\text{mm} = 45.40\text{m}$

由表 5-3 倍数函数中误差传播公式得

$$m_{D_{AB}} = 1000 m_{d_{AB}} = 1000 \times 0.3\text{mm} = 0.30\text{m}$$

$A$、$B$ 两点的实地水平距离可写成 $D_{AB} = 45.40\text{m} \pm 0.30\text{m}$

【例 2】 设在三角形 $ABC$ 中，直接观测了 $\angle A$、$\angle B$ 两个角，其测角中误差分别为 $m_A = 3''$，$m_B = 4''$，现按公式 $\angle C = 180° - \angle A - \angle B$ 求得 $\angle C$ 角。试求 $\angle C$ 的中误差 $m_C$。

解：因为 $\angle C = 180° - \angle A - \angle B$

由表 5-3 和、差函数中误差传播公式可求得 $\angle C$ 的中误差 $m_C$

$$m_C = \sqrt{m_A^2 + m_B^2} = \sqrt{3^2 + 4^2} = 5''$$

【例 3】 设 $x$ 为独立观测值 $L_1$，$L_2$，$L_3$ 的函数 $x = \dfrac{1}{5}L_1 + \dfrac{3}{5}L_2 + \dfrac{4}{5}L_3$，其中 $L_1$，$L_2$，$L_3$ 的中误差分别为 $m_1 = 3\text{mm}$，$m_2 = 5\text{mm}$，$m_3 = 6\text{mm}$。试求函数 $x$ 的中误差 $m_x$。

解：因为函数关系式为

$$x = \frac{1}{5}L_1 + \frac{3}{5}L_2 + \frac{4}{5}L_3$$

由表 5-3 线性函数中误差传播公式可求得 $x$ 的中误差 $m_x$

$$m_x = \sqrt{\left(\frac{1}{5}\right)^2 m_1^2 + \left(\frac{3}{5}\right)^2 m_2^2 + \left(\frac{4}{5}\right)^2 m_3^2} = 5.7\text{mm}$$

【例 4】 函数式 $\Delta y = D\sin\alpha$，测得 $D = 225.85 \pm 0.06\text{m}$，$\alpha = 157°00'30'' \pm 20''$。求 $\Delta y$ 的中误差 $m_{\Delta y}$。

解：因为 $\Delta y = D\sin\alpha$，可见 $\Delta y$ 是 $D$ 及 $\alpha$ 的一般函数。由式(5-8)可得

$$m_{\Delta y} = \sqrt{\left(\frac{\partial f}{\partial D}\right)^2 m_D^2 + \left(\frac{\partial f}{\partial \alpha}\right)^2 m_\alpha^2}$$

又因 $\qquad \dfrac{\partial f}{\partial D} = \sin\alpha \qquad \dfrac{\partial f}{\partial \alpha} = D\cos\alpha$

所以有 $\qquad m_{\Delta y} = \sqrt{(\sin\alpha)^2 m_D^2 + (D\cos\alpha)^2 \left(\dfrac{m_a}{\rho''}\right)^2}$

$$= \sqrt{(0.391)^2 \times (6)^2 + (22\ 585)^2 \times (0.920)^2 \times \left(\dfrac{20''}{206\ 265''}\right)^2}$$

$$= \sqrt{5.5 + 4.1} = 3.1\,\text{cm}$$

（注：上式演算中 $\rho = 206\ 265''$ 是将度值秒转化成弧度，即有 1 弧度 $= 206\ 265''$。）

【例 5】试用中误差传播关系分析视线倾斜时，用视距测量的方法测量水平距离和测量高差的精度情况。

解：（1）测量水平距离的精度分析

视线倾斜时，水平距离的函数关系为

$$D = Kl\cos^2\alpha$$

因 $\qquad \dfrac{\partial D}{\partial l} = K\cos^2\alpha \qquad \dfrac{\partial D}{\partial \alpha} = -Kl\sin 2\alpha$

则水平距离中误差

$$m_D = \sqrt{\left(\dfrac{\partial D}{\partial l}\right)^2 m_l^2 + \left(\dfrac{\partial D}{\partial \alpha}\right)^2 \left(\dfrac{m_a}{\rho''}\right)^2}$$

$$= \sqrt{(K\cos^2\alpha)^2 m_l^2 + (Kl\sin 2\alpha)^2 \left(\dfrac{m_a}{\rho''}\right)^2}$$

由于根式内第二项的值很小，为讨论方便，可忽略不计，则有

$$m_D = \sqrt{(K\cos^2\alpha)^2 m_l^2} = Km_l\cos^2\alpha$$

式中：$m_l$ ——标尺视距间隔 $l$ 的读数中误差。

因标尺视距间隔 $l =$ 上丝读数 $-$ 下丝读数

故有

$$m_l = \sqrt{2}\,m_{读}$$

式中：$m_{读}$ ——单根视距丝读数的中误差。

由生理实验知，当视角小于 $1'$ 时，人的肉眼就无法分辨两点距离，可见人眼的最小分辨视角为 $60''$。$DJ_6$ 经纬仪望远镜放大倍数为 24 倍，则人的肉眼通过望远镜来观测时，分辨视角 $\gamma = 60''/24 = 2.5''$。因此，单根视距丝的读数误差为 $\dfrac{2.5''}{206\ 265''} \times D \approx$，$12.1 \times 10^{-6}D$，以它作为读数误差的 $m_{读}$ 代入上式后可得

$$m_l = 12.1 \times 10^{-6}\sqrt{2}D \approx 17.11 \times 10^{-6}D$$

于是 $\qquad m_D = 100\cos^2\alpha(17.11 \times 10^{-6}D)$

又因视距测量时，一般情况下 $\alpha$ 值都不大，当 $\alpha$ 很小时，$\cos\alpha \approx 1$，可将上式写为

$$m_D = 17.11 \times 10^{-4}D$$

则相对中误差

$$k = \frac{m_D}{D} = 17.11 \times 10^{-4} = \pm 0.001\ 71 \approx 1/584$$

若再考虑到其他因素的影响,可以认为视距精度约$\frac{1}{300}$。

(2)测量高差的精度分析

视线倾斜时,视距高差公式为:

$$h = \frac{1}{2}Kl\sin 2\alpha$$

因　　　$\frac{\partial h}{\partial l} = \frac{1}{2}K\sin 2\alpha = \frac{h}{l}$　　　　　$\frac{\partial h}{\partial \alpha} = Kl\cos 2\alpha$

高差 $h$ 的中误差

$$m_h = \sqrt{\left(\frac{h}{l}\right)^2 m_l^2 + (Kl\cos 2\alpha)^2 m_a^2}$$

根式中第一项,当 $D = 100$m 时,$m_l^2 = 292.75 \times 10^{-8}$,由于数值太小故略去不计,于是

$$m_h = Kl\cos 2\alpha \frac{m_a}{\rho''}$$

当 $\alpha$ 角不大时,$\cos 2\alpha \approx \cos^2\alpha \approx 1$,可将上式改写为

$$m_h = Kl\cos^2\alpha \frac{m_a}{\rho''} = D\frac{m_a}{\rho''}$$

若 $m_a = 1'$,$D = 100$m,则

$$m_h = 0.03\text{m}$$

即视距测量每 100m 距离,相应的高差中误差为 3cm。其容许误差每 100m 可达 6cm。

## 5.4　等精度直接观测平差

由于测量成果含有不可避免的误差,因此,任何一独立未知量的真值都是无法求得的,在测量工作中,通常只能求得与未知量的真值最为接近的值,称为最或是值,在测量平差中又称平差值。若对一未知量进行等精度观测若干次,如何根据未知量的全部观测值来求取它的最或是值,并评定其精度,本节将具体讨论这个问题。

### 5.4.1　求最或是值

设在相同观测条件下,对某未知量进行了 $n$ 次等精度观测,观测结果为 $L_1$,$L_2$,…,$L_n$,相应的真误差为 $\Delta_1$,$\Delta_2$,…,$\Delta_n$,未知量的真值为 $X$,$x$ 为未知量的最或是值,由式(5-1)可得观测值的真误差

$$\Delta_1 = L_1 - X$$
$$\Delta_2 = L_2 - X$$
$$\vdots$$

$$\Delta_n = L_n - X$$

将以上各式相加并将两端除以 $n$ 得

$$\frac{[\Delta]}{n} = \frac{[L]}{n} - X$$

若令观测值的最或是值 $x = \frac{[L]}{n}$，则有

$$X = x - \frac{[\Delta]}{n}$$

由偶然误差第四个特性可知，当观测次数 $n$ 无限增加时，有 $\lim\limits_{n \to \infty} \frac{[\Delta]}{n} = 0$，则有

$$\lim\limits_{n \to \infty} x = X$$

上式表明，当观测次数 $n$ 趋于无穷时，等精度观测的算术平均值就趋向于未知量的真值。在实际工作中，观测次数总是有限的，可以认为算术平均值是根据已有的观测数据所能求得的最接近真值的近似值，因此，在等精度观测中，不论观测次数的多少，人们均以全部观测值的简单算术平均值 $x$ 作为未知量的最可靠值，即最或是值。也就是

$$x = \frac{[L]}{n} \tag{5-9}$$

最或是值与每一个观测值的差值，称为该观测值的改正数，即

$$v_1 = x - L_1$$
$$v_2 = x - L_2$$
$$\vdots$$
$$v_n = x - L_n$$

将以上各式相加得

$$[v] = nx - [L] = n\frac{[L]}{n} - [L] = 0 \tag{5-10}$$

即改正数总和为 0。式(5-10)可用作计算中的检核。

## 5.4.2 精度评定

### 5.4.2.1 观测值的中误差

因为等精度观测值的中误差 $m = \sqrt{\dfrac{[\Delta\Delta]}{n}}$，此式中由于未知量的真值 $X$ 无法确定，所以真误差 $\Delta_i$ 也是一个未知数，故不能直接用上式求出观测值的中误差。在实际工作中，通常求出的是未知量的最或是值而不是真值，一般都利用观测值的改正数 $v$ 来计算观测值的中误差。下面将推导出由改正数来计算观测值中误差的公式。

观测值真误差

$$\Delta_i = L_i - X \qquad (i = 1, 2, \cdots, n)$$

观测值改正数

$$v_i = x - L_i \qquad (i = 1, 2, \cdots, n)$$

两式相加得

$$\Delta_i = (x - X) - v_i \qquad (i = 1, 2, \cdots, n)$$

将上式自乘并求和得

$$[\Delta\Delta] = n(x - X)^2 - 2(x - X)[v] + [vv] \qquad (5\text{-}11)$$

上式中 $(x - X)$ 为观测值的最或是值与真值的差值，即为最或是值的真误差 $\Delta_x$，又因为

$$\Delta_x = x - X = \frac{[L]}{n} - X = \frac{[L - X]}{n} = \frac{[\Delta]}{n}$$

将上式平方得

$$\begin{aligned}
\Delta_x{}^2 &= \frac{[\Delta^2]}{n^2} = \frac{1}{n^2}(\Delta_1^2 + \Delta_2^2 + \cdots + \Delta_n^2 + 2\Delta_1\Delta_2 + 2\Delta_1\Delta_3 + \cdots) \\
&= \frac{[\Delta\Delta]}{n^2} + \frac{2}{n}(\Delta_1\Delta_2 + \Delta_1\Delta_3 + \cdots)
\end{aligned}$$

由于 $\Delta_1$, $\Delta_2$, $\cdots$, $\Delta_n$ 是彼此独立的偶然误差，故 $\Delta_1\Delta_2$, $\Delta_1\Delta_3$, $\cdots$ 也具有偶然误差的性质，当 $n \to \infty$ 时，$\Delta_1\Delta_2 + \Delta_1\Delta_3 + \cdots = 0$，顾及 $[v] = 0$，由式 (5-11) 得：

$$[\Delta\Delta] = n\Delta_x{}^2 + [vv] = \frac{[\Delta\Delta]}{n} + [vv]$$

即

$$\frac{[\Delta\Delta]}{n} = \frac{[\Delta\Delta]}{n^2} + \frac{[vv]}{n}$$

由中误差定义式，当 $n \to \infty$ 时，上式可写成

$$m^2 = \frac{m^2}{n} + \frac{[vv]}{n}$$

故有

$$m = \sqrt{\frac{[vv]}{(n-1)}} \qquad (5\text{-}12)$$

上式即为利用观测值的改正数来计算等精度观测值的中误差计算公式，又称为贝塞尔公式，它表示同一组观测值中任一观测值都具有相同的精度。

### 5.4.2.2　最或是值的中误差

设对某量进行 $n$ 次等精度独立观测，其观测值为 $L_i(i = 1, 2, \cdots, n)$，观测值中误差为 $m$，最或是值为 $x$。由式 (5-9) 有

$$x = \frac{[L]}{n} = \frac{1}{n}L_1 + \frac{1}{n}L_2 + \cdots + \frac{1}{n}L_n$$

由于 $x$ 是线性函数，根据中误差传播公式可知

$$m_x = \sqrt{\left(\frac{1}{n}\right)^2 m^2 + \left(\frac{1}{n}\right)^2 m^2 + \cdots + \left(\frac{1}{n}\right)^2 m^2}$$

故

$$m_x = \frac{m}{\sqrt{n}} \tag{5-13}$$

式(5-13)即为等精度观测的未知量最或是值的中误差的计算公式。由该式可见，最或是值的中误差与观测次数的平方根成反比。因此，增加观测次数可以提高最或是值的精度。

【例】设对某段距离等精度测量了6次，其测量的结果见表5-4。试求该段距离的最或是值，观测值的中误差及最或是值的中误差。

表5-4 改正数计算

| 观测值 $L_i$(m) | 观测值改正数 $v$(mm) | 改正数平方 $vv$(mm²) |
|---|---|---|
| $L_1 = 133.643$ | +4 | 16 |
| $L_2 = 133.640$ | +7 | 49 |
| $L_3 = 133.648$ | −1 | 1 |
| $L_4 = 133.652$ | −5 | 25 |
| $L_5 = 133.644$ | +3 | 9 |
| $L_6 = 133.655$ | −8 | 64 |
| [ ] | 0 | 164 |

解：根据式(5-9)，该段距离的最或是值 $x = \frac{[L]}{n}$

即 $x = \frac{[L]}{n} = \frac{133.643 + 133.640 + 133.648 + 133.652 + 133.644 + 133.655}{6}$

$= 133.647 \text{m}$

由观测值的改正数公式 $v_i = x - L_i$ 可计算各观测值的改正数及其改正数的平方(见表5-4)。

由式(5-12)可求得观测值中误差

$$m = \sqrt{\frac{[vv]}{n-1}} = \sqrt{\frac{164}{6-1}} = 6 \text{mm}$$

由式(5-13)可求得最或是值中误差

$$m_x = \frac{m}{\sqrt{n}} = \frac{6}{\sqrt{6}} = 2 \text{mm}$$

在以上的计算中，可用$[v] = 0$来检查改正数$v$计算的正确性。

## 5.5 不等精度直接观测平差

前节讨论了在等精度观测条件下，如何从未知量的多次观测中求其最或是值，并评定其精度的问题。可是在实际测量中获得的直接观测值，除了等精度外，还有不等精度的。如用不同精度的经纬仪测量同一个角度值；使用同一台水准仪从不同的路线长度的已知高程点施测同一点的高程等等。这些观测结果的精度却不相等，如何由这些不等精度的观测值求出未知量的最或是值，以及评定它们的精度，这将是本节需要讨论的重点问题。

### 5.5.1 权的概念

在对某量进行不等精度观测时，各观测结果的中误差不等。显然，不能将具有不同可靠程度的各观测结果简单地取算术平均值作为最或是值并评定精度。此时，需要选定某一个比值来比较各观测值的可靠程度，此比值称为权。权是权衡轻重的意思，其应用比较广泛。在测量工作中权是一个表示观测结果的质量可靠程度的相对的数值指标，通常用 $P$ 表示。

#### 5.5.1.1 权的定义

一定的观测条件，对应着一定的误差分布，而一定的误差分布对应着一个确定的中误差。对不等精度的观测值来说，显然中误差越小，精度越高，观测结果越可靠，则观测值在最或是值中应占较大的权重。可见，观测值的权与其中误差成反比关系，故可以用中误差来定义权。

设一组不等精度的观测值为 $L_i$，相应的中误差为 $m_i (i=1, 2, \cdots, n)$，选定任一大于零的常数 $\lambda$，可定义权 $P_i$ 为

$$P_i = \frac{\lambda}{m_i^2} \tag{5-14}$$

称 $P_i$ 为观测值 $L_i$ 的权，$\lambda$ 是根据观测条件所选取的大于 0 的比例常数。$P$ 值为 1 的权称为单位权，单位权对应的中误差称为单位权中误差，测量中常用 $\mu_0$ 表示。权为 1 的观测称为单位权观测。如果已知单位权中误差 $\mu_0$ 和某观测值的权 $P$，由式(5-14)可得观测值的中误差为

$$m = \mu_0 \sqrt{\frac{1}{P}} \tag{5-15}$$

当已知一组观测值的中误差时，可以先选定一个比例常数 $\lambda$ 值，然后根据式(5-14)就可确定这组观测值的权之间的比例关系，即

$$\begin{aligned}
P_1 : P_2 \cdots P_n &= \frac{\lambda}{m_1^2} : \frac{\lambda}{m_2^2} \cdots \frac{\lambda}{m_n^2} \\
&= \frac{1}{m_1^2} : \frac{1}{m_2^2} \cdots \frac{1}{m_n^2} \tag{5-16}
\end{aligned}$$

【例】已知一组不等精度观测值的中误差 $m_1 = 4\text{mm}$，$m_2 = 2\text{mm}$，$m_3 = 8\text{mm}$。求各观测值的权。

解：设 $\lambda = 16\text{mm}^2$，由式(5-14)可得

$$P_1 = \frac{\lambda}{m_1^2} = \frac{16}{4^2} = 1$$

$$P_2 = \frac{\lambda}{m_2^2} = \frac{16}{2^2} = 4$$

$$P_3 = \frac{\lambda}{m_3^2} = \frac{16}{8^2} = \frac{1}{4}$$

同样，如果设 $\lambda = 64\mathrm{mm}^2$，那么

$$P_1' = \frac{\lambda}{m_1^2} = \frac{64}{4^2} = 4$$

$$P_2' = \frac{\lambda}{m_2^2} = \frac{64}{2^2} = 16$$

$$P_3' = \frac{\lambda}{m_3^2} = \frac{64}{8^2} = 1$$

因为 $P_1 : P_2 : P_3 = 1 : 4 : \dfrac{1}{4} = 4 : 16 : 1 = P_1' : P_2' : P_3'$

所以 $P_1$，$P_2$，$P_3$ 及 $P_1'$，$P_2'$，$P_3'$ 这两组权值都同样反映了观测值的精度高低。故在计算一组权值时，常数 $\lambda$ 如何选取对解决问题本身是无关的，只是选取适当的常数 $\lambda$ 可以使计算工作简便一些而已。

### 5.5.1.2　权的性质

由式(5-14)、式(5-16)可总结出权具有如下性质：

(1)权和中误差都是用来衡量观测值精度的指标，但中误差是绝对性数值，表示观测值的绝对精度；权是相对性数值，表示观测值的相对精度。

(2)权与中误差平方成反比，中误差越小，权越大，表示观测值越可靠，精度越高。

(3)权始终取正号。

(4)由于权是一个相对性数值，对于单一观测值而言，权无意义。

(5)权的大小随 $\lambda$ 的不同而不同，但权之间的比例关系保持不变。

(6)在同一个问题中只能选定一个 $\lambda$ 值，不能同时选用几个不同的 $\lambda$ 值，否则就破坏了权之间的比例关系。

### 5.5.2　测量上常用定权的方法

在观测值中误差已知时，可根据权的定义确定其权值；在中误差未知时，也可以先建立观测值之间相对精度关系然后再确定其权值。

### 5.5.2.1　距离丈量工作中的定权方法

设单位长度(1km)的丈量中误差为 $m_{\mathrm{km}}$，则丈量长度 $S$ km 的数学表达式为：$\underbrace{S = 1\mathrm{km} + 1\mathrm{km} + \cdots + 1\mathrm{km}}_{S\uparrow}$，根据误差传播定律得出长度为 $S$ km 的中误差 $m_S$：

$$\underbrace{m_S^2 = m_{\mathrm{km}}^2 + m_{\mathrm{km}}^2 + \cdots + m_{\mathrm{km}}^2}_{S\uparrow} = S \cdot m_{\mathrm{km}}^2$$

即：$m_s = m_{\mathrm{km}}\sqrt{S}$            (5-17)

上式中丈量长度 $S$ 应以 km 为单位。

由权的定义式(5-14)可表达出距离丈量的权为：

$$P_s = \frac{\lambda}{m_s^2} = \frac{\lambda}{S m_{\mathrm{km}}^2} \tag{5-18}$$

如果选取 $\lambda = cm_{km}^2$，则有

$$P_s = \frac{c}{S} \tag{5-19}$$

由此可见，距离丈量的权与距离丈量长度成反比。

【例】用钢尺按同精度丈量三条边得 $S_1 = 3km$，$S_2 = 4km$，$S_3 = 6km$。试确定这三条边长的权。

解：根据式（5-19），取 $c = 3km$，则三条边的权分别为

$$P_1 = \frac{3}{3} = 1$$

$$P_2 = \frac{3}{4} = \frac{3}{4}$$

$$P_3 = \frac{3}{6} = \frac{1}{2}$$

其中，因为 $c = S_1 = 3km$，即当 $\mu_0 = \sqrt{c}\, m_{km} = \sqrt{3}\, m_{km}$ 时，$P_1 = 1$，所以丈量 3km 距离的权为单位权，其相应的中误差为单位权中误差。

### 5.5.2.2　水准测量中的定权方法

设在水准测量时，$A$ 与 $B$ 两点间观测了 $n$ 个测站，每一测站观测高差的精度相同，其中误差为 $m_{站}$，因为

$$h_{AB} = h_1 + h_2 + \cdots + h_n$$

根据中误差传播公式，则观测高差 $h_{AB}$ 的中误差

$$m_{h_{AB}}^2 = \underbrace{m_{站}^2 + m_{站}^2 + \cdots + m_{站}^2}_{n个} = nm_{站}^2$$

$$m_{h_{AB}} = m_{站}\sqrt{n} \tag{5-20}$$

取 $c$ 个测站的高差中误差为单位权中误差，即 $\lambda = cm_{站}^2$，则水准路线的权

$$P = \frac{\lambda}{m_{h_{AB}}^2} = \frac{c}{n} \tag{5-21}$$

由此可见，在山区进行水准测量时，观测值的权与测站数成反比。

在平坦地区，每站视线长度大致相同，即每 1km 距离设站数大体相等，因而每 1km 水准测量的中误差相等，设为 $m_{km}$，这样高差中误差与水准路线长度平方根成正比，权与路线长度成反比。

因为

$$m_{h_{AB}} = m_{km}\sqrt{S} \tag{5-22}$$

取 $\lambda = cm_{km}^2$，则

$$P = \frac{\lambda}{m_{h_{AB}}^2} = \frac{c}{S} \tag{5-23}$$

式中：$S$——水准路线的长度（km）。

【例】如图 5-4 所示，各水准路线的长度为 $S_1 = 2.0km$，$S_2 = 4.0km$，$S_3 = 5.0km$。试确定各水准路线所测高程的权值。

解：由式(5-23)，$P = \dfrac{c}{S}$

取 $c = S_1 = 2.0 \text{km}$，则三条水准路线观测高程的权值分别为

$$P_1 = \frac{c}{S_1} = \frac{2.0}{2.0} = 1$$

$$P_2 = \frac{c}{S_2} = \frac{2.0}{4.0} = \frac{1}{2}$$

$$P_3 = \frac{c}{S_3} = \frac{2.0}{5.0} = \frac{2}{5}$$

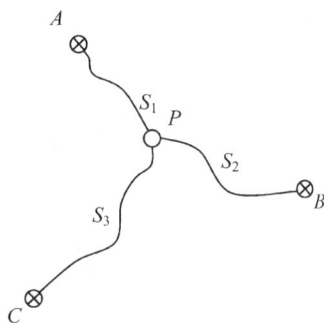

图 5-4  结点水准路线

### 5.5.2.3  等精度观测值的算术平均值的定权方法

设等精度观测值的中误差为 $m$，由式(5-13)知，$n$ 次等精度观测值的算术平均值中误差 $m_x = \dfrac{m}{\sqrt{n}}$。由权的定义设 $\lambda = m^2$，则一次观测值的权为

$$P = \frac{\lambda}{m^2} = \frac{m^2}{m^2} = 1$$

算术平均值的权为

$$P_x = \frac{\lambda}{\dfrac{m^2}{n}} = \frac{m^2}{\dfrac{m^2}{n}} = n \tag{5-24}$$

由此可知，取一次观测值之权为 1，则 $n$ 次观测的算术平均值的权为 $n$。故权与观测次数成正比。

【例】一测量组用同一仪器，分别用 4 个测回和 2 个测回测一水平角，其角值分别为 $\beta_1$ 和 $\beta_2$。试求 $\beta_1$ 和 $\beta_2$ 的权重值。

解：设每测回测角中误差为 $m$，取 $\lambda = m^2$，由式(5-24)得
$$P_{\beta_1} = n_1 = 4$$
$$P_{\beta_2} = n_2 = 2$$

从上述几种定权公式中可以看出，在定权时，并不需要预先知道各观测值中误差的具体数值。在确定了观测方法后权就可以预先确定。这一点说明可以事先对最后观测结果的精度进行估算，在实际工作中具有很重要的意义。

## 5.5.3  求不等精度观测值的最或是值——加权算术平均值

设对某未知量进行了 $n$ 次不等精度观测，其观测值及相应的权分别为 $L_i$ 和 $P_i$($i = 1, 2, \cdots, n$)，设未知量的最或是值为 $x$，观测值的改正数为 $v_i$，则有

$$v_1 = x - L_1 \qquad 权\ P_1$$
$$v_2 = x - L_2 \qquad 权\ P_2$$
$$\vdots \qquad\qquad \vdots$$
$$v_n = x - L_n \qquad 权\ P_n$$

若设 $F = \sum_{i=1}^{n} P_i v_i v_i = P_1 (x - L_1)^2 + P_2 (x - L_2)^2 + \cdots + P_n (x - L_n)^2$

根据最小二乘法原理,不等精度观测下所求得的最或是值要使 $F$ 函数最小,那么只有在 $\dfrac{\mathrm{d}F}{\mathrm{d}x} = 0$ 时,$F$ 可取得最小值,即

$$\frac{\mathrm{d}F}{\mathrm{d}x} = 2[P_1(x - L_1) + P_2(x - L_2) + \cdots + P_n(x - L_n)] = 0$$

即

$$x \sum_{i=1}^{n} P_i - \sum_{i=1}^{n} P_i L_i = 0$$

$$x = \frac{\displaystyle\sum_{i=1}^{n} P_i L_i}{\displaystyle\sum_{i=1}^{n} P_i} \tag{5-25}$$

通常将式(5-25)写成

$$x = \frac{P_1 L_1 + P_2 L_2 + \cdots + P_n L_n}{P_1 + P_2 + \cdots + P_n} = \frac{[PL]}{[P]} \tag{5-26}$$

由式(5-26)计算的最或是值,称为观测值的加权算术平均值,某观测值 $L_i$ 在最或是值中所占的比例为 $\dfrac{P_i}{[P]}$,这说明如果某观测值精度高、权重大,那么,它在最或是值中就占有较大的比重。加权平均值 $x$ 的权重 $P_x = [P]$。

当 $P_1 = P_2 = \cdots = P_n = 1$ 时,即为等精度观测,此时有 $x = \dfrac{[L]}{n}$。

这说明算术平均值可以看成是加权平均值的特例。

### 5.5.4 不等精度观测的精度评定

#### 5.5.4.1 最或是值(加权平均值)的中误差

设对未知量 $x$ 进行了 $n$ 次不等精度观测,观测值为 $L_i (i = 1, 2, \cdots, n)$,其相应的中误差和权分别为 $m_i$、$P_i (i = 1, 2, \cdots, n)$,由式(5-26)知,未知量的最或是值为

$$x = \frac{[PL]}{[P]} = \frac{P_1}{[P]} L_1 + \frac{P_2}{[P]} L_2 + \cdots + \frac{P_n}{[P]} L_n$$

式中: $\dfrac{P_1}{[P]}$,$\dfrac{P_2}{[P]}$,$\cdots$,$\dfrac{P_n}{[P]}$ 都是常数。

按中误差传播公式,最或是值的中误差为

$$m_x^2 = \frac{P_1^2}{[P]^2} m_1^2 + \frac{P_2^2}{[P]^2} m_2^2 + \cdots + \frac{P_n^2}{[P]^2} m_n^2 \tag{5-27}$$

式(5-27)即为用不等精度观测值的中误差计算加权平均值的中误差的计算公式。

在实际工作中,观测值的中误差常用单位权中误差 $\mu_0$ 来表示,由 $P_i = \dfrac{\mu_0^2}{m_i^2}$ 可得

$m_i^2 = \dfrac{\mu_0^2}{P_i}$，将其代入式(5-27)得

$$m_x^2 = \frac{P_1}{[P]^2}\mu_0^2 + \frac{P_2}{[P]^2}\mu_0^2 + \cdots + \frac{P_n}{[P]^2}\mu_0^2 = \frac{\mu_0^2}{[P]}$$

即

$$m_x = \frac{\mu_0}{\sqrt{[P]}} \qquad\qquad (5\text{-}28)$$

式(5-28)即为用单位权中误差计算不等精度观测值的最或是值中误差的计算公式。

### 5.5.4.2 单位权观测值的中误差

从式(5-28)可以看出，要求得加权平均值的中误差，必须首先求出单位权中误差$\mu_0$。下面就如何求单位权中误差$\mu_0$的公式进行推导。

设对未知量$x$进行了$n$次不等精度观测，观测值为$L_i(i=1，2，\cdots，n)$；其相应的权、真误差及中误差分别为$P_i$、$\Delta_i$和$m_i$，则观测值$L_i' = \sqrt{P_i}L_i(i=1，2，\cdots，n)$的真误差为$\sqrt{P_i}\Delta_i$，其中误差平方为$m_{L_i'}^2 = P_i m_i^2 = \mu_0^2$，所以观测值$L_i'(i=1，2，\cdots，n)$为一组中误差为单位权中误差$\mu_0$的等精度观测值，即$L_i'(i=1，2，\cdots，n)$为一组真误差为$\Delta_i' = \sqrt{P_i}\Delta_i$的等精度观测，根据等精度观测中误差定义式可得出观测值$L_i'$的中误差(单位权中误差$\mu_0$)。

$$\mu_0 = m_{L_i'} = \sqrt{\frac{\sum_{i=1}^n \Delta_i'\Delta_i'}{n}}\sqrt{\frac{\sum_{i=1}^n P_i\Delta_i\Delta_i}{n}} = \sqrt{\frac{[P\Delta\Delta]}{n}}$$

即，单位权中误差的计算式为：

$$\mu_0 = \sqrt{\frac{[P\Delta\Delta]}{n}} \qquad\qquad (5\text{-}29)$$

式(5-29)就是利用不等精度观测值的真误差计算单位权观测值中误差的公式。

在通常情况下，观测值的真误差是无法求出的，所以应用式(5-29)在大多数情况下不能求出单位权中误差，因此与等精度观测一样，须利用观测值改正数来计算单位权中误差$\mu_0$。

由式$v_i = x - L_i$和$\Delta_i = L_i - X(i=1，2，\cdots，n)$可得

$$\Delta_i = (x - X) - v_i = \Delta_x - v_i$$

上式中，$\Delta_x$为最或是值的真误差，即$\Delta_x = x - X = \dfrac{[PL]}{[P]} - X = \dfrac{[P\Delta]}{[P]}$，由于观测值的真误差$\Delta$一般无法求得，所以$\Delta_x$也是不能求出的，通常用未知量加权平均值的中误差近似地代替它，即$\Delta_x = m_x = \dfrac{\mu_0}{\sqrt{[P]}}$，将$\Delta_i = (x - X) - v_i = \Delta_x - v_i$平方并乘以$P_i$得

$$P_i\Delta_i\Delta_i = P_i\Delta_x\Delta_x - 2P_i v_i\Delta_x + P_i v_i v_i \qquad (i = 1,2,\cdots,n)$$

将以上所得 $n$ 式相加并求和得

$$[P\Delta\Delta] = [P]\Delta_x\Delta_x - 2\Delta_x[Pv] + [Pvv] \qquad (5\text{-}30)$$

由 $v_i = x - L_i$ 有

$$[Pv] = [P]X - [PL] = [P]\frac{[PL]}{[P]} - [PL] = 0$$

将 $\Delta_x = m_x = \dfrac{\mu_0}{\sqrt{[P]}}$ 代入式(5-30)得

$$[P\Delta\Delta] = [P]\frac{\mu_0^2}{[P]} + [Pvv] = \mu_0^2 + [Pvv]$$

并由式(5-29)得

$$n\mu_0^2 = \mu_0^2 + [Pvv]$$

即有

$$\mu_0 = \sqrt{\frac{[Pvv]}{n-1}} \qquad (5\text{-}31)$$

式(5-31)即为用不等精度观测值改正数求单位权中误差的计算公式，也是测量工作中计算单位权中误差的实用公式。

将式(5-31)代入式(5-28)可得

$$m_x = \sqrt{\frac{[Pvv]}{(n-1)[P]}} \qquad (5\text{-}32)$$

式(5-32)即为用观测值改正数计算不等精度观测值最或是值中误差的计算公式。

【例】在水准测量中，从三个已知高程点 $A$、$B$、$C$ 出发，测量 $E$ 点的高程(图 5-5)，$S_i$ 为各水准路线的长度，求 $E$ 点高程的最或是值及其中误差。

解：取各水准路线长度 $S_i$ 的倒数乘以 $C$ 为权，并令 $C = 1$，其计算见表5-5。

表5-5　E 点高程及精度计算

| 测段 | 高程观测值 $H$ (m) | 水准路线长度 $S_i$ (km) | 权 $P_i = \dfrac{1}{S_i}$ | $v$ (mm) | $Pv$ | $Pvv$ |
|---|---|---|---|---|---|---|
| $AE$ | 42.347 | 4.0 | 0.25 | −17.0 | −4.2 | 71.4 |
| $BE$ | 42.320 | 2.0 | 0.50 | 10.0 | 5.0 | 50.0 |
| $CE$ | 42.332 | 2.5 | 0.40 | −2.0 | −0.8 | 1.6 |
| [ ] | | | $[P] = 1.15$ | | $[Pv] = 0$ | $[Pvv] = 123.0$ |

由式(5-26)可求 $E$ 点高程的最或是值为

$$H_E = \frac{0.25 \times 42.347 + 0.50 \times 42.320 + 0.40 \times 42.332}{0.25 + 0.50 + 0.40}$$

$$= 43.330 \text{ m}$$

单位权观测值中误差为

$$\mu_0 = \sqrt{\frac{[Pvv]}{n-1}} = \sqrt{\frac{123.0}{3-1}} = 7.8 \text{mm}$$

最或是值中误差为

$$m_x = \frac{\mu_0}{\sqrt{[P]}} = \frac{7.8}{\sqrt{1.15}} = 7.3 \text{mm}$$

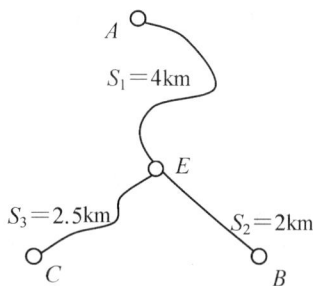

图 5-5 结点水准路线

## 思考题

1. 产生测量误差的原因是什么?

2. 系统误差和偶然误差有什么不同? 偶然误差有哪些特性?

3. 在相同的观测条件下,对同一量进行若干次观测,问这些观测精度是否相同? 此时能否将误差小的观测值理解为比误差大的观测值精度高? 为什么?

4. 什么是观测精度? 什么是中误差? 为什么中误差能作为衡量精度的标准?

5. 为什么说观测次数愈多,其平均值愈接近真值? 其理论依据是什么?

6. 什么是容许误差? 容许误差在实际工作中起什么作用?

7. 设函数 $z_1 = x_1 + x_2$, $z_2 = 2x_3$, 若存在 $m_{x_1} = m_{x_2} = m_{x_3} = m$ 且 $x_1$, $x_2$, $x_3$ 相互独立。问 $m_{z_1}$ 与 $m_{z_2}$ 的值是否相同,并说明原因。

8. 函数 $z = z_1 + z_2$, 其中 $z_1 = x + 2y$, $z_2 = 2x - y$, $x$ 和 $y$ 相互独立, 其中 $m_x = m_y = m$。求 $m_z$。

9. 中误差公式 $m = \sqrt{\dfrac{[\Delta\Delta]}{n}}$ 与 $m = \sqrt{\dfrac{[pvv]}{[p](n-1)}}$ 各在什么情况下使用?

10. 在图上量得一圆的半径 $r = 25.50$mm, 已知测量中误差 $m_r = 0.05$mm。求圆面积的中误差是多少?

11. 若多边形内角测角中误差为 $20''$。试求 $n$ 边形内角和的中误差是多少?

12. 在一个三角形中观测了 $\alpha$、$\beta$ 两个内角, 其中误差为 $m_\alpha = 20''$, $m_\beta = 10''$, 另一内角 $\gamma$ 由 $\gamma = 180° - \alpha - \beta$ 求得。问 $\gamma$ 角的中误差是多少?

13. 在相同的观测条件下, 对同一距离进行了 6 次丈量, 其结果分别为 200.535m、200.548m、200.532m、200.529m、200.550m、200.537m。试求其结果的最或是值、第二次测量中误差、最或是值中误差及其相对中误差。

14. 用 $J_6$ 型经纬仪观测一水平角六测回, 其观测值分别为 $75°25'18''$、$75°25'36''$、$75°25'24''$、$75°25'24''$、$75°25'12''$、$75°25'18''$。试求该水平角的最或是值、最或是值的中误差及观测一测回的中误差。

15. 从 $A$、$B$、$C$、$D$ 四水准点测得的 $P$ 点的高程分别为 $H_{P(A)} = 59.350$m, $H_{P(B)} = 59.369$m, $H_{P(C)} = 59.380$m, $H_{P(D)} = 59.372$m。各测段水准路线长分别为 $S_{AP} = 20$km, $S_{BP} = 25$km, $S_{CP} = 30$km, $S_{DP} = 40$km。求 $P$ 点高程的最或是值及其中误差。

## 本章可供参考书目

1. 测绘学概论. 宁津生，陈俊勇，李德仁，等. 武汉大学出版社，2004.
2. 测量学. 卞正富，纪明喜，谷达华. 中国农业出版社，2002.
3. 现代普通测量学. 王侬，过静珺. 清华大学出版社，2001.
4. 测量平差原理. 3 版. 武汉测绘科技大学平差教研组. 测绘出版社，1996.
5. 测量学试题与解答. 陈学平. 中国林业出版社，2002.
6. 数字测图原理与方法. 潘正风，杨正尧，程效军，等. 武汉大学出版社，2004.

# 第 **6** 章
# 小地区控制测量

本章介绍了小地区控制测量时常用的导线测量，小三角测量，交会测量，三、四等水准测量，三角高程测量的布设方案和测定方法，并结合实例对其计算方法作了说明。通过本章的学习，使学生掌握小地区控制测量的具体实施方法。

## 6.1　控制测量概述

控制测量分为平面控制测量和高程控制测量，测定控制点平面位置的工作称为平面控制测量，采用的主要测量方法是导线测量、三角测量和交会测量。测定控制点高程的工作称为高程控制测量，采用的主要方法是水准测量和三角高程测量。

### 6.1.1　国家基本控制网

精确的地形图对于国家管理和开发天然资源都是必要的，要将全中国的领土统一绘制成图，控制点的布设方法非常重要。为了在国家领土上建立必要密度的测量控制点网，就必须布设相当数量的控制点，为了达到以最少的时间和费用充分精密地测定最多数目控制点的要求，必须遵循由整体过渡到局部的原则，采用分级布设的方法才能达到目的。我国的平面控制测量是以三角测量的方式分级布设的，按照精度的不同，分为一等三角测量、二等三角测量、三等三角测量和四等三角测量，由高级向低级逐步建立。我国的高程控制测量是以水准测量的方式分级布设的，按照精度的不同，分为一等水准测量、二等水准测量、三等水准测量和四等水准测量，也是由高级向低级逐步建立的。

#### 6.1.1.1　平面控制测量

（1）三角测量　三角测量是将控制点连接成一系列三角形（图 6-1），观测每个三角形的内角，并测定其中一条边的边长，然后根据正弦定理推算各边边长，再依据起算边两端点的坐标计算出各控制点的坐标。三角测量的控制点称为三角点，各三角形连接成锁状的称三角锁，构成网状的称三角网。

（2）导线测量　导线测量是将控制点连接成折线（图 6-2），测定每边边长和转折角，再依据起算边两端点的坐标计算出各控制点的坐标。这些控制点称为导线点，各导线点连接成线状的称单一导线，构成网状的称导线网。

图 6-1　三角测量

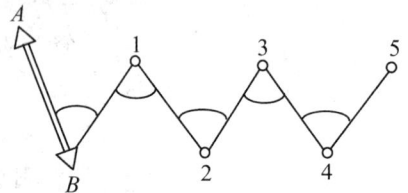

图 6-2　导线测量

我国的平面控制测量采用的控制形式是三角测量，由于我国幅员辽阔，不能采用全面布网的方案，而是采用由高级到低级，由整体到局部的原则，即是先建立高精度的三角锁，然后补充精度较低的三角网，逐级控制，这样把国家三角测量分为一、二、三、四等。一等沿经线或纬线布设成纵横交错的三角锁，二等以三角网形式补充在一等锁里面（图 6-3），三等以插网或插点的形式加密在一、二等锁（网）里面（图 6-

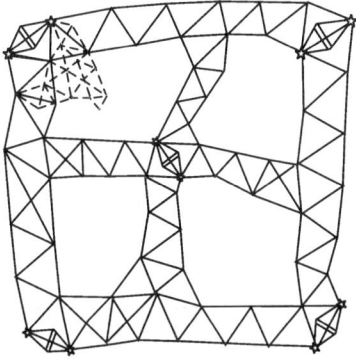

图 6-3 一、二等三角网　　　　　图 6-4 三等三角网

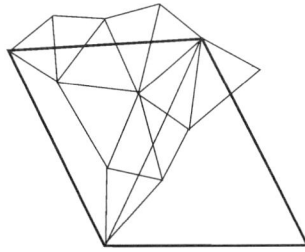

4）。一等锁精度最高，它除了作二、三、四等三角网的控制外，同时为研究地球的形状和大小提供资料；二等三角网作为三、四等三角网的基础，三、四等三角网供测图时进一步加密控制用。

### 6.1.1.2　国家高程控制测量

国家基本高程控制是用水准测量的方法建立的，按精度不同分为一、二、三、四等水准测量，一等水准测量精度最高，是国家高程控制的骨干。一等水准测量是在全国范围内布设成环形水准网，二等水准测量是在一等水准环内布设成附合路线，三、四等水准测量以附合路线形式加密水准点。一、二等水准测量主要用于科学研究，同时作为三、四等水准测量的起算依据，三、四等水准测量主要用于工程建设和地形测图的高程起算点。

## 6.1.2　图根控制测量

为了测绘大比例尺地形图，需要在测区布设大量的控制点，这些为测图而布设的控制点，称为图根控制点。图根平面控制可以根据测区内的已知高级控制点用三角锁、经纬仪导线、光电导线或交会测量的形式进行加密，高程可以用等外水准测量或三角高程测量的方法测定。如果测区内没有已知点，则应布设独立的小三角测量或导线测量作为首级控制，其起始点坐标可以假定，起始边方位角用罗盘仪测定，或者测定其天文方位角，然后在此基础上按需要加密图根点。

作为地形控制的小三角测量，可根据边长情况分为一级小三角测量、二级小三角测量和图根三角测量。地形控制也可以采用导线测量，相应的也分为一级导线、二级导线、三级导线和图根导线测量。其主要技术要求见表 6-1 和表 6-2。

表 6-1    小三角测量技术参数

| 等级 | 平均边长 (km) | 测角中误差 (″) | 起始边边长 相对中误差 | 最弱边边长 相对中误差 | 测回数 | | 三角形最大 闭合差 (″) |
|------|------|------|------|------|------|------|------|
| | | | | | DJ$_6$ | DJ$_2$ | |
| 一级 | 1 | 5 | 1/40 000 | 1/20 000 | 6 | 2 | 15 |
| 二级 | 0.5 | 10 | 1/20 000 | 1/10 000 | 3 | 1 | 30 |
| 图根 三角 | 小于测图最大 视距的 1.7 倍 | 20 | 1/10 000 | 1/5000 | 1 | | 60 |

表 6-2    光电测距导线测量技术参数

| 等级 | 闭合环或附 合导线长度 (km) | 平均 边长 (m) | 测角 中误差 (″) | 水平角 测回数 | | 测距 中误差 (mm) | 测距技术要求 | | 方位角 闭合差 (″) | 导线全 长相对 闭合差 |
|------|------|------|------|------|------|------|------|------|------|------|
| | | | | DJ$_2$ | DJ$_6$ | | 仪器 等级 | 总测 回数 | | |
| 一级 | 3.6 | 300 | ≤5 | 2 | 4 | ≤15 | Ⅱ | 2 | $10\sqrt{n}$ | 1/14 000 |
| 二级 | 2.4 | 200 | ≤8 | 1 | 3 | ≤15 | Ⅱ | 1 | $16\sqrt{n}$ | 1/10 000 |
| 三级 | 1.5 | 120 | ≤12 | 1 | 2 | ≤15 | Ⅱ | 1 | $24\sqrt{n}$ | 1/6000 |
| 图根 导线 | 1.5$M$/1000 | — | ≤20 | | 1 | ≤15 | Ⅱ | 单程 观测 1 | $40\sqrt{n}$ | 1/4000 |

注：$M$ 为测图比例尺分母；$n$ 为参与方位角推算导线转折角的个数。

## 6.2  导线测量

导线测量是平面控制测量常用的一种布设形式。导线边的边长可用钢尺丈量、光电测距等满足其精度要求的方法测定；相邻两导线边之间的水平角称为转折角，可用经纬仪、全站仪测定。测定转折角和边长之后，即可根据已知的方位角和起点坐标算出各导线点的坐标。

常用的导线有以下几种形式：

(1)附合导线    导线从一个已知点开始，终止于另一个已知点(图 6-5)。

(2)闭合导线    由一个已知点出发，最后仍旧回到这一点(图 6-6)。

图 6-5    附合导线

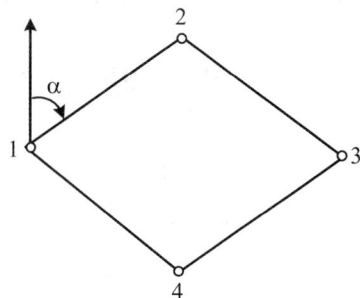

图 6-6    闭合导线

（3）支导线 从一个已知点出发，自由延伸而成。支导线没有检核条件，不易发现错误，故一般不采用(图6-7)。

（4）单结点导线 从3个或更多的已知点开始，几条导线汇合于一个结点(图6-8)。

（5）两个以上结点或两个以上闭合环的导线网 图6-9为两个结点(E、F)的导线网；图6-10为4个闭合环的导线网。

图6-7 支导线

图6-8 单结点导线

图6-9 双结点导线

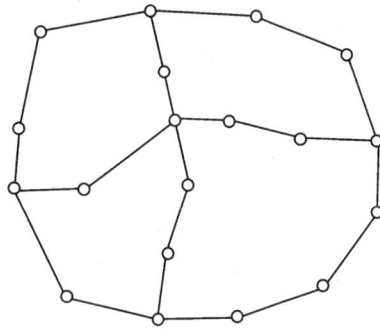

图6-10 4个闭合环的导线网

导线测量的主要优点是布置起来方便、灵活，在平坦而荫蔽的地区以及城市和建筑区，布设导线具有很大的优越性。但是导线测量也存在一些缺点，其中比较突出的就是量距工作十分繁重。但随着光电测距仪的普及，量距工作已变得轻松快捷，现在导线测量被广泛应用于各种测量中。

## 6.2.1 导线测量的外业工作

导线测量的外业包括选点、导线转折角测量和导线边长测量。首先对测区进行野外踏勘，了解测区的位置、范围和地形条件，收集测区的国家控制点资料和地形图资料，然后根据资料在室内设计导线布设方案。经讨论修改之后，即可到实地选定各点的位置并进行测量。对于小地区测图，可以到实地直接选定导线测量的路线和点位。

### 6.2.1.1 选点

选点时要注意满足下列条件：

（1）导线点应选在地势较高、视野开阔、便于安置仪器的地方；

（2）相邻导线点应互相通视（如果是钢尺量距要求相邻点间地面坡度比较均匀以减少导线边的量距误差）；

（3）导线点应均布测区，且相邻导线边长不宜相差过大。

导线点位置选好后，要在地面上标定下来。一般方法是打一木桩并在桩顶中心钉一小铁钉。对于需要长期保存的导线点，则应埋入石桩或混凝土桩，桩顶刻凿十字或铸入锯有十字的钢筋。

### 6.2.1.2 导线转折角测量

导线中两相邻导线边所夹的水平角称为导线的转折角。对单一导线而言，导线的转折角分左转折角和右转折角。沿着导线前进的方向，位于左边的转折角称为左转折角；反之为右转折角。同一导线点上左、右转折角之和应等于 360°。导线转折角的测量可视其需要观测左、右转折角均可。如对转折角进行多个测回观测时，应左、右转折角各测一半的测回数。测角的方法应根据具体情况而定，当导线点上只有两个观测方向时，可用测回法观测；当一个导线点上的观测方向超过两个时，应采用方向观测法。测角要求见表 6-2。

### 6.2.1.3 导线边长测量

导线边的边长一般可用钢尺丈量、光电测距等方法测定。实际工作中具体采用哪一种测量方法应根据导线所要求的精度、作业地区的条件以及仪器设备情况而定。边长要进行往返测，精度要求见表 6-2。

## 6.2.2 导线测量的内业计算

导线测量的目的是要获得各控制点的平面直角坐标。外业完成后，应根据已知点的坐标和外业观测数据计算出导线点的坐标。坐标计算之前，先检查外业记录和计算是否正确，观测成果是否符合精度要求。检查无误后，绘制导线略图，将观测成果整理后填入略图中。

### 6.2.2.1 坐标计算的原理

各导线控制点的平面坐标是由已知控制点的坐标及各相邻导线点之间的坐标增量推算出来的，而相邻导线点之间的坐标增量又是由相邻导线点之间的方位角及其边长计算获得的。因此，导线控制点的坐标计算原理有相邻导线边之间的方位角推算和相邻导线点之间的坐标增量的计算。

（1）相邻导线边之间的方位角推算 相邻导线边之间的方位角推算是通过导线边的已知方位角（起算方位角）及相邻导线边之间的转折角来依次推算出各导线边的方位角。

①用左转折角 $\beta_{i左}$ 推算方位角 如图 6-11 所示，由 $i-1$、$i$、$i+1$ 3 个导线点组成的相邻导线边 $i-1$，$i$ 及 $i$，$i+1$，其方位角分别为 $\alpha_{i-1,i}$、$\alpha_{i,i+1}$，现要求由 $i-1$，$i$ 导线边的方位角 $\alpha_{i-1,i}$ 及它与导线边 $i$，$i+1$ 之间的左转折角 $\beta_{i左}$ 来推算出 $i$，$i+1$ 导线边的方位角 $\alpha_{i,i+1}$。由图 6-11 不难得出：

$$\alpha_{i,i+1} = \alpha_{i,i-1} + \beta_{i左}$$

将 $\alpha_{i,i-1} = \alpha_{i-1,i} \pm 180°$ 代入上式可得：

$$\alpha_{i,i+1} = \alpha_{i-1,i} + \beta_{i左} \pm 180° \qquad (6-1)$$

式 (6-1) 中，若 $\alpha_{i-1,i} + \beta_{i左} \geq 180°$，取"－"号，反之，取"＋"。

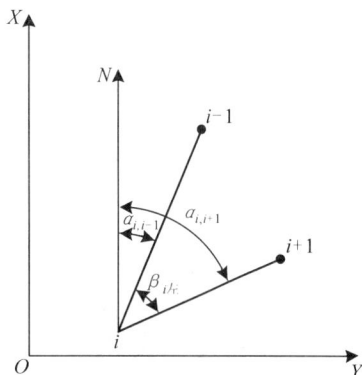

图 6-11 方位角的推算

式 (6-1) 也可写成：

$$\alpha_{i,i+1} = \alpha_{i-1,i} + \beta_{i左} - 180° \qquad (6-2)$$

在应用式 (6-2) 时，其计算结果 $\alpha_{i,i+1}$ 应在 $0° \sim 360°$ 之间，否则应将其计算结果 $\alpha_{i,i+1}$ 加或减 $360°$ 的整数倍，使 $\alpha_{i,i+1}$ 在 $0° \sim 360°$ 范围内。

②用右转折角 $\beta_{i右}$ 推算方位角 根据以上的思路，由图 6-12 不难得出用右转折角 $\beta_{i右}$ 推算方位角的公式：

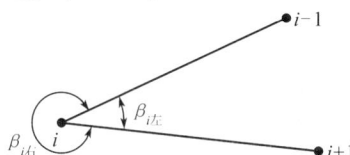

图 6-12 用右转折角推算方位角

$$\alpha_{i,i+1} = \alpha_{i-1,i} - \beta_{i右} + 180° \qquad (6-3)$$

在应用式 (6-3) 时，按上述同样的方法使 $\alpha_{i,i+1}$ 最后计算结果在 $0° \sim 360°$ 之间。

【例】已知 $AB$ 的方位角 $\alpha_{AB} = 357°32'48''$，观测水平角 $\alpha = 41°54'38''$，$\beta = 97°28'55''$，$\gamma = 54°33'16''$，$\delta = 104°55'47''$（图 6-13）。求方位角 $\alpha_{AC}$、$\alpha_{BC}$、$\alpha_{AD}$、$\alpha_{BD}$。

解：$\alpha_{AB} = 357°32'48''$，则其反方位角 $\alpha_{BA} = 177°32'48''$，由方位角的推算公式 (6-2) 及式 (6-3) 得：

$$\alpha_{AC} = \alpha_{BA} - (\beta - \alpha) + 180° = 177°32'48'' - (97°28'55'' - 41°54'38'') + 180°$$
$$= 301°58'31''$$

$$\alpha_{BC} = \alpha_{AB} + (\delta - \gamma) - 180° = 357°32'48'' + (104°55'47'' - 54°33'16'') - 180°$$
$$= 227°55'19''$$

$$\alpha_{AD} = \alpha_{BA} + \alpha - 180° = 177°32'48'' + 41°54'38'' - 180° = 39°27'26''$$

$$\alpha_{BD} = \alpha_{AB} - \gamma + 180° = 357°32'48'' - 54°33'16'' + 180° - 360° = 122°59'32''$$

(2) 相邻导线点之间坐标增量的计算 如图 6-14 所示，两相邻导线点 $i$ 与 $i+1$ 的水平距离为 $D_{i,i+1}$，其方位角为 $\alpha_{i,i+1}$，$i$ 点至 $i+1$ 点的坐标增量不难得出：

$$\begin{cases} \Delta x_{i,i+1} = D_{i,i+1}\cos\alpha_{i,i+1} \\ \Delta y_{i,i+1} = D_{i,i+1}\sin\alpha_{i,i+1} \end{cases} \qquad (6-4)$$

公式 (6-4) 为计算两相邻导线点坐标增量的计算公式，也称为坐标计算的正算公式。反之由两点的坐标计算两点连线的距离及方位角的计算公式称为坐标计算的反算公式。坐标计算的反算公式为：

图 6-13 方位角推算示例

图 6-14 相邻导线点坐标增量计算

$$\begin{cases} D_{i,i+1} = \sqrt{\Delta x_{i,i+1}^2 + \Delta y_{i,i+1}^2} = \sqrt{(x_{i+1} - x_i)^2 + (y_{i+1} - y_i)^2} \\ \alpha_{i,i+1} = \tan^{-1}\left(\dfrac{\Delta y_{i,i+1}}{\Delta x_{i,i+1}}\right) = \tan^{-1}\left(\dfrac{y_{i+1} - y_i}{x_{i+1} - x_i}\right) \end{cases} \qquad (6\text{-}5)$$

在应用公式(6-5)时，为使计算出的方位角在 0°~360°之间，要考虑以下两种情况：

①当 $\begin{cases} \Delta x_{i,i+1} < 0 \\ \Delta y_{i,i+1} > 0 \end{cases}$ 或 $\begin{cases} \Delta x_{i,i+1} < 0 \\ \Delta y_{i,i+1} < 0 \end{cases}$，则 $\alpha_{i,i+1}$ 应加上 180°

②当 $\begin{cases} \Delta x_{i,i+1} > 0 \\ \Delta y_{i,i+1} < 0 \end{cases}$ 时，则 $\alpha_{i,i+1}$ 应加上 360°

【例】已知 $A$、$B$ 两点的坐标为：$x_A = 468.423$m，$y_A = 377.329$m，$x_B = 572.157$m，$y_B = 275.123$m。试计算 $A$、$B$ 两点间的距离 $D_{AB}$ 及连线的方位角 $\alpha_{AB}$。

解：$\Delta x_{AB} = x_B - x_A = 572.157 - 468.423 = +103.734$，$\Delta y_{AB} = y_B - y_A = 275.123 - 377.329 = -102.406$

根据坐标计算的反算公式可得：

$A$、$B$ 两点间的距离 $D_{AB}$：

$$D_{AB} = \sqrt{(\Delta x_{AB}^2 + \Delta y_{AB}^2)} = \sqrt{(+103.734)^2 + (-102.406)^2} = 145.766$$

$$\alpha'_{AB} = \tan^{-1}\left(\frac{\Delta y_{AB}}{\Delta x_{AB}}\right) = \tan^{-1}\left(\frac{-102.406}{+103.734}\right) = -44°37'51''$$

因 $\begin{cases} \Delta x_{AB} > 0 \\ \Delta y_{AB} < 0 \end{cases}$，则 $A$、$B$ 两点连线的方位角 $\alpha_{AB} = \alpha'_{AB} + 360° = 315°22'09''$

### 6.2.2.2 单一导线的近似平差计算

在低等级(四等以下)导线的平差计算中，采用近似平差方法计算各导线点的坐标也能满足其精度要求。导线的近似平差分为角度平差和坐标平差两大步骤。在附合导线、闭合导线、支导线 3 种导线形式中，附合导线最具代表性，下面以附合导线为例介绍单一导线近似平差计算的方法步骤。

图 6-15 为一附合导线，在 $A$、$B$、$C$、$D$ 4 个已知控制点中，$A$ 为导线起点，$C$ 为导线终点；$\alpha_{AB}$ 为导线的已知起算方位角，$\alpha_{CD}$ 为附合导线终点相连的已知方位角。观测值有两类，一类是起点 $B$、终点 $C$ 及 1、2、3 各未知导线点上的转折角 $\beta$，另一类是相邻导线点的边长 $D$（已知边 $D_{BA}$、$D_{CD}$ 除外）。根据该导线的已知起算数据及观测值，用近似平差方法计算各未知导线点坐标的方法步骤如下：

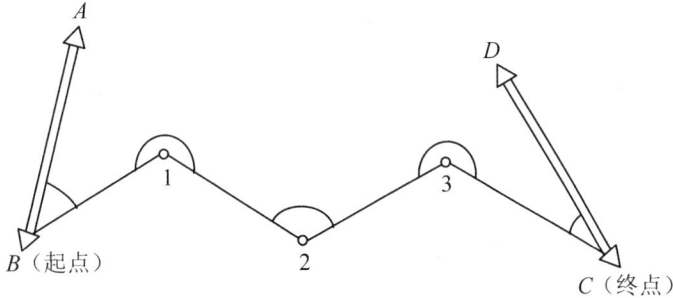

**图 6-15 附合导线计算**

（1）角度平差

①计算角度闭合差　根据导线的已知起算方位角 $\alpha_{AB}$ 及导线的转折角 $\beta$ 由式（6-2）或式（6-3）可推算出附合导线终点相连的方位角 $\alpha'_{CD}$：

$$\alpha'_{CD} = \alpha_{AB} + \sum \beta_{左} - n \cdot 180 \tag{6-6}$$

$$\alpha'_{CD} = \alpha_{AB} - \sum \beta_{右} + n \cdot 180 \tag{6-7}$$

式中：$n$——导线转折角的个数，本例中 $n = 5$。

理论上，$\alpha'_{CD理} = \alpha_{CD}$，但由于测角误差的存在，它们之间有一个角度闭合差 $f_\beta$：

$$f_\beta = \alpha'_{CD} - \alpha_{CD} \tag{6-8}$$

角度闭合差的容许误差 $f_{\beta容许}$ 由导线等级决定，例如规范规定图根光电导线角度闭合差的容许误差为：

$$f_{\beta容许} = 40'' \sqrt{n} \tag{6-9}$$

式（6-9）中的 $n$ 与式（6-6）、式（6-7）相同。

若 $|f_\beta| \leqslant f_{\beta容许}$，角度观测成果合格，否则，应返工重测。

②角度闭合差的分配　若导线用左转折角 $\beta_{左}$ 推算方位角时，将 $f_\beta$ 反号平均分配给各转折角；反之推算方位角用的是右转折角 $\beta_{右}$，则直接将 $f_\beta$ 平均分配给各转折角。分配时保留至秒，若有余差，则将余差分入短边的邻角。即

$$\begin{cases} v_{\beta_{i左}} = \dfrac{-f_\beta}{n} \\[3mm] v_{\beta_{i右}} = \dfrac{f_\beta}{n} \\[3mm] 计算检核：\sum v_{\beta_{i左}} = -f_\beta \ 或 \ \sum v_{\beta_{i右}} = f_\beta \\[3mm] \beta_{i改正后} = \beta_i + v_{\beta_i} \end{cases} \tag{6-10}$$

③由改正后的转折角 $\beta_{i改正后}$ 来依次推算各导线边方位角　相邻导线点 $i$ 至 $i+1$ 的

方位角由式(6-2)或式(6-3)得出：

$$\begin{cases} \alpha_{i,i+1} = \alpha_{i-1,i} + \beta_{i左改正后} - 180° \\ \alpha_{i,i+1} = \alpha_{i-1,i} - \beta_{i右改正后} + 180° \end{cases} \qquad (6-11)$$

（2）坐标平差

①相邻导线点坐标增量的计算　根据角度平差获得的相邻导线点之间的方位角 $\alpha_{i,i+1}$ 及其观测距离 $D_{i,i+1}$，由坐标计算的正算公式(6-4)计算出相邻导线点之间的纵、横坐标增量的初算值 $\Delta x_{i,i+1初算}$、$\Delta y_{i,i+1初算}$。

②导线纵、横坐标闭合差 $f_x$、$f_y$ 的计算　导线纵、横坐标闭合差 $f_x$、$f_y$ 的计算公式为：

$$\begin{cases} f_x = \sum \Delta x_{初算} - (x_{终点} - x_{起点}) \\ f_y = \sum \Delta y_{初算} - (y_{终点} - y_{起点}) \end{cases} \qquad (6-12)$$

导线全长闭合差：$f_D = \sqrt{f_x{}^2 + f_y{}^2}$ $\qquad (6-13)$

导线全长相对闭合差：$k = \dfrac{f_D}{\sum D} = \dfrac{1}{\dfrac{\sum D}{f_D}}$ $\qquad (6-14)$

$k$ 应满足相应等级导线规定的要求，例如光电测距图根导线要求全长相对闭合差 $k \leqslant \dfrac{1}{4000}$。

③导线纵、横坐标闭合差 $f_x$、$f_y$ 的分配　将导线纵、横坐标闭合差 $f_x$、$f_y$ 反号后，按与各导线边边长成正比分配在该导线边两导线点之间的坐标增量上。其纵、横坐标增量的改正数按下式计算：

$$\begin{cases} v_{\Delta x_{i,i+1}} = \dfrac{-f_x}{\sum D} D_{i,i+1} \\[2mm] v_{\Delta y_{i,i+1}} = \dfrac{-f_y}{\sum D} D_{i,i+1} \\[2mm] 计算校核：\sum v_{\Delta x_{i,i+1}} = -f_x, \quad \sum v_{\Delta y_{i,i+1}} = -f_y \end{cases} \qquad (6-15)$$

相邻导线点之间改正后的坐标增量为：

$$\begin{cases} \Delta x_{i,i+1改正后} = \Delta x_{i,i+1初算} + v_{\Delta x_{i,i+1}} \\ \Delta y_{i,i+1改正后} = \Delta y_{i,i+1初算} + v_{\Delta y_{i,i+1}} \\ 计算校核：\sum \Delta x_{i,i+1改正后} = (x_{终点} - x_{起点}) \quad \sum \Delta y_{i,i+1改正后} = (y_{终点} - y_{起点}) \end{cases}$$
$$\qquad (6-16)$$

④各导线点坐标的依次推算　相邻导线点 $i$ 至 $i+1$ 的坐标推算公式如下：

$$\begin{cases} x_{i+1} = x_i + \Delta x_{i,i+1改正后} \\ y_{i+1} = y_i + \Delta y_{i,i+1改正后} \\ 计算校核：x_{终点推算} = x_{终点已知} \quad y_{终点推算} = y_{终点已知} \end{cases} \qquad (6-17)$$

表 6-3　附合导线坐标计算表

计算者：万红　　　　　检查者：王平

| 点号 | 角度观测值 (°′″) | 改正数 (″) | 改正后角值 (° ′ ″) | 方位角 (° ′ ″) | 边长 (m) | 坐标增量 Δx | | | 坐标增量 Δy | | | 纵坐标 (m) | 横坐标 (m) |
|---|---|---|---|---|---|---|---|---|---|---|---|---|---|
| | | | | | | 初算值 (m) | 改正数 (m) | 改正后计算值 (m) | 初算值 (m) | 改正数 (m) | 改正后计算值 (m) | | |
| A | | | | 224 03 00 | | | | | | | | 843.391 | 1 264.300 |
| B | 114 17 00 | −6 | 114 16 54 | | | | | | | | | 640.932 | 1 068.446 |
| | | | | 158 19 54 | 82.173 | −76.366 | +0.002 | −76.364 | +30.341 | +0.008 | +30.349 | | |
| 1 | 146 59 30 | −6 | 146 59 24 | | | | | | | | | 564.568 | 1 098.795 |
| | | | | 125 19 18 | 77.286 | −44.684 | +0.001 | −44.683 | +63.059 | +0.007 | +63.066 | | |
| 2 | 135 11 30 | −6 | 135 11 24 | | | | | | | | | 519.885 | 1 161.861 |
| | | | | 80 30 42 | 89.641 | +14.777 | +0.002 | +14.779 | +88.415 | +0.009 | +88.424 | | |
| 3 | 145 38 30 | −6 | 145 38 24 | | | | | | | | | 534.664 | 1 250.285 |
| | | | | 46 09 06 | 79.840 | +55.309 | +0.002 | +55.311 | +57.579 | +0.008 | +57.587 | | |
| C | 158 00 00 | −6 | 157 59 54 | | | | | | | | | 589.975 | 1 307.872 |
| D | | | | 24 09 00 | | | | | | | | 793.615 | 1 399.178 |
| Σ | 700 06 30 | −30 | 700 06 00 | | 328.940 | −50.964 | +0.007 | −50.957 | 239.394 | +0.032 | 239.426 | | |

【例】 在图 6-15 所示的附合导线中，$A$、$B$、$C$、$D$ 4 个已知点的坐标为：$A(843.391, 1264.300)$、$B(640.932, 1068.446)$、$C(589.975, 1307.872)$、$D(793.615, 1399.178)$。观测水平角：$\beta_B = 114°17'00''$，$\beta_1 = 146°59'30''$，$\beta_2 = 135°11'30''$，$\beta_3 = 145°38'30''$，$\beta_C = 158°00'00''$，测得各导线边的边长为：$D_{B1} = 82.173$m，$D_{12} = 77.286$m，$D_{23} = 89.641$m，$D_{3C} = 79.840$m。试用导线近似平差的方法计算各导线点的坐标。

先用 $A$、$B$、$C$、$D$ 的已知坐标通过式(6-5)计算出导线起算方位角 $\alpha_{AB} = 224°03'00''$，终点附合的已知方位角 $\alpha_{CD} = 24°09'00''$，然后根据导线的近似平差的方法、步骤在表 6-3 进行相应的平差计算，最后推算出未知导线点 1、2、3 各点的坐标。

从表 6-3 可以得出：

$\alpha'_{CD} = 224°03' + 700°06'30'' - 5 \times 180° = 24°09'30''$

$f_\beta = \alpha'_{CD} - \alpha_{CD} = 24°09'30'' - 24°09'00'' = +30''$，$f_{\beta容许} = 40''\sqrt{5} = 89''$

$f_x = \sum \Delta x_测 - (x_C - x_B) = -50.964 - (589.975 - 640.932) = -0.007$，

$f_y = \sum \Delta y_测 - (y_C - y_B) = +239.394 - (1307.872 - 1068.446) = -0.032$

$f_D = \sqrt{f_x^2 + f_y^2} = 0.033$　　$K = \dfrac{f_D}{\sum D} = \dfrac{0.033}{328.940} = \dfrac{1}{9968}$

闭合导线平差计算的方法步骤与附合导线基本相同，只是它们在计算导线的角度闭合差时略有差别。当闭合导线角度闭合差计算用的是闭合多边形的外角时，其计算方法与附合导线相同；若用闭合多边形的内角计算其角度闭合差，则闭合多边形各内角测量值之和与其理论值之差就是它的角度闭合差。即：

$$f_\beta = \sum \beta_测 - (n-2) \times 180° \tag{6-18}$$

式中：$n$——闭合导线的边数。

用式(6-18)计算闭合导线角度闭合差更简便。

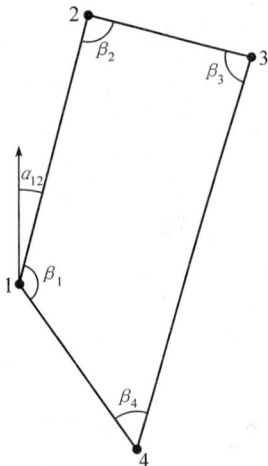

图 6-16 闭合导线计算

【例】图 6-16 为一闭合导线，已知 1 点的坐标为 (500.000m，500.000m)，已知 1 ~ 2 边的坐标方位角 $\alpha_{12} = 30°15'30''$；观测角为：$\beta_1 = 137°42'12''$，$\beta_2 = 92°40'30''$，$\beta_3 = 87°23'09''$，$\beta_4 = 42°13'39''$，测得各导线边的边长为：$D_{12} = 90.321m$，$D_{23} = 47.043m$，$D_{34} = 144.298m$，$D_{41} = 70.086m$。试计算 2、3、4 各导线点的坐标。

该闭合导线的角度闭合差可由式(6-18)算出：

$$f_\beta = \sum \beta_测 - (n - 2) \times 180°$$
$$= 359°59'30'' - (4 - 2) \times 180° = -30'',$$
$$f_{\beta容许} = 40'' \sqrt{4} = 80''$$

其坐标闭合差根据表(6-4)中的相关数据计算如下：

$$f_x = \sum \Delta x_测 = + 0.058 \qquad f_y = \sum \Delta y_测 = + 0.025$$
$$f_D = \sqrt{f_x^2 + f_y^2} = \sqrt{0.058^2 + 0.025^2} = 0.063$$
$$K = \frac{f}{\sum D} = \frac{0.063}{351.748} = \frac{1}{5\,583}$$

表6-4 闭合导线坐标计算表

计算者：张晓　　　　检查者：李勇

| 点号 | 角度观测值 (° ′ ″) | 改正后角值 (° ′ ″) | 坐标方位角 (° ′ ″) | 边长 (m) | 增量 $\Delta x$(m) | | | 增量 $\Delta y$(m) | | | 坐标(m) | |
|---|---|---|---|---|---|---|---|---|---|---|---|---|
| | | | | | 初算值 | 改正数 | 改正后计算值 | 初算值 | 改正数 | 改正后计算值 | X | Y |
| 1 | | | 30 15 30 | 90.321 | +78.016 | -0.015 | +78.001 | 45.513 | -0.007 | 45.506 | 500.000 | 500.000 |
| 2 | + 8<br>92 40 30 | 92 40 38 | 117 34 52 | 47.043 | -21.781 | -0.008 | -21.789 | 41.697 | -0.003 | 41.694 | 578.001 | 545.506 |
| 3 | + 8<br>87 23 09 | 87 23 17 | 210 11 35 | 144.298 | -124.722 | -0.024 | -124.746 | -72.570 | -0.010 | -72.580 | 556.212 | 587.200 |
| 4 | + 7<br>42 13 39 | 42 13 46 | 347 57 49 | 70.086 | +68.545 | -0.011 | +68.534 | -14.615 | -0.005 | -14.620 | 431.466 | 514.620 |
| 1 | + 7<br>137 42 12 | 137 42 19 | 30 15 30 | | | | | | | | 500.000 | 500.000 |
| 2 | | | | | | | | | | | | |
| Σ | 359 59 30 | 360 00 00 | | 351.748 | +0.058 | -0.058 | 0.000 | +0.025 | -0.025 | 0.000 | | |

导线近似平差的计算工作比较烦琐，不仅工作量大，而且容易出错。要解决这一问题，可根据导线近似平差的数学模型在 $fx - 5800p$ 等程序型计算器上编制相应的计算程序，利用电算程序来进行导线近似平差计算非常方便。在 $fx - 5800p$ 计算器上编制的计算程序如下：

A

Int(J) + 5Frac(J) ÷ 3 + Frac(100J) ÷ 90

DXJS

"I = "：? →I："K = "：? →K："N = "：? →N："B1 = "：? →J：Prog "A"：Ans→A：If I＝0 Then A→B：Else "BN = "：? →J：Prog "A"：Ans→B：IfEnd："X1 = "：? →L："Y1 = "：? →W：If I＝0 Then L→U：W→V：Else "XN = "：? →U："YN = "：? →V：IfEnd：2 (N＋2)→DimZ：A→M：0→P：If I＝1：Then N＋2→Z：Else N＋1→Z：IfEnd

Lb1 0：P＋1→P："C = "：? →J：Prog "A"：Ans→C：C→Z[2P－1]：If K＝1：Then M＋C－180→M：Else M－C＋180→M：IfEnd：If M≥360：Then M－360→M：Else If M ＜ 0：Then M＋360→M：IfEnd：IfEnd：If P ＜ Z：Then Goto 0：IfEnd："FB = "：M－B▶DMS ◢ M－B→F：0→P：A→M：Lb1 1：P＋1→P：If K＝1：Then M＋Z[2P－1]－(F÷Z)－180→M：Else M－Z[2P－1]－(F÷Z)＋180→M：IfEnd：If M≥360：Then M－360：Else If M ＜ 0：Then M＋360→M：IfEnd："FWJ = "：M－0▶DMS ◢ M→Z[2P－1]：If P ＜ Z：Then Goto 1：IfEnd：0→P：0→M：0→G：0→H：N＋1→Z：Lb1 2：P＋1→P："D = "：? →D：D→Z[2P]：M＋D→M：Dcos(Z[2P－1])→X：Dsin(Z[2P－1])→Y：G＋X→G：H＋Y→H：X→Z[2P－1]：Y→Z[2P]：If P ＜ Z：Then Goto 2：IfEnd：Fix 3："D = "：M ◢ G＋L－U→G："FX = "：G ◢ H＋W－V→H："FY = "：H ◢ M÷$\sqrt{G^2＋H^2}$→Q：Fix 0："K = "：Q ◢ －G÷M →G：－H÷M→H：0→P：L→X：W→Y：Lb1 3：P＋1→P："N = "：P◢$\sqrt{((Z[2P－1]^2＋(Z[2P])^2)}$ →D：X＋Z[2P－1]＋DG→X：Fix 3："X = "：X ◢ Y＋Z[2P]＋DH→Y："Y = "：Y ◢ X→Z[2P－1]：Y→Z[2P]：If P ＜ Z：Then Goto 3：IfEnd："END"

运行上述程序时，附合导线"I"输1，闭合导线"I"输0；导线平差采用左转折角"K"输1，导线平差采用右转折角"K"输0；"N"输未知导线点的点数；"B1"、"BN"输导线起、终点相连的已知方位角，输入时，度后面加小数点，分和秒需输两位，如189°6′5″，输189.0605即可，以下输入的角度观测值或输出的方位角及方位角闭合差都按同样的方法，闭合导线只需输"B1"；"X1"、"Y1"输导线的起点纵、横坐标，"XN"、"YN"输导线终点的纵、横坐标，闭合导线只需输"X1"、"Y1"；"C"为按导线点编号顺序依次输入的导线转折角；"D"为按导线点编号顺序依次输入的各导线边边长；闭合导线的转折角及导线边边长的输入顺序按起、终点都有已知方位角标准的附合导线的转折角及导线边边长输入顺序输入。

输出的"FB"为导线方位角闭合差；"FWJ"为按导线点编号顺序依次输出的各导线边方位角；"FX"、"FY"为导线纵、横坐标闭合差；"K"为导线全长相对闭合差的分母值；"X"、"Y"为按导线点编号顺序依次输出的各导线点的纵、横坐标。

### 6.2.2.3 无定向导线的坐标计算

如图6-17所示，$A$、$B$两个控制点的坐标已知，但不通视，在它们之间布设了导线点1、2、3，通过观测转折角和边长，也可以计算出各导线点的坐标。

(1)根据假定起始边方位角计算$B'$点的坐标 计算时一般先假设起始边$A1$的坐标方位角为$\alpha'_{A1}$，由导线的转折角$\beta_i$按式(6-3)推算出各边的假定方位角$\alpha'_{i,i+1}$，再按各边的观测边长和假定方位角推算各边的假定坐标增量和各点的假定坐标，直至推出$B$点的假定坐标$B'(x_{B'}, y_{B'})$。

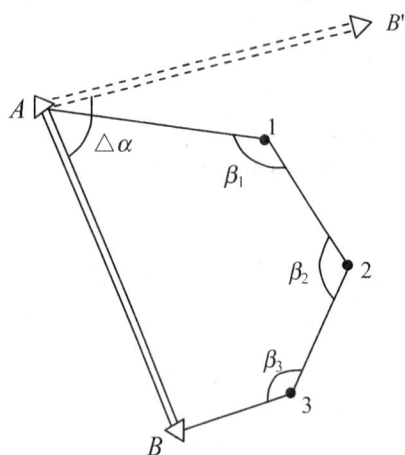

图 6-17　无定向导线

（2）计算真假闭合边的方位角　假定坐标方位角

$$\alpha_{AB'} = \tan^{-1} \frac{y_{B'} - y_A}{x_{B'} - x_A} \qquad (6\text{-}19)$$

同理，根据 $A$、$B$ 两点的已知坐标计算闭合边 $AB$ 的真方位角 $\alpha_{AB}$。

（3）计算真假闭合边的方位角差

方位角差 $\Delta\alpha$：

$$\Delta\alpha = \alpha_{AB} - \alpha_{AB'} \qquad (6\text{-}20)$$

（4）推算各边的方位角

$$\alpha_{i,i+1} = \alpha'_{i,i+1} + \Delta\alpha \qquad (6\text{-}21)$$

（5）计算导线坐标　按照附合导线坐标计算的方法计算各点坐标。

【例】已知无定向导线的坐标和观测值如下：$A$（754.707m，554.723m），$B$（569.094m，564.786m），测得：$D_{A1} = 81.845$m，$D_{12} = 45.410$m，$D_{23} = 47.232$m，$D_{3B} = 18.879$m，$\beta_1 = 179°13'48''$，$\beta_2 = 145°05'48''$，$\beta_3 = 225°39'12''$。见表 6-5、表 6-6。

表 6-5　无定向导线假定坐标计算表

| 点号 | 转折角值<br>（° ′ ″） | 假定坐标方位角<br>（° ′ ″） | 边长<br>（m） | $\Delta x$<br>（m） | $\Delta y$<br>（m） | $x$<br>（m） | $y$<br>（m） |
|---|---|---|---|---|---|---|---|
| $A$ | | | | | | 754.707 | 554.723 |
| | | 30 00 00 | 81.845 | 70.880 | 40.922 | | |
| $1'$ | 179 13 48 | | | | | 825.587 | 595.645 |
| | | 30 46 12 | 45.410 | 39.018 | 23.231 | | |
| $2'$ | 145 05 48 | | | | | 864.605 | 618.876 |
| | | 65 40 24 | 47.232 | 19.457 | 43.038 | | |
| $3'$ | 225 39 12 | | | | | 884.062 | 661.914 |
| | | 20 01 12 | 18.879 | 17.738 | 6.463 | | |
| $B'$ | | | | | | 901.800 | 668.377 |

假定 $A1$ 边的坐标方位角 $\alpha'_{A1} = 30°00'00''$，$\alpha_{AB} = 176°53'48''$，$\alpha_{AB'} = 37°41'32''$，$\Delta\alpha = 139°12'16''$。

表 6-6　无定向导线坐标计算表

| 点号 | 假定坐标方位角 (° ′ ″) | 坐标方位角 (° ′ ″) | 边长 (m) | Δx (m) | | | Δy (m) | | | x (m) | y (m) |
|---|---|---|---|---|---|---|---|---|---|---|---|
| | | | | 计算值 | 改正数 | 改正后计算值 | 计算值 | 改正数 | 改正后计算值 | | |
| A | 30 00 00 | 169 12 16 | 81.845 | − 80.396 | 0.000 | − 80.396 | + 15.330 | + 0.001 | + 15.331 | 754.707 | 554.723 |
| 1 | 30 46 12 | 169 58 28 | 45.410 | − 44.717 | 0.000 | − 44.717 | + 7.905 | 0.000 | + 7.905 | 674.311 | 570.054 |
| 2 | 65 40 24 | 204 52 40 | 47.232 | − 42.849 | 0.000 | − 42.849 | − 19.870 | + 0.001 | − 19.869 | 629.594 | 577.959 |
| 3 | 20 01 12 | 159 13 28 | 18.879 | − 17.651 | 0.000 | − 17.651 | + 6.696 | 0.000 | + 6.696 | 586.745 | 558.090 |
| B | | | | | | | | | | 569.094 | 564.786 |
| Σ | | | 193.366 | − 185.613 | 0 | − 185.613 | + 10.061 | + 0.002 | + 10.063 | | |

$$f_x = \sum \Delta x - (x_B - x_A) = -186.613 - (-186.613) = 0$$

$$f_y = \sum \Delta y - (y_B - y_A) = 10.061 - 10.063 = -0.002 \text{ m}$$

$$f_D = \sqrt{f_x^2 + f_y^2} = 0.002 \text{ m} \qquad K = \frac{f}{\sum D} = \frac{0.002}{193.366} = \frac{1}{96\ 683}$$

# 6.3　结点导线网近似平差

## 6.3.1　单结点导线网平差

　　单结点导线的平差是先求出结点带权平均值，然后把结点作为已知点分别向各方向进行平差计算，从而得到各点的坐标。

　　如图 6-18 所示。设 A、B、C 为 3 个高级控制点，D 为结点，AA′、BB′、CC′为已知方向，则其平差步骤如下：

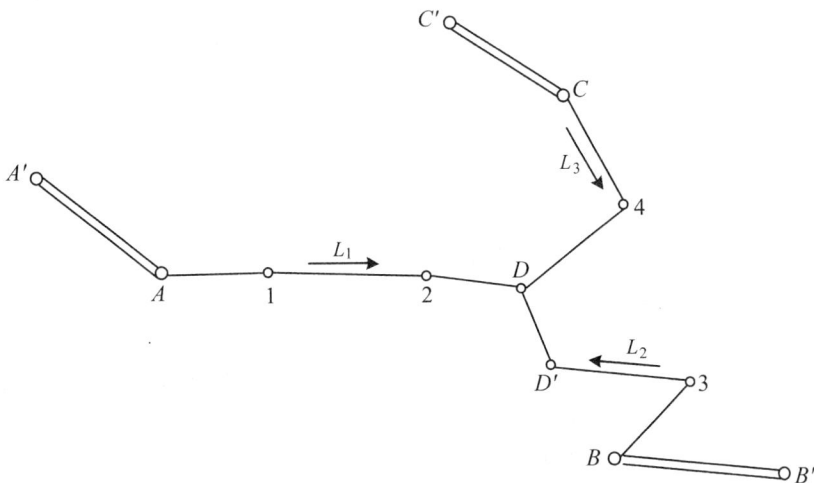

图 6-18　单结点导线

#### 6.3.1.1 角度平差

（1）计算结边方位角 可选定与结点相连接的任一导线边作为结边，最好选在边数较多的一条导线上，如 $DD'$。由已知方向及所测的转折角分别沿线路 $L_1$、$L_2$、$L_3$ 推算结边的坐标方位角 $\alpha_1$、$\alpha_2$、$\alpha_3$。设各线路的转折角个数分别为 $n_1$、$n_2$、$n_3$，则结边的坐标方位角 $\alpha_1$、$\alpha_2$、$\alpha_3$ 的权为：

$$p_{\alpha_1} = \frac{c}{n_1} \qquad p_{\alpha_2} = \frac{c}{n_2} \qquad p_{\alpha_3} = \frac{c}{n_3}$$

式中：$c$——任意常数。

按带权平均值公式可算得 $DD'$ 边的坐标方位角的最或是值为：

$$\alpha_{DD'} = \frac{p_{\alpha_1}\alpha_1 + p_{\alpha_2}\alpha_2 + p_{\alpha_3}\alpha_3}{p_{\alpha_1} + p_{\alpha_2} + p_{\alpha_3}} \tag{6-22}$$

（2）角度平差 获得结边坐标方位角的最或是值后，则将 3 个已知方向至 $DD'$ 间的线路作为附合导线，计算其角度闭合差并改正各转折角的观测值。

#### 6.3.1.2 推算出各导线边的坐标方位角

根据改正后的转折角，从结边推算各边方位角。

#### 6.3.1.3 计算结点坐标

根据各导线边的边长和坐标方位角计算各边的坐标增量，分别自 $A$、$B$、$C$ 三点推算结点 $D$ 的坐标，得 $(x_{D1}, y_{D1})$，$(x_{D2}, y_{D2})$，$(x_{D3}, y_{D3})$。

结点坐标的权是与推算线路的长度成反比的，即

$$p_1 = \frac{c}{[s]_1} \qquad p_2 = \frac{c}{[s]_2} \qquad p_3 = \frac{c}{[s]_3}$$

式中：$c$——任意常数；

[ ]——表示总和，$[s]_1$ 即导线 $L_1$ 的推算长度（以 km 为单位），依此类推。

由带权平均值公式可得结点坐标的最或是值为

$$\left.\begin{aligned} x_D &= \frac{p_1 x_{D1} + p_2 x_{D2} + p_3 x_{D3}}{p_1 + p_2 + p_3} \\ y_D &= \frac{p_1 y_{D1} + p_2 y_{D2} + p_3 y_{D3}}{p_1 + p_2 + p_3} \end{aligned}\right\} \tag{6-23}$$

#### 6.3.1.4 计算各点坐标

计算出结点 $D$ 的坐标最或是值后，则将 $L_1$、$L_2$、$L_3$ 作为附合导线进行坐标闭合差的计算和分配，最后计算各导线点的坐标。

单一结点导线网平差示例见表 6-7 ～ 表 6-12。

表 6-7 结边方位角的计算

| 导线 | 起算边 | 起算边坐标方位角 | $\sum \beta$ | 结边坐标方位角观测值 | 转折角个数 | 权 $P_a = \frac{1}{n}$ | $P \cdot \delta_a$ | 结边坐标方位角带权平均值 | $v$ | $Pv$ |
|---|---|---|---|---|---|---|---|---|---|---|
| | | (° ′ ″) | (° ′ ″) | (° ′ ″) | | | | (° ′ ″) | (″) | |
| $L_1$ | $A'A$ | 122 58 29 | 643 39 52 | 46 38 21 | 4 | 0.25 | + 5.2 | | 0 | 0.0 |
| $L_2$ | $B'B$ | 224 56 43 | 541 41 32 | 46 38 15 | 3 | 0.33 | + 5.0 | 46 38 21 | + 6 | +2.0 |
| $L_3$ | $C'C$ | 323 55 24 | 622 43 03 | 46 38 27 | 3 | 0.33 | + 8.9 | | − 6 | − 2.0 |
| | | | | $\alpha_0 = 46\ 38\ 00$ | $\sum$ | 0.91 | + 19.1 | | | 0.0 |

表 6-8 结点纵坐标的计算

| 导线 | 起始点 | 起始点纵坐标 (m) | $\sum \Delta x$ (m) | 结点纵坐标观测值 (m) | 导线长 (m) | $P = \frac{1}{\sum S}$ | $P \cdot \delta_x$ | 结点纵坐标带权平均值 | $v$ (mm) | $Pv$ |
|---|---|---|---|---|---|---|---|---|---|---|
| $L_1$ | $A$ | 4 815.217 | − 352.424 | 4 462.793 | 592 | 1.69 | + 157 | | + 1 | + 1.7 |
| $L_2$ | $B$ | 4 736.016 | − 273.247 | 4 462.769 | 480 | 2.08 | + 144 | 4 462.794 | + 25 | + 52.0 |
| $L_3$ | $C$ | 4 261.530 | + 201.280 | 4 462.810 | 289 | 3.45 | + 380 | | − 16 | − 55.2 |
| | | | | $X_0 = 4\ 462.700$ | $\sum$ | 7.22 | + 681 | | | − 1.5 |

表 6-9 结点横坐标的计算

| 导线 | 起始点 | 起始点横坐标 (m) | $\sum \Delta y$ (m) | 结点横坐标观测值 (m) | 导线长 $\sum S$ (m) | $P = \frac{1}{\sum S}$ | $P \cdot \delta_y$ | 结点横坐标带权平均值 | $v$ (mm) | $Pv$ |
|---|---|---|---|---|---|---|---|---|---|---|
| $L_1$ | $A$ | 5 103.294 | +475.085 | 5 578.379 | 592 | 1.69 | + 134 | | + 17 | +28.7 |
| $L_2$ | $B$ | 5 969.046 | −390.671 | 5 578.375 | 480 | 2.08 | + 156 | 5 578.396 | + 21 | +43.7 |
| $L_3$ | $C$ | 5 785.829 | − 207.413 | 5 578.416 | 289 | 3.45 | + 400 | | − 20 | −69.0 |
| | | | | $Y_0 = 5\ 578.300$ | $\sum$ | 7.22 | + 690 | | | + 3.4 |

表 6-10 导线 $L_1$ 计算表

| 点号 | 观测角 $\beta$ (° ′ ″) | 坐标方位角 (° ′ ″) | 边长 $S$ (m) | $\Delta x$ (m) | $\Delta y$ (m) | $x$ (m) | $y$ (m) | 附注 |
|---|---|---|---|---|---|---|---|---|
| $A'$ | | | | | | | | |
| | | 122 58 29 | | | | | | |
| $A$ | 181 34 28 | | | + 0.000 | + 0.006 | 4 815.217 | 5 103.294 | |
| | | 124 32 57 | 190.825 | − 108.219 | + 157.171 | | | |
| 1 | 184 39 09 | | | + 0.001 | + 0.007 | 4 706.998 | 5 260.471 | |
| | | 129 12 06 | 259.113 | − 163.773 | + 200.793 | | | |
| 2 | 175 16 39 | | | + 0.000 | + 0.004 | 4 543.226 | 5 461.271 | |
| | | 124 28 45 | 142.080 | − 80.432 | + 117.121 | | | |
| $D$ | 102 09 36 | | | | | 4 462.794 | 5 578.396 | |
| | | 46 38 21 | | | | | | |
| $D'$ | | | | | | | | |
| $\sum =$ | 643 39 52 | | 592.018 | − 352.424 | + 475.085 | | | |
| | $f_\beta = 00''$ | | | $f_x = -0.001$ | $f_y = -0.017$ | | | |

表 6-11 导线 $L_2$ 计算表

| 点号 | 观测角 $\beta$ (° ′ ″) | 坐标方位角 $\alpha$ (° ′ ″) | 边长 $S$ (m) | $\Delta x$ (m) | $\Delta y$ (m) | $x$ (m) | $y$ (m) | 附注 |
|---|---|---|---|---|---|---|---|---|
| $B'$ | | 224 56 43 | | | | | | |
| $B$ | + 2 189 26 41 | | | | | 4 736.016 | 5 969.046 | |
| | | 234 23 26 | 170.078 | + 0.009 − 99.029 | + 0.008 − 138.274 | | | |
| 3 | + 2 188 48 51 | | | | | 4 636.996 | 5 830.780 | |
| | | 243 12 19 | 163.538 | + 0.008 − 73.721 | + 0.007 − 145.979 | | | |
| $D'$ | + 2 163 26 00 | | | | | 4 563.283 | 5 684.808 | |
| | | 226 38 21 | 146.371 | + 0.008 − 100.497 | + 0.006 − 106.418 | | | |
| $D$ | | | | | | 4 462.794 | 5 578.396 | |
| $\sum$ = | 541 41 32 | | 479.987 | − 273.247 | − 390.671 | | | |
| | $f_\beta = -6''$ | | | $f_x = -0.025$ | $f_y = -0.021$ | | | |

表 6-12 导线 $L_3$ 计算表

| 点号 | 观测角 $\beta$ (° ′ ″) | 坐标方位角 $\alpha$ (° ′ ″) | 边长 $S$ (m) | $\Delta x$ (m) | $\Delta y$ (m) | $x$ (m) | $y$ (m) | 附注 |
|---|---|---|---|---|---|---|---|---|
| $C'$ | | 323 55 24 | | | | | | |
| $C$ | − 2 168 54 16 | | | | | 4 261.530 | 5 785.829 | |
| | | 312 49 38 | 133.520 | − 0.007 + 90.766 | − 0.009 − 97.925 | | | |
| 4 | − 2 182 26 26 | | | | | 4 352.289 | 5 687.895 | |
| | | 315 16 02 | 155.567 | − 0.009 + 110.514 | − 0.011 − 109.488 | | | |
| $D$ | − 2 271 22 21 | | | | | 4 462.794 | 5 578.396 | |
| | | 46 38 21 | | | | | | |
| $D'$ | | | | | | | | |
| $\sum$ = | 622 43 03 | | | + 201.280 | − 207.413 | | | |
| | $f_\beta = +6''$ | | | $f_x = +0.016$ | $f_y = +0.020$ | | | |

## 6.3.2 双结点导线网平差

对于两个结点的导线网可以用等权代替法来平差。平差的思路是：先用等权代替法替换掉一个节点，将双节点导线网变成单节点导线网，然后按单结点导线网平差的方法进行平差。

图 6-19 所示的是五条导线构成两个结点的导线网，$A$、$B$、$C$、$D$ 为 4 个已知高级控制点，$E$、$F$ 为 2 个结点，$AA'$、$BB'$、$CC'$、$DD'$ 为已知方向。进行平差时，也是先作结边坐标方位角的平差，再作结点纵坐标、横坐标的平差。具体的平差计算步骤如下：

### 6.3.2.1 角度平差

（1）选定结边 定一个结点作为中心结点，例如以 $F$ 作为中心结点。将线路编

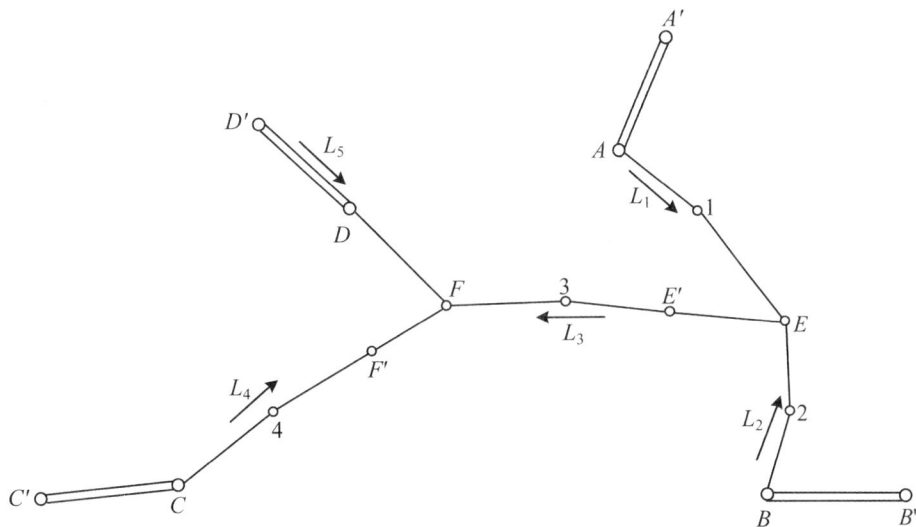

**图 6-19　双结点导线**

号，并用箭头表示其计算方向。为了计算方便，应使所有线路的计算方向都走向中心结点。在每一结点上按前面单结点导线角度平差所述原则选定一条结边，如 $EE'$ 和 $FF'$。

（2）计算结边方位角　由线路 $L_1$ 和 $L_2$ 分别计算结边 $EE'$ 的坐标方位角 $\alpha_{EE'(1)}$ 和 $\alpha_{EE'(2)}$，并按下式计算带权平均值：

$$\alpha_{EE'(1,2)} = \frac{p_{\alpha_1} \cdot \alpha_{EE'(1)} + p_{\alpha_2} \cdot \alpha_{EE'(2)}}{p_{\alpha_1} + p_{\alpha_2}} \tag{6-24}$$

式中：$p_{\alpha_1} = \dfrac{1}{n_1}$，$p_{\alpha_2} = \dfrac{1}{n_2}$（$n_i$ 为转折角数）。

以等权线路 $L_{1,2}$ 代替线路 $L_1$ 和 $L_2$，按下式计算 $L_{1,2}$ 的权和相应的转折角数。

$$p_{\alpha_{1,2}} = p_{\alpha_1} + p_{\alpha_2}$$

$$n_{1,2} = \frac{1}{p_{\alpha_{1,2}}}$$

利用等权线路 $L_{1,2}$ 和线路 $L_3$ 计算中心结边 $FF'$ 的坐标方位角 $\alpha_{FF'(1,2+3)}$，同时由线路 $L_4$ 和 $L_5$ 计算 $FF'$ 的坐标方位角 $\alpha_{FF'(4)}$ 和 $\alpha_{FF'(5)}$，然后计算带权平均值：

$$\alpha_{FF'} = \frac{p_{\alpha_{1,2+3}} \cdot \alpha_{FF'(1,2+3)} + p_{\alpha_4} \cdot \alpha_{FF'(4)} + p_{\alpha_5} \cdot \alpha_{FF'(5)}}{p_{\alpha_{1,2+3}} + p_{\alpha_4} + p_{\alpha_5}} \tag{6-25}$$

式中：$p_{\alpha_{1,2+3}} = \dfrac{1}{n_{1,2+3}} = \dfrac{1}{n_{1,2} + n_3}$，$p_{\alpha_4} = \dfrac{1}{n_4}$，$p_{\alpha_5} = \dfrac{1}{n_5}$。

（3）结边方位角平差　用下式分别计算线路 $L_{1,2+3}$、$L_4$ 和 $L_5$ 的角度总改正数 $v_{\beta_{1,2+3}}$、$v_{\beta_4}$ 和 $v_{\beta_5}$，并检核 $\sum(p_\alpha v_\beta)$ 是否为 0。

$$v_{\beta(1,2+3)} = \alpha_{FF'} - \alpha_{FF'(1,2+3)}$$

$$v_{\beta(4)} = \alpha_{FF'} - \alpha_{FF'(4)} \tag{6-26}$$

$$v_{\beta(5)} = \alpha_{FF'} - \alpha_{FF'(5)}$$

这些改正数就是有关线路中角度闭合差的负值 $-f_\beta$。

结边 $EE'$ 坐标方位角 $\alpha_{EE'(1,2)}$ 的改正数按下式计算

$$v_{\alpha_{EE'(1,2)}} = \frac{v_{\beta(1,2+3)}}{n_{1,2+3}} \cdot n_{1,2} \tag{6-27}$$

$\alpha_{EE'(1,2)}$ 的最或是值：

$$\alpha_{EE'} = \alpha_{EE'(1,2)} + v_{\alpha_{EE'(1,2)}} \tag{6-28}$$

$L_1$、$L_2$、$L_3$ 各线路的角度总改正数为

$$
\begin{aligned}
v_{\beta(1)} &= \alpha_{EE'} - \alpha_{EE'(1)} \\
v_{\beta(2)} &= \alpha_{EE'} - \alpha_{EE'(2)} \\
v_{\beta(3)} &= \frac{v_{\beta(1,2+3)}}{n_{1,2+3}} \cdot n_3
\end{aligned}
\tag{6-29}
$$

这些改正数也是各线路中角度闭合差的负值 $-f_\beta$。

### 6.3.2.2　计算结点坐标

各条线路上角度总改正数按同号平均分配于各转折角上，然后计算各导线边的坐标方位角和坐标增量。结点纵、横坐标的平差方法是完全一样的，为了简便起见，以下只说明结点的纵坐标平差步骤。

（1）结点 $E$ 的坐标计算　由 $x_A$ 及 $L_1$ 各导线边坐标增量总和 $[\Delta x]_1$ 计算结点 $E$ 的纵坐标

$$x_{E(1)} = x_A + [\Delta x]_1$$

再由线路 $L_2$ 计算结点 $E$ 的纵坐标

$$x_{E(2)} = x_B + [\Delta x]_2$$

按下式计算 $x_E$ 的局部带权平均值。

$$x_{E(1,2)} = \frac{p_1 \cdot x_{E(1)} + p_2 \cdot x_{E(2)}}{p_1 + p_2} \tag{6-30}$$

式中：$p_1 = \dfrac{1}{[s]_1}$，$p_2 = \dfrac{1}{[s]_2}$（$[s]_1$、$[s]_2$ 分别为 $L_1$、$L_2$ 导线边长的总和，以 km 为单位）。

以等权线路 $L_{1,2}$ 代替 $L_1$ 和 $L_2$，并按下式计算 $L_{1,2}$ 的权和相应的总长。

$$p_{1,2} = p_1 + p_2$$

$$[s]_{1,2} = \frac{1}{p_{1,2}}$$

（2）结点 $F$ 的坐标计算　以结点 $E$ 的纵坐标局部带权平均值 $x_{E(1,2)}$ 为起始值，由 $L_3$ 计算中心结点 $F$ 的纵坐标，并由 $L_4$ 和 $L_5$ 分别计算 $F$ 点的纵坐标

$$x_{F(1,2+3)} = x_{E(1,2)} + [\Delta x]_3$$

$$x_{F(4)} = x_C + [\Delta x]_4$$

$$x_{F(5)} = x_D + [\Delta x]_5$$

再按下式计算中心结点 $F$ 的纵坐标带权平均值

$$x_F = \frac{p_{1,2+3} \cdot x_{F(1,2+3)} + p_4 \cdot x_{F(4)} + p_5 \cdot x_{F(5)}}{p_{1,2+3} + p_4 + p_5} \tag{6-31}$$

式中：$p_{1,2+3} = \dfrac{1}{[s]_{1,2+3}}$，$p_4 = \dfrac{1}{[s]_4}$，$p_5 = \dfrac{1}{[s]_5}$，$[s]_{1,2+3} = [s]_{1,2} + [s]_3$。

（3）计算坐标增量改正数　求得中心结点 $F$ 的纵坐标最或是值 $x_F$ 后，即可按下式计算线路 $L_{1,2+3}$、$L_4$、$L_5$ 的坐标增量总改正数。

$$\left.\begin{array}{l} v_{[\Delta x]_4} = x_F - x_{F(4)} \\ v_{[\Delta x]_5} = x_F - x_{F(5)} \\ v_{[\Delta x]_{1,2+3}} = x_E - x_{E(1,2+3)} \end{array}\right\} \tag{6-32}$$

并计算 $[pv_{\Delta x}]$，视其是否为 0，以检核 $x_F$ 的计算是否有错。

再由 $v_{[\Delta x]_{1,2+3}}$ 计算 $L_1$、$L_2$、$L_3$ 的坐标增量总改正数。因为

$$v_{[\Delta x]_{1,2}} = \frac{v_{[\Delta x]_{1,2+3}}}{[s]_{1,2+3}} \cdot [s]_{1,2} \tag{6-33}$$

所以 $E$ 点纵坐标的最或是值为

$$x_E = x_{E(1,2)} + v_{[\Delta x]_{1,2}} \tag{6-34}$$

求得 $x_E$ 即可计算 $L_1$、$L_2$ 的坐标增量总改正数

$$v_{[\Delta x]_1} = x_E - x_{E(1)} \tag{6-35}$$
$$v_{[\Delta x]_2} = x_E - x_{E(2)}$$

并可算得

$$v_{[\Delta x]_3} = \frac{v_{[\Delta x]_{1,2+3}}}{[s]_{1,2+3}} \cdot [s]_3 \tag{6-36}$$

横坐标的平差，与上述步骤完全一样，线路的长度和权又是共同的，可以与纵坐标的平差同时进行。

各条线路的坐标增量总改正数求得后，即可按与边长成正比的方法分配于各导线边的坐标增量中，最后求得各点的坐标。

双节点导线网平差的具体示例见表 6-13 ~ 表 6-20。

表 6-13　结边方位角的平差

| 线路 | 转折角数 $n$ | 权 $p_{ax} = \frac{1}{n}$ | 起始坐标方位角 (° ′ ″) | $\sum \beta$ (° ′ ″) | 结边坐标方位角 | | | $v$ (″) | $pv$ |
|---|---|---|---|---|---|---|---|---|---|
| | | | | | 结边 | 近似值 (° ′ ″) | 平差值 (° ′ ″) | | |
| 1 | 3 | 0.33 | 203 39 04 | 634 20 05 | $EE'$ | 297 59 09 | | + 6 | |
| 2 | 3 | 0.33 | 21 48 29 | 456 10 50 | | 19 | | − 4 | |
| 1, 2 | 1.5 | 0.66 | | | | 297 59 14 | 297 59 15 | + 1 | |
| 3 | 3 | 0.33 | | | | | | + 2 | |
| 1, 2+3 | 4.5 | 0.22 | 297 59 14 | 499 58 36 | $FF'$ | 257 57 50 | | + 3 | +0.66 |
| 4 | 3 | 0.33 | 114 03 10 | 503 54 45 | | 55 | 257 57 53 | − 2 | −0.66 |
| 5 | 2 | 0.50 | 203 18 26 | 414 39 27 | | 53 | | 0 | 0.00 |
| | $\sum$ | 1.05 | | | | | | | 0.00 |

表 6-14 结点纵坐标的平差

| 线路 | 总长 (km) | 权 $p=\dfrac{1}{\sum s}$ | 起始点 纵坐标 (m) | $\sum \Delta x$ (m) | 结点纵坐标 | | | $v$ (mm) | $pv$ |
|---|---|---|---|---|---|---|---|---|---|
| | | | | | 结点 | 近似值 (m) | 平差值 (m) | | |
| 1 | 0.27 | 3.7 | 1 559.455 | − 224.922 | E | 1 334.533 | | − 15 | |
| 2 | 0.20 | 5.0 | 1 255.254 | + 79.236 | | 1 334.490 | | + 28 | |
| 1，2 | 0.11 | 8.7 | | | | 1 334.508 | 1 334.518 | + 10 | |
| 3 | 0.48 | 2.1 | | | | | | + 46 | |
| 1，2 + 3 | 0.59 | 1.7 | 1 334.508 | + 215.873 | F | 1 550.381 | | + 56 | + 95.2 |
| 4 | 0.34 | 2.9 | 1 618.213 | − 67.766 | | 1 550.447 | 1 550.437 | − 10 | − 29.0 |
| 5 | 0.16 | 6.2 | 1 694.118 | − 143.670 | | 1 550.448 | | − 11 | − 68.2 |
| $\sum$ | | 10.8 | | | | | | | − 2.0 |

表 6-15 结点横坐标的平差

| 线路 | 总长 (km) | 权 $p=\dfrac{1}{\sum s}$ | 起始点 横坐标(m) | $\sum \Delta y$ (m) | 结点横坐标 | | | $v$ (mm) | $pv$ |
|---|---|---|---|---|---|---|---|---|---|
| | | | | | 结点 | 近似值 (m) | 平差值 (m) | | |
| 1 | 0.27 | 3.7 | 2 064.069 | − 149.193 | E | 2 454.876 | | − 3 | |
| 2 | 0.20 | 5.0 | 2 291.468 | + 163.375 | | 2 454.843 | | 0 | |
| 1，2 | 0.11 | 8.7 | | | | 2 454.857 | 2 454.843 | − 14 | |
| 3 | 0.48 | 2.1 | | | | | | − 60 | |
| 1，2 + 3 | 0.59 | 1.7 | 2 454.857 | − 419.451 | F | 2 035.406 | | − 74 | − 125.8 |
| 4 | 0.34 | 2.9 | 1 714.644 | + 320.637 | | 2 035.281 | 2 035.332 | + 51 | + 147.9 |
| 5 | 0.16 | 6.2 | 2 096.741 | − 61.405 | | 2 035.336 | | − 4 | − 24.8 |
| $\sum$ | | 10.8 | | | | | | | − 2.7 |

表 6-16 导线 $L_1$ 计算表

| 点号 | 转折角 (° ′ ″) | 坐标方位角 (° ′ ″) | 边长 S (m) | $\Delta x$ (m) | $\Delta y$ (m) | x (m) | y (m) | 附注 |
|---|---|---|---|---|---|---|---|---|
| A′ | | 203 39 04 | | | | | | |
| A | +2 192 54 18 | 216 33 24 | 130.300 | − 0.007 − 104.666 | − 0.016 − 77.609 | 1 559.455 | 2 604.069 | |
| 1 | +2 174 12 24 | 210 45 50 | 139.949 | − 0.008 − 120.256 | − 0.017 − 71.584 | 1 454.782 | 2 526.444 | |
| E | +2 267 13 23 | 297 59 15 | | | | 1 334.518 | 2 454.843 | |
| E′ | | | | | | | | |
| $\sum$ = | 634 20 05 | | 270.249 | − 224.922 | − 149.193 | | | |
| | $f_\beta$ = − 6″ | | | $f_x$ = + 0.015 | $f_y$ = + 0.033 | | | |

表6-17 导线 $L_2$ 计算表

| 点号 | 转折角<br>(° ′ ″) | 坐标方位角<br>(° ′ ″) | 边长 S<br>(m) | Δx<br>(m) | Δy<br>(m) | x<br>(m) | y<br>(m) | 附注 |
|---|---|---|---|---|---|---|---|---|
| B′ | | 21 48 29 | | | | | | |
| B | −2<br>247 03 59 | 88 52 26 | 86.995 | +0.012<br>+1.710 | 0.000<br>+86.978 | 1 255.254 | 2 291.468 | |
| 2 | −1<br>153 42 21 | 44 34 46 | 108.843 | +0.016<br>+77.526 | 0.000<br>+76.397 | 1 256.976 | 2 378.446 | |
| E | −1<br>73 24 30 | 297 59 15 | | | | 1 334.518 | 2 454.843 | |
| E′ | | | | | | | | |
| ∑ = | 456 10 50 | | 195.838 | +79.236 | +163.375 | | | |
| | $f_\beta = +4''$ | | | $f_x = -0.028$ | $f_y = 0.000$ | | | |

表6-18 导线 $L_3$ 计算表

| 点号 | 转折角<br>(° ′ ″) | 坐标方位角<br>(° ′ ″) | 边长 S<br>(m) | Δx<br>(m) | Δy<br>(m) | x<br>(m) | y<br>(m) | 附注 |
|---|---|---|---|---|---|---|---|---|
| E | | 297 59 15 | 140.512 | +0.014<br>+65.939 | −0.018<br>−124.079 | 1 334.518 | 2 454.843 | |
| E′ | 0<br>170 33 52 | 288 33 07 | 176.119 | +0.017<br>+56.035 | −0.022<br>−166.967 | 1 400.471 | 2 330.746 | |
| 3 | +1<br>197 37 29 | 306 10 37 | 159.075 | +0.015<br>+93.899 | −0.020<br>−128.405 | 1 456.523 | 2 163.757 | |
| F | +1<br>131 47 15 | 257 57 53 | | | | 1 550.437 | 2 035.332 | |
| F′ | | | | | | | | |
| ∑ = | 499 58 36 | | 475.706 | 215.873 | −414.451 | | | |
| | $f_\beta = -2''$ | | | $f_x = -0.046$ | $f_y = +0.060$ | | | |

表6-19 导线 $L_4$ 计算表

| 点号 | 转折角<br>(° ′ ″) | 坐标方位角<br>(° ′ ″) | 边长 S<br>(m) | Δx<br>(m) | Δy<br>(m) | x<br>(m) | y<br>(m) | 附注 |
|---|---|---|---|---|---|---|---|---|
| C′ | | 114 03 10 | | | | | | |
| C | 0<br>187 48 50 | 121 52 00 | 128.527 | −0.004<br>−67.855 | +0.019<br>+109.155 | 1 618.213 | 1 714.644 | |
| 4 | −1<br>159 12 34 | 101 04 33 | 112.122 | −0.003<br>−21.540 | +0.017<br>+110.034 | 1 550.354 | 1 823.818 | |
| F′ | −1<br>156 53 21 | 77 57 53 | 103.728 | −0.003<br>+21.629 | +0.015<br>+101.448 | 1 528.811 | 1 933.869 | |
| F | | | | | | 1 550.437 | 2 035.332 | |
| ∑ | 503 54 45 | | 344.377 | −67.766 | +320.637 | | | |
| | $f_\beta = +2''$ | | | $f_x = +0.010$ | $f_y = -0.051$ | | | |

表 6-20　导线 $L_5$ 计算表

| 点号 | 转折角<br>(° ′ ″) | 坐标方位角<br>(° ′ ″) | 边长 S<br>(m) | Δx<br>(m) | Δy<br>(m) | x<br>(m) | y<br>(m) | 附注 |
|---|---|---|---|---|---|---|---|---|
| D′ | | 203 18 26 | | | | | | |
| D | 0<br>179 50 05 | 203 08 31 | 156.242 | − 0.011<br>− 143.670 | − 0.004<br>− 61.405 | 1 694.118 | 2 096.741 | |
| F | 0<br>234 49 22 | 257 57 53 | | | | 1 550.437 | 2 035.332 | |
| F′ | | | | | | | | |
| Σ | 414 39 27 | | 156.242 | − 143.670 | − 61.405 | | | |
| | $f_\beta = 0$ | | | $f_x = +0.011$ | $f_y = +0.004$ | | | |

# 6.4　小三角测量

导线布设方便灵活，但测距工作量较大。在没有测距仪的情况下，在地势开阔的测区可以将控制点布设成连续的三角形，这样可以通过观测三角形的内角，用正弦定理间接推算出边长，从而计算出控制点的坐标。图 6-20 的图形都是由一些相邻的三角形构成的控制图形，这种结构的图形称为三角网。测定这种布设形式的控制点的测量工作，称为三角测量。但为了与高精度的国家等级三角测量有所区别，一般称为小三角测量。

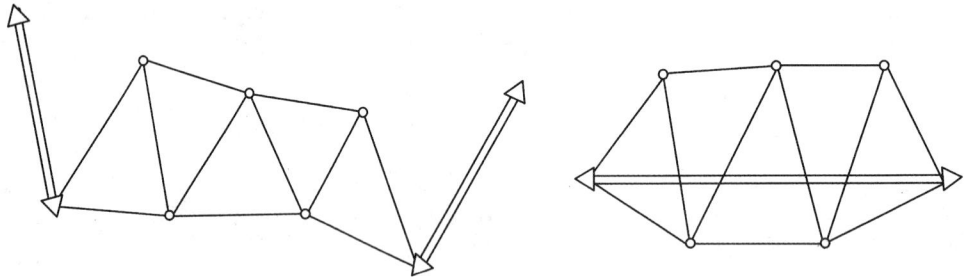

图 6-20　小三角锁

## 6.4.1　小三角测量的外业工作

### 6.4.1.1　选点

首先收集测区的坐标资料和地形图，在图上设计布设方案，然后到现场踏勘，确定点位。选点时要注意满足下列条件：

（1）三角点要选在视野开阔、土质坚实、便于安置仪器、通视良好的地方。

（2）基线边要选在地势平坦、便于量距的地方。

（3）尽量布设成等边三角形，如受地形限制，一般三角形内角不应小于 30°、不大于 120°，特殊情况下个别图形的求距角也应大于 20°。

### 6.4.1.2　基线丈量

基线是推算三角形边长的起始依据，它的测量精度将影响整个三角网的精度，因此必须准确测定。

### 6.4.1.3　角度观测

在三角点上，通常需要观测两个以上的方向，因此一般采用全圆方向观测法进行观测。

## 6.4.2　小三角测量的内业计算

### 6.4.2.1　有两个连接角的线形锁

图 6-21 是附合于两条基线边上的小三角锁，$A'$、$A$、$F$、$F'$ 的坐标已知。通过外业测定了所有三角形的内角。为计算方便，每个三角形内角按 $a_i$、$b_i$、$c_i$ 编号，其中已知边对的内角为 $b_i$、传距边对的内角为 $a_i$、第三边所对的内角为 $c_i$，连接角为 $\varphi$、$\psi$。

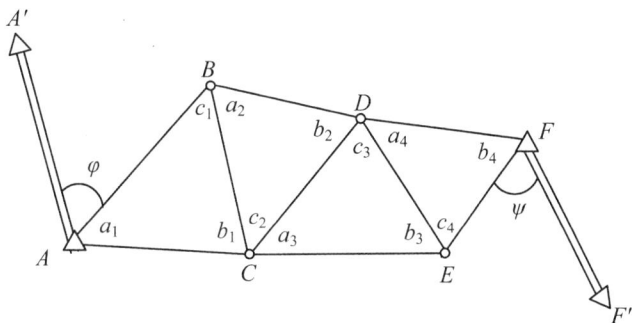

图 6-21　线形锁

（1）角度闭合差的计算和调整　角度闭合差的调整包括三角形闭合差的调整和方位角条件闭合差的调整。设角度观测值为 $a_i$、$b_i$、$c_i$、$\varphi$、$\psi$，角度观测值的改正数为 $v_{a_i}$、$v_{b_i}$、$v_{c_i}$、$v_\varphi$、$v_\psi$。

① 三角形闭合差的调整

$$\omega_i = a_i + b_i + c_i - 180° \tag{6-37}$$

式中：$\omega_i$——第 $i$ 个三角形的闭合差；

$a_i$，$b_i$，$c_i$——第 $i$ 个三角形的内角。

对于图根三角测量，$\omega_容 = 60''$，如果 $\omega_i$ 在容许范围内，则将其反号后平均分配给 3 个内角：

$$v_i' = -\frac{\omega_i}{3} \tag{6-38}$$

式中：$v_i'$——第一次改正数。

② 方位角条件的调整　首先选择方位角的推算路线，选择的原则是：每个三角形

中只有一个角参与方位角的推算。图 6-21 中取 $\alpha_{A'A} \rightarrow \alpha_{AB} \rightarrow \alpha_{BC} \rightarrow \alpha_{CD} \rightarrow \alpha_{DE} \rightarrow \alpha_{EF} \rightarrow \alpha_{FF'}$ 为坐标方位角推算路线。在角度平差时，除了考虑三角形内角和条件以外，理论上还必须满足坐标方位角条件：

$$\alpha_{A'A} + \varphi - c_1 + c_2 - c_3 + c_4 - \psi \pm 6 \times 180° - \alpha_{FF'} = 0$$

由于测量误差的存在，

$$\omega'_\alpha = \alpha_{A'A} + \varphi - c'_1 + c'_2 - c'_3 + c'_4 - \psi) \pm 6 \times 180° - \alpha_{FF'} \qquad (6\text{-}39)$$

式中：$\omega'_\alpha$——按推算路线（实际上是一条附合导线）列出的坐标方位角闭合差；

　　　$c'_i$——第一次改正后的角值。

令：

$$v''_i = -\frac{1}{n+3}\omega'_\alpha \qquad (6\text{-}40)$$

式中：$n$——三角形的个数。

则方位角路线上各角的总改正数为：

$$\left.\begin{aligned}
v_{c_1} &= v'_1 - v''_i \\
v_{c_2} &= v'_2 + v''_i \\
&\vdots \\
v_\varphi &= +1.5v''_i \\
v_\psi &= -1.5v''_i
\end{aligned}\right\} \qquad (6\text{-}41)$$

上式可以理解为将坐标方位角条件闭合差反号"平均"分配，不过分配时每个间隔角 $c_i$ 作为 1 份，而连接角都占 1.5 份。这样就可以将角度改正数分成两组计算，使计算层次分明，易于掌握。顾及三角形内角条件，各角的总改正数为：

$$\left.\begin{aligned}
v_{c_1} &= v'_1 - v''_i, \quad v_{a_1} = v_{b_1} = v'_1 + 0.5v''_i \\
v_{c_2} &= v'_2 + v''_i, \quad v_{a_2} = v_{b_2} = v'_2 - 0.5v''_i \\
&\vdots \\
v_\varphi &= +1.5v''_i \\
v_\psi &= -1.5v''_i
\end{aligned}\right\} \qquad (6\text{-}42)$$

（2）坐标计算

① 假定边长计算　线形锁中并没有已知边，为了计算未知点的坐标，假设三角锁中与已知点相连的第一条边长为 $D_{假}$ km，然后按正弦定理依次推算各边的假定边长。

② 推算各边的方位角　利用改正后的角度，推算各边坐标方位角时，一般按两条附合导线的形式进行。例如在图 6-21 中，按 $A$—$B$—$D$—$F$ 和 $A$—$C$—$E$—$F$ 两条附合导线进行计算。

③ 假坐标增量计算　以假定边长按附合导线的计算方法，从两条线路推算各点的假坐标增量及其总和，由两条线路计算的总和应该相等。

④ 相似比计算

$$K = \frac{|\Delta x_{AF}| + |\Delta y_{AF}|}{|\sum \Delta x_{假}| + |\sum \Delta y_{假}|} \qquad (6\text{-}43)$$

式中：$\Delta x_{AF}$，$\Delta y_{AF}$——已知点 $A$ 与 $F$ 的坐标增量；

$\sum \Delta x_{假}$，$\sum \Delta y_{假}$——假坐标增量的总和。

⑤ 真边长计算

$$D_{真} = KD_{假} \tag{6-44}$$

⑥ 真坐标增量计算

$$\left.\begin{array}{l} \Delta x_{真} = K\Delta x_{假} \\ \Delta y_{真} = K\Delta y_{假} \end{array}\right\} \tag{6-45}$$

式中：$\Delta x_{真}$，$\Delta y_{真}$——真坐标增量；

$\Delta x_{假}$，$\Delta y_{假}$——假坐标增量。

⑦ 闭合差的计算及调整

$$\left.\begin{array}{l} f_x = \sum \Delta x_{真} - \Delta x_{AF} \\ f_y = \sum \Delta y_{真} - \Delta y_{AF} \end{array}\right\} \tag{6-46}$$

式中：$f_x$——横坐标增量闭合差；

$f_y$——纵坐标增量闭合差。

将闭合差按式(6-15)分配到各坐标增量中。

⑧ 坐标计算 由 $A$ 点开始，利用改正后的真坐标增量依次计算各点坐标。

### 6.4.2.2 中点多边形

（1）角度闭合差的调整与计算 图 6-22 是小三角测量的另一种形式——中点多边形，外业观测了三角形的各个内角，丈量了基线 $AO$。平差计算的要求：

① 内角条件 各三角形内角和等于 180°；

② 圆周条件 中点 $O$ 周围各角之和等于360°；

③ 边长条件 从 $AO$ 边出发，依次推算 $OB$、$OC$、$OD$、$OE$ 的边长，再算出 $AO$ 边，要与起算的 $AO$ 边长相等。

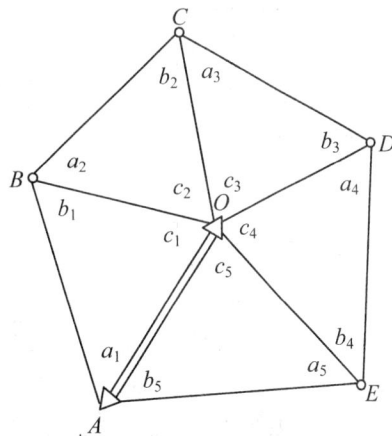

图 6-22 中点多边形

下面介绍一种处理这些条件的近似方法。

设只满足条件①、②，暂时不顾边长条件的角度改正数以 $v$ 表示：

$$\left.\begin{array}{l} v_{a_1} = v_{b_1} = -\dfrac{\omega_1}{3} + \mu, \quad v_{c_1} = -\dfrac{\omega_1}{3} - 2\mu \\[2mm] v_{a_2} = v_{b_2} = -\dfrac{\omega_2}{3} + \mu, \quad v_{c_2} = -\dfrac{\omega_2}{3} - 2\mu \\[2mm] \vdots \qquad\qquad\qquad\qquad \vdots \\[2mm] v_{a_5} = v_{b_5} = -\dfrac{\omega_5}{3} + \mu, \quad v_{c_5} = -\dfrac{\omega_5}{3} - 2\mu \end{array}\right\} \tag{6-47}$$

而 
$$\mu = \frac{1}{2n}\left\{\omega_{圆} - \frac{1}{3}[\omega]\right\}$$
(6-48)

式中：$n$——中点多边形中的三角形个数；

$\omega_i$——第 $i$ 个三角形的角度闭合差；

$\omega_{圆}$——圆周角闭合差。

在每个三角形中，经过上述改正后的 3 个角值，其和应等于180°，而中点周围各改正后的角值之和应等于360°。其具体计算见表6-21。

表6-21   中点多边形角度闭合差调整表

| 三角形编号 | 内角观测值<br>（° ′ ″） | | | 改正数<br>（″） | 改正后内角<br>（° ′ ″） | | | 圆周条件计算 |
|---|---|---|---|---|---|---|---|---|
| | $b_1$ | 79 11 | 06 | 10.4 | 79 11 | 16.4 | | |
| | $c_1$ | 60 03 | 12 | 9.2 | 60 03 | 21.2 | | |
| 1 | $a_1$ | 40 18 | 12 | 10.4 | 40 18 | 22.4 | | |
| | $\sum$ | 179 59 | 30 | +30 | 180 00 | 00 | | |
| | $f_1$ | | −30 | | | | | |
| | $b_2$ | 51 12 | 30 | 4.4 | 51 12 | 34.4 | | |
| | $c_2$ | 56 17 | 00 | 3.2 | 56 17 | 03.2 | | $\omega_{圆} = \sum c - 360°$ |
| 2 | $a_2$ | 72 30 | 18 | 4.4 | 72 30 | 22.4 | | $= 359°59'30'' - 360°$ |
| | $\sum$ | 179 59 | 48 | +12 | 180 00 | 00 | | $= -30''$ |
| | $f_2$ | | −12 | | | | | $\mu = 0.4''$ |
| | $b_3$ | 53 03 | 24 | 12.4 | 53 03 | 36.4 | | |
| | $c_3$ | 79 36 | 30 | 11.2 | 79 36 | 41.2 | | |
| 3 | $a_3$ | 47 19 | 30 | 12.4 | 47 19 | 42.4 | | |
| | $\sum$ | 179 59 | 24 | +36 | 180 00 | 00 | | |
| | $f_3$ | | −36 | | | | | |
| | $b_4$ | 56 09 | 30 | 6.4 | 56 09 | 36.4 | | |
| | $c_4$ | 63 17 | 18 | 5.2 | 63 17 | 23.2 | | |
| 4 | $a_4$ | 60 32 | 54 | 6.4 | 60 33 | 00.4 | | |
| | $\sum$ | 179 59 | 42 | +18 | 180 00 | 00 | | |
| | $f_4$ | | −18 | | | | | |
| | $b_5$ | 39 38 | 30 | 2.4 | 39 38 | 32.4 | | |
| | $c_5$ | 100 18 | 30 | 1.2 | 100 18 | 31.2 | | |
| 5 | $a_5$ | 40 02 | 54 | 2.4 | 40 02 | 56.4 | | |
| | $\sum$ | 179 59 | 54 | +6 | 180 00 | 00 | | |
| | $f_5$ | | −6 | | | | | |

（2）坐标计算

改正后的角值算出后，可依次计算：①各边的近似边长；②各边的近似方位角；③各边的近似坐标增量；④各点的近似坐标。由于没有考虑前述的边长条件，所以算出的近似坐标将产生不符值。例如图 6-22 中，由 A 点坐标出发依次算出 $B \to C \to D \to E$ 等点近似坐标，再推算出 A 点的坐标得 $(x'_A, y'_A)$，将与 A 点应有坐标 $(x_A, y_A)$ 不等，则产生不符值 $\omega_x = x'_A - x_A$、$\omega_y = y'_A - y_A$，可近似地将坐标闭合差反号，按推算所经边长成比例分配，即得各点的最后坐标。

## 6.5 交会测量

交会测量也是控制点布设的一种形式，当需要的控制点不多时，可以采用这种布设形式。它是通过观测水平角，利用已知点坐标来求得待定点坐标的方法。常采用的方法是前方交会、侧方交会和后方交会。

### 6.5.1 前方交会

如图 6-23 所示，在三角形 ABP 中，已知点 A、B 的坐标为 $(x_A, y_A)$ 和 $(x_B, y_B)$。为得到 P 点坐标，测得水平角 A、B，可根据 AB 边边长 $D_{AB}$，利用正弦定理推算出 AP 边边长，再推算出 AP 边的坐标方位角即可解算出未知点 P 的坐标 $(x_P, y_P)$，这是前方交会的基本概念。

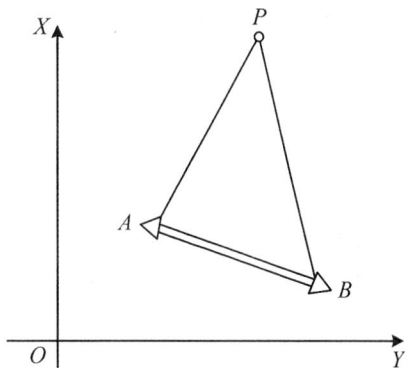

图 6-23 前方交会

#### 6.5.1.1 计算已知边方位角、边长

根据式（6-19）可以计算出 AB 边的坐标方位角 $\alpha_{AB}$。边长 $D_{AB}$ 可根据下式计算：

$$D_{AB} = \sqrt{(x_B - x_A)^2 + (y_B - y_A)^2}$$

#### 6.5.1.2 计算未知边边长和方位角

$$\left.\begin{array}{l} D_{AP} = D_{AB} \dfrac{\sin B}{\sin(180° - A - B)} \\ D_{BP} = D_{AB} \dfrac{\sin A}{\sin(180° - A - B)} \end{array}\right\} \tag{6-49}$$

$$\left.\begin{array}{l} \alpha_{AP} = \alpha_{AB} - A \\ \alpha_{BP} = \alpha_{BA} + B \end{array}\right\} \tag{6-50}$$

#### 6.5.1.3 计算未知点坐标

由 A 点推算 P 点：

$$\left.\begin{array}{l} \Delta x_{AP} = D_{AP}\cos \alpha_{AP} \\ \Delta y_{AP} = D_{AP}\sin \alpha_{AP} \end{array}\right\}$$

$$\left.\begin{array}{l} x_P = x_A + \Delta x_{AP} \\ y_P = y_A + \Delta y_{AP} \end{array}\right\}$$

同理也可以从 $B$ 点计算出 $P$ 点坐标,并与前面算出的坐标核对。但是这次计算只能发现计算中有无错误,不能发现角度测错及已知点用错等错误,也不能提高计算成果的精度。为了避免外业观测发生错误,并提高未知点坐标 $P$ 的精度,在测量规范中要求布设有 3 个起始点的前方交会。如图 6-24 所示,这时在 $A$、$B$、$C$ 3 个已知点向 $P$ 观测,测出了 4 个角值:$\angle\alpha_1$、$\angle\beta_1$、$\angle\alpha_2$、$\angle\beta_2$,分两组计算 $P$ 点坐标。计算时可按 $\triangle ABP$ 求 $P$ 点坐标 $(x'_P, y'_P)$,再按 $\triangle BCP$ 求 $P$ 点坐标 $(x''_P, y''_P)$。当这两组坐标的较差在容许限差内,则取它们的平均值作为 $P$ 点的最后坐标。测量规范规定:两组算得的点位较差不大于两倍比例尺精度,用公式表示为:

$$\Delta D = \sqrt{\delta x^2 + \delta y^2} \leqslant 2 \times 0.1M \ (\text{mm})$$

式中:$\delta x = x'_P - x''_P$,$\delta y = y'_P - y''_P$;

$M$——测图比例尺分母。

【例】如图 6-24 所示,已知 $A$(188.41m,234.13m),$B$(55.54m,473.58m),$C$(217.48m,611.81m),测得

$$\begin{cases} \alpha_1 = 85°13'24'', & \beta_1 = 46°48'12'' \\ \alpha_2 = 54°39'18'', & \beta_2 = 89°55'18'' \end{cases}$$

试计算 $P$ 点坐标(表 6-22)。

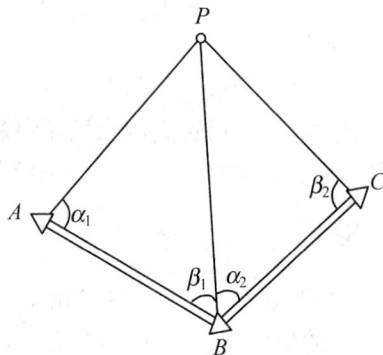

图 6-24 前方交会

表 6-22 前方交会坐标计算表

| 点号 | 角度值<br>(° ′ ″) | | | 边长<br>(m) | 方位角<br>(° ′ ″) | | | X<br>(m) | Y<br>(m) | 备注 |
|---|---|---|---|---|---|---|---|---|---|---|
| $A$ | 85 | 13 | 24 | $D_{AB}=273.844$ | 119 | 01 | 33 | 188.41 | 234.13 | |
| $B$ | 46 | 48 | 12 | $D_{AP}=268.747$ | 33 | 48 | 09 | 55.54 | 473.58 | 左边三角形 |
| $P$ | 47 | 58 | 24 | $D_{BP}=367.368$ | 345 | 49 | 45 | 411.73 | 383.64 | |
| $B$ | 54 | 39 | 18 | $D_{BC}=212.913$ | 40 | 29 | 03 | 55.54 | 473.58 | |
| $C$ | 89 | 55 | 18 | $D_{CP}=299.630$ | 310 | 24 | 32 | 217.48 | 611.81 | 右边三角形 |
| $P$ | 35 | 25 | 24 | $D_{BP}=367.336$ | 345 | 49 | 45 | 411.70 | 383.66 | |

平均值:$X_P = 411.72$m     $Y_P = 383.65$m

## 6.5.2　侧方交会

如图 6-25 所示，将已知点 $A$ 和待定点 $P$ 作为测站，观测水平角 $\alpha$、$\gamma$，根据已知点 $A$、$B$ 的坐标即可解算出 $P$ 点坐标。这种在待定点和一个已知点上测角，从而计算出待定点坐标的方法称为侧方交会。

在计算 $P$ 点坐标时，先计算出 $\beta$，这样就可以用前方交会的计算公式进行计算。

$$\beta = 180° - \alpha - \gamma$$

侧方交会与前方交会的检查方法不同，一般采用检查角的方法进行检查，即在 $P$ 点向另一个已知点 $C$ 观测检查角 $\varepsilon_{测}$，如果计算的 $P$ 点坐标正确，则

$$\varepsilon_{测} = \varepsilon_{算}$$

式中：$\varepsilon_{算} = \alpha_{PB} - \alpha_{PC}$。

但由于测量误差的存在，计算值与观测值之间有较差：

$$\Delta\varepsilon = \varepsilon_{算} - \varepsilon_{测} \tag{6-51}$$

用 $\Delta\varepsilon$ 及 $D_{PC}$ 可以算出 $P$ 点的横向位移 $e$：

$$e = \frac{D_{PC} \cdot \Delta\varepsilon''}{\rho''} \quad 即 \quad \Delta\varepsilon'' = \frac{e}{D_{PC}}\rho''$$

测量规范规定最大的横向位移 $e_{容}$ 不大于比例尺精度的 2 倍，即

$$e_{容} \leqslant 2 \times 0.1M \text{ mm}$$

所以 $e_{容}$ 所相应的圆心角 $\Delta\varepsilon''_{容}$ 为：

$$\Delta\varepsilon''_{容} \leqslant \frac{0.2M}{D_{PC}}\rho'' \tag{6-52}$$

式中，$D_{PC}$ 以 mm 为单位，$M$ 为测图比例尺的分母，求出的 $\Delta\varepsilon$ 的单位是 ‰。从式(6-52)可以看出，当边长 $D_{PC}$ 太短时，$\Delta\varepsilon''_{容}$ 会过大，所以对检核边的长度应作适当限制，不宜太短。

【例】$D_{PC} = 1000$m，测图比例尺为 1:2000 时，

$$\Delta\varepsilon_{容} = \frac{0.2 \times 2000}{1\,000\,000} \times 206\,265 = 82''$$

## 6.5.3　后方交会

后方交会的图形如图 6-26。它的特点是仅在未知点 $P$ 上设站，向 3 个已知点 $A$、$B$、$C$ 进行观测，测得水平角 $\alpha$、$\beta$、$\gamma$。然后根据 $A$、$B$、$C$ 三点的坐标计算 $P$ 点坐标。

图 6-25　侧方交会

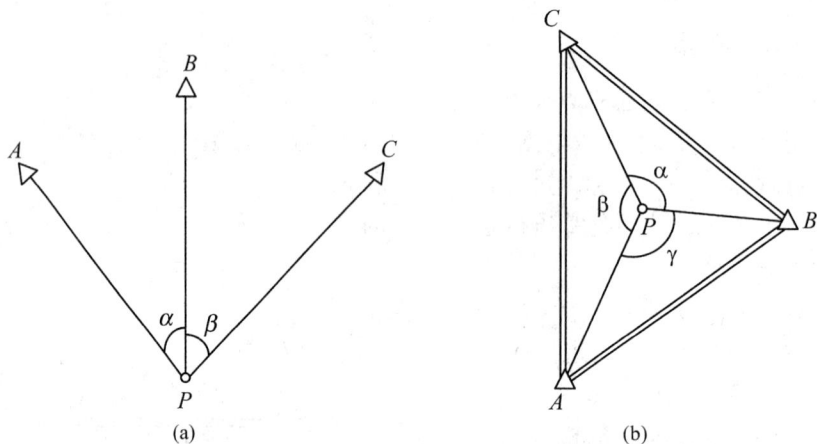

图 6-26 后方交会的两种情况

### 6.5.3.1 后方交会的计算

后方交会计算的方法很多，在此对图 6-26(a)、(b) 两种情况各介绍一种计算方法。

(1) $P$ 点在 3 个已知点所构成的三角形之外[图 6-24(a)]

①引入辅助量 $a$、$b$、$c$、$d$

$$\left.\begin{aligned} a &= (x_A - x_C) + (y_A - y_C)\,\text{ctg}\,\alpha \\ b &= (y_A - y_C) - (x_A - x_C)\,\text{ctg}\,\alpha \\ c &= (x_B - x_C) - (y_B - y_C)\,\text{ctg}\,\beta \\ d &= (y_B - y_C) + (x_B - x_C)\,\text{ctg}\,\beta \\ k &= \frac{c - a}{b - d} \end{aligned}\right\} \tag{6-53}$$

②计算坐标增量

$$\left.\begin{aligned} \Delta x_{CP} &= \frac{a + b \cdot k}{1 + k^2} \quad \text{或} \quad \Delta x_{CP} = \frac{c + d \cdot k}{1 + k^2} \\ \Delta y_{CP} &= \Delta x_{CP} \cdot k \end{aligned}\right\} \tag{6-54}$$

③计算未知点的坐标

$$\left.\begin{aligned} x_P &= x_C + \Delta x_{CP} \\ y_P &= y_C + \Delta y_{CP} \end{aligned}\right\} \tag{6-55}$$

应用上述公式时，必须按规定编号：未知点的点号为 $P$，计算者立于 $P$ 点，面向 3 个已知点，中间点编号为 $C$，而左边的已知点为 $A$，右边的已知点为 $B$。

(2) 当交会点 $P$ 在已知点所构成的三角形以内时[图 6-24(b)]

$$\left.\begin{aligned} x_P &= \frac{P_A x_A + P_B x_B + P_C x_C}{P_A + P_B + P_C} \\ y_P &= \frac{P_A y_A + P_B y_B + P_C y_C}{P_A + P_B + P_C} \end{aligned}\right\} \tag{6-56}$$

式中：$P_A = \dfrac{1}{\operatorname{ctg} A - \operatorname{ctg} \alpha}$；

　　　$P_B = \dfrac{1}{\operatorname{ctg} B - \operatorname{ctg} \beta}$；

　　　$P_C = \dfrac{1}{\operatorname{ctg} C - \operatorname{ctg} \gamma}$；

　　　$A$，$B$，$C$——已知点组成的固定角。

### 6.5.3.2　未知点 $P$ 的检查

如图 6-27 所示，为了检查 $P$ 点的精度，常在未知点 $P$ 上观测 4 个已知点，选择 3 个已知点按照后方交会计算的方法算出 $P$ 点坐标，对第 4 个已知点 $D$ 所观测的 $\varepsilon$ 角，则作为检核之用，检核的方法与侧方交会计算中的检核方法相同。

图 6-27　后方交会精度的检查

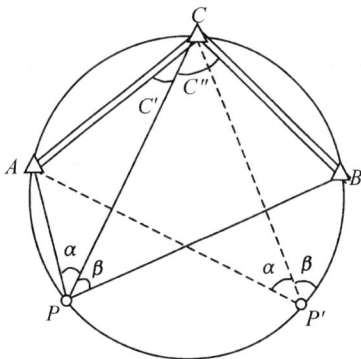

图 6-28　危险圆

注意：当 $P$ 点正好选在通过已知点 $A$、$B$、$C$ 的圆周上时，则 $P$ 点无论位于圆周上任何位置，所测得的 $\alpha$、$\beta$ 角值皆不变（图 6-28），这个问题就无解，该圆称为危险圆。而 $P$ 点靠近危险圆周也将使算得的坐标有很大的误差。因此在作业时，一般要使 $P$ 点离危险圆周有一定距离，规范规定 $\alpha + \beta + C' + C''$ 不得在 $170° \sim 190°$ 之间。通常在 $P$ 点至少要观测 4 个已知点，计算时选择其中 3 个点作为 $A$、$C$、$B$ 点，使 $P$ 点位于 $A$、$B$、$C$ 所构成的三角形内，或者位于三角形两边延长线的夹角之间，以第 4 个已知点 $D$ 作检核。

### 6.5.4　自由测站定位法

自由测站定位法具有测站选择灵活、受地形限制少、野外施测工作简单、易于校核的特点。如图 6-29 所示，自由测站定位法与后方交会相似，但观测元素除水平方向 $L$ 外，还应测量 $P$ 点至各已知点的距离 $D$。后方交会时至少要有 3 个已知控制点，为了检核至少还要增加 1 个已知控制点，而自由测站定位法最少需要 2 个已知控制点，而且有 2 个已知控制点已经具有初步校核，利用多个已知点时，可以提高测站 $P$ 的点位精度。

在图 6-29 中，设 $P$ 为测站，$A_1$，$A_2$，$\cdots$，$A_n$ 为 $n$ 个已知控制点，观测了 $n$ 个水平方向值 $L_i$ 及 $n$ 个水平距离 $D_i$。按下列步骤可计算出测站 $P$ 的坐标。

### 6.5.4.1    建立假定测站坐标系 $X'$ 和 $Y'$

假定坐标系的原点在 $P$，其 $X'$ 轴正方向与观测水平方向时度盘 0°刻划线方向重合。

### 6.5.4.2    计算各已知控制点在假定坐标系中的坐标 $X'_i$ 和 $Y'_i$

$$\left.\begin{aligned} X'_i &= D_i \cos L_i \\ Y'_i &= D_i \sin L_i \end{aligned}\right\} \tag{6-57}$$

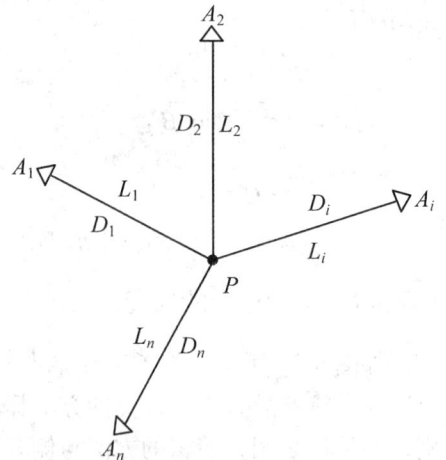

图 6-29    自由测站定位法

### 6.5.4.3    建立假定坐标系与大地坐标系之间的换算公式

假定坐标系与大地坐标系之间的换算参数有：平移参数为 $P$ 点在大地坐标系中的坐标 $(X_P, Y_P)$；旋转参数为水平度盘 0°刻划线在大地坐标系中的方位角 $\alpha_0$；尺度参数为距离观测值的尺度标准长度在大地坐标系中的长度值 $K$。则假定坐标系与大地坐标系的转换关系式为：

$$\left.\begin{aligned} x_i &= KX'_i \cos \alpha_0 - KY'_i \sin \alpha_0 + X_P \\ y_i &= KX'_i \sin \alpha_0 - KY'_i \cos \alpha_0 + Y_P \end{aligned}\right\} \tag{6-58}$$

### 6.5.4.4    求假定坐标系与大地坐标系之间的转换参数

利用式(6-58)将已知控制点的假定坐标 $(X'_i, Y'_i)$ 换算成大地坐标 $(x_i, y_i)$ 会与已知控制点的大地坐标 $(X_i, Y_i)$ 有差异，求这 4 个参数按最小二乘法准则在于要求这些坐标差的平方和为最小。根据这个准则，可导得计算公式为：

$$X'_0 = \frac{\sum X'_i}{n}, \quad Y'_0 = \frac{\sum Y'_i}{n}$$

$$U_i = X'_i - X'_0, \quad R_i = Y'_i - Y'_0$$

$$a = \sum (U_i X_i + R_i Y_i), \quad b = \sum (U_i Y_i - R_i X_i),$$

$$d = \sum (U_i^2 + R_i^2), \quad c = \frac{a}{d}, \quad s = \frac{b}{d}$$

$$k = \sqrt{c^2 + s^2}, \quad \alpha_0 = \tan^{-1} \frac{b}{a}$$

#### 6.5.4.5 计算 P 点坐标

$$
\left.
\begin{aligned}
X_P &= \frac{\sum X_i}{n} - c \cdot X_0' + s \cdot Y_0' \\
Y_P &= \frac{\sum Y_i}{n} - s \cdot X_0' - c \cdot Y_0'
\end{aligned}
\right\}
\tag{6-59}
$$

## 6.6 高程控制测量

测定控制点高程的工作称为高程控制测量。采用的测量方法主要是水准测量和三角高程测量。水准测量主要用于地势平坦地区，其优点是测量结果精度较高，缺点是工作量太大。三角高程测量主要适用于山区，布设方便，工作量小，其精度比精密水准测量的精度低。

### 6.6.1 三、四等水准测量

三、四等水准测量除用于加密国家控制网外，还作为工程建设和大比例尺地形图测绘的高程控制。国家三、四等水准测量的精度要求较高。对仪器的技术参数、观测程序、操作方法、视线长度及读数误差等都有严格规定，具体规定见表6-23。

表6-23　三、四等水准测量技术指标

| 等 级 | 仪 器类 型 | 最大视距（m） | 前后视距差（m） | 前后视距差 累 计（mm） | 黑 红 面读 数 差（mm） | 黑红面所测高差之差（mm） | 检测间歇点高差之差（mm） |
|---|---|---|---|---|---|---|---|
| 三 等 | DS$_2$ | 75 | 2.0 | 5.0 | 2.0 | 3.0 | 3.0 |
| 四 等 | DS$_3$ | 100 | 3.0 | 10.0 | 3.0 | 5.0 | 5.0 |

三等水准测量应沿路线进行往返观测。四等水准测量当两端点为高等级水准点或自成闭合环时只进行单程测量。四等水准支线则必须进行往返观测。每一测段的往测与返测，其测站数均应为偶数，否则要加入标尺零点差改正。由往测转向返测时，必须重新整置仪器，两根水准尺也应互换位置。工作间歇时，最好能在水准点上结束观测，否则应选择2个坚实可靠、便于放置标尺的固定点作为间歇点，并在间歇点上做上标记，间歇后，应进行检测，若检测结果符合表6-23的限差要求，即可起测。

三、四等水准测量在一测站上水准仪照准双面水准尺的顺序为：

①照准后视水准尺黑面，读下丝(1)、上丝(2)和中丝读数(3)；

②照准前视水准尺黑面，读中丝(4)、下丝(5)和上丝读数(6)；

③照准前视水准尺红面，读中丝读数(7)；

④照准后视水准尺红面，读中丝读数(8)。

这样的顺序简称为后—前—前—后(黑、黑、红、红)。四等水准测量每站观测顺序也可为后—后—前—前(黑、红，黑、红)。要注意的是，每次读数时均应在水准管气泡居中时读取。下面结合三等水准测量记录(表6-24)讲述水准测量的记录、计算方法。

### 6.6.1.1 水准测量的测站校核

(1)读数校核 理论上，红 − 黑 = $\dfrac{4687}{4787}$，但由于观测值有误差，它们之间有一个差值，规范规定三等水准测量读数误差不超过2mm，四等水准测量读数误差不超过3mm。在记录表中：

$$(9) = (4) + K - (7)$$
$$(10) = (3) + K - (8)$$
$$(11) = (10) - (9)$$

(9)为前视尺的黑红面读数之差，(10)为后视尺的黑红面读数之差。(11)为黑红面所测高差之差。$K$ 为前、后视水准尺红黑面零点的差数(4787或4687)。限差见表6-23。

(2)视距检查 水准测量中，为了消除 $i$ 角误差，在观测中应尽量做到前、后视距相等，对不同等级的水准测量其要求不同(表6-23)，在记录表中：

$$(12) = (1) - (2)$$
$$(13) = (5) - (6)$$
$$(14) = (12) - (13)$$
$$(15) = 本站的(14) + 前站的(15)$$

(12)为后视距离，(13)为前视距离，(14)为前后视距离差，(15)为前后视距累积差。

表 6-24 三(四)等水准测量观测

时间：2006 年 12 月 12 日 8：35 ~ 11：07

测自 农学院 至 大尖山　　　　　　　　　天气：多云　　　　　　　　　成像：清晰

| 测站编号 | 后尺 下丝 上丝 | 前尺 下丝 上丝 | 方向及尺号 | 标尺读数 | | $K +$ 黑减红 | 高差中数 | 备注 |
| --- | --- | --- | --- | --- | --- | --- | --- | --- |
| | 后　距 | 前　距 | | 黑面 | 红面 | | | |
| | 视距差 $d$ | $\sum d$ | | | | | | |
| | (1) | (5) | 后 | (3) | (8) | (10) | | |
| | (2) | (6) | 前 | (4) | (7) | (9) | | |
| | (12) | (13) | 后—前 | (16) | (17) | (11) | (18) | |
| | (14) | (15) | | | | | | |
| 1 | 0 444 | 2 295 | 后 5 | 0 344 | 5 029 | +2 | | |
| | 0 244 | 2 091 | 前 6 | 2 193 | 6 980 | 0 | | |
| | 200 | 204 | 后—前 | −1 849 | −1 951 | +2 | −1 850 | |
| | −0.4 | −0.4 | | | | | | |

（续）

| 测站编号 | 后尺 下丝 上丝 | 前尺 下丝 上丝 | 方向及尺号 | 标尺读数 | | K+黑减红 | 高差中数 | 备注 |
|---|---|---|---|---|---|---|---|---|
| | 后 距 | 前 距 | | 黑面 | 红面 | | | |
| | 视距差 d | ∑ d | | | | | | |
| 2 | 1 964 | 1 142 | 后6 | 1 782 | 6 568 | +1 | | |
| | 1 599 | 0 764 | 前5 | 0 953 | 5 639 | +1 | | |
| | 365 | 378 | 后－前 | +0 829 | +0 929 | 0 | +0 829 | |
| | －1.3 | －1.7 | | | | | | |
| 3 | 2 266 | 1 448 | 后5 | 1 935 | 6 622 | 0 | | |
| | 1 605 | 0 788 | 前6 | 1 118 | 5 906 | －1 | | |
| | 661 | 660 | 后－前 | +0 817 | +0 716 | +1 | +0 816.5 | |
| | 0.1 | －1.6 | | | | | | |
| 4 | 1 078 | 2 007 | 后6 | 0 953 | 5 740 | 0 | | |
| | 0 828 | 1 767 | 前5 | 1 887 | 6 574 | 0 | | |
| | 250 | 240 | 后－前 | －0 934 | －0 834 | 0 | －0 934 | |
| | 1.0 | －0.6 | | | | | | |
| 5 | 0 906 | 1 897 | 后5 | 0 639 | 5 327 | －1 | | |
| | 0 372 | 1 366 | 前6 | 1 632 | 6 418 | +1 | | |
| | 534 | 531 | 后－前 | －0 993 | －1 091 | －2 | －0 992 | |
| | 0.3 | －0.3 | | | | | | |

（3）高差计算

$$h = 后视读数 - 前视读数$$
$$(16) = (3) - (4)$$
$$(17) = (8) - (7)$$

（16）为黑面所算得的高差，一般称为真高差，（17）为红面所算得的高差，一般称为假高差。

由于两根尺子红黑面零点差不同，所以（16）并不等于（17），（16）与（17）应相差 100，理论上 $h_红 - h_黑 = \pm 100$，但由于测量误差的存在，则有两次观测的高差较差 （11）：

$$(11) = (16) \pm 100 - (17)$$

两次观测的高差较差的限差见表6-23，如果其较差在限差内，本测站平均高差 （18）为：

$$\bar{h} = \frac{h_黑 + (h_红 \pm 100)}{2}$$

$$(18) = \frac{(16) + (17) \pm 100}{2}$$

### 6.6.1.2 观测结束后的计算与校核(表 6-25)

(1)高差部分

$$\sum (3) - \sum (4) = \sum (16) = h_{黑} \qquad \sum \{(3) + K\} - \sum (8) = \sum (9)$$

$$\sum (8) - \sum (7) = \sum (17) = h_{红} \qquad \sum \{(4) + K\} - \sum (7) = \sum (9)$$

测站数为偶数:$h_{中} = \dfrac{1}{2}(h_{黑} + h_{红}) = \sum (18)$

测站数为奇数:$h_{中} = \dfrac{1}{2}(h_{黑} + h_{红} \pm 100) = \sum (18)$

$h_{黑}$、$h_{红}$ 分别为一测段黑面、红面所得高差。$h_{中}$ 为高差中数。

(2)水准测量的路线校核(表 6-25)

表 6-25 水准测量路线校核技术规范

| 种 类<br>路 线<br>等 级 | 往返测、附合路线、闭合路线闭合差(mm) | |
| --- | --- | --- |
| | 平原丘陵 | 山 区 |
| 三 等 水 准 测 量 | $10mm\sqrt{L}$ | $3mm\sqrt{n}$ |
| 四 等 水 准 测 量 | $20mm\sqrt{L}$ | $6mm\sqrt{n}$ |

(3)内业计算 水准测量外业结束之后即可进行内业计算。首先重新复查外业手簿中的各项观测数据是否符合要求,高差计算有无错误,之后按水准路线中的已知数据进行闭合差的计算。计算方法见第 2 章。

## 6.6.2 三角高程测量

### 6.6.2.1 三角高程测量原理

如图 6-30 所示,要测定地面上 $A$、$B$ 两点的高差 $h_{AB}$,在 $A$ 点设置仪器,在 $B$ 点竖立目标。量取望远镜旋转轴中心 $I$ 至地面上 $A$ 点的高度 $i$,$i$ 称为仪器高。用望远镜中丝照准 $B$ 目标上一点 $M$,它距 $B$ 点(地面)的高度称为目标高 $v$,测出倾斜视线 $IM$ 的竖直角 $\alpha$,若 $A$、$B$ 两点间水平距离为 $D$,则由图中可得两点间高差 $h_{AB}$ 为:

$$h_{AB} = D \cdot \tan \alpha + i - v \tag{6-60}$$

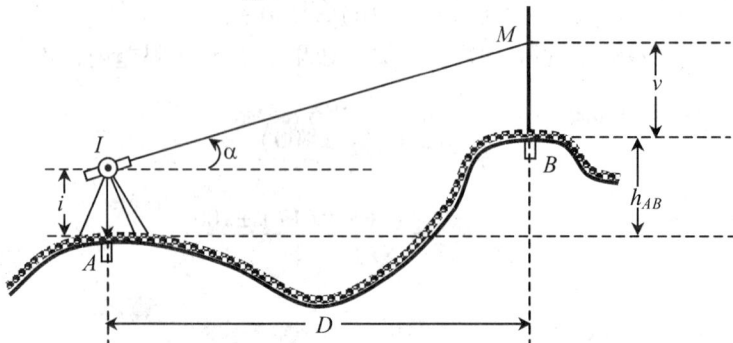

图 6-30 三角高程测量

在应用上式时，要注意竖直角的正、负号，所测竖直角为仰角时，为正号；所测竖直角为俯角时，为负号。计算时必须将正负号一起代入。另外，观测时使目标高度等于仪器高，则上式可简化为：

$$h_{AB} = D \cdot \tan \alpha \tag{6-61}$$

如果 $A$ 点的已知高程为 $H_A$，则 $B$ 点的高程为：

$$H_B = H_A + h_{AB}$$
$$H_B = H_A + D \cdot \tan \alpha + i - v \tag{6-62}$$

#### 6.6.2.2 地球曲率和大气折光的影响

地球表面是一曲面，当两点间距离较远时，在测定高差时应考虑地球曲率的影响。由于空气密度随着所在位置的高程而变化，越到高空其密度越稀，当光线通过由下而上密度变化着的大气层时，光线产生折射，形成凹向地面的曲线，称为大气折光。设它们对高差的影响为 $f$。$f$ 值的大小与两点间距离 $D$ 有关，一般用下式计算：

$$f = \frac{1 - K}{2R} D^2 \tag{6-63}$$

式中：$K$——大气折光系数，一般取 $0.12 \sim 0.14$；

$D$——两点间距离；

$R$——地球半径。

则

$$h = D \cdot \tan \alpha + i - v + f \tag{6-64}$$

**图 6-31  三角高程路线**

#### 6.6.2.3  三角高程路线

所谓三角高程路线，是在两已知高程点间，由已知其水平距离的若干条边组成路线，用三角高程测量的方法，对每条边都进行往返测定高差（图 6-31）。三角高程路线中各条边的高差均须往返观测，其竖角均用盘左、盘右测定。在推算出各条路线的高差后，根据两端点的已知高程推算得高差闭合差，用水准测量平差的同样方法将闭合差按边长成比例分配，然后求算出路线中各点的高程。

#### 6.6.2.4  三角高程测量的计算

（1）图根三角高程测量的限差要求

① 图根三角高程测量对向观测高差或单向两次观测高差之差不得超过 $0.4D$（$D$ 为观测边边长，以 km 为单位）。当计算出对向高差的较差满足以上规定时，才允许计算高差中数。

②图根三角高程附合路线或环线高差闭合差不得超过 $40\text{mm} \sqrt{[D]}$（$[D]$ 为三角高

程路线边长之和，以 km 为单位）。

（2）三角高程计算

①高差计算　在计算之前应对外业成果进行检查，看其有无不合规定的数据，全部符合要求后才可进行计算。计算出各边往返测高差后，检查每条边是否符合限差。若符合，取平均值作为两点间高差。

【例】有附合三角高程路线如图 6-31 所示，图中各边观测数据和高差计算方法见表 6-26。

表 6-26　三角高程路线高差计算

| 测站点 | $A$ | $N_1$ | $N_1$ | $N_2$ | $N_2$ | $B$ |
|---|---|---|---|---|---|---|
| 觇　点 | $N_1$ | $A$ | $N_2$ | $N_1$ | $B$ | $N_2$ |
| 觇　法 | 直 | 反 | 直 | 反 | 直 | 反 |
| $\alpha$ | $-3°06'24''$ | $+3°18'42''$ | $+4°39'12''$ | $-4°32'00''$ | $-2°16'48''$ | $+2°27'20''$ |
| $D$ | 372.942 | 372.944 | 406.326 | 406.325 | 628.547 | 628.545 |
| $h = D \cdot \tan\alpha$ | $-20.241$ | $+21.580$ | $+33.073$ | $-32.216$ | $-25.053$ | $+26.954$ |
| $f$ | 0.009 | 0.009 | 0.011 | 0.011 | 0.026 | 0.026 |
| $i$ | 1.352 | 1.305 | 1.303 | 1.356 | 1.330 | 1.300 |
| $v$ | 2.000 | 2.000 | 2.000 | 1.500 | 2.500 | 2.000 |
| $H$ | $-20.880$ | $+20.894$ | $+32.387$ | $-32.349$ | $-26.197$ | $+26.280$ |
| 高差平均值 | $-20.887$ | | $+32.368$ | | $-26.238$ | |

②高程计算　三角高程测量的高程计算方法与水准测量计算方法相同。

图 6-31 中 $N_1$、$N_2$ 两点高程的计算具体见表 6-27。

表 6-27　三角高程路线成果表

| 点　号 | 距　离（m） | 高差中数（m） | 改正数（m） | 改正后高差数（m） | 高　程（m） | 备注 |
|---|---|---|---|---|---|---|
| $A$ | | | | | 1 092.843 | 已知高程 |
| | 372.943 | $-20.887$ | $+0.010$ | $-20.877$ | | |
| $N_1$ | | | | | 1 071.966 | |
| | 406.326 | $+32.368$ | $+0.012$ | 32.380 | | |
| $N_2$ | | | | | 1 104.346 | |
| | 628.546 | $-26.238$ | $+0.018$ | $-26.220$ | | |
| $B$ | | | | | 1 078.126 | 已知高程 |
| | 1 407.815 | $-14.757$ | $+0.040$ | $-14.717$ | | |

$$f_h = \sum h - (H_B - H_A) = -14.757 - (-14.717) = -0.040\text{m}$$
$$f_{h容许} = 40\text{mm}\sqrt{1\,407.815/1000} = 47\text{mm} = 0.047\text{m}$$

## 思考题

1. 平面控制测量通常有哪些方法？各有什么特点？

2. 简述导线测量的外业工作。

3. 后方交会法加密控制点应注意什么问题？

4. 与后方交会法相比，自由测站定位法加密控制点有何优点？

5. 高程控制测量主要以什么方式布设？它们各有什么特点？

6. 三角高程测量适用什么条件？有何优缺点？

7. 完成下面表1的导线计算

表1

| 点号 | 内角观测值（右转折角）(° ′ ″) | 改正后角值(° ′ ″) | 坐标方位角(° ′ ″) | 边长(m) | 纵坐标增量(m) ΔX | 横坐标增量(m) ΔY | 改正后坐标增量 ΔX (m) | ΔY (m) | 坐标 X (m) | Y (m) |
|---|---|---|---|---|---|---|---|---|---|---|
| 1 | | | 30 15 30 | 90.321 | −0.026 +78.016 | −0.013 +45.513 | +77.990 | +45.500 | 500.000 | 500.000 |
| 2 | +8 92 40 30 | 92 40 38 | | 47.043 | −0.014 −21.781 | −0.007 +41.697 | −21.795 | +41.690 | 577.990 | 545.500 |
| 3 | +8 87 23 09 | 87 23 17 | | 144.248 | | | | | 556.195 | 587.190 |
| 4 | +7 42 13 39 | 42 13 46 | | 70.086 | −0.020 +68.545 | −0.010 −14.615 | +68.525 | −14.625 | | |
| 1 | | | | | | | | | 500.000 | 500.000 |
| 2 | +7 137 42 12 | 137 4219 | 30 15 00 | | | | | | | |
| Σ | 359 59 30 | 360 00 00 | | 351.698 | | | | | | |

$f_\beta = -30''$　　$\sum D = 351.698$　　$f_x =$　　　　$f_D = \sqrt{f_x^2 + f_y^2} =$

$f_{\beta容许} = 40''\sqrt{4} = 80''$　　　　$f_y =$　　　　$K = \dfrac{1}{\dfrac{\sum D}{f_D}} =$

8. 根据表2的已知数据和观测数据，在导线计算表内计算附合导线各点的坐标值。

表2

| 点号 | 观测值（右转折角）(° ′ ″) | 边长(m) | 坐标 X | Y | 备注 |
|---|---|---|---|---|---|
| B | | | 80.615 | 872.789 | |
| A | 102 29 12 | | 55.692 | 256.293 | |
| 1 | 190 12 06 | 107.312 | | | |
| 2 | 184 48 24 | 81.460 | | | |
| C | 79 12 30 | 85.261 | 307.220 | 152.028 | |
| D | | | 491.461 | 686.144 | |

9. 由表3的已知数据和观测数据，计算闭合导线各点的坐标值。

表3

| 点号 | 观测值<br>(° ′ ″) | 坐标方位角<br>(° ′ ″) | 边 长<br>(m) | 坐 标 | | 备 注 |
| --- | --- | --- | --- | --- | --- | --- |
| | | | | $X$ | $Y$ | |
| 1 | 83 21 42 | 74 20 30 | 92.771 | 1 000.000 | 1 000.000 | |
| 2 | 96 31 30 | | 70.560 | | | |
| 3 | 176 50 30 | | 116.202 | | | |
| 4 | 90 37 48 | | 74.173 | | | |
| 5 | 98 32 42 | | 109.852 | | | |
| 6 | 174 05 30 | | 84.572 | | | |
| 1 | | | | | | |

10. 已知中点多边形的观测数据和已知数据见表4，试计算各点的坐标。

表4

| 角号 | 观测值<br>(° ′ ″) | 角号 | 观测值<br>(° ′ ″) | 备 注 |
| --- | --- | --- | --- | --- |
| 1 | 49 34 15.6 | 9 | 69 34 32.2 | |
| 2 | 60 57 53.7 | 10 | 47 32 54.3 | |
| 3 | 69 27 43.5 | 11 | 37 58 23.8 | |
| 4 | 49 41 04.5 | 12 | 94 28 49.0 | |
| 5 | 56 33 40.7 | 13 | 68 37 38.5 | |
| 6 | 73 45 16.9 | 14 | 58 38 45.9 | |
| 7 | 53 35 04.3 | 15 | 52 43 41.1 | |
| 8 | 56 50 22.8 | | | |

| 点号 | $X$<br>(m) | $Y$<br>(m) | 方位角<br>(° ′ ″) | 边长<br>(m) |
| --- | --- | --- | --- | --- |
| $A$ | 107 563.81 | 161 784.52 | 52 37 15.45 | 7 674.903 |
| $B$ | 112 223.13 | 167 883.28 | | |

11. 如图1所示，已知主网的三点，插入一点 $P$，观测数据如图标注。其已知点的坐标为：$X_A =$ 3 646.352m，$Y_A = 1\ 054.543$m；$X_B = 3\ 873.961$m，$Y_B = 1\ 772.684$m；$X_C = 4\ 538.453$m，$Y_C = 1\ 862.572$m。求 $P$ 点的坐标。

12. 如图2所示，在未知点 $P$ 设站，瞄准已知点 $A$、$B$、$C$、$D$，测得交会角 $\alpha = 51°06′17″$、$\beta = 46°37′26″$及检查角 $\varepsilon_{实测} = 67°43′12″$。$A$、$B$、$C$、$D$ 的已知坐标为 $x_A = 1\ 406.593$，$y_A = 2\ 654.051$；$x_B = 2\ 019.396$，$y_B = 2\ 264.071$；$x_C = 1\ 659.232$，$y_C = 2\ 355.537$；$x_D = 2\ 470.374$，$y_D = 2\ 686.940$。

(1)试用 $A$、$B$、$C$ 的坐标及交会角 $\alpha$、$\beta$ 计算出 $P$ 点的坐标。

(2)试计算检查角的计算值 $\varepsilon_{计算}$ 与实测值 $\varepsilon_{实测}$ 的差值 $\Delta\varepsilon$。

图1

图2

13. 如图 3 所示，在未知点 P 设站，瞄准已知点 A、B、C 测得交会角 α = 102°11′44″、β = 107°31′35″、γ = 150°16′41″。A、B、C 的已知坐标为：$x_A$ = 2 163.704，$y_A$ = 1 808.793，$x_B$ = 2 553.377，$y_B$ = 2 275.899，$x_C$ = 2 756.348，$y_C$ = 1 601.396。试用 A、B、C 的坐标及交会角 α、β、γ 计算出 P 点的坐标。

图3

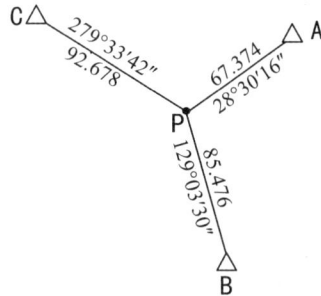

图4

14. 如图 4 所示，在 P 点设站（安置全站仪），利用自由测站定位法测定 P 点的坐标。分别照准 A、B、C 三个已知点测得水平距离 D 与水平方向值（水平度盘读数）L 如图 4。A、B、C 三个已知点为 $x_A$ = 595.737，$y_A$ = 484.882，$x_B$ = 481.625，$y_B$ = 454.315，$x_C$ = 623.676，$y_C$ = 356.813。试计算 P 点的坐标。

15. 在三角高程测量中，$D_{AB}$ = 832.456m，从 A 点照准 B 点，测得竖角 $α_{AB}$ = + 16°22′12″，仪器高为 1.42m，B 点觇标高 5.2m，从 B 点照准 A 点，测得竖角 $α_{BA}$ = − 15°58′30″，仪器高为 1.38m，A 点觇标高 3.8m，计算 AB 间的高差 $h_{AB}$。

## 本章可供参考书目

1. 测量学．北京林学院．中国林业出版社，1978.

2. 控制测量学．武汉绘学院．测绘出版社，1979.

3. 测量学．韩熙春．中国林业出版社，1978.

4. 测量学试题与解答．陈学平．中国林业出版社，2002.

# 第7章
# GPS 定位技术及应用

本章主要内容有 GPS 的由来及发展前景;GPS 的特点及 GPS 的构成;GPS 定位原理包括伪距测量原理、载波相位测量原理、绝对定位和相对定位原理;GPS 控制测量;差分 GPS 测量技术;GPS 测量误差的来源及减弱误差的相应措施。通过本章的学习,使学生掌握静态 GPS 控制测量与 GPS RTK 定位测量的基本技能。

# 7.1　概述

## 7.1.1　GPS 的由来及发展前景

GPS 业界有句名言："GPS 的应用只受到人们想象力的限制。"也就是说其应用面极其广阔，前景不可限量。实际上从 GPS 的发展史就可以得出以上结论。

GPS(Global Positioning System，GPS)的前身是"海军导航卫星系统"(Navy Navigation Satellite System，NNSS)，该系统是为美国海军服务的，于 1964 年建成。由于其卫星数目少(5～6 颗)、运行高度低(约 1 000km)、定位速度慢(测一个点需 1～2 天)，所以难以满足美军方的要求。为了满足军事部门对连续、实时和三维导航的迫切要求，美国国防部于 1973 年开始研究建立新一代的卫星导航系统，这就是全球定位系统，即 GPS。该系统于 1995 年 7 月 17 日达到其完全工作能力，并于 1996 年 3 月由美国总统发布总统令，正式宣布 GPS 为军民两用系统。从此，GPS 的应用步入了飞速发展的轨道。目前 GPS 定位技术已经广泛渗透到经济建设和科学技术的许多领域，尤其是在大地测量学及其相关学科领域，如地球动力学、海洋大地测量学、天文学、地球物理和资源勘探、航空与卫星遥感、精密工程测量、变形监测、城市控制测量，充分显示了这一卫星定位技术的高精度和高效益。这预示测绘界将面临着一场意义深远的变革，从而使测绘领域步入一个崭新的时代。

## 7.1.2　GPS 定位的特点

(1)定位精度高　其相对定位精度可达到甚至优于 $10^{-8}$。

(2)观测站之间不需通视　这是 GPS 定位的最大优点，也是其能迅速推广的主要原因。既要保持良好的通视条件，又要保障测量控制网的良好图形，这是传统测量技术难以解决的矛盾。而 GPS 测量由于不要求测站之间相互通视，因此使点位的选择变得十分灵活，从而不仅可以保证控制网有良好的图形，而且可以节省大量的建造觇标的费用。

(3)操作简便　GPS 接收机的操作几乎是"傻瓜式"的，自动化程度极高。在外业测量中测量员要做的工作只是对中、整平、量取仪器高、开关机等一些简单操作，而其他复杂工作则由仪器自动完成。另外，GPS 接收机重量轻、体积小、便于携带和搬运。

(4)全天候作业　由于 GPS 卫星数目较多，且分布合理，所以地球上任何地方任何时候都至少能观测到 4 颗卫星，从而保障了全球全天候连续地三维定位。GPS 定位一般也不受天气的影响。

(5)观测时间短　几百乃至上千公里的基线的静态相对定位所需观测时间仅为1～3h。不超过 20km 的短基线采用快速相对定位法，其观测时间仅需数分钟，而工程测量中的放线定位采用动态 GPS 定位仅需数秒钟即可达到厘米级甚至毫米级的精度。这些是传统测量技术无论如何也无法实现的。

## 7.2 GPS 的构成

GPS 系统主要由以下三个部分构成：空间部分(卫星星座)、地面监控部分和用户部分(图 7-1)。

**图 7-1 GPS 构成示意**

### 7.2.1 空间部分(卫星星座)

#### 7.2.1.1 GPS 卫星星座

覆盖全球上空的 GPS 卫星星座，最初设计由 24 颗卫星组成。其中，21 颗为工作卫星，3 颗为备用卫星。这 24 颗卫星均匀地分布在轨道倾角为 55°的 6 个轨道上，每个轨道分布 4 颗(图 7-2)。卫星运行的平均高度为 20 200km，周期为 11 小时 58 分。上述卫星星座能保证地面上任何地点、任何时刻至少可以观测到 4 颗卫星，最多可观测到 11 颗卫星，从而保证全球全天候连续、实时、动态导航和定位。目前工作卫星数量已经达到 30 颗。

每颗 GPS 卫星都装有两块太阳能板，能自动对日定向，以保证卫星正常工作用电。每颗 GPS 卫星都装有 4 台高精度的原子钟，这是卫星的核心设备，它为 GPS 测量提供高精度的时间信息。

**图 7-2 GPS 卫星的分布**

GPS 卫星发射的信号由载波、测距码和导航电文三部分组成。作为量测信号的载波是一种周期性的余弦波,根据波长不同,分为 $L_1$ 载波和 $L_2$ 载波。$L_1$ 载波的波长为 19.03cm,其频率是1 575.42MHz;$L_2$ 载波的波长为 24.42cm,其频率是1 227.60MHz。测距码是用于测定从卫星至接收机间的距离的二进制码,可分为C/A码(粗码)和 P 码(精码)。C/A 码用于粗略测距和捕获 GPS 卫星信号,测距精度较低。作为一种公开码,C/A 码目前只调制在 $L_1$ 载波上。P 码的测距精度较高,同时调制在 $L_1$ 和 $L_2$ 载波上,但由于美国实施了 AS 政策,将 P 码加密形成 Y 码,因此,只有美国及其盟国的军方用户以及少数经美国政府授权的用户才能使用 Y 码。导航电文是由 GPS 卫星向用户播发的一组反映卫星的空间位置、工作状态等重要数据的二进制代码,它是用户利用 GPS 进行导航定位时必不可少的一组数据。

### 7.2.1.2　GPS 卫星的作用

接收、储存和处理地面控制系统发来的导航电文及其他有关信息;向用户连续不断地发送导航与定位信息;提供时间标准、卫星本身的实时位置;接收并执行地面控制系统发送的控制指令。

## 7.2.2　地面监控部分

支持整个系统正常运行的地面设施称为地面监控部分。它由 1 个主控站、3 个注入站和 5 个监测站组成(图 7-3)。地面监控系统的主要功能是:跟踪 GPS 卫星,确定卫星的运行轨道及卫星钟改正数,进行预报后再按规定格式编制成导航电文,并通过注入站送往卫星。地面监控系统还能通过注入站向卫星发布各种指令,调整卫星的轨道及时钟读数,修复故障或启用备用件等。

图 7-3　地面监控站的分布

### 7.2.2.1　主控站

主控站位于美国科罗拉多州的联合空间工作中心，其任务是管理、协调地面监控系统各部分的工作。收集各监测站送来的资料，计算、预报卫星轨道和卫星钟改正数，并编制成导航电文送往地面注入站。

### 7.2.2.2　注入站

3 个注入站分别位于大西洋的阿松森岛、印度洋的迭哥伽西亚岛和太平洋的卡瓦加兰岛。其主要功能是在主控站的控制下，向 GPS 卫星输入导航电文和其他命令。

### 7.2.2.3　监测站

监测站有 5 个，前面的 1 个主控站、3 个注入站同时又是监测站，除此之外在夏威夷还设有一个监测站。监测站是无人值守的数据自动采集中心，站内设有双频 GPS 接收机、高精度原子钟、气象参数测量仪和计算机等设备，主要任务是完成对 GPS 卫星信号的连续观测，并将搜集的数据和当地气象资料经初步处理后传送到主控站。

## 7.2.3　用户部分

用户部分包括 GPS 接收机、数据后处理软件包、微处理机及终端设备等。GPS 接收机是用户部分的核心，一般由主机、天线和电源三部分组成。其主要功能是测定从接收机至 GPS 卫星的距离，并根据卫星星历给出的观测瞬间卫星所在空间的位置等信息求出测站的三维位置、三维运动速度和时间。根据用途的不同，GPS 接收机可分为导航型接收机、测量型接收机、授时型接收机等。

导航型接收机主要用于确定船舶、车辆和飞机等运动载体的实时位置和速度，以保障这些载体按预定的路线航行。导航型接收机一般采用以测码伪距为观测量的单点实时定位，定位精度较低，范围为 3～40m。这类接收机的结构简单，价格便宜，应用极为广泛。导航型接收机又可分为手持型、车载型、航海型、航空型和星载型五种。手持型可用于军事上，也可民用。民用主要是用于个人旅游、森林资源边界的测定等，精度只能达到 20～40m；车载型用于车辆导航定位；航海型用于船舶导航定位；航空型用于飞机导航定位；星载型用于卫星定轨。

测量型接收机是指适于进行各种测量工作的接收机。这类接收机一般采用载波相位观测量进行相对定位，精度很高。

授时型接收机是利用 GPS 卫星提供的高精度时间标准进行授时。

GPS 接收机按接收的卫星信号频率数可分为单频接收机和双频接收机。

单频机只能接收经调制的 $L_1$ 信号。这时虽然可以利用导航电文提供的数学模型对观测量进行电离层影响的修正，但由于修正模型还不完善，精度较差，所以，单频机主要用于基线较短( <20km)的定位工作。

双频机可以同时接收 $L_1$ 和 $L_2$ 信号，因而利用双频技术可以削弱电离层对观测量的影响，从而使定位精度提高。

## 7.3 GPS 定位原理

GPS 定位的基本原理是将卫星视为"飞行"的控制点，在已知其瞬间坐标的条件下，以 GPS 卫星和用户接收机天线之间的距离为观测量，进行空间距离后方交会，从而确定地面接收机的位置。GPS 卫星和用户接收机天线之间的距离 $\rho$ 可以通过两种方式测定：一种是测定卫星信号在该路径上的传播时间（时间延迟）$\Delta t$，则 $\rho = v \times \Delta t$。这种方式涉及一系列技术问题，如精确的电磁波传播速度 $v$ 的测定、传播时间 $\Delta t$ 的测定、时钟的同步等；另一种方式是测定卫星载波信号在该路径上变化的周数（相位延迟），则 $\rho = \lambda \times (N + \Delta N)$。两种方法分别对应于伪距测量和载波相位测量。

GPS 定位的方式有多种，如果按用户接收机在测量中所处的状态来分，则可分为静态定位和动态定位。若按参考点的不同位置，又可分为绝对定位（也叫单点定位）和相对定位。

**静态定位**　指在进行 GPS 定位时，接收机的天线在整个观测过程中的位置是保持不变的。在测量中，静态定位一般用于高精度的测量定位，其观测模式为多台 GPS 接收机进行静态相对定位，时间由几分钟、几小时甚至数十小时不等。

**动态定位**　指在进行 GPS 定位时，接收机的天线在整个观测过程中的位置是变化的。动态定位主要用于交通运输、军事等领域，如飞机、船舶和地面车辆的导航和管理、卫星定轨及导弹的制导等。

**绝对定位**　又称单点定位，是根据卫星星历和一台 GPS 接收机的观测值来独立确定该接收机在地球坐标系中的绝对坐标的方法。这种方法的优点是只需用一台接收机即可独立定位，外业观测的组织和实施较为方便自由，数据处理也比较简单。但绝对定位的定位精度一般较差，一般用于对精度要求不高的定位。

**相对定位**　指确定同步跟踪相同的 GPS 卫星信号的若干台接收机之间的相对位置（坐标差）的定位方法。两点间的相对位置可以用一条基线向量来表示，故相对定位有时也称为测定基线向量或简称为基线测量。

### 7.3.1 伪距测量原理

伪距测量是利用测距码测定卫星至地面测站的距离。由于卫星钟、接收机钟的误差以及无线电信号经过电离层和对流层产生的延迟，造成实际测出的距离与卫星到接收机的几何距离有一定的差值，将求得的距离称之为伪距，用 $\rho'$ 表示。利用测距码测定伪距的原理如下：首先假设卫星钟和接收机钟均无误差，都能与标准的 GPS 时间保持严格同步。在某一时刻 $t$ 卫星在卫星钟的控制下发出某一结构的测距码，同时接收机在接收机钟的控制下产生或者说复制出结构完全相同的测距码（简称复制码）。由卫星所产生的测距码经 $\Delta t$ 时间的传播后到达接收机并被接收机所接收。由接收机所产生的复制码则经过一个时间延迟器延迟时间 $\tau$ 后与接收到的卫星信号进行比对。如果这两个信号尚未对齐，就调整延迟时间 $\tau$，直至这两个信号对齐为止。此时复制码的延迟时间 $\tau$ 就等于卫星信号的传播时间 $\Delta t$，将其乘以真空中的光速 $C$ 后即可得卫地间

的伪距 $\rho'$：

$$\rho' = \tau \cdot C = \Delta t \cdot C \tag{7-1}$$

伪距测量的观测方程：

$$\rho'_i = \sqrt{(x^i - x)^2 + (y^i - y)^2 + (z^i - z)^2} - cV_{t_R} +$$
$$cV_{t_i^s} - (V_{ion})_i - (V_{trop})_i \quad (i = 1,2,3,\cdots) \tag{7-2}$$

式中：$x^i$，$y^i$，$z^i$——根据卫星星历所求得的卫星在空间的位置；

$V_{t_R}$，$Vt_i^s$——分别表示接收机钟差和卫星钟差；

$V_{ion}$，$V_{trop}$——分别表示电离层延迟改正和对流层延迟改正。

### 7.3.2 载波相位测量原理

利用测距码进行伪距测量难以达到较高的精度。由于载波的波长要短得多，如果把载波作为量测信号，并对载波进行相位测量可以达到很高的精度。

若某卫星发出一载波信号(将载波作为测距信号使用)，该信号向各处传播。在某一瞬间，该信号在接收机 $R$ 处的相位为 $\varphi_R$，在卫星 $S$ 处的相位为 $\varphi_S$，则卫星至接收机的距离为：

$$\rho = \lambda(\varphi_S - \varphi_R) \tag{7-3}$$

但由于 GPS 卫星并不量测载波相位 $\varphi_S$，假设接收机钟与卫星钟能保持严格同步，且选用同一起算时刻，于是就能用接收机产生的相同频率载波的相位 $\Phi_R$ 替代载波发射时刻卫星处的相位 $\varphi_S$。所以，某时刻的载波相位观测值，就是该时刻接收机产生的载波相位 $\Phi_R$ 与接收到的自卫星的载波的相位 $\varphi_R$ 之差，则卫星至接收机的距离为：

$$\rho = \lambda \cdot \Delta\varphi = \lambda(\varphi_S - \varphi_R) = \lambda(\Phi_R - \varphi_R) \tag{7-4}$$

通常所能量测的是不足一周的相位值。实际测量中，如果对整周进行计数，则自某一初始采集时刻($t_0$)以后就可以取得连续的相位测量值。

如图 7-4 所示，在初始 $t_0$ 时刻，接收机只能测定出不足一整周的部分 $\mathrm{Fr}(\Phi)$，整波段数(整周未知数)$N$ 是无法确定的。随着卫星的运动，卫星至接收机的距离也在不断变化，接收机继续跟踪卫星信号，不断测定小于一周的相位差 $\mathrm{Fr}(\Phi)$，并利用整波计数器记录从 $t_0 \sim t_1$ 时间内的整周数变化量 $\mathrm{Int}(\Phi)$——整周计数，而整周未知数 $N$ 仍然未知。因此，载波相位测量的实际观测值为不足一周的部分 $\mathrm{Fr}(\Phi)$ 和

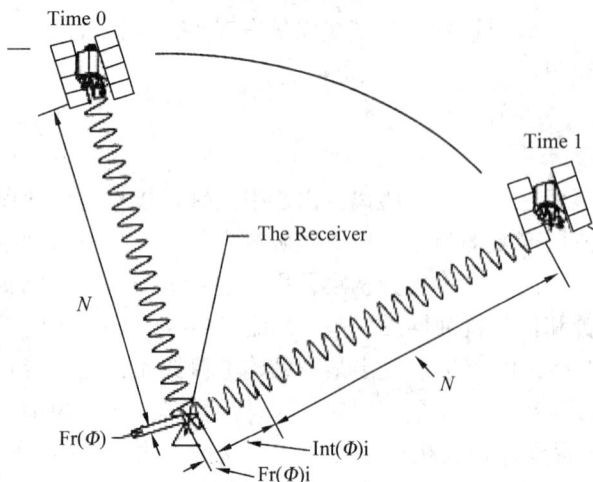

图 7-4 载波相位测量的观测值

整周计数 Int($\Phi$)(初始时刻整周计数为 0)。而完整的载波相位观测值是由三个部分组成的，即不足一周的部分 Fr($\Phi$)、整周计数 Int($\Phi$)和整周未知数 $N$(或称为整周模糊度)。载波相位测量的观测方程为：

$$\varphi_i \lambda = \sqrt{(x^i - x)^2 + (y^i - y)^2 + (z^i - z)^2} - cV_{t_R} + Vt_i^s -$$
$$N_i \lambda - (V_{ion})_i - (V_{trop})_i \quad (i = 1, 2, 3, 4, \cdots) \tag{7-5}$$

式中：$x^i$，$y^i$，$z^i$——根据卫星星历所求得的卫星在空间的位置；

$V_{t_R}$，$Vt_i^s$——分别表示接收机钟差和卫星钟差；

$V_{ion}$，$V_{trop}$——分别表示电离层延迟改正和对流层延迟改正；

$\varphi_i$，$N$——分别表示载波相位测量的实际观测值(不足一周的部分和整周计数)和整周未知数。

由于存在着整周未知数 $N$(整周数模糊)的问题，使得解算过程变得比较复杂。近年来，采用快速解算的方法便可获得整周未知数 $N$，该方法根据数理统计中的参数估计和假设检验原理，利用测站初次平差所提供的信息，以坐标向量和整周未知数向量及其相应的协因数阵和单位权方差对空间信息的每一点进行比较判别，逐步排查"搜索"，对经过统计检验剩下的整数组合后再重新平差计算，并进行验前验后检验，最后得出最佳的整周未知数。

另外，由于受接收机故障和外界干扰等因素的影响，经常会引起跟踪卫星的暂时中断，使得整周计数 Int($\Phi$)较应有值少了 $m$ 周，而产生整周跳变问题。同时，由于卫星与接收机的距离在不断变化，所以载波相位观测值 Int($\Phi$) + Fr($\Phi$)也随时间在不断变化。这种变化应该是有规律的、平滑的，但整周跳变将破坏这种规律性。根据这一特性就可以发现整周跳变并采用多项式拟合来修正整周跳，但这项工作是很烦琐的。最根本的解决办法还是要从选择接收机的机型、控制点位置及组织观测等各个环节加以注意，避免整周跳变的发生，因为整周跳的出现与接收机质量及观测条件密切相关。

### 7.3.3 绝对定位原理

GPS 绝对定位的实质，即是测量学中的空间距离后方交会，在 1 个测站上有 3 个独立的距离观测量就能确定测站的位置。但由于卫星钟与用户接收机钟难以保持严格同步，观测的测站至卫星之间的距离，均含有卫星钟钟差和接收机钟差的影响，卫星钟钟差可以通过卫星导航电文中所提供的相应钟差参数加以修正，而接收机的钟差，一般难以预先准确测定。所以，可将接收机钟差作为一个未知数与观测站的坐标在数据处理中一并解出。因此，在一个测站上，为了实时求解 4 个未知数(3 个点位坐标分量和 1 个钟差参数)，至少应有 4 个同步伪距观测量，即必须至少同步观测 4 颗卫星(图 7-5)。

GPS 绝对定位，根据用户接收机天线所处的状态

图 7-5 绝对定位(即单点定位)

不同，又可分为动态绝对定位和静态绝对定位。

当用户接收设备安置在运动的载体上，确定载体瞬时绝对位置的方法，称为动态绝对定位。由于每个载体位置只能进行一次观测，故精度较低。这种方法被广泛用于飞机、船舶和地面车辆的导航中。

当接收机天线处于静止状态时，确定观测站绝对坐标的方法，称为静态绝对定位。进行静态绝对定位时，由于点位可反复测定，当观测时间较长时可提高定位的精度。

根据测量距离方法的不同，绝对定位还可分为测码伪距绝对定位和测相伪距绝对定位。目前 GPS 领域的一个研究热点，精密单点定位就采用载波相位观测值以及由国际 GPS 服务（IGS）等组织提供的高精度的卫星星历、卫星钟差来进行高精度绝对定位。

## 7.3.4 相对定位原理

利用 GPS 进行绝对定位时，其定位精度将受到多种因素的影响，尽管其中一些系统性误差可以通过模型加以削弱，但仍存在一定的残差。GPS 相对定位是目前 GPS 测量中定位精度最高的定位方法。其对长距离的最高精度可达 $5 \text{mm} + 1 \times 10^{-8} \cdot D$。

GPS 相对定位可分为动态相对定位和静态相对定位。动态相对定位是利用安置在基准点和运动载体上的 GPS 接收机所进行的同步观测的资料来确定运动载体相对于基准点的位置（即两者之间的基线向量）的工作。静态相对定位的最基本情况是：两台 GPS 接收机分别安置在基线的两端，其位置静止不动，同步观测相同的 GPS 卫星，以确定基线端点在协议地球坐标系中的相对位置或基线向量（图 7-6）。在实际工作中，常将接收机数目扩展到 3 台或 3 台以上，同时测定若干条基线向量，这样不仅可以提高工作效率，而且可以增加观测量，提高观测成果的可靠性。静态相对定位精度高，广泛应用于控制测量中。动态相对定位与静态相对定位的观测方程是相同的。

GPS 静态相对定位一般采用载波相位观测值（测相伪距）为基本观测量。在两个观测站或多个观测站同步观测相同卫星的情况下，卫星的轨道误差，卫星钟差，接收机钟差以及电离层和对流层的折射误差等对观测量的影响具有一定的相关性，利用这些观测量的不同组合（通常是求差）进行相对定位，便可有效地消除或者减弱上述误差的影响，从而提高相对定位的精度。

GPS 载波相位观测值可以在卫星间求差，在接收机间求差，也可以在不同历元间求差。将观测值直接相减的过程称为一次差，所获得的结果被当做虚拟观测值，称为载波相位观测值的一次差或单差。

测相伪距观测方程见式（7-5）。常用的求一次差是在接收机间求一次差，此时，消除了卫星钟差。此外，轨道误差，大气折射误差等系统误差的影响也明显减弱。

对载波相位观测值的一次差继续求差，称为二次差。所获得结果仍可当做虚拟观测值，称为载波

图 7-6 相对定位

相位观测值的二次差或双差。常用的求二次差是在接收机间求一次差后再在卫星间求二次差，此时消除了接收机钟差。

对二次差继续求差称为三次差。所得结果称为载波相位观测值的三次差或三差。常用的求三次差是在接收机、卫星和观测历元间求三次差。三差观测值中消除了与卫星和接收机有关的整周模糊度 $N$。

通过求差大量减少未知数，从而使数据处理变得相对容易。但在 GPS 测量中，广泛使用双差固定解而不采用三差解。三差解通常仅被当做较好的初始值，或用于解决整周跳变的探测与恢复、整周模糊度的确定等问题。

## 7.4 GPS 控制测量

利用静态相对定位、快速静态相对定位建立 GPS 控制网是目前进行控制测量的主要方法。GPS 控制测量的外业工作主要包括选点、建立观测标志、野外观测以及成果检核等；内业工作主要包括 GPS 控制网的技术设计、测后数据处理和技术总结等。如果按 GPS 测量的工作程序可分为 GPS 控制网的技术设计、选点与建立标志、外业观测与成果检核、GPS 控制网的平差计算以及技术总结等阶段。

### 7.4.1 GPS 网的技术设计

GPS 控制网的技术设计是进行 GPS 测量的基础。应根据用户提交的任务书或测量合同所规定的测量任务进行设计。其内容包括测区范围、测量精度、提交成果方式、完成时间等。设计的依据主要包括 2001 年国家质量技术监督局发布的国家标准《全球定位系统(GPS)测量规范》，1997 年建设部发布的行业标准《全球定位系统城市测量技术规程》等。

#### 7.4.1.1 各级 GPS 测量的精度指标

各级 GPS 测量中，相邻点间基线长度的精度用下式表示：

$$\sigma = \sqrt{a^2 + (b \cdot d \cdot 10^{-6})^2}$$

式中：$\sigma$——标准差；

$a$——固定误差；

$b$——比例误差系数；

$d$——相邻点间的距离。

《全球定位系统(GPS)测量规范》中将 GPS 测量划分为 6 个等级，分别是 AA 级、A 级、B 级、C 级、D 级和 E 级。其中，AA 级主要用于全球性的地球动力学研究、地壳形变测量和精密定轨；A 级主要用于区域性的地球动力学研究和地壳形变测量；B 级主要用于局部形变监测和各种精密工程测量；C 级主要用于大中城市及工程测量的基本控制网；D、E 级主要用于中小城市、城镇及测图、地籍、土地信息、房产、物探、勘测、建筑施工等的控制测量。各等级 GPS 网的主要技术要求应符合表 7-1 的规定。

表 7-1　国家 GPS 网的主要技术要求

| 级别 | 固定误差 a （mm） | 比例误差系数 b | 相邻点平均距离 （km） |
|---|---|---|---|
| AA | ≤3 | ≤0.01 | 1000 |
| A | ≤5 | ≤0.1 | 300 |
| B | ≤8 | ≤1 | 70 |
| C | ≤10 | ≤5 | 10 ~ 15 |
| D | ≤10 | ≤10 | 5 ~ 10 |
| E | ≤10 | ≤20 | 0.2 ~ 5 |

　　城市 GPS 控制网的测量可按照 1997 年建设部发布的行业标准《全球定位系统城市测量技术规程》执行，其主要技术参数见表 7-2。

表 7-2　城市 GPS 控制网的主要技术要求

| 等级 | 固定误差 a （mm） | 比例误差系数 b | 平均距离 （km） | 最弱边相对中误差 |
|---|---|---|---|---|
| 二等 | ≤10 | ≤2 | 9 | 1/120 000 |
| 三等 | ≤10 | ≤5 | 5 | 1/80 000 |
| 四等 | ≤10 | ≤10 | 2 | 1/45 000 |
| 一级 | ≤10 | ≤10 | 1 | 1/20 000 |
| 二级 | ≤15 | ≤20 | <1 | 1/10 000 |

　　以上规范都要求相邻点间的最小距离应为平均距离的 1/2 ~ 1/3；最大距离应为平均距离的 2 ~ 3 倍。

### 7.4.1.2　基准设计

　　基准设计包括位置基准、尺度基准和方位基准。位置基准一般由给定的起算点坐标确定。尺度基准由地面电磁波测距边或已知点间的固定边确定，也可以由 GPS 网中的基线向量确定。方位基准一般以给定的起算方位角确定，也可由 GPS 网中的各基线向量共同来提供。

### 7.4.1.3　GPS 控制网图形

　　多台（$N \geqslant 2$）GPS 接收机同步观测一个时段，可构成如图 7-7 所示的同步图形，得到同步观测基线为 $\dfrac{N(N-1)}{2}$ 条，但其中只有 $N-1$ 条基线向量是独立基线向量。对应于图 7-7 中 $N=4$ 的独立基线向量可以有不同的选择，如图 7-8 所示。

　　当用 3 台或 3 台以上的 GPS 接收机进行同步观测时，由同步观测所获得的基线向量构成的闭合环，称为同步闭合环，简称同步环。理论上，同步环闭合差应为零，但由于有时各点 GPS 接收机观测并不严格同步，数据处理软件不够完善以及计算过程中舍入误差等原因，同步环闭合差实际并不为零。同步环闭合差可以从某一侧面反映

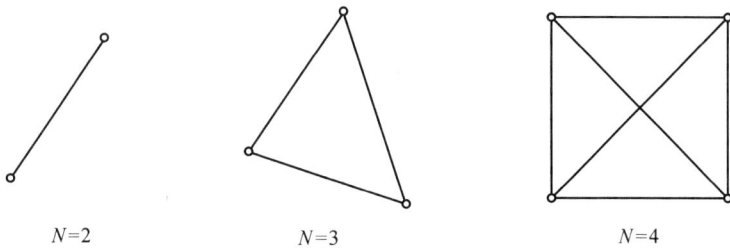

图 7-7 N 台 GPS 接收机同步观测所构成的同步图形

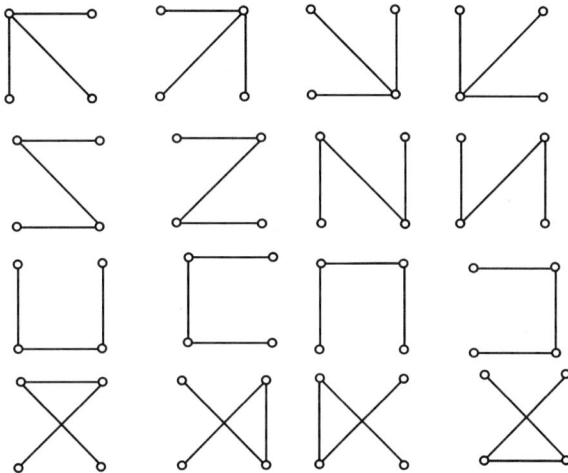

图 7-8 GPS 独立基线向量的选择

GPS 测量的质量，故有些规范中规定要进行同步环闭合差的检验。但由于许多误差（如对中误差、量取天线高时出现的粗差等）无法在同步环闭合环中得以反应，因此，即使同步环闭合差很小也并不意味着 GPS 测量的质量一定很好，故有些规范中不做此项检验。

由数条非同步观测获得的基线所构成的闭合环，称之为异步环。由异步环形成的坐标闭合差条件称为异步环闭合差。异步环检验是衡量 GPS 测量精度、检验粗差和系统误差的重要指标。

因此，为了确保 GPS 观测成果的可靠性，各级 GPS 网应布设成由独立基线向量构成的闭合图形。根据 GPS 网的精度指标及完成任务的时间和经费等因素，闭合图形可以是三角形、多边形。当 GPS 网中有若干个起算点时，也可以是由 2 个起算点之间的数条 GPS 独立基线向量构成的附合路线。

（1）三角形网　三角形网的优点是网的几何强度好，抗粗差能力强，可靠性高，缺点是工作量大（图 7-9）。

（2）多边形网　多边形网是以多边形（边数 N≥4）作为基本图形所构成的 GPS 网。采用多边形网时工作量较为节省，缺点是几何强度不如三角形网强，但只要对多边形边

图 7-9 三角形网

图 7-10　多边形网　　　　　　图 7-11　附合导线网

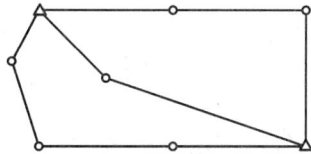

数 N 加以限制，多边形网仍会有足够的几何强度(图 7-10)。

(3)附合导线网　附合导线网的工作量也较为节省，缺点是几何强度一般不如三角形网和多边形网，但只要对附合导线的边数及长度加以限制，仍能保证一定的几何精度(图 7-11)。

《全球定位系统(GPS)测量规范》中对多边形的边数和附合导线的边数有如下规定(表 7-3)：

表 7-3　对闭合环和附合导线边数的规定

| 等级 | A | B | C | D | E |
| --- | --- | --- | --- | --- | --- |
| 闭合环和附合导线的边数 | ≤5 | ≤6 | ≤6 | ≤8 | ≤10 |

### 7.4.1.4　图形设计中的注意事项

新布设的 GPS 网应与附近已有的国家高等级 GPS 点进行联测，联测点数不得少于 2 个。GPS 测量结果属于 WGS – 84 坐标系，为求得 GPS 点在某一参考坐标系中的坐标，应与该坐标系中的原有控制点进行联测，联测点数不得少于 3 个。GPS 直接精确测定的是大地高(基于参考椭球面)，为了得到 GPS 点的正常高(基于大地水准面)，应使一定数量的 GPS 点与水准点重合，或对部分 GPS 点联测其水准高程。具体见相应的规范。

## 7.4.2　选点与建立标志

由于 GPS 测量不要求观测点之间通视，故选点工作较传统测量简化，并省去了建高标的费用，降低了成本。但 GPS 本身又有其自身特点，选点时应满足以下要求：

点位应选在易于安置接收机、视场开阔的地方，视场周围 15°以上不应有障碍物，以避免 GPS 信号被吸收或遮挡；点位应远离大功率无线电发射台和高压线，以免其磁场对 GPS 信号产生干扰；应避开大面积的水面，以减弱多路径效应的影响；应选在交通方便、有利于其他观测手段扩展与联测的地方；当利用旧点时，应对旧点的稳定性、完好性以及点位标志是否安全要逐一检查，符合要求后方可利用；点选定后，应按规定建立标志，并绘制点之记。

### 7.4.3 外业观测

#### 7.4.3.1 外业观测计划设计

（1）编制 GPS 卫星可见性预报图　利用卫星预报软件，输入测区概略坐标、作业时间、卫星截止高度角等，利用不超过 20 天的星历文件即可编制卫星预报图。通过编制卫星预报图，选择最佳的观测时段即卫星≥4 颗且分布均匀，PDOP（空间位置因子）值小于 6 的时段进行观测。

（2）编制作业调度表　应根据仪器数量、交通工具状况、测区交通环境及卫星预报状况制定作业调度表（表7-4）。

表 7-4　GPS 测量作业调度表

| 时段编号 | 观测时间 | 测站号、观测人、机器号 | 测站号、观测人、机器号 | 测站号、观测人、机器号 | 测站号、观测人、机器号 | 测站号、观测人、机器号 | 测站号、观测人、机器号 |
|---|---|---|---|---|---|---|---|
| 1 | | | | | | | |
| | | | | | | | |
| 搬站 | | | | | | | |
| 2 | | | | | | | |
| | | | | | | | |
| 搬站 | | | | | | | |
| 3 | | | | | | | |
| | | | | | | | |

#### 7.4.3.2 技术指标

不同等级的 GPS 测量对接收机有不同的要求。《全球定位系统（GPS）测量规范》规定见表 7-5。

各级 GPS 测量还应满足表 7-6 中所列的基本技术要求。

表 7-5　GPS 接收机的选用

| 级别 | AA | A | B | C | D、E |
|---|---|---|---|---|---|
| 单频或双频 | 双频/全波长 | 双频/全波长 | 双频 | 双频或单频 | 双频或单频 |
| 至少应具有的观测量 | $L_1$、$L_2$ 载波相位 | $L_1$、$L_2$ 载波相位 | $L_1$、$L_2$ 载波相位 | $L_1$ 载波相位 | $L_1$ 载波相位 |
| 同步观测的接收机数量 | ≥5 | ≥4 | ≥4 | ≥3 | ≥2 |

表 7-6　各级 GPS 测量的基本技术要求

| 级　别<br>项　目 | | | AA | A | B | C | D | E |
|---|---|---|---|---|---|---|---|---|
| 卫星截止高度角(°) | | | 10 | 10 | 15 | 15 | 15 | 15 |
| 同时观测有效卫星数 | | | ≥4 | ≥4 | ≥4 | ≥4 | ≥4 | ≥4 |
| 有效观测卫星总数 | | | ≥20 | ≥20 | ≥9 | ≥6 | ≥4 | ≥4 |
| 观测时段数 | | | ≥10 | ≥6 | ≥4 | ≥2 | ≥1.6 | ≥1.6 |
| 时段长度(min) | | 静态 | ≥720 | ≥540 | ≥240 | ≥60 | ≥45 | ≥40 |
| | 快速静态 | 双频 + P 码 | — | — | — | ≥10 | ≥5 | ≥2 |
| | | 双频全波长 | — | — | — | ≥15 | ≥10 | ≥10 |
| | | 单频或双频半波长 | — | — | — | ≥30 | ≥20 | ≥15 |
| 采样间隔(s) | | 静态 | 30 | 30 | 30 | 10~30 | 10~30 | 10~30 |
| | | 快速静态 | — | — | — | | | |
| 时段中任一卫星有效观测时间(min) | | 静态 | ≥15 | ≥15 | ≥15 | ≥15 | ≥15 | ≥15 |
| | 快速静态 | 双频 + P(Y)码 | — | — | — | ≥1 | ≥1 | ≥1 |
| | | 双全波 | — | — | — | ≥3 | ≥3 | ≥3 |
| | | 单频或双频半波 | — | — | — | ≥5 | ≥5 | ≥5 |

说明：(1)"观测时段≥1.6"是指每站观测一时段，其中至少有 60% 的测站又观测了一个时段。

### 7.4.3.3　野外观测

野外观测包括以下内容：

(1)安置 GPS 接收机　安置 GPS 接收机包括对中、整平、量取天线高。其中对中误差应不大于 3mm。量取天线高时可用专用量高设备或钢卷尺在互为 120° 的三处量取天线高，当互差不大于 3mm 时取中数采用。否则应重新对中、整平天线后再量取。

(2)观测　各作业组必须严格遵守调度命令，按规定的时间进行作业。一个时段观测过程中，不允许进行以下操作：关闭接收机又重新启动；进行自测试(发现故障除外)；改变卫星高度角；改变数据采样间隔；改变天线位置等。观测时在接收天线 50m 以内不得使用电台，10m 以内不得使用对讲机。

每时段观测前后各量取天线高一次，互差小于 3mm，并取中数作为最后的天线高。较差超限时要查明原因。

(3)观测记录　在观测前和作业过程中，作业员应随时填写测量手簿中的记录项目。其记录格式应参照现行规范执行，具体可按表 7-7 的项目记录。

**表 7-7 GPS 外业观测手簿**

观测者姓名 ＿＿＿＿＿＿＿＿＿＿　　日　　期＿＿＿＿＿＿＿年＿＿＿＿＿月＿＿＿＿＿日

测 站 名 ＿＿＿＿＿＿＿＿＿＿　　测 站 号＿＿＿＿＿＿时段号＿＿＿＿＿＿＿＿＿

天 气 状 况 ＿＿＿＿＿＿＿＿＿＿

| 测站近似坐标： | 本测站为 |
|---|---|
| 经度：E ＿＿＿＿＿°＿＿＿＿＿′ | □＿＿＿＿＿＿＿新点 |
| 纬度：N ＿＿＿＿＿°＿＿＿＿＿′ | □＿＿＿＿＿＿＿等大地点 |
| 高程：＿＿＿＿＿＿＿＿＿＿（m） | □＿＿＿＿＿＿＿等水准点 |
|  | □＿＿＿＿＿＿＿ |

记录时间：□北京时间

开录时间＿＿＿＿＿＿＿＿＿＿　　　　　　结束时间＿＿＿＿＿＿＿＿＿＿

接收机号＿＿＿＿＿＿＿＿＿＿

天线高：（m）

测前：

1. ＿＿＿＿＿＿＿＿　　2. ＿＿＿＿＿＿＿＿　　平均值＿＿＿＿＿＿＿

测后：

1. ＿＿＿＿＿＿＿＿　　2. ＿＿＿＿＿＿＿＿　　平均值＿＿＿＿＿＿＿

天线高值：（m）＿＿＿＿＿＿＿＿＿

| 天线高量取方式略图 | 测站略图及障碍物情况 |
|---|---|
|  |  |

备注

## 7.4.4 数据处理

利用 GPS 随机配备的商用软件可将外业观测数据从接收机中下载，并将数据经基线解算、环闭合差检验、自由网平差、约束平差等步骤计算出各 GPS 控制点坐标，得到最终成果。

## 7.4.5 成果检核

外业观测结束后，应及时卸载有关资料并进行数据处理，以便对外业数据的质量进行检核。检核的项目有：

数据剔除率 一时段内观测值的剔除率应小于 10%。

重复观测边的检核 同一条基线边如果观测了多个时段，则可得到多个边长结果，这种具有多个独立观测结果的边就是重复观测边。对于重复观测边的任意两个时段成果之差应满足下式：

$$ds \leq 2\sqrt{2}\,\sigma$$

式中：$\sigma$——相应等级所规定的精度（按平均边长计算）。

同步环检核 三边同步环闭合差应满足下式：

$$\begin{cases} W_x \leqslant \dfrac{\sqrt{3}}{5}\sigma \\[2mm] W_y \leqslant \dfrac{\sqrt{3}}{5}\sigma \\[2mm] W_z \leqslant \dfrac{\sqrt{3}}{5}\sigma \end{cases}$$

全长闭合差 $w = \sqrt{w_x^2 + w_y^2 + w_z^2} \leqslant \dfrac{3}{5}\sigma$

对于 4 站或 4 站以上的同步观测来说，可以产生大量同步闭合环，应用上述方法检查一切可能的三边环闭合差。

独立环闭合差及附合路线坐标闭合差 C、D、E 级 GPS 网及 B 级网外业基线预估计的结果应满足下式：

$$\begin{cases} W_x \leqslant 3\sqrt{n}\,\sigma \\[2mm] W_y \leqslant 3\sqrt{n}\,\sigma \\[2mm] W_z \leqslant 3\sqrt{n}\,\sigma \\[2mm] W_s \leqslant 3\sqrt{3n}\,\sigma \end{cases}$$

式中：$W_x$，$W_y$，$W_z$——坐标分量闭合差；

$\quad\quad W_s$——全长闭合差。

### 7.4.6 重测和补测

当复测基线边长较差超限、同步环闭合差超限、独立环闭合差或附合路线的闭合差超限时，可剔除该基线而不用重测，但剔除该基线后的独立环所含基线数不得超过表 7-3 中的规定，否则，应重测该基线或有关的同步图形。当测站的观测条件很差而造成多次重测后仍不能满足要求时，应按技术设计要求重新选择点位进行观测。

### 7.4.7 GPS 控制测量示例

以下是某地四等 GPS 控制网(图 7-12)。

利用中海达 GPS 数据处理软件(HDS2003)对测得的 GPS 数据进行测后处理，分为以下步骤：导入数据、基线解算、环闭合差检验、自由网平差、约束平差。WGS-84 坐标转化为其他坐标系的坐标的转化工作在约束平差中进行。

其中，YZP0 是已知点，基线 YZP0-ASP0 的方位角已知。基线解算，同步环、异步环解算合格。《全球定位系统城市测量技术规程》规定四等网最弱边相对中误差不超过 1/45 000，结果符合要求。

约束平差的最终坐标平差值结果见表 7-8。

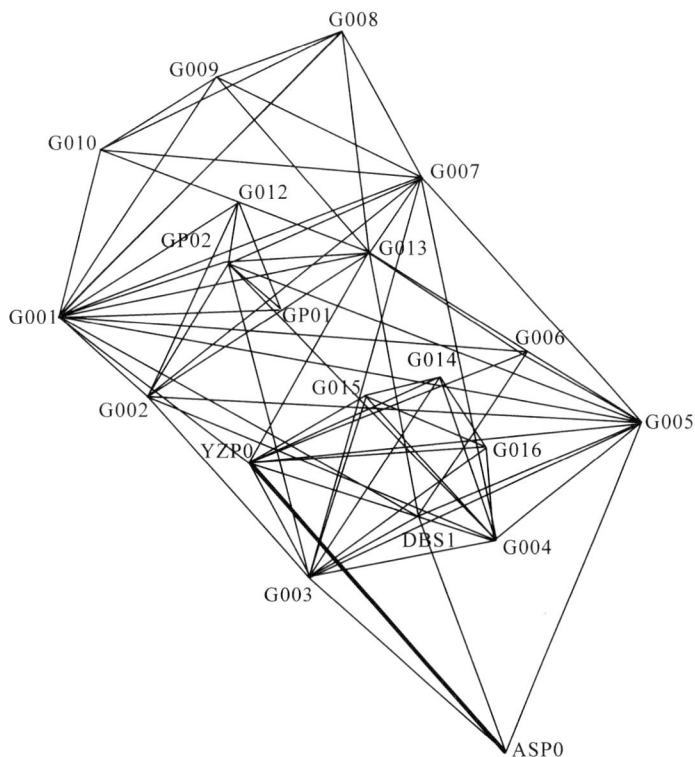

**图 7-12 某地 GPS 四等网**

**表 7-8 最终坐标平差值**

| 点名 | x | y | 正高（m） | 平面中误差 |
|------|---|---|----------|-----------|
| | 中误差（m） | 中误差（m） | 中误差（m） | |
| ASP0 | 3 347 781. 848 8 | 35 503 202. 818 8 | 539. 369 7 | 0. 004 5 |
| | 0. 003 3 | 0. 003 0 | 0. 004 5 | |
| DBS1 | 3 350 074. 033 4 | 35 502 461. 922 0 | 491. 853 7 | 0. 002 3 |
| | 0. 001 7 | 0. 001 6 | ＊＊＊＊＊ | |
| G001 | 3 352 048. 047 6 | 35 499 331. 768 1 | 460. 743 6 | 0. 002 5 |
| | 0. 001 8 | 0. 001 7 | 0. 001 4 | |
| G002 | 3 351 280. 069 6 | 35 500 102. 768 6 | 466. 637 5 | 0. 002 4 |
| | 0. 001 8 | 0. 001 7 | 0. 001 7 | |
| G003 | 3 349 483. 974 4 | 35 501 512. 151 6 | 524. 200 7 | 0. 002 3 |
| | 0. 001 7 | 0. 001 5 | 0. 001 4 | |
| G004 | 3 349 849. 140 7 | 35 503 143. 373 5 | 468. 233 2 | 0. 002 4 |
| | 0. 001 7 | 0. 001 7 | 0. 002 0 | |
| G005 | 3 351 000. 928 9 | 35 504 410. 761 5 | 471. 091 5 | 0. 002 3 |
| | 0. 001 7 | 0. 001 5 | 0. 001 2 | |

（续）

| 点名 | $x$ | $y$ | 正高（m） | 平面中误差 |
|---|---|---|---|---|
| | 中误差（m） | 中误差（m） | 中误差（m） | |
| G006 | 3 351 682.455 8 | 35 503 384.817 2 | 498.627 3 | 0.002 6 |
| | 0.001 9 | 0.001 8 | 0.001 6 | |
| G007 | 3 353 382.280 5 | 35 502 500.333 0 | 505.603 2 | 0.002 5 |
| | 0.001 8 | 0.001 7 | ＊＊＊＊＊ | |
| G008 | 3 354 841.593 9 | 35 501 812.467 5 | 474.666 1 | 0.002 9 |
| | 0.002 2 | 0.001 9 | 0.001 8 | |
| G009 | 3 354 397.116 5 | 35 500 713.423 9 | 471.940 9 | 0.002 9 |
| | 0.002 1 | 0.001 9 | 0.001 9 | |
| G010 | 3 353 694.850 6 | 35 499 710.864 3 | 452.093 7 | 0.002 6 |
| | 0.001 9 | 0.001 7 | 0.001 6 | |
| G012 | 3 353 162.841 6 | 35 500 906.393 4 | 429.652 7 | 0.002 9 |
| | 0.002 1 | 0.002 0 | ＊＊＊＊＊ | |
| G013 | 3 352 665.575 8 | 35 502 051.136 0 | 467.007 9 | 0.002 4 |
| | 0.001 7 | 0.001 6 | 0.001 1 | |
| G014 | 3 351 453.670 8 | 35 502 645.804 8 | 478.227 7 | 0.003 6 |
| | 0.002 7 | 0.002 3 | 0.004 1 | |
| G015 | 3 351 282.168 6 | 35 502 009.900 6 | 480.237 9 | 0.002 7 |
| | 0.001 9 | 0.001 9 | 0.002 9 | |
| G016 | 3 350 768.010 8 | 35 503 048.588 5 | 456.433 3 | 0.002 7 |
| | 0.001 9 | 0.001 9 | 0.002 9 | |
| GP01 | 3 352 099.740 4 | 35 501 286.424 2 | 425.037 7 | 0.002 9 |
| | 0.002 1 | 0.002 0 | ＊＊＊＊＊ | |
| GP02 | 3 352 586.564 7 | 35 500 756.722 2 | 422.020 7 | 0.002 6 |
| | 0.001 9 | 0.001 8 | ＊＊＊＊＊ | |
| YZP0 | 3 350 610.900 0 | 35 500 979.400 0 | 508.649 8 | ＊＊＊＊＊ |
| | ＊＊＊＊＊ | ＊＊＊＊＊ | ＊＊＊＊＊ | |

最弱点中误差见表7-9。

表7-9 最弱点平面中误差

| 点名 | $x$ | $y$ | 正高（m） | 平面中误差 |
|---|---|---|---|---|
| | 中误差（m） | 中误差（m） | 中误差（m） | |
| ASP0 | 3 347 781.848 8 | 35 503 202.818 8 | 539.369 7 | 0.004 5 |
| | 0.003 3 | 0.003 0 | 0.004 5 | |

## 7.5 差分 GPS

GPS 实时单点定位受 GPS 卫星钟差、大气电离层和对流层对 GPS 信号的延迟等误差的影响，定位精度较低。为了提高实时定位精度，可采用差分 GPS 定位。差分 GPS 的工作原理是：GPS 卫星钟差、电离层和对流层的折射误差等总体上有较好的相关性，当相距不太远的两个测站在同一时间进行单点定位时，上述误差对两站的影响就大体相同。如果在已知点上配备一台 GPS 接收机并和用户一起进行 GPS 观测，就可能求得每个观测时刻由于上述误差而造成的影响。假如该已知点还能通过数据通信链将求得的误差改正数及时发送给在附近工作的用户，那么这些用户在施加改正数后，其定位精度就能大幅度提高，该已知点称为基准站。

差分 GPS 根据其系统构成的基准站个数可分为单基准站差分、多基准站的局部区域差分和广域差分；根据信息的发送方式，又可分为位置差分、伪距差分和载波相位差分。

### 7.5.1 位置差分

位置差分是假设基准站的精密坐标已知，将基准站 GPS 接收机测出的坐标值与已知坐标比较，可得坐标改正数。基准站用数据链将这些改正数发送出去，流动站在解算时加入坐标改正数进行修正。位置差分的优点是计算简单，适用于各种型号的 GPS 接收机，但位置差分要求流动站与基准站必须观测同一组卫星，这在距离较近时可以做到，但距离较远时很难满足。故位置差分只适用于 100km 以内。

### 7.5.2 伪距差分

伪距差分是根据基准站的已知坐标和卫星星历给出的卫星坐标求出各卫星到基准站的几何距离，将此距离作为距离精确值与基准站所测伪距值进行求差，从而得到伪距改正数。基准站通过数据链将伪距改正数及其变化率发送给流动站，流动站接收差分信号后，对所接收的每颗卫星伪距观测值进行修正，然后再进行定位。

由于伪距差分是对每颗卫星伪距观测值进行修正，所以，不要求基准站与流动站接收的卫星完全一致，只要求有 4 颗以上相同卫星即可。其差分精度取决于差分卫星个数、卫星空中分布状况、差分修正延迟时间及流动站到基准站的距离。伪距差分能将两站公共误差抵消，但差分精度随基准站到流动站的距离增加而降低。

### 7.5.3 载波相位差分技术

位置差分和伪距差分，能满足米级定位精度，已广泛应用于导航、水下测量等。

载波相位差分技术又称 RTK(Real Time Kinematic)技术，是实时处理 2 个测站载波相位观测量的差分方法，能够实时地提供测站点在指定坐标系中的三维定位结果，并达到厘米级精度。

在 RTK 作业模式下(图 7-13)，基准站通过数据链将其观测值和测站坐标信息一

**图 7-13　RTK 定位原理**

起传送给流动站。流动站不仅通过数据链接收来自基准站的数据，还要采集 GPS 观测数据，并在系统内组成差分观测值进行实时处理，同时给出厘米级定位结果，历时不到 1s。

流动站可处于静止状态，也可处于运动状态。可在固定点上先进行初始化后再进入动态作业，也可在动态条件下直接开机，并在动态环境下完成整周模糊度的搜索求解。在整周未知数解固定后，即可进行每个历元的实时处理，只要能保持 4 颗以上卫星相位观测值的跟踪和必要的几何图形，则流动站可随时给出厘米级定位结果。

RTK 定位可广泛用于控制测量、地形测图和工程施工放样，极大地提高了外业作业效率。但 RTK 定位也同样受到基准站至流动站距离的限制，差分距离不可太远。

## 7.5.4　网络 RTK

常规 RTK 技术有一定的局限性，主要表现为：用户需要架设本地的基准站；误差随距离增加；误差增加使流动站和基准站距离受到限制（<15km）。

多基准站 RTK 技术（网络 RTK），是对常规 RTK 方法的改进。网络 RTK 系统由若干个连续运行的 GPS 基准站、计算中心、数据发布中心和移动站（用户 - GPS 接收机）组成。目前，应用于网络 RTK 数据处理的方法有很多，而虚拟参考站（Virtual Reference Station，VRS）技术最为成熟。在 VRS 网络中，各固定参考站（基准站）不直接向移动用户发送任何改正信息，而是将所有的原始数据通过数据通讯线发给控制中心。同时，移动用户在工作前，先通过无线网络 GSM 的短消息功能向控制中心发送一个概略坐标，控制中心收到这个位置信息后，根据用户位置，由计算机自动选择最佳的一组固定基准站，根据这些站发来的信息，整体的改正 GPS 信号的轨道误差和大气折射引起的误差，并将高精度的差分信号发给移动站。这个差分信号的效果相当于在移动站旁边，生成一个虚拟的参考基站，从而解决了 RTK 作业距离上的限制问题，并保证了用户的精度。

随着 GPS 技术应用的日益广泛和不断发展，各种用途的连续运行参考系统（CORS）相继建成。连续运行参考系统（Continuously Operating Reference System，简称 CORS）是利用全球导航卫星系统（GNSS）、计算机、网络和通信等技术构成的地球参考坐标和地球动力学服务系统，是网络与 GNSS 定位技术及现代大地测量、地球动力学融合的成果。CORS 不仅是动态的、连续的空间数据参考框架，同时也是快速、高精度获取空间数据和地理特征的设施之一。CORS 通常由若干连续运行参考站（基准站）、一个系统中心以及将它们连接起来的通信链路汇集到系统中心，由系统中心进行综合处理，向用户提供移动定位、动态连续的空间框架等空间位置信息服务。重庆市的 CORS 系统有 5 个参考站，分别位于巴南区、璧山、长寿区、合川以及渝北空港区。

## 7.6 GPS 测量的误差来源及相应措施

在 GPS 测量中，影响测量精度的主要误差来源可分为三类：一是与 GPS 卫星有关的误差；二是与信号传播有关的误差；三是与接收设备有关的误差。

与 GPS 卫星有关的误差有：星历误差与模型误差；卫星钟差与稳定性；卫星摄动等。

与信号传播有关的误差有：电离层延迟、对流层延迟及多路径效应等。

与接收设备有关的误差有：接收机噪声、接收机钟差、接收机天线相位中心的稳定性等。

根据误差的性质，又可将上述误差分为系统误差和偶然误差两大类。对这两种误差应采取不同的措施予以消除或削弱。

系统误差主要包括卫星的轨道误差、卫星钟差、接收机钟差、电离层延迟以及对流层延迟等。对于系统误差，一般根据其产生的原因和大小而采取以下不同的措施：第一种，建立系统误差模型，对观测量加以修正，比如电离层延迟、对流层延迟。第二种，将不同观测站对相同卫星的同步观测值求差，以减弱或消除系统误差的影响，比如卫星钟差。第三种，忽略某些系统误差的影响，比如卫星的轨道误差。

对于有的系统误差，则可能采用以上措施中的几种措施，如大气折射误差，先是用导航电文提供的数学模型计算修正观测值，然后再进一步用同步观测值求差的办法予以削弱。

偶然误差主要包括多路径效应和观测误差等，偶然误差是平差处理的对象。

---

### 思考题

1. 名词解释：相对定位、整周跳变、静态定位、同步环、异步环。

2. GPS 定位的特点是什么？

3. 全球定位系统(GPS)的组成以及各部分在导航定位中的作用。

4. 简述载波相位差分技术。

5. 差分 GPS 的基本工作原理是什么？包括哪几种类型的差分？

6. GPS 网的图形有哪几种？简述其优缺点。

7. 从误差源来讲，GPS 测量误差主要有哪几类？

8. 若某 GPS 网由 100 个点组成，要求每点设站次数不小于 2，若 5 台 GPS 接收机进行观测，问：至少需要进行多少个时段的观测？此时总基线数 $J_总$、独立的基线向量数 $J_独$ 各为多少？

9. E 级网对相邻点间基线长度的精度要求为：固定误差小于 10mm，比例误差小于 $20 \times 10^{-6}$。问对于长度为 1km 的基线，其标准差限制约为多少？

## 本章可供参考书目

1. GPS 卫星测量原理与应用. 周忠谟. 测绘出版社, 1997.

2. 现代测量学. 李天文. 科学出版社, 2006.

3. GPS 测量原理及应用. 徐绍铨, 等. 武汉大学出版社, 2003.

4. GPS 测量与数据处理. 李征航, 黄劲松. 武汉大学出版社, 2005.

# 第 **8** 章

# 大比例尺地形图测绘

本章以大比例尺地形图的测绘为主线,重点介绍地形图的比例尺、地物和地貌在地形图上的表示方法、地形图测绘的内容、测图的准备工作;大比例尺地形图测绘的原理与方法、地形图的拼接、检查和整饰及地形图修测等内容。通过本章的学习,使学生了解地形图的基本知识,并掌握测绘大比例尺地形图的基本技能。

地图是指按一定法则，有选择地在平面上表示地球表面上各种自然现象和社会现象的图。按内容，地图可分为普通地图和专题地图。普通地图是综合反映地面上物体和现象一般特征的地图，其内容主要包括各种自然地理要素（如地貌、水系、植被等）和社会经济要素（如居民点、行政区划、交通路线等），它不突出表现其中某一种要素；专题地图是着重表示自然现象或社会现象中的某一种或几种要素的地图，如水系分布图、地籍图、交通旅游图等。

普通地图包括地形图和普通地理图。地形图是按一定的比例，用规定的符号表示地物和地貌的平面位置和高程的正射投影图，其内容非常详细而精确。普通地理图的内容则较为概括，主要强调反映制图区域的基本特征和各要素的地理分别规律。

地形测量的成果是各种不同比例尺的地形图。而大比例尺测图所研究的问题，就是在局部地区根据工程建设的需要如何将客观存在于地表的地物、地貌真实地测绘到图纸上。其特点是，测区范围较小，测图比例尺大，精度要求较高。

## 8.1　地形图的比例尺

绘制各种图件时，实地的图形必须经缩小后才能绘在图纸上。图上线段长度和相应地面线段的实际水平距离之比称为比例尺。

比例尺根据表示方法的不同，可分为数字比例尺和图示比例尺。

以分子为 1 的分数形式表示的比例尺为数字比例尺，它的分子为 1，分母为某一整数。设地面上某线段的水平长度为 $D$，图上相应线段长度为 $d$，则该图的比例尺为：

$$1 : M = d : D = 1 : (D/d) \tag{8-1}$$

上式的 $M$ 为比例尺分母。分母数值越大比例尺越小。

如果应用数字比例尺来绘图时，每一距离都要按同一缩小倍数来换算，这是非常不方便的，而且图纸用久之后，图上与地面的相应关系也与原比例尺不一样。为了避免计算和减少图纸变形的影响，有时须采用图示比例尺。

图示比例尺又分为直线和复式比例尺，最常见的图式比例尺为直线比例尺。

1 : 50 000

**图 8-1　直线比例尺**

如图 8-1 为 1 : 50 000 的直线比例尺，取 2cm 为基本单位，最左的 2cm 基本单位分成 20 等分，即每个小分划为 1mm 所表示相当于实地水平长度 50m，从该直线比例尺上可以直接量测到基本单位的 1/20，即 50m。

人的肉眼能分辨的图上最小距离为 0.1mm，如果地面上的一段长度按比例尺缩小后小于 0.1mm，在图上表示不出来。这种相当图上 0.1mm 的实地上的水平距离称为比例尺的精度。不同比例尺的精度如表 8-1。

表 8-1　不同比例尺的比例尺精度

| 比例尺 | 1:500 | 1:1 000 | 1:2 000 | 1:5 000 | 1:10 000 |
|---|---|---|---|---|---|
| 比例尺精度(m) | 0.05 | 0.1 | 0.2 | 0.5 | 1.0 |

　　根据比例尺的精度,可以确定在测图时量距应精确到什么程度。例如,测绘 1:1 000比例尺地图时,其比例尺精度为0.1m,故量距的精度只需到0.1m,实地小于 0.1m的距离在图上表示不出来。反过来也可以按照丈量地面距离的规定精度来确定 采用多大比例尺。例如:欲使图上能量出的实地最短线段长度为0.2m,则采用的比 例尺不得小于 0.1mm/0.2 m = 1/2 000。

　　通常所指的大比例尺测图系指 1:500 ~ 1:5 000 比例尺测图,而 1:10 000 ~ 1:50 000的称为中比例尺图,目前多用航测或综合法成图,小于或等于1:100 000 的称 为小比例尺图,则是根据较大比例尺地形图及各种资料编绘而成。更大比例尺的测图 主要是供特种建筑物(如桥址、主要厂房等)的详细设计和施工之用。在测绘这种比例 尺地形图时,面积更小,表示得更详细,要求精度更高。设计部门根据该工程设计时 对地形图精度和内容的要求不同而选择不同的比例尺。不同的设计阶段,也往往选择 不同的比例尺。在初步设计阶段,通常选择较小比例尺的地形图,而在施工设计时, 多数采用1:1 000 比例尺测图。对于城市市区或某些主体工程,要求精度高,常施测 1:500 比例尺地形图。应该指出,有的中小厂矿或单体工程在施工设计时采用1:500 比例尺测图,并不是因为 1:1 000 比例尺地形图的精度不够,而是嫌其图面较小,这 时则可考虑采用将原图放大的方法或适当放宽测图时的精度要求。

　　总之,大比例尺地形图是适应城市和工程建设的需要而施测的,专业性比较强, 保留期限不一,对地形图的要求也因各部门的特点而有所侧重,比例尺越大,表示地 物地貌的情况越详细,精度越高。但是对同一测区而言,采用较大比例尺测图往往比 采用较小比例尺测图的工作量和投资将增加数倍,因此采用哪一种比例尺测图,应从 工程规划、施工实际需要的精度,施测按有关技术规定出发,不应盲目追求更大比例 尺的地形图。

## 8.2　地物地貌在地形图上的表示方法

　　地形是地物和地貌的总称。地面上各种天然和人工的附着物如植物、河流、道 路、建筑物、构筑物等称为地物。地球表面高低起伏的形态,称为地貌。如山岭、谷 地、平原、盆地等。地形图是地球表面的地物和地貌在平面图纸上的缩影,地面上的 地物和地貌,应按国家测绘总局颁发的《地形图图式》中规定的符号表示于图上。

### 8.2.1　地物在地形图上的表示方法

　　地物在地形图上的表示原则是:凡是能依比例尺表示的地物,则将它们水平投影 位置的几何形状相似地描绘在地形图上,如房屋、河流、运动场等。或是将它们的边界位置表示在图上，边界内再绘上相应的地物符号，如森林、草地、沙漠等。对于不能依比例尺表示的地物，在地形图上是以相应的地物符号表示在地物的中心位置上，如水塔、烟囱、纪念碑、单线道路、单线河流等。

### 8.2.1.1  地物符号的分类

（1）按地图要素分类

①测量控制点；②居民地；③独立地物；④道路；⑤境界、管线和栅栏；⑥水系；⑦土质、植被；⑧注记；⑨图廓整饰。这种分类法跟图式的内容一致，便于绘图员从图式中查找符号。

（2）按符号与实地要素比例关系分类

①依比例符号——面状或带状符号  这类符号用轮廓线表示其范围，轮廓形状与实地平面图相似，缩小程度与成图比例尺一致，轮廓内用一定符号（填充符号或说明符号）或色彩表示这一范围内地物的性质。

②半比例符号——线状符号  各种境界、电力线以及宽度不能依比例表示的道路、河流等，即用此种符号表示。符号延伸方向可按比例尺缩绘，而宽度只能按《地形图图式》的规定表示。

③不依比例符号——独立符号  重要或目标显著的独立地物，如面积甚小，不能按成图比例尺表示时，须用一定形式与一定尺寸的符号表示，称为独立符号。此种符号只能表示物体的位置和意义，不能量测物体的大小。

表 8-2 为上述 3 种地物符号表示地物的形式。

表 8-2  地物符号的分类表示方法

| 名称 \ 类别 | 居民地 | 道路 | 灌木 | 河流 |
|---|---|---|---|---|
| 依比例 | | | | |
| 不依比例 | | | | |
| 半依比例 | | | | |

由表 8-2 可知，同一要素可能有不同的表示方式。例如同样是居民地，面积较大时能依比例表示，较小时用半依比例或不依比例符号表示。又如同一物体，在地形图比例尺较大时用依比例符号表示，而比例尺较小时只能用半依比例或不依比例符号表示。这种分类法指出了符号与地形图比例尺的关系，以便测绘人员能正确地表示出地面物体。

地形图上用文字和数字对地名、高程、楼房层数、水流方向加以说明者，称为注记符号。地形图图式所规定的常见地物符号见表8-3。

表8-3 地形图图式所规定的常见的地物符号

| 编号 | 符号名称 | 图 例 | 编号 | 符号名称 | 图 例 |
|------|----------|-------|------|----------|-------|
| 1 | 坚固房屋 4—房屋层数 | 坚4　1.5 | 7 | 经济作物地 | 0.8 3.0 蔗 10.0 10.0 |
| 2 | 普通房屋 2—房屋层数 | 2　1.5 | 8 | 水生经济作物地 | ∨ ∨ 藕 0.5 ∨ ∨ |
| 3 | 窑洞 1—住人的 2—不住人的 3—地面下的 | 1 ∩ 2.5 2 ∩ 3 ∩ | 9 | 水稻田 | 0.2 2.0 10.0 10.0 |
| 4 | 台 阶 | 0.5 0.5 0.5 | 10 | 旱 地 | 1.0 2.0 10.0 10.0 |
| 5 | 花 圃 | 1.5 1.5 10.0 10.0 | 11 | 灌 木 林 | 0.5 1.0 |
| 6 | 草 地 | 1.5 0.8 10.0 10.0 | 12 | 菜 地 | 2.0 2.0 10.0 10.0 |

（续）

| 编号 | 符号名称 | 图 例 | 编号 | 符号名称 | 图 例 |
|---|---|---|---|---|---|
| 13 | 高 压 线 | 4.0 →→ | 22 | 沟 渠<br>1—有堤岩的<br>2——般的<br>3—有沟堑的 | 1<br><br>2　→　03<br><br>3　→ |
| 14 | 低 压 线 | 4.0 → | | | |
| 15 | 电 杆 | 1.0 ○ | 23 | 公 路 | 沥：砾 |
| 16 | 电线架 | ←○→ | 24 | 简易公路 | :8.0: 20 |
| 17 | 砖、石及<br>混凝土围墙 | :10.0: 　0.5<br>:10.0:　10.0 ○ 0.3<br>0.5 | 25 | 大 车 路 | 0.15 碎石<br>0.3 |
| 18 | 土 围 墙 | | 26 | 小 路 | 4.0　1.0<br>0.3 |
| 19 | 栅栏、栏杆 | 1.0<br>○　○　○<br>10.0 | 27 | 三角点<br>凤凰山——点名<br>394.468 高程 | △ 凤凰山<br>394.468 |
| 20 | 篱 笆 | 1.0<br>×—×—×<br>10.0 | 28 | 图根点<br>1—埋石的<br>2—不埋石的 | 1 2.0 □ N16<br>84.46<br><br>2 1.5 ⊕ 25<br>62.74<br>2.5 |
| 21 | 活树篱笆 | 3.5　0.5　10.0<br>○○○ · ○ ○○ ·· ○○○○<br>1.0　0.8 | | | |

（续）

| 编号 | 符号名称 | 图　例 | 编号 | 符号名称 | 图　例 |
|---|---|---|---|---|---|
| 29 | 水准点 | $2.0 \overset{\otimes}{\cdots} \dfrac{\text{Ⅱ京石5}}{32.804}$ | 36 | 水龙头 | $3.5 \vdash 2.0$　1.2 |
| 30 | 旗杆 | 1.5　$4.0 \vdash 1.0$　1.0 | 37 | 钻孔 | $3.0 \cdots \odot \cdots 1.0$ |
| 31 | 水塔 | 2.0　$3.0\bigcirc 1.0$　1.2 | 38 | 路灯 | 1.5　1.0 |
| 32 | 烟囱 | 3.5　1.0 | 39 | 独立树<br>1—阔叶<br>2—针叶 | 1.5　1　3.0　0.7　2　3.0　0.7 |
| 33 | 气象站(台) | 3.0　4.0　1.2 | 40 | 岗亭、岗楼 | 90°　3.0　1.5 |
| 34 | 消火栓 | 1.5　$1.5 \vdash 2.0$ | 41 | 等高线<br>1—首曲线<br>2—计曲线<br>3—间曲线 | 0.15　87　1　0.3　85　2　0.15　6.0　3　1.0 |
| 35 | 阀门 | 1.5　$1.5 \vdash 2.0$ | | | |

## 8.2.2　地貌在地形图上的表示方法

地形图上所表示的内容除地物外，另一部分内容就是地貌。

地貌是指地球表面高低起伏、凹凸不平的自然形态。地球表面的形态，主要是由地球本身内部矛盾运动(内力和外力作用)的结果而形成的。因此，地球表面的自然形态多数是有一定规律性的，认识了这种规律性，然后采用恰当的符号，即可将它表示在图纸上。

### 8.2.2.1　地貌的基本形状及其名称

地貌虽然千姿百态，比较复杂，但一般可归纳为 5 种基本形状。

（1）山    较四周显著凸起的高地称为山，大者叫山岳，小者（比高低于 200m）叫山丘。山的最高点叫山顶，尖的山顶叫山峰。山的侧面叫山坡（斜坡）。山坡的倾斜在 20°～45°的叫陡坡，几乎成竖直形态的叫峭壁（陡壁）。下部凹入的峭壁叫悬岩，山坡与平地相交处叫山脚。如图 8-2 所示。

图 8-2    综合地地貌等高线

（2）山脊    山的凸棱由山顶延伸至山脚者叫山脊。山脊最高的棱线称山脊线（或分水线）。

（3）山谷    两山脊之间的凹部称为山谷。两侧称谷坡。两谷坡相交部分叫谷底。谷底最低点连线称山谷线（又称集水线或合水线）。谷地与平地相交处称谷口。

（4）盆地（洼地）    四周高中间低的地形叫盆地。最低处称盆底。盆地没有泄水，水都停滞在盆地中最低处。湖泊实际上是汇集有水的盆地。

（5）鞍部    两个山顶之间的低洼山脊处，形状像马鞍形，称为鞍部。

地球表面的形状，虽有千差万别，但实际上都可看做是一个个不规则的曲面。这些曲面是由不同方向和不同倾斜的平面所组成，两相邻倾斜面相交处即为棱线，这些棱线称为地貌特征线（地性线）。山脊和山谷都是棱线，如果将这些棱线端点的高程和平面位置测出，则棱线的方向和坡度也就确定。

在地面坡度变化的地方，比较显著的有：山顶点、盆地中心点、鞍部最低点、谷口点、山脚点、山坡坡度变换点等，都称为地貌特征点。这些特征点和特征线就构成了地貌的骨骼。在地貌测绘中，立尺点就应选择在这些特征点上。

#### 8.2.2.2　等高线表示地貌的方法

在地形图上，表示地貌的方法很多，目前常用等高线法。等高线能够真实反映出地貌形态和地面高低起伏。

(1)等高线的概念　在图8-3中，有一高地被等距离的水平面$P_1$、$P_2$和$P_3$所截，在各平面上得到相应的截线，将这些截线沿铅垂方向投影(即垂直投影)到一个水平面上，并按一定的比例尺缩绘在图纸上，便得到了表示该高地的一圈套一圈的闭合曲线，即等高线。所以等高线就是地面上高程相等的相邻各点连成的闭合曲线。也就是水平面与地面相交的曲线。

图8-3　等高线原理图

(2)等高距及等高距平距　从上述介绍中可以知道，等高线是一定高度的水平面与地面相截的截线。水平面的高度不同，等高线表示地面的高程也不同，相邻两条等高线之间的高差称为等高距，相邻两条等高线之间的水平距离，称为等高线平距。由地形图了解实际地貌的形状，是通过等高线的形状和等高线平距的变化来实现的。在同一地形图上，等高距是一个常数。而等高线的平距随地形的陡缓而变化，地势越平缓，平距越大，等高线越稀疏。反之，平距越小，等高线越密，地势越陡。因此，由等高线的疏密可以判断地势的陡缓。而地貌的形状，也可以通过等高线的形状看出来。

在同一比例尺地形图中，等高距愈小，图上等高线愈密，地貌显示就愈详细、确切。等高距愈大，图上等高线就愈稀，地貌显示就愈粗略。但不能由此得出结论：等高距愈小愈好。事物总是一分为二的，如果等高距很小，等高线非常密，不仅影响地形图图面的清晰，而且使用也不便，同时使测绘工作量大大增加，因此，等高距的选择必须根据测图比例尺的大小、地形高低起伏程度和使用地形图的目的等因素来决定。一般基本等高距的标准见表8-4。必须指出，在同一幅地形图上一般不能有两种不同的等高距。

表8-4　基本等高距表

| 比例尺 | 平坦地区(m) | 丘陵地(m) | 山地(m) | 高山地(m) |
|---|---|---|---|---|
| 1:500 | 0.5 | 0.5 | 0.5(或1) | 1 |
| 1:1 000 | 0.5 | 0.5(或1) | 1 | 1(或2) |
| 1:2 000 | 0.5(或1) | 1 | 2 | 2 |

图8-4 示坡线的表示

（3）示坡线 用等高线表示地形时，会发现盆地的等高线和山头的等高线在外形上非常相似。如图8-4(a)表示的为盆地地貌的等高线。图8-4(b)所表示的为山头地貌的等高线。它们之间的区别在于：山头地貌是里面的等高线高程大；盆地地貌是里面的等高线高程小。为了便于区别这两种地形，就在某些等高线的斜坡下降方向绘一短线来表示坡向，并把这种短线叫示坡线（图8-4）。盆地的示坡线一般选择在最高、最低两条等高线上表示，能明显地表示出坡度方向即可。山头的示坡线仅表示在高程最大的等高线上。

### 8.2.2.3 等高线的分类

为了更好地表示地貌的特征，便于识图用图和满足某些工程的需要，地形图上主要采用下列4种等高线：

（1）基本等高线（又称首曲线） 即按规范规定的等高距（基本等高距）勾绘的等高线，称为基本等高线或首曲线。陆地和岛屿的地面以平均海水面（高程为零）起勾绘第1条基本等高线，因此，地形图上基本等高线的高程应为基本等高距的整数倍。基本等高线以线粗0.15mm的细实线表示（图8-5），其上不注记高程。

（2）加粗等高线（又称计曲线） 为了读图方便，从平均海水面的等高线起，其间每隔4条加粗1条，把加粗的等高线称为计曲线（图8-5），因此地形图上计曲线的高程应为基本等高距5倍的整数倍。计曲线的线粗为0.3mm，在其上适当地方断开注记高程值。计曲线增加了地形图的立体感，同时由于计曲线注记了高程，使地形图清晰，使用方便。

（3）半等高距等高线（又称间曲线）是按1/2基本等高距勾绘的等高线，以虚线表示（图8-5）。以便显示首曲线不能显示的地貌特征。在局部范围内，为了适应工程需要，将地貌表示的更细致、

图8-5 首曲线、计曲线、间曲线的表示

更真实。在平地当首曲线间距过稀时，可加测间曲线，间曲线可不闭合，但一般应对称。

(4)助曲线 助曲线是按1/4基本等高距勾绘的，也是以虚线表示。

#### 8.2.2.4 等高线的特性

深刻了解等高线的特性是很重要的，只有这样才能正确地描绘等高线。等高线的规律和特性可归纳如下几条：

(1)在同一条等高线上的各点的高程相等。因为等高线是水平面与地表面的交线，而在一个水平面上的高程是一样的，所以等高线的这个特性是很明显的。但是不能得出结论说：凡高程相等的点一定在同一条等高线上。当水平面和两个山头相交时，会得出同样高程的两条等高线(图8-6)。

图8-6 两条相同高程的等高线

(2)等高线是闭合的曲线。一个无限伸展的水平面和地表面相交，构成的交线不可能不是一个闭合曲线。所以某一高程的等高线必然是一条闭合曲线。由于具体测绘地形图的范围是有限的，所以等高线若不在同一幅图内闭合，也会跨越一个或多个图幅闭合。按此特性，可得出等高线不能在图中间任意中断。在具体绘图时，等高线除遇有房屋、公路、某些工业设施及数字注记等地物符号时，为了使图面清晰需要中间断开之外，其他地方不能中断。只有间曲线可以在不需要表示的地方中断，因为它是辅助首曲线表示地貌的，它只在局部地区使用。

(3)不同高程的等高线一般不能相交。因为不同高程的水平面是不会相交的。所以，它们和地表面的交线也不会相交。但是一些特殊地貌，如陡壁、陡坎的等高线就会重叠在一起(图8-7)，这些地貌必须加用陡壁、陡坎符号表示。通过悬崖的等高线才可能相交(图8-8)。

图8-7 陡壁、陡坎的等高线

图8-8 悬崖的等高线

（4）等高线与分水线（山脊线）、合水线（山谷线）正交。由于等高线在水平方向上始终沿着同高的地面延伸着，因此等高线在经过山脊或山谷时，几何对称地在另一山坡上延伸，这样就形成了等高线与山脊线及山谷线在相交处成正交。如图 8-9 所示。

（5）经过河流的等高线横跨而过，必然在接近河岸时折向上游，与河岸相交后，再从对岸趋向下游。

（6）两等高线间的水平距离称为等高线平距，等高线间平距的大小与地面坡度的大小成反比。在同一等高距的情况下，如果地面坡度愈小，等高线在图上的平距愈大，反之，如果地面坡度愈大，则等高线在图上的平距愈小。换句话说，坡度陡的地方，等高线

图8-9　山脊线与山谷线

就密，坡度缓的地方，等高线就稀。等高线的这些特性是互相联系的，其中最本质的特性是第一个特性，其他的特性是由第一个特性所决定的。在碎部测图中，要掌握这些特性，才能用等高线较逼真地显示出地貌的形状。

## 8.2.3　地形图图式

地形图图式是地形图符号样式和描绘规则的规范，由国家测绘部门根据地形图的用途、比例尺、地面要素的特点以及制印的可能性等统一制定的。这样，既统一了国家制图标准，又保证了地图的质量，对制图和用图者都带来了方便。

地形图图式一般规定对地形图图式的基本原则加以说明，以便测绘人员正确使用图式。对描绘地图有以下规定。

（1）符号的定位与描绘方向　除说明符号和填绘符号外，各类符号都规定有一个点或一条线代表相应地面要素的中心位置。这个点或线称为符号的定位点或定位线。描绘时，必须使符号定位点（线）与相应要素的图上位置重合。符号定位点（线）的确定，除图式特别规定者外，一般规则为：

①单个几何图形的符号或中部为几何图形的符号，其几何中心为定位点，见表 8-5a。

②下部为几何图形的符号，以下部图形的几何中心为定位点，见表 8-5b。

③宽底图形的符号，以底边中心为定位点，见表 8-5c。

④底部为直角形的符号，以直角顶点为定位点，见表 8-5d。

⑤底部为开口的符号，以其下方两端点连线的中心为定位点，见表 8-5e，如果这个符号的中心位置标有一点，则此点为定位点。

⑥线状符号，以符号中心线或主轴线为定位线，见表 8-5f 单线河与铁路符号的中心线代表实地中心线位置，城墙符号以主轴线（粗线）作为实地中心线的位置。

符号的描绘方向，是指符号方向与相应地面要素方向的关系。对于依比例符号和半依比例符号，都应按真方向绘出，即符号方向与相应地面要素方向一致。对不依比例符号的描绘方向，按以下规定处理。

表8-5 符号的定位与描绘方向

| a | 单个几何图形 | 水准点 | ⊗ | 三角点 | △ | 水力发电站 | ✕ |
| b | 下部为几何图形 | 塔形建筑物 | ◖ | 变电所 | ⚡ | 无线电杆 | ⚡ |
| c | 宽底图形 | 宝塔 | ♠ | 碑 | ⌂ | 孤峰 | ▲ |
| d | 底部为直角形 | 路标 | ⌐ | 独立树 | ♀ | 加油站 | ♀ |
| e | 底部为开口 | 窑 | ⋀ | 亭 | ⬠ | 山洞 | ⊓ |
| f | 线状符号 | 单线河 | ～ | 铁路 | ▬▭▬ | 城墙 | ⊓⊔⊓ |

①采用俯视平面图形作为符号图案的(或构成符号的基部),则应按真方向描绘,如独立房屋、桥梁、变电所等。

②与地貌密切配合的符号(如山洞、窑洞、泉等)应顺山坡方向描绘。

③其余独立符号一律按直立方向绘出,即与南图廓边垂直。

(2)线粗、点大的规定 凡是图式中未注明尺寸的线粗和点子相应为0.1mm和0.15mm。(不同比例尺的图式,其规定不尽相同)未注明尺寸的线划长可参照图式中符号样图描绘。

## 8.3 测图前的准备工作

地形控制结束后,为了保证地形测图的顺利进行,测图前必须做好各项准备工作。包括踏勘、了解测区的地形;抄录控制点的平面及高程成果并了解其完好情况。根据测图比例尺、测区地形起伏状况及所测地形图的使用要求等确定等高距,并按测图技术规范要求进行测图技术设计,撰写测图技术说明书;准备工具、器材和材料;对测图用的仪器进行必要的检验和校正;拟定作业计划以及选用图纸,绘制坐标格网和展绘控制点。

### 8.3.1 图纸的选用

目前作业单位已广泛地采用聚酯薄膜作为测图纸进行测图。其厚度为0.05~0.10mm(以0.07mm)为宜,这种经打毛后的聚酯薄膜,其优点是:伸缩性小,无色透明,牢固耐用,经过热定型处理后伸缩率小于0.03%。化学性能稳定,质量轻,不怕潮湿,便于携带和保存。清绘的聚酯薄膜原图可不必经过照相而直接制版印刷成图,使生产工序简化,缩短了成图周期,提高了工效,降低了成本。但聚酯薄膜易燃,有折痕后不能消除,要注意防火,防止接触高温,在测图、使用和保管过程中要特别注意。

测图时,在测图板上先垫一张硬胶板和浅色薄纸,衬在聚酯薄膜下面,然后用胶带纸或铁夹将其固定在图板上,即可进行测图。若用聚酯薄膜直接晒蓝图,可采用特制的铅笔绘图,只要绘图员注意字体端正,线条均匀,符号统一,整洁美观,即可直接晒蓝图，减少描图工序。当缺乏聚酯薄膜时也可选用优质的绘图纸作为原图进行测绘。如绘图纸需要长期保存，为了减小其收缩，则需将图纸裱糊于测图板上。

测图用的图板通常采用铝板或胶合板作为底板，图板大小有 50cm×50cm 和 60cm×60cm，板的正面裱糊图纸，以供测图用。底板表面要平整，并用砂纸磨去其棱角，以防裱糊后发生破裂。

### 8.3.2 绘制坐标格网

地形图的精确性，除与控制点测量和地形测图的精度有关外，也与控制点展绘在图上的位置精度有关。控制点是根据其直角坐标的 $x$，$y$ 值，先展绘在图纸上，然后到野外测图，为了能使控制点的位置在测图纸上展绘比较精确，则需在图纸上先绘制直角坐标格网(又称方格网)。到测绘仪器用品商店购买的聚酯薄膜测图纸是已印好坐标格网的，要求自己绘制坐标格网时，一般采用下面的对角线法进行绘制。

坐标格网是由等边的正方形组成，方格边长一般为 10cm。对角线法是根据矩形的对角线相等且相互平分的性质来绘制的。

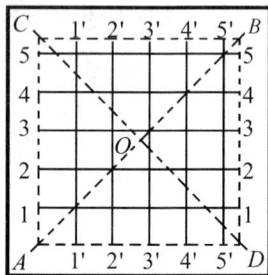

图 8-10 用对角线法绘制坐标方格网

如图 8-10，先用经检定合格的直线尺绘制图纸的两条对角线交于 $O$ 点，以 $O$ 为圆心，以略大于图幅对角线长度的一半为半径，分别截取线段 $OA = OB = OC = OD$。得 $A$、$B$、$C$、$D$ 四点，连接此四点即成一矩形 $ACBD$。在矩形的 $AC$ 和 $AD$ 边上分别从 $A$ 点开始，每隔 10cm 截取一点，再在矩形的 $CB$ 边与 $DB$ 边上，分别从 $C$、$D$ 点开始，以同样方法截点，连接相应各点即得坐标格网。

方格网绘制的准确性，直接影响到解析点展绘的精度。因此，无论用什么方法绘制的方格网，都必须加以检查。检查的项目与精度要求是：①方格网线粗不应超过 0.1mm，并且均匀。②用标准直尺检查方格网线段的长度与理论值相差不得超过 0.2mm。③将直尺边与方格网的对角线重合，各相应的方格顶点应在同一直线上，偏离不应大于 0.2mm。④方格网对角直线长度误差应小于 0.3mm，如超过规定的限差应重新绘制。从测绘用品商店购买已绘制好坐标格网的聚酯薄膜，也应认真进行上述几项检查，检查合格后，方可使用。

### 8.3.3 展绘控制点

根据测区"平面控制布置及分幅图"，抄录并核对有关图幅内控制点的点号、坐标、控制点等级及相邻点间的距离等，用来进行展点并留作测图时检查之用。

展绘控制点就是把测区内的所有控制点根据其坐标按照测图比例尺画在图纸上，并在旁边注明相应的点号和高程。

在展点时，首先确定控制点所在的方格。如图 8-11 中，1:1 000 的比例尺，控制点 $C$ 的坐标 $x$：1352.136m，$y$：961.007m，根据点 $C$ 的坐标，知道它是在 $lmnp$ 方格内，然后从 $p$ 点和 $n$ 点向上用比例尺量取 52.136m，得出 $a$、$b$ 两点，再从 $p$、$l$ 向右

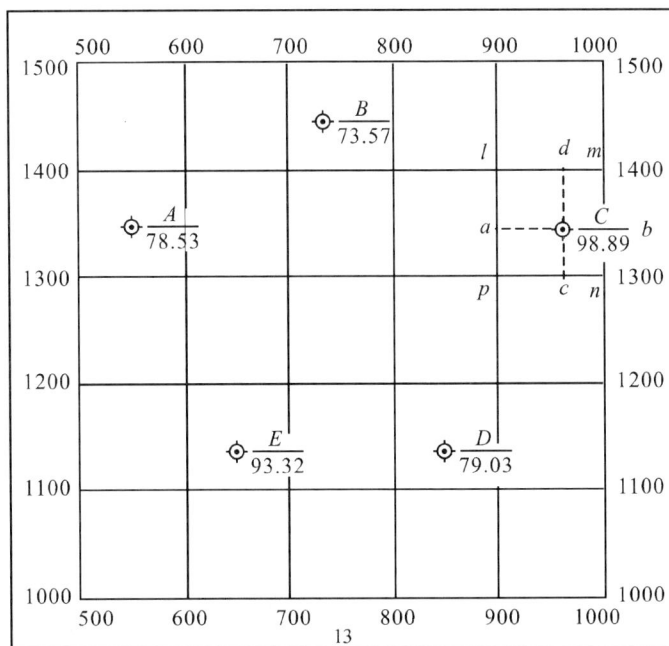

**图 8-11 控制点的展绘**

用比例尺量 61.007m。得出 $c$、$d$ 两点。$ab$ 和 $cd$ 的交点即为点的位置。

同法将其他各点展绘在坐标方格网内，各点展绘好后，也要认真检查一次，此时可用比例尺在图上量取各相邻控制点之间的距离，和已知的边长相比较，其最大误差在图纸上不得超过 0.3mm，否则应重新展绘。

当控制点的平面位置绘在图纸上后，按图式要求绘出相应控制点的符号，还应注上点号和高程。高程注记到厘米。

用一般直尺展点只能估读到尺子最小格值的 1/10。如要正确地读出最小格值的 1/10，则可用复式比例尺。复式比例尺常刻在金属板上，在展点时用分规在尺上量取需要的长度再转到地形图上。

# 8.4 地形图测绘的内容

地形图的测绘内容包括地物测绘和地貌测绘两大部分。

## 8.4.1 地物的测绘

测绘地物的一般原则：地物测绘主要是将地物的形状特征点测定下来，例如：地物占地轮廓的转折点、交叉点、曲线上的弯曲变换点、独立地物的中心点等。连接这些特征点，便得到与实地相似的地物形状。

测绘地物必须根据规定的测图比例尺，按规范和图式的要求，对地物进行综合取舍，将各种地物表示在图上。国家测绘总局和有关的勘测部门制定的各种比例尺的规范和图式，是测绘地形图的依据，必须遵守。例如规范规定，对于 1:500 和 1:1 000 比例尺地形图，房屋一般不综合，即每一幢房屋均单独测绘，临时性建筑物(如工棚等)可舍去不测，对 1:2 000 比例尺测图，图上宽度小于 0.5mm 的次要街巷可不表示。不管比例尺多大，只要建筑物的轮廓凹凸小于图上 0.4mm，简单房屋凹凸小于图上 0.6mm，均可用直线连接而不表示其凹凸形状。这样处理，既可反映建筑物的形状特征，又使图上清晰易读。

对于各种等级的三角点、水准点、图根点及有方位意义的独立地物和重要标志等，均应准确测定，并以规定符号加以表示。对于专用地图，应根据不同的用图要求决定测绘内容的取舍。

### 8.4.1.1　居民地的测绘

居民地房屋的排列形式很多。农村中以散列式即不规则的排列房屋较多，城市中的房屋排列比较整齐。测绘居民地根据所需测图比例尺的不同，在综合取舍方面就不一样，对于居民地的外轮廓，都应准确测绘，其内部的主要街道以及较大的空地应区分出来，其余部分则可视测图比例尺及用图需要，适当加以综合。对散列式的居民地，独立房屋应分别测绘。测绘房屋时，只要测出房屋 3 个房角的位置，即可确定整个房屋的位置。如图 8-12 所示，在测站 A(或 B)安置仪器，后视控制点 C(或 D)，标尺立在房角 1、2、3(或 4、5、6)，用极坐标法即可定出房屋的位置。

对于整列式的居民地，多数房屋排列整齐有一定间隔，可只测出其外围轮廓，配合量距，就可绘出整排房屋的平面位置。

图 8-12　居民地的测绘

测房屋应以墙基角为准，立尺员应按顺序依次在相应的立尺点立尺，以便绘图员及时依次连线。对于居民地的其他地物要素(如围墙、栅栏、阳台等)的测绘方法，均应按其在图式上的表示方法进行测绘。当绘图员看不到实地时，应及时向立尺员问清实地情况或到实地观察，做到不清楚则不绘不连。

为了反映地势情况，每幢房屋至少要有一个高程注记点，并注明构筑物的结构及层数(如砖 3，混凝土 8 等)。对图上农村居民院落、市镇的街巷及主要单位的名称等，应进行调查核实，正确注记。

### 8.4.1.2　道路的测绘

(1)铁路　铁路符号按图式规定表示。测绘铁路时，标尺应立于铁轨的中心线上。对于 1:2 000 及更大比例尺测图时，可测定下列点位，如图 8-13(路堤部分的断面)，特征点 1 用于测绘铁路的平面位置，特征点 2、3 用于测绘路堤部分的路肩位置。特征点4、5用于测路堤的坡足或边沟的位置。有时特征点2、3可以不立尺而是量出铁路中心至它们的距离直接在图上绘出。铁路线上的高程是测铁轨面的高度，因此，在测出铁路中心位置后，应将标尺移至轨面上测定高程(曲线部分测内轨面)，但图上注记仍标在中心。

图8-13 铁路的测量

铁路的直线部分立尺点可稍稀一些，在曲线部分及道岔部分立尺点就要密一些，这样才能准确地表示出铁路的实际位置。铁路两旁的附属建筑物如信号灯、板道房、里程碑等，都要按实际位置测出。

(2)公路 公路在图上一律按实际位置测绘。在测量方法上有的采用将标尺立于公路路面中心，有的采用将标尺交错立在路面两侧，也可以用将标尺立在路面的一侧，实量路面的宽度，作业时可视具体情况而定。公路的转弯处、交叉处，标尺点应密一些，公路两旁的附属建筑物都应按实际位置测出，公路的路堤和路堑的测绘方法与铁路相同。大车路一般指农村中比较宽的道路，有的还能通行汽车，但是没有铺设路面。这种路的宽度大多不均匀，道路部分的边界不十分明显。测绘时可将标尺立于道路中心，以地形图图式规定的符号描绘于图上。

人行小路主要是指居民地之间来往的通道，田间劳动的小路一般不测绘，上山小路应视其重要程度选择测绘。如该地区小路稀少，不应舍去。测绘时标尺立于道路中心，由于小路弯曲较多，标尺点的选择要注意弯曲部分的取舍。既要使标尺点不致太密，又要正确表示小路的位置。

人行小路若与田埂重合，应绘小路不绘田埂。有些小路虽不是直接由一个居民地通向另一个居民地，但它与大车路、公路或铁路相连，这时应根据测区道路网的情况决定取舍。

城镇的公路、街道应注明道路材料，如水泥、沥青、碎石、硬砖等。铺装材料改变处应立尺测定，并在图上以点线分隔。对于公路、街道的走向要在图上用注记符号标明，对高速路及国家等级公路均应加注其道路等级。

### 8.4.1.3 管线的测绘

架空管线在转折处的支架塔柱应实测，位于直线部分的可用挡距长度在图上以图解法确定。塔柱上有变压器时，变压器的位置按其与塔柱的相应位置绘出。电线和管道用规定的符号表示。

### 8.4.1.4 水系的测绘

水系包括河流、渠道、湖泊、池塘、水库、泉等以及各种水工建筑物，如桥、磨坊、水坝、堤岸等。对河流、渠道、湖泊、池塘、水库等通常无特殊要求时均以岸边为界，如果要求测出水涯线(水面与地面的交线)、洪水位(历史上最高水位的位置)

及平水位(常年一般水位的位置)时，应按要求在调查研究的基础上进行测绘。

河流的两岸一般不大规则，在保证精度的前提下，对于小的弯曲和岸边不甚明显的地段可进行适当取舍。对于在图上只能以单线表示的小沟，不必测绘其两岸，只要测出其中心位置即可。渠道比较规则，有的两岸有堤，测绘时可以参照公路的测法。对那些田间临时性的小渠不必测出，以免影响图面清晰。当河流在图上的宽度小于0.5mm、沟渠实际宽度小于1m时，以单线表示。

湖泊的边界经人工整理、筑堤、修有建筑物的地段是明显的，在自然耕地的地段大多不甚明显，测绘时要根据具体情况和用图单位的要求来确定以湖岸或水涯线为准。在不甚明显地段确定湖岸线时，可采用调查平水位的边界或根据农作物的种植位置等方法来定。

### 8.4.1.5　植被的测绘

植被是地面各类植物的总称，包括行树、苗圃、竹林、草地、独立树等。测绘植被是为了反映地面的植物情况。所以要测出各类植物的边界，用地类界符号表示其范围，再加注植物符号和说明。如果地类界与道路、河流、栏栅等重合时，则可不绘出地类界，但与境界、高压线等重合时，地类界应移位绘出。

农田用地分为稻田、旱地、菜地、水生经济作物等，这些都要在地形图上表示(图8-14)。一年分几季种植作物的耕地，按夏季主要作物为准。

在测绘地物的过程中，有时会发现图上绘出的地物与地面情况不符，例如本应为直角的房屋角，在图上不成直角；在一直线上的电杆，在图上不在一直线上等等。在外业要很好检查产生这种现象的原因，如果属于观测错误，则必须立即纠正。若不是观测错误，则可能是由于各种误差的积累所引起的，或在两个测站观测了同一个地物的不同部位所引起。当这些不符的现象在图上小于规范规定的地物误差时，则可以采用分配的办法予以消除，使地物的形状与地面相似。

图8-14　旱地的表示

### 8.4.2　地貌的测绘

前面介绍了等高线的原理、种类和特性，下面介绍如何测绘等高线的问题。测绘等高线与测绘地物一样，首先需要确定地形特征点，然后连接地性线，便得到地貌整个骨干的基本轮廓，按等高线的性质，再对照实地情况就能描绘出等高线。

### 8.4.2.1　测定地貌特征点

地貌特征点是山顶、鞍部、山脊、山谷的地形变换点，山坡倾斜变换点、山脚地形变换点等。这些特征点采用极坐标法或交会法测定，在图纸上平面位置用小点表示，高程注记在它的旁边。

#### 8.4.2.2 绘制地性线

测定了地貌特征点后，不能马上描绘等高线，必须先连地性线。通常以实线连成山脊线，以虚线连成山谷线(图8-15)。地性线连接情况与实地是否相符，直接影响到描绘等高线的逼真程度，必须予以充分注意。地性线应该随着碎部点的陆续测定而随时连接，不要等到所有的碎部点测完后再去连接地性线，以免发生连错点，使等高线不能如实地反映实地地貌的形态。

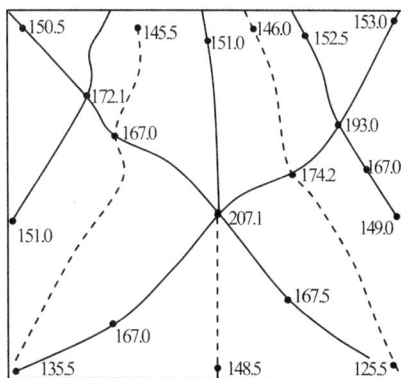

图 8-15  地性线的绘制

#### 8.4.2.3 求等高线的通过点

完成地性线的连接工作之后，即可在同一坡度的两相邻点之间，内插出基本等距整数倍高程的等高线通过点。例如，在同一坡度上有相邻的 $a$、$b$ 两点(图8-16)，其高程分别为 51.2m 和 57.6m，按1m 的等高距勾绘等高线，从这两个点的高程，可

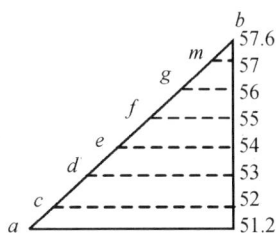

图 8-16  等高线的内插

以断定在 $ab$ 直线上能够找出 52，53，54，…，57m 等高线所通过的点子。假设 $ab$ 间的坡度是均匀的，则根据 $a$ 和 $b$ 点间的高差为6.4m（即57.6~51.2m），$ab$ 线长（图上平距）为48mm，由 $a$ 点到52m 等高线的高差为0.8m，由 $b$ 点到57m 等高线的高差为0.6m，则由 $a$ 点到52m 等高线及由 $b$ 点到57m 等高线的线长 $x_1$ 和 $x_2$：可以根据相似三角形原理得下列关系式：

$$\frac{x_1}{0.8} = \frac{48}{6.4} \qquad\qquad \frac{x_2}{0.6} = \frac{48}{6.4}$$

$$x_1 = \frac{48 \times 0.8}{6.4} = 6.0\text{mm} \qquad x_2 = \frac{48 \times 0.6}{6.4} = 4.5\text{mm}$$

根据 $x_1$ 和 $x_2$ 的长度即可在 $ab$ 直线上截取 52m 和 57m 等高线所通过的点 $c$ 和 $m$，然后再将 $c$、$m$ 两点之间的距离分为 5 等分，就得到 53、54、55 和 56m 等高线所通过的点子 $d$、$e$、$f$ 和 $g$。

用同样的方法，可以截得其他在同一坡度上的相邻点间等高线的通过点(图8-17)。在碎部测图中，由于同一坡度的相邻两碎部点在图上的间隔比较近，所以也常用目估内插法来确定等高线通过的点，这样简单、方便，也能得到比较正确的位置。

#### 8.4.2.4 勾绘等高线

在地性线上求得等高线的通过点以后，即可根据等高线的特性，把相等高程的点连接起来，即为等高线(图8-18)。

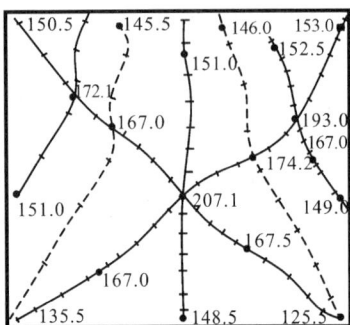

图 8-17　等高线通过点位的求算　　　　　图 8-18　勾绘等高线

在两相邻地性线之间求出等高线通过点之后，立即根据实地情况，将同高的点子连起来。不要等到把全部等高线通过点都求出后再勾绘等高线。应该一边求等高线通过点，一边勾绘等高线。勾绘时，要对照实地情况来描绘等高线，这样才能逼真地显示出地貌的形状。

### 8.4.2.5　各种地貌的测绘

（1）山顶　山顶是山的最高部分，有很好的控制作用和方位作用。因此对山顶要按实地形状来描绘。山顶的形状很多，有尖山顶、圆山顶、平山顶等。不同形状的山顶，等高线的表示都不一样（图 8-19）。

尖山顶　　　　　　　　圆山顶　　　　　　　　平山顶

图 8-19　山顶的表示方法

在尖山顶的山顶附近倾斜比较一致，因此，尖山顶的等高线之间的平距大体相等。测绘时标尺点除立在山顶外，其周围适当立一些就够了。在圆山顶的顶部坡度比较平缓，然后逐渐变陡，等高线之间的平距在离山顶较远的山坡部分较小，测绘时山顶最高点应立尺，在山顶附近坡度逐渐变化的地方也需要立尺。平山顶的顶部平坦，到一定范围时坡度突然变化。因此，等高线之间的平距，在山坡部分较小，但不是向山顶方向逐渐变化，而是到山顶时平距突然增大。测绘时必须特别注意在山顶坡度变化处立尺，否则地貌的真实性将受到显著影响。

（2）山脊　山脊是山体延伸的最高棱线，山脊的等高线均向下坡方向凸出，两侧基本对称，山脊的坡度变化反映了山脊纵断面的起伏状况，山脊等高线的尖圆程度反映了山脊横断面的形状。山地地貌显示得像不像，主要看山脊与山谷，如果山脊测绘得真实、形象，整个山形就较逼真。测绘山脊要真实地表现其坡度和走向，特别是大的分水线倾斜变换点和山脊、山谷转折点应形象地表示出来。

山脊的形状可分为尖山脊、圆山脊和台阶状山脊。它们都可通过等高线的弯曲程度表现出来。如图 8-20 所示，尖山脊的等高线依山脊延伸方向呈尖角状，圆山脊的等高线依山脊延伸方向呈圆弧形；台阶状山脊的等高线依山脊延伸方向呈疏密不同的方形。尖山脊的山脊线比较明显，测绘时，除在山脊线上立尺外，两侧山坡也应有适当的立尺点。圆山脊的脊部有一定的宽度，测绘时需特别注意正确确定山脊线的实地位置，然后立尺。此外对山脊两侧山坡也必须注意它的坡度的逐渐变化，恰如其分地选定立尺点。对于台阶状山脊应注意由脊部至两侧山坡坡度变化的位置，测绘时，应恰当地选择立尺点，才能控制山脊的宽度。不要把台阶状山脊的地貌测绘成圆山脊甚至尖山脊的地貌。

尖山脊　　　　　　　　圆山脊　　　　　　　　台阶状山脊

**图 8-20　山脊的表示方法**

在实际地貌中，山脊往往有分歧脊，在一般情况下，分歧脊的大小与其分歧角的大小成反比，同时分歧点常隆起，如图 8-21（a）所示，$AO$ 为主脊，主脊方向为 $AOD$，分歧脊为 $OB$，$OC$，若 $\angle BOD < \angle DOC$，则 $OB$ 脊 $> OC$ 脊。

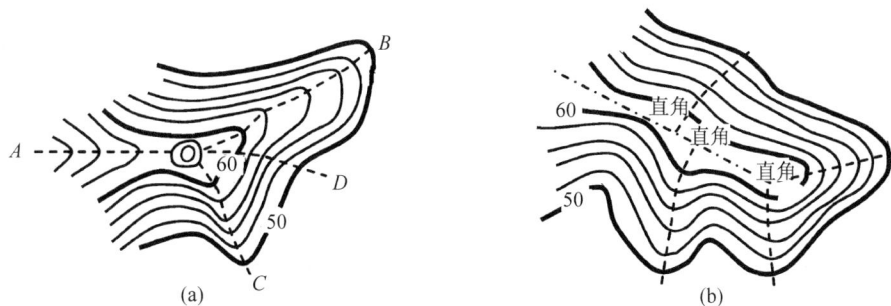

(a)　　　　　　　　　　　　　(b)

**图 8-21　分歧脊的表示方法**

　　主脊大致水平的山脊，其所形成的分歧脊的方向与主脊方向略成直角状态，如图 8-21（b）所示。了解了这样的关系，才能较好地掌握山脊等高线的走向。测绘时，在山脊分歧处必须立尺，以保证分歧山脊的正确位置。

　　（3）山谷　山谷等高线表示的特点与山脊等高线所表示的相反。山谷的形状也可分为尖底谷、圆底谷和平底谷。如图 8-22 所示，尖底谷是底部尖窄，等高线通过谷底时呈尖状；圆底谷是底部近于圆弧状，等高线通过谷底时呈圆弧状；平底谷是谷底较宽，底坡平缓，两侧较陡，等高线通过谷底时在其两侧近于直角状。

尖谷底　　　　　　　　圆谷底　　　　　　　　平谷底

**图 8-22　山谷的表示方法**

　　尖底谷的下部常常有小溪流，山谷线较明显。测绘时，标尺点应选择在等高线的转弯处。圆底谷的山谷线不太明显，所以测绘时，应注意山谷线的位置和谷底形成的地方。平底谷多系人工开辟耕地之后形成的，测绘时，标尺点应选择在山坡与谷底相交的地方，这样才能控制住山谷的宽度和走向。

　　（4）鞍部　鞍部属于山脊上的一个特殊部位，是相邻两个山顶之间呈马鞍形的地方，可分为窄短鞍部、窄长鞍部和平宽鞍部。鞍部往往是山区道路通过的地方，有重要的方位作用。测绘时在鞍部的最低点必须有立尺点，以便使等高线的形状正确。鞍部附近的立尺点应视坡度变化情况选择。描绘等高线时要注意鞍部的中心位于分水线的最低位置上，并针对鞍部的特点，抓住两对同高程的等高线分别描绘，即一对高于鞍部的山脊等高线，另一对低于鞍部的山谷等高线，这两对等高线近似地对称（图 8-23）。

　　（5）盆地　盆地是中间低四周高的地形，其等高线的特点与山顶相似，但其高低相反，即外圈的等高线高于内圈的等高线。测绘时，除在盆底最低处立尺外，对于盆底四周及盆壁地形变化的地方均应适当选择立尺点，才能正确显示出盆地的地貌。

　　（6）山坡　在上述几种地貌形状之间都有山坡相连，山坡虽都是倾斜的面，但坡

窄短鞍部                 窄长鞍部                 平宽鞍部

**图 8-23  鞍部的表示方法**

度并不是没有变化的。测绘时，标尺位置应
选择在坡度变换的地方。坡面上的地形变化
实际也就是一些不明显的小山脊、小山谷，
等高线的弯曲也不大。因此，必须特别注意
选择标尺点的位置，以显示出微小地貌来。

（7）梯田　梯田是在高山上、山坡上及山
谷中经人工改造了的地貌。梯田有水平梯田
和倾斜梯田两种。梯田在地形图上一般以等
高线、符号和高程注记（或比高注记）相结合

**图 8-24  梯田的表示**

的形式来表示。测绘时要沿田坎立标尺，注意等高线的进出点和田坎比高的注记。描
绘时应先绘田坎符号，要对照地貌情况边测边绘等高线，以防错漏。梯田与等高线的
表示如图 8-24 所示。

（8）不能用等高线表示的地貌　除了用等高线表示的地貌以外，还有些地貌如雨
裂、冲沟、悬崖、陡壁、砂崩崖，土崩崖等都不能用等高线表示。对这些地貌，用测
绘地物的方法，测绘出这些地貌的轮廓位置，用图式规定的符号表示。要注意这些符
号与等高线的关系不要发生矛盾。

以上所述的是用等高线表示几种基本地貌的测绘方法，而实地的地貌是复杂的，
它是各种地貌要素的综合体。因此，在测绘中必须区别对待，找出主要的地貌要素，
运用等高线逼真地表示地貌。

为了使地形图能保持一定的精度要求，测绘时，立尺点的选择是十分重要的，在
一个测站上要有统筹考虑，全盘计划。点子太密，会影响图面清晰，增加工作量，点
子太稀，则不能真实地反映地貌形状。因此，在实际工作中，要经常总结，随时改进
提高。

测绘地形图的工作是集体力量的表现，工作中的每一个环节都很重要，互相之间
一定要配合好，立尺员和绘图员之间更要密切合作，每个立尺点的作用以及点子之间

的联系，双方都要清楚，必要时，测绘一段时间之后立尺员要回到测站上向绘图员讲明情况，然后再继续工作。

## 8.5　大比例尺地形图测绘

地形测图就是根据图上图根点的位置测绘附近碎部点，并勾绘出地物和地貌的形状后获得地形图。开始测图前，首先考虑图根点是否够用，相邻图根点的距离，一般不应超过最大视距两倍的 95%，而在荫蔽地区不能使用最大视距的地方，其间隔还要适当缩短。一般规定控制点的密度见表 8-6。

表 8-6　图根控制点的密度

| 地形图比例尺 | 正方形分幅图幅大小<br>（cm×cm） | 每幅图<br>控制点数 | 每平方千米<br>控制点数 | 一幅 1:5 000 图<br>所含幅数 |
| --- | --- | --- | --- | --- |
| 1:5 000 | 40×40 | 20 | 5 | 1 |
| 1:2 000 | 50×50 | 14 | 14 | 4 |
| 1:1 000 | 50×50 | 10 | 40 | 16 |
| 1:500 | 50×50 | 8 | 128 | 64 |

图根点应选择在视野广阔、观察地物和地貌清楚，工作方便的地方，如果图根点过于稀疏，不能直接施测碎部点则以经纬仪支导线、平板仪前方交会、侧方交会和平板仪导线方法增设测站点，然后进行测图。

### 8.5.1　碎部点的选择

测绘地物地貌时，碎部点应选择地物和地貌的特征点。特征点就是地物和地貌在平面上方向转折点和坡度变化点。把绘到图上的碎部点按实际地形连接起来，就得到地物和地貌的轮廓线，因此，在测绘地形图中正确选择地形特征点，对成图的质量和速度都有直接关系。如果点位选择合适，就可以真实地显示地形现状，保证测图精度，否则测出的地形图就会失真，而影响使用。在实测中，应根据测量比例尺和实际地形情况，以表现地形全貌和主要特征为原则，对地形特征点进行综合取舍。

对地物点的选择，能用依比例符号表示的地物，主要是选择地物的轮廓线上的转折点，如房屋角点、道路、河流的起点终点、交叉点和拐弯点，森林农田边界的折角点。有些地物的形状极不规则，一般规定在图上凹凸小于 0.4mm 的转折点可以按直线测绘，但比例尺不同，0.4mm 相应的实地距离也不相同，如测 1:500 比例尺图时，地物轮廓上离开直线部分 0.2m 的转折就需测出，而测 1:1 000 地形图时，0.4m 的转折才需测出。不能按依比例符号表示的独立地物（如电线杆、水井等），应选择地物的中心点。

地貌点的选择，可以把各种地貌看做是带有无数棱线的多面体，棱线如果能确定，则地貌的形状也就决定了。地面上主要的地性线是分水线（山脊线）、合水线（山谷线)及倾斜变换线。因此地貌点要选在山顶、山脊、鞍部、山脚、谷底、谷口等处的最高、最低点及倾斜变换点,陡壁上下点等处。除了测出坡度变化的地形点外,在坡度一致的线段,还要参考表8-7的规定间距,测定足够的地形点。图8-25为一地物地貌的透视图。在图上选了部分地区,说明在现场实测选择碎部点的一般情况,图上画有尺子的地方就是立尺点。

表8-7 城市测量碎部点的最大间距和最大视距

| 比例尺 | 地形点最大间距 (m) | 最大视距(m) | |
|---|---|---|---|
| | | 地物点 | 地貌点 |
| 1:500 | 15 | 40 | 70 |
| 1:1 000 | 30 | 80 | 120 |
| 1:2 000 | 50 | 150 | 200 |

图8-25 选择碎部点

在碎部测量中,立尺员要和测站配合好。在平坦地区跑尺,可由近及远,再由远至近地跑尺,立尺结束时处于测站附近。在地性线明显的地区,可沿山谷线、山脊线等地性线跑尺,也可大致沿等高线处跑尺。立尺点要分布均匀,一点多用。观测员应尽可能测完一个地物后再测另外一个地物,并立即绘出地物的轮廓线。地形特征点也应测一点连一点,测完后地性线也连出来了,这样才不会发生遗漏和弄错。

## 8.5.2 测定碎部点位置的原理

测定碎部点的基本方法有极坐标法和方向交会法两种。

### 8.5.2.1 极坐标法

极坐标法是根据测站点上的一个已知方向,测定已知方向与所求点方向间的角度和量测测站点至所求点的距离,以确定所求点位置的一种方法。

在图8-26中,$A$、$B$为地面上两个已知控制点,在图上的相应点为$a$、$b$。今欲将房屋测绘到图纸上,安置仪器(经纬仪、全站仪等)于$A$点上,经对中、整平,以$AB$

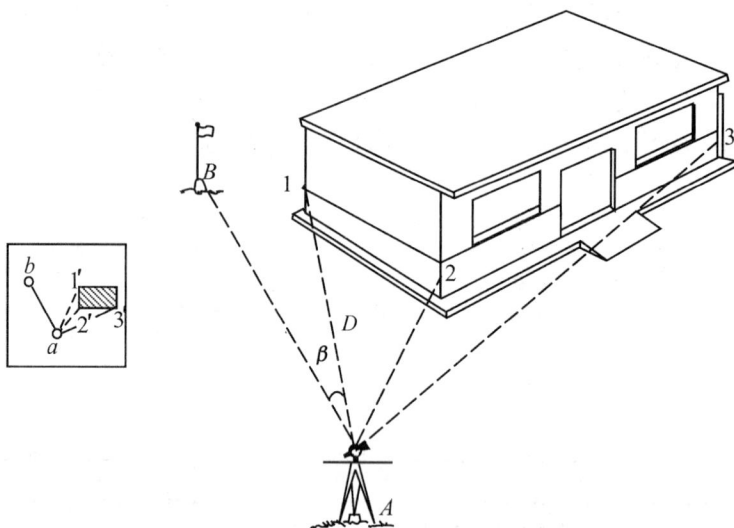

**图 8-26　极坐标法**

进行定向后，用照准仪瞄准房屋的房角 1，测定测站点至定向点的方向与测站点至房角 1 方向之间的水平夹角 $\beta$，在图纸上绘出 $a1'$ 的方向线，用视距（或用皮尺丈量、光电测距等）测出 $A1$ 的水平距离 $D$，根据所用的测图比例尺换算得图上长度为 $a1'$，则地面上房角 1 在图上的位置为 $1'$。用同样的方法可测得房角 $2'$ 和 $3'$，根据房屋的形状，在图上连接 $1'$、$2'$ 及 $3'$ 各点便可得到房屋在图上的平面位置。其高程用碎部点的高程计算公式：

$$H = H_{测站} + D \cdot \tan\alpha + i - v \qquad (8\text{-}2)$$

### 8.5.2.2　方向交会法

方向交会法（又称角度交会法），是分别在两个已知测站点上对同一个碎部点进行方向交会以确定碎部点位置的一种方法。

如图 8-27 所示，从地面两个已知控制点 $A$、$B$ 上，分别测得水平角 $\alpha$、$\beta$，以此确定 $C$ 点的平面位置。此方法常用于测绘易于瞄准目标的碎部点，如电杆、烟囱等，也可用于不易测量距离的地方。采用方向交会法时，交会角宜在 $30° \sim 120°$ 之间。其高程的获得可通过测得的水平角 $\alpha$、$\beta$ 及两控制点之间的距离，根据正弦定理计算碎部点到一已知测站点的距离，参照极坐标法计算碎部点的高程。

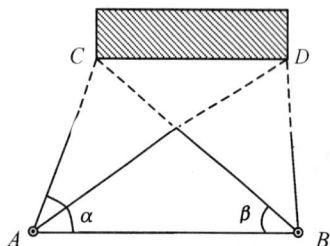

**图 8-27　方向交会法**

施测完碎部点的平面位置和高程以后，在图上标定碎部点位置的方法有两种，一种是在碎部点旁注记该碎部点的高程。如".53.2"或".48.7"（高程以米为单位），另一种是以高程注记点的小数点位当做碎部点的点位。如"53.2"或"48.7"。这两种标定碎部点的方法都可使用，但必须指出，在一幅图中，应采用统一的方法，以免混淆。

### 8.5.3 地形图测绘的方法

地形图测绘的方法主要有经纬仪测绘法、大平板仪测绘法及数字化测图。本节主要介绍经纬仪测绘法及大平板仪测绘法，数字化测图在第9章介绍。

#### 8.5.3.1 经纬仪测绘法

经纬仪测绘法的原理是极坐标法。将经纬仪置于测站点上，绘图板安置在测站旁边，再将图纸平放在图板上。经纬仪对中、整平、量仪器高后瞄准一个已知点作为起始方向(或称零方向)，然后用经纬仪测出碎部点方向与已知方向之间的水平角，并测得测站点至碎部点的水平距离和高差，在实地根据测图比例尺，用量角器和直尺将碎部点展绘到图纸上，并注上高程，这种方法称为测绘法。也可将数据记录，然后在室内再按所用测图比例尺将碎部点画在图上，这种方法称测记法。经纬仪测绘法测绘地形图操作简单、灵活，适用于各种类型的测区。

现以经纬仪测绘法在一个测站的测绘工序为例讲述其实施步骤：

(1)安置仪器和图板　如图 8-28 所示，观测员安置仪器于测站点(已知控制点)$A$上，对中、整平，量取仪器高 $i$，绘图员将图板安置于测站旁。

图 8-28　经纬仪测绘法

(2)定向　将仪器照准另一个已知控制点 $B$($AB$ 边为定向边)，配置水平度盘读数为 $0°00'00''$。绘图员在图纸上将测站点与定向点连线方向画一短直线，短线应在量角器刻划附近并稍长于量角器的半径，作为量角器读数的起始方向线。

（3）立尺　　立尺员依次将标尺立在地物、地貌特征点上。立尺前，根据施测范围和实地地形概况，立尺员应与观测员、绘图员共同商定立尺路线。

（4）观测　　观测员照准标尺，直接读取视距 $S$［为了直接读出视距，将望远镜十字丝上丝（使用正像经纬仪时应为下丝）对准标尺整数分划（如 1m、1.5m 等），下丝（正像经纬仪的上丝）减去整数分划乘 100 即得视距 $S$］、中丝读数 $v$（读到厘米）、水平角 $\beta$（读到分）、竖盘读数 $Z$（估读到秒）。

（5）数据输入　　绘图员将观测数据依次输入计算器中，按公式 $D = S\,(\sin Z)^{2}$，$H = H_{测站} + D/\tan Z + i - v$ 计算平距和立尺点高程。

（6）展绘碎部点　　绘图员转动量角器，将量角器上等于 $\beta$ 角值的刻划对准定向方位线（起始零方向），此时量角器零刻划方向便是立尺点的方向，根据计算出的平距和测图比例尺，用量角器的直尺边刻划定出立尺点在图上的位置，用铅笔在图上点示（或用针刺），并在点的右侧注记高程。

（7）测站检查　　为了保证测图正确，必须在每个测站工作开始前，进行测站的检查。检查方法是在新测站上，除了验证检查方向符合精度要求，并在定向时通过读取测站至定向点的视距间隔 $S$ 来判断仪器是否架错站外，还要抽样复测上站已测过的碎部点，检查重复点精度在限差内即可。此外，在工作中间每测 20～30 个点和结束前，观测员应照准定向点进行归零检查，归零差应不大于 4′。在每测站工作结束时进行检查，确认地物地貌无漏测或错测时，方可迁站。

经纬仪测绘法操作简单，但由于要量算角度，野外绘图速度较慢，现在野外用得较多的是经纬仪坐标测绘法，它主要用计算器程序直接输出点的坐标，再按其坐标将碎部点展绘在图纸上。

### 8.5.3.2　平板仪测图

平板仪是地形测图中常用的一种测图仪器。是传统的大比例尺地形测量的主要方法之一，与经纬仪测绘法相比，其主要区别是：它是将测站到碎部点的方向用图解法直接在图纸上画出来，常用于地势变化不大的农田等野外测图中。下面将利用平板仪进行碎部测图的步骤简单介绍：

**图 8-29　平板仪测图**

如图 8-29 所示，安置平板仪于测站上，进行对中、整平、定向及量仪器高后，用照准仪瞄准碎部点上的视距尺，使照准仪的直尺边正确地通过图板上测站点的刺孔，再利用照准仪的望远镜读取上下十字丝间隔、中丝读数，并在照准仪竖盘上读取竖直角，根据视距测量的公式计算测站点至碎部点的水平距离及高差主值，用卡规(或叫两脚规)在复式比例尺上(或三棱尺上)按所用的测图比例尺截取水平距离在图上的长度,沿照准仪的直尺边将卡规的一只脚对准测站点,另一只脚在图上刺孔,即得所测碎部点在图上的位置。在图上刺下一个碎部点的位置后,即可指挥立尺员跑到第二个碎部点上立尺,重复上述操作步骤。如此继续进行下去,直到该测站上所要测的全部碎部点测完为止。当一测站的碎部点施测完毕后,即可着手描绘地物、地貌。

### 8.5.4 地形图的绘制

#### 8.5.4.1 地物的描绘

地物要按地形图图式规定的符号表示。对地物测绘的质量主要取决于是否正确合理地选择地物特征点,如房角、道路边线及河岸线的转折点、电杆的中心点等。主要特征点应独立测定,一些次要特征点可采用量距、角度交会、推平行线等几何作图的方法绘制。

房屋轮廓需用直线连接起来,而道路、河流的弯曲部分则是逐点连接成光滑曲线。不能依比例描绘的地物,应按规定的非比例符号表示。各类地物要素描绘的原则如下:

(1)测量控制点、独立地物的描绘  测量控制点是测绘地形图的基础,包括三角点、图根点、水准点和天文点。图形上属于独立符号。对这类符号,先绘定位点,后绘其余部分,点位误差为±0.1mm。描绘顺序为:天文点、三角点、图根点和水准点。当其他地物符号与它相遇时,则该地物符号可省略不绘;重合时,绘重合的那个地物符号,控制点符号可省略不绘,但要按控制点的注记格式进行注记。独立地物(如古塔、亭、纪念碑、风车、独立树等)是判别方位的重要地物,属独立符号。在大比例尺图上要详细表示。当它们相遇时,或移动次要的(以方位意义为准),或略为缩小这两个符号的尺寸。有时,能按地形图比例尺表示出独立地物的轮廓图形,如变电所、气象站等,则在轮廓范围内绘上该地物的独立符号,以说明该轮廓范围内的性质。

(2)居民地的描绘  居民地是人们居住和进行各项活动的主要场所。测绘时,测出房屋轮廓点,各点相连,则为依比例的轮廓符号。如果该图形小于图式中所规定的最小尺寸(不依比例的独立房屋),则用不依比例的或半依比例的房屋符号描绘。当房屋毗连成片或间隔很小(小于0.2mm)时则用街区图形表示。街区与街区之间的街道:能依比例尺表示时按实地宽度绘出;不能依比例表示时则按图式规定的街道宽度(有主要与次要之分)描绘。当街区的一边是空地,则应加绘街道线。

(3)道路的描绘  道路是人们进行联系往来的纽带。它包括铁路、公路及一些附属建筑物,例如车站、机车库、桥梁、涵洞、路堑、路堤、里程碑等。道路是一种线状延伸的物体。当其宽度能依比例表示时则按实宽描绘;当其图上宽度小于图式上道路符号的尺寸时则用图式中指定的半依比例符号表示。直的笔直,弯曲处应是圆滑的曲线。要注意道路与道路的相交情况;上下相交要绘出桥梁、路堑(或路堤),各绘至桥梁处；平面相交要按级别进行描绘，例如铁路与公路相遇，铁路符号完整，公路符号绘至铁路符号边，公路与公路相遇，则各自绘至符号边，单线路与双线路相遇，则单线路绘至双线路符号，如图 8-30。

**图 8-30　道路的描绘**

（4）境界、管线及垣栅的描绘　境界是指行政区划的界线，实地是根据界标、界桩及地物来定出界线的位置。描绘境界，由高级至低级进行，当两种界线重合时只绘高一级的界线，描绘境界要连续地全部绘出，当与线状符号相交时，在相交处间断境界符号，但与河流、运河相交则不间断。描绘管线时，要绘出有方位意义的电杆及电架。对管线要加注说明注记。描绘垣栅时一般先绘垣栅的主轴线，后绘其余部分。这三种符号都是半依比例符号，要精确按定位线位置进行描绘。

（5）水系的描绘　先绘截断水涯线的符号，如桥、水闸、拦水坝等，然后绘海洋、湖泊、双线河、单线河等，最后绘水系的附属内容：岸堤、渡口、水流方向等。

（6）植被的描绘　这类地物符号的范围，若界线明显者用地类界符号表示其轮廓，当地类界与其他地物如道路、河流、陡崖等重合时可省略，不绘地类界符号。界线不明确者则不绘出界线符号。有时，植被呈带状分布，宽度较小，只能用半依比例符号表示。在轮廓范围内除绘出相应的填绘符号外，有时还要加绘说明符号和注记。描绘顺序是先绘地类界，后绘填绘符号及说明符号与注记。

### 8.5.4.2　地貌的勾绘

关于用等高线表示地貌的问题已在前面有所叙述。但是，地貌的表示除用等高线外，还需辅以一些地貌符号，才能更加详细。干河床、山洞、滑坡、冲沟、陡石山等符号属于这一类。现将一些地貌表示问题叙述如下。

（1）示坡线的应用　示坡线是表示斜坡降落的方向线，它的一端与等高线垂直相接，另一端指向斜坡低处。示坡线能帮助判读地形走向，是等高线表示地貌的补充说明。示坡线须加绘在地形不易判读的地方。

（2）密集等高线的内插方法　坡度较陡的等齐坡，等高线密集而均匀分布，两计曲线间，首曲线可间隔内插。如两计曲线之间的空白间隔小于 1.5mm 时，各首曲线全部插入就很困难。处理的方法有两种。一是仍将首曲线全部插绘，空白间隔甚小时允许相邻等高线相遇或相重。另一种是合并内插，当两计曲线间的空白间隔为 1.2 ~ 1.5mm 时，将第 2、3(或 3、4)条首曲线合并，插入三条首曲线。空白间隔为 0.9 ~ 1.2mm 时，将第 1、2 条和 3、4 条等高线分别合并，插入两条首曲线。空白间隔为 0.5 ~ 0.9mm 时，合并四条首曲线，只插入一条首曲线。空白间隔小于 0.5mm 时则不插入首曲线，或用陡崖符号表示。

（3）变形地符号的描绘　变形地是指地形特殊变化的地段，如陡石山、陡崖、滑坡等。这类符号的纵短线和横短线的描绘均应根据光线法则，受光面疏些，背光面密些，而且受光面愈高愈细，背光面愈高愈粗。陡石山符号的各种线划应徒手按自然形态描绘。陡崖、崩崖、滑坡这类符号的描绘顺序是先绘出棱线，再根据其斜坡的水平投影宽度决定陡坡范围是以比例还是依半比例表示，再配绘填绘符号。

（4）冲沟符号的描绘　冲沟要以其在图上的宽度决定是用比例或半比例符号或在冲沟边缘加注陡崖符号表示。

（5）土质符号的描绘　土质符号属面积符号，包括沙地、戈壁、石块地、龟裂地等，描绘时主要注意点的大小、间隔、排列及先后次序即可。

# 8.6　地形图的拼接、检查和整饰

## 8.6.1　地形图的拼接

当测区面积较大，整个测区必须分为若干图幅施测，各幅图测完后，相邻图边要进行拼接。由于有测量误差的存在，使图幅相邻地方的地物轮廓和等高线不完全衔接。如图 8-31 所示，左边是图幅 I，右边是图幅 II，相邻处的小路、房屋、等高线都有可能不完全吻合。因此，为了保证相邻图幅的互相拼接，每一幅图的四边，一般均须测出图廓外 0.5～1cm，对地物应测完其主要角点，为了测出电杆等直线形地物的方向，应多测出一些距离。

当布设地形控制点时，应当考虑到图边测图的需要，如果图廓边没有足够的解析点，可增设图边公共测站点，利用公共点测图将有利于相邻图幅的拼接，并有利于图边的测图精度。完成图边测图后，白纸测图则需将图边蒙绘于透明纸上，一般每幅图仅描绘东、南两个图边，这就是接图边。如用聚酯薄膜测图，可以不用透明纸描绘图边，而直接将相邻图幅重叠对准方格网便可拼图。

**图 8-31　地形图的拼接**

在接图边上应绘出相应的图廓线及坐标格网线，并注出坐标数值，然后映绘图廓内外所有地物、地貌。图内绘出 1～1.5cm，图外则按图边规定的所测宽度。并注明相应图幅编号、接图日期。为了区分不同图幅的地物、地貌，透绘时可用不同的颜色。

拼接时，检查相同地物和等高线的差异，两幅图接图的较差视地形图测绘精度的要求而异。各作业规范对各种比例尺测图的地物和等高线的精度都有明确规定。一般规定明显地物（如房屋、道路等）的位置不得超过 2mm，非明显地物位置不得超过 3mm；同高程等高线平面位置在平地不得大于相邻等高线一个平距，在山地不得大于二个平距。如在接图限差以内，先在透明纸上按平均位置改正后，再改正相邻两图幅。

## 8.6.2  地形图的检查

测绘工作是一项十分细致而复杂的工作。为了保证成果的质量，测量人员必须具有高度的责任感、严肃认真的工作态度和熟练的操作技术。同时还必须有合理的质量检查制度。测量人员除了平时对所有观测和计算工作作充分的检核外，还要在自我检查的基础上建立逐级检查制度。

### 8.6.2.1  自检

自检是保证测绘质量的重要环节。测绘人员应经常检查自己的操作程序和作业方法。自检的内容有：所使用的仪器工具是否定期检验并符合精度要求；地形控制测量的成果及计算是否充分可靠，图廓、坐标格网及控制点的展绘是否正确，以及控制点的高程是否与成果表相符等。测图开始前，应选择一个通视良好的测站点设站，先以一远处清晰目标定向，然后瞄准其他已知点来检查测板定向和已知点位置的正确性。每一测站，以一个方向定向外，还至少以另一方向检查，并检查高程无误后，方可测图。每站测完后，应对照实地地形，查看地物有无遗漏，地貌描绘是否与实地相像，符号应用是否恰当，线条是否清晰，注记是否齐全正确等。当确认图面完全正确无误后，再迁到下一站进行测绘。测图员要做到随测随画，要做到一站工作当站清，当天工作当天清，一幅测完一幅清。

### 8.6.2.2  全面检查

测图结束后，先由作业员对地形图进行全面检查，而后组织互检和由上级领导组织的专人检查。检查的方法分室内检查、野外巡视检查及野外仪器检查。

室内检查首先是对所有地形控制资料作全面详细的检查，包括：观测和计算手簿的记载是否齐全、清楚和正确，各项限差是否符合规定。也可视实际情况重点抽查其中的某一部分。原图的室内检查，主要查看格网及控制点展绘是否合乎要求，图上控制点及埋石点数量是否满足测图要求，图面地形点数量及分布能否保证勾绘等高线的需要，等高线与地形点高程是否适应，综合取舍是否合理，符号应用是否合乎要求，图边是否接合等等。室内检查可以用蒙在原图上的透明纸进行，并以此为根据决定野外检查的重点与巡视的线路。

野外巡视检查应根据室内检查的重点按预定的路线进行。检查时将原图与实地对照，查看原图上的综合取舍情况，地物、地貌有无遗漏，地貌的真实性及符号的运用，名称注记是否正确，等高线是否逼真合理等。巡视检查也要在图板上放一透明纸，以备修正和记载错误之用。

仪器检查是在内业检查和外业巡视检查的基础上进行的。除将以上发现的重点错误和遗漏进行补测和更正外，对发现的疑点也要进行仪器检查。仪器检查一般用散点法进行，即在测站周围选择一些地形点，测定其位置和高程，检查时除对本站所测地形点重新立尺进行检查外，并注意检查其他测站点所测地形点是否正确。还应利用方向法照准各突出目标，视其位置是否正确。仪器检查的另一种方法是断面法，它是沿测站的某一方向线进行，以测定该方向线上各地形特征点的平面位置和高程，然后再与地形图上相应地物点、等高线通过点进行比较。断面法测定点的位置和高程可仍用测图时相同的仪器，也可用钢尺量距，或直接用水准测量测定各断面点的高程。检查结果，各项误差应不超过规范所规定的要求。如检查方法与测图方法相同时，各项误差应不超过规定的最大误差$\sqrt{2}$倍。仪器检查量每幅图一般为10%左右。

在检查过程中对所发现的错误和缺点，应尽可能予以纠正。如错误较多，应按规定退回原测图小组予以补测或重测。

测绘资料经全面检查认为符合要求，即可予以验收，并按质量评定等级。

检查验收工作是对成果成图进行的最后鉴定。通过这项工作，不仅要评定其质量，而更重要的是最后消除成图中可能存在的错误，保证各项测绘资料的正确、清晰、完整，真实地反映地物地貌，为各项工程的顺利进行提供正确的地面定位依据。

### 8.6.3 地形图的整饰

地形图的整饰目的是使图面更加合理、清晰、美观。整饰的顺序是先图内后图外；先地物后地貌；先注记后符号。地形图上的线条粗细、采用字体、注记大小等均按地形图图式规定。文字注记（如地名、河名、道路去向和等高线高程等）应该在适当位置，既能说明注记的地物和地貌，又不遮盖符号，字头一般朝北。图上的注记、地物和地貌均按规定的符号进行注记和绘制，最后按图式要求写出图名、图号、比例尺、坐标系统及高程系统、施测单位、测绘人员及测绘日期等。

## 8.7 地形图的修测

### 8.7.1 地形图修测的目的和要求

各种比例尺的地形图都是按测图时地面上的地物、地貌的现状测绘的，但随着社会建设的迅速发展，工农业基本建设的开展，地物、地形变化很快，特别是城市建设，更是日新月异。这种变化使已有地形图上的地物、地貌与实际地形情况产生了一定的差别，尤其是对大比例尺地形图，这种差别更是如此。为了不断地提供符合现状的图纸，对已有地形图纸必须进行经常性的修测和修绘，以满足用图的需要。

修测时对原图的图廓线、方格网应进行检查，其误差在±0.3mm以内时，可视为合格，有部分超过时，应注意加以适当的配赋。对修测地物点的精度，根据有关单位的经验，平面位置的中误差可在原来中误差的基础上放大0.5倍。高程中误差可仍按有关规范规定进行衡量。经过修测和修绘的地形图中，新老内容的衔接要妥当合理。凡经过修测和修绘的内容一律用新图式表示，以使地形图逐步更新和统一。位于每幅图中的小三角点、一级和二级导线点、四等水准点和等级更高的控制点，在修测过程中均应查明落实，必要时应加以维护或重新布设，以维持控制网的完整性。这些控制点均可作为修测地形图的根据。

## 8.7.2　地形图修测的内容

由于地物的变化比地貌的变化要大得多，因此，修测地形图主要是修测地物部分，同时对变化的地貌也应加以修测，特别是以前测量时表现得不完全的地貌。地形图修测的主要内容包括下面几个部分：

(1)从旧图上去掉在实地已改变了的或地面上已不存在的各种地物符号。如改建的房子、道路、填平的土坑等。

(2)在旧图上用相应的符号，描绘出地面上新增加的地物。如新建的工厂、发电站、道路、水渠、新架设的高压输电线等。

(3)位置未改变但实质已改变的地物，用新符号描绘在地形图上。如旧图上的草地已变成树林，土路已改建成公路，人行桥改建成了车行桥等。

(4)检查和改正所有的说明注记以及地物名称。如土路改成了公路，则应加注铺面材料以及路面和路基的宽度。

(5)地貌改变较大的地方，旧图上的地貌部分也应进行修测。

## 8.7.3　修测地形图的方法

### 8.7.3.1　准备工作

将测绘的地形原图，复制成蓝图或褐色底图，称为二底图。近年来多用聚酯薄膜作图。复制时应该注意限制图纸的变形误差，以保证复制的底图达到地形原图所具有的精度。

一般情况下，无论采用哪种复制方法，都有一定的变形，熏图图纸变形最大，蓝晒图其次。用聚酯薄膜代替纸张复制的二底图，一般可以保证精度，但温度、湿度超过一定限度，仍有显著变形误差。当采用聚酯薄膜复制地形图时，事先将薄膜经热处理后，可以减小其变形误差，满足需求。

### 8.7.3.2　现地踏查

携带复制地形图(二底图)到测区进行踏查，首先了解测区地物、地貌的变化情况，例如平整土地、新建方田林网，村庄扩建、水利工程的增设等皆需调查清楚。对于一切实地上确实不存在的地物，应在图上勾去，以免整饰混淆。

其次是核对在地形图上的原控制点。如原有三角点、导线点、解析图根点和水准点。不仅要找到这些点，还要调查核实它的点位是否有所变动。经核实之后，这些点就是修测时可利用的最可靠的控制点，并在复制图上标明点位用红笔作上记号。

然后调查地上突出的地物目标如独立树、屋角、桥头、电杆等，对这些点也要反复进行调查，核实后方可利用，然后刺点画圈编号，以便在修测时作控制点用。利用明显地物点作为修测用的控制点，要注意地物符号的定位点。依比例尺表示的符号，其轮廓图形就是物体的实地位置；半依比例尺和不依比例尺表示的符号定位点一般是图形的几何中心或底部中心等。

在修测地形图的工作中，首先必须对控制点和拟作测站点的地物点事先作适当的实地检核，以免因依据不可靠点而引起新修测内容的精度达不到要求。对原有的导线点、图根点以及能在实地准确判定位置的墙角、电杆等均可作为测站点，在特别困难的情况下，还可以用极坐标法或交会法来增设新的测站点，必要时也可采用导线的办法来补测一定数量的图根控制点。

### 8.7.3.3 制订工作计划

根据调查的结果进行分析，然后制订计划，其中包括测量方法、使用仪器、工作路线、生活安排及搬迁等。工作路线选择是制定工作计划中一项重要工作，根据经验，采取上午由近及远下午由远及近。范围大小应根据人力物力情况来决定。

### 8.7.3.4 野外修测

根据实际情况，对不同地区，不同要求，可采用不同的方法进行野外修测，地形图的修测不同于大面积的地形测量，尽量避免布置大规模的经纬仪导线点和平板仪导线点，一般来说，应充分利用原有图上与实地相符的图根点和地形、地物点来进行修测。

（1）距离交会法　如图 8-32 所示，为了测定新地物点，利用附近 2 个或 3 个旧地物点，分别量出新旧地物点间距离，然后将距离按原图比例尺化算后在原图上进行交会。交会线间的交会角以 30°～150° 之间为宜，所利用的旧地物点必须具有明显外廓的固定地物点，最好能用 3 个旧地物点进行交会。如条件所限，不能用 3 个旧地物点进行交会时，还需应用其他办法进行校核，例如量新地物点间的距离来检查交会点的准确性，图中 $a$ 点仅用 2 个地物点进行交会，为检查点交会的精度，在图上量出 $ab$ 长度，看是否等于实际建筑物的长度，允许误差为 2 倍的比例尺精度。

图 8-32　距离交会法

（2）支距法　当利用旧地物点交会新地物点时，交角太小或太大，都会产生较大的作图误差。如新旧地物点距离较近，可以利用支距法。如图 8-33 所示，新地物渠道，可以利用旧地物道路应用支距法测定，在道路上选 $a$、$b$ 两点，自 $a$、$b$ 两点作道路的垂线，交渠道于 $A$、$B$ 两点，量 $aA$、$bB$ 及自道路交叉口量 $oa$ 及 $ob$，便可定出渠道位置，注意在测定线状地物时，不能用一个端点和该直线的方位角来确定，必须测出两端点的位置。如线状地物转弯，在

图 8-33　支距法

转弯处还需测点。

（3）设站法　当直接利用旧地物测定新地物有困难时，需要用各种方法设站，在新地物附近选择测站，以利观测，并把测站的位置在旧图上标出，这种方法称为设站法。设站的方法主要有：利用旧地物用距离交会设站；平板仪后方交会设站；经纬仪后方交会设站；罗盘仪后方交会设站；前方交会及侧方交会设站（当已知控制点或地物点可以安置仪器时采用）。下面主要介绍经纬仪后方交会法。

用经纬仪作后方交会，观测的是后方交会角 $\alpha$ 及 $\beta$，如图 8-34 所示，先用经纬仪分别瞄准 3 个明显地物点，测出 $\alpha$、$\beta$ 角，为了在图上定出 $A$ 点，可根据 $\alpha$ 及 $\beta$ 角用量角器在透明纸上描绘 3 条方向线，然后将透明纸蒙在旧图上，使三方向线通过相应地物，从而确定 $A$ 点的位置。定出 $A$ 点后必须进行检查，检查的方法可采用在图上量算出 $A$ 点到第四个地物点所夹的角度与实测角度进行比较。

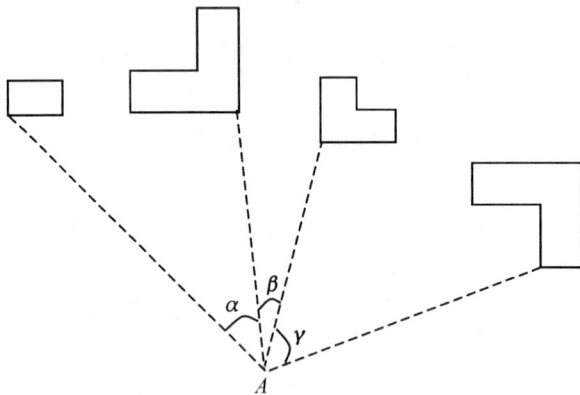

图 8-34　设站法

## 思考题

1. 何谓地图和地形图？何谓地物、地貌？

2. 何谓比例尺精度？它在测绘工作中有何用途？

3. 地物在地形图上的表示原则是什么？

4. 比例符号、非比例符号和半比例符号各在什么情况下使用？

5. 何谓等高线、等高距、等高线平距？试用等高线绘出等高距为 2m 的山头、洼地、山脊、山谷和鞍部等典型地貌。

6. 等高线有哪些特性？

7. 使用图式应注意什么？

8. 测图前，如何绘制坐标格网和展绘控制点，应进行哪些检核和检查？

9. 什么是地物特征点和地貌特征点？

10. 测绘碎部点的位置的基本方法有哪两种？地形图测绘的方法有几种？

11. 简述经纬仪测绘法碎部测量的步骤及其原理。

12. 简述地物描绘和地貌勾绘的原则。

13. 如何进行地形图拼接、检查、整饰？

14. 地形图修测的内容及野外修测的方法有哪些？

## 本章可供参考书目

1. 测量学．同济大学，清华大学．测绘出版社，1991．

2. 测量学．朱鸿禧，等．中国矿业大学出版社，1995．

3. 测量学．卞正富，等．中国农业出版社，2002．

# 第9章
# 数字化测图

本章主要介绍了数字化测图的方法、特点;数字化测图的软、硬件环境;数字化测图的作业流程等内容。通过本章的学习,使学生掌握数字化测图野外数据采集、利用 CASS 数字化测图软件成图及地图扫描数字化的基本技能。

随着科学技术的发展，计算机和各种先进的数据采集、输出设备在测绘领域得到广泛应用。在 20 世纪 80 年代产生了电子速测仪、电子数据终端，并逐步地构成了野外数据采集系统。它与内业的机助制图系统结合，形成了一套从野外数据采集到内业制图全过程的、实现数字化和自动化的测量制图系统，人们通常称为数字化测图(Digital Surveying Mapping，DSM)。广义的数字化测图主要包括全野外数字测图(或称地面数字测图、内外一体化测图)、地图数字化成图、摄影测量和遥感数字测图。狭义的数字化测图则指全野外数字测图。

## 9.1 概述

### 9.1.1 数字化测图的产生

传统的地形测量通常利用大平板、小平板、经纬仪将区域内的各种地物、地形的空间位置和几何形状进行测定，测得的观测值用图解的方法转化为图形，测量成果绘制在白纸或聚酯薄膜上。由于这一转化过程几乎都是在野外实现的，即使是图纸的室内整饰一般也要在测区驻地完成，劳动强度较大，效率也不高；并且这个转化过程还使测得的数据精度大幅度降低。随着信息量剧增，纸质图已难以负载诸多信息，变更、修改也极不方便，难以适应当前经济建设的需要。

数字化测图就是要实现地形和地物空间信息数字化和作业过程的自动化或半自动化。它希望尽可能缩短野外测图时间，减轻野外劳动强度，而将大部分作业内容安排到室内去完成，并且将转化过程中的大量手工作业改进为电子计算机控制下的机械操作。这样不仅能减轻劳动强度，而且不会降低观测精度。数字化测图的成果也不再是绘在纸上的地图，而是以数字形式存储在计算机中可以传输、处理、共享的数字地图，其所包含的信息量也大大超过纸质图。

数字化测图的基本思想是将地面上的地形要素(或称模拟量)转换为数字量，然后由计算机对其进行处理，得到内容丰富的电子地图，需要时由图形输出设备(如显示器、绘图仪)输出地形图或各种专题图图形。将模拟量转换为数字这一过程称为数据采集。目前数据采集方法主要有野外地面数据采集法、航片数据采集法、原图数字化法。数字化测图就是通过采集有关的绘图信息并及时记录在数据终端(或直接传输给便携机)，然后通过数据接口将采集的数据传输给电子计算机，并由计算机对数据进

图9-1 数字化测图系统

行处理，再经过人机交互的屏幕编辑，形成绘图数据文件，最后由计算机控制绘图仪绘制所需的地形图，并由磁盘、磁带、光盘等贮存介质保存电子地图。数字化测图的采集数据及成图过程如图 9-1。

## 9.1.2　数字化测图的特点

数字化测图是一种先进的测量方法，与白纸测图相比具有明显的优势，是未来主要的成图方法。其具体特点如下：

(1)自动化程度高　传统的白纸测图通常是外业直接成图，地图现场绘制，在图上手工量算所需要的坐标、距离和面积等等。数字化测图的野外测量能自动记录、自动解算、处理、存储、清理、绘图，效率高，劳动强度小，出错几率小，绘制出的图纸精确、规范，并能向用图者提供数字化的地图数据，用户可以自动提取所需要的图、数信息。

(2)精度高　白纸测图除了重要的坐标点注记坐标外，其大量的碎部点坐标是不保留而直接绘制到图上的，其点位精度由测图比例尺决定，并受到绘制过程中人为因素如刺点、画线等的影响。数字化测图记录的是观测数据或坐标，在记录、存储、处理、成图过程中，数据自动传输并由计算机处理，不受测图比例尺和绘制过程中人为因素的影响，能完全体现外业测量的精度。

(3)现势性强　数字化测图克服了传统测图不能连续更新的困难。数字化测图的成果保存是将点的定位信息和属性信息存入计算机，当数据需要更新时，只需输入变化信息的坐标、代码，经过编辑处理，很快便可以得到更新的图形，而不需要重新绘制，从而可以确保地图的现势性和可靠性。

(4)易于保存　绘制在图纸上的地图信息随着时间的推移，会因图纸的变形而产生误差，图纸的保存也很不方便。数字测图的成果以数字信息保存，避免了对图纸的依赖，而且易于保存。

(5)不受图幅限制　白纸测图施测是以一幅图为基本单位，成果也是分幅存放。数字化测图在测区内部不受图幅限制，测区整体控制网建立后，可以在整个测区的任何位置进行测绘，成果在计算机上按要求分幅，消除了白纸测图接边的问题。

(6)使用方便　数字化测图分层存放，可使地面信息全面存放，不受图面负载量的限制，从而便于成果的深加工利用。例如房屋、电力线、铁路、植被、道路、水系、地貌等均存于不同的层中，通过关闭层、打开层等操作来提取相关信息，即可方便地得到所需的测区内各类专题图、综合图，例如路网图、电网图、管线图、地形图等。又如在数字地籍图的基础上，可以综合相关内容，补充加工成不同用户所需要的城市规划用图、城市建设用图、房地产图以及各种管理用图和工程用图。数字化测图的成果以数据的形式存储，可方便地传输、处理和供多用户共享。数字地图不仅可以自动提取点位坐标、两点距离、方位以及地块面积等，还可以供工程、规划 CAD(计算机辅助设计)使用和供 GIS(地理信息系统)建数据库使用。数字地图的管理，既节省空间，操作又十分方便，可以根据用户的需要在一定范围内输出不同比例尺和不同图幅大小的图纸，也可以输出各种分层或叠加的专用地图。

## 9.2 数字化测图的硬件环境

数字化测图系统(图 9-1)以计算机为核心，系统由计算机、全站仪、GPS RTK、电子手簿、打印机、绘图仪、数字化仪、扫描仪以及其他输入输出设备组成。全站仪采集的野外数据通过数据记录器(电子手簿、PC 卡)输入到计算机或直接传输给计算机；数字化仪、扫描仪可以将现有的地图数字化后输入计算机，计算机处理后数据可以保存在磁盘、磁带或光盘上，也可以通过打印机或绘图仪输出纸质成果。

### 9.2.1 计算机

计算机的硬件主要包括中央处理器(CPU)、存储器、输入输出设备等几部分。输入设备包括键盘和鼠标等；输出设备包括显示器、打印机、绘图机。

### 9.2.2 全站仪

全站仪的优势在于它采集的全部数据能自动提供给记录卡、电子手簿到室内成图，也可以传输给电子平板，在现场自动成图，再经过一定的编辑即可由电子平板(或台式计算机)控制绘图仪出图。随着全站仪技术的不断发展，在全站仪上就可进行电脑化操作，在现场自动成图。

全站仪与计算机的通信主要有两种方式：一是利用全站仪本身配置的 PCMCIA 卡(PC 卡)。目前推出的全站仪多数设有 PC 卡接口，只要插入 PC 卡，全站仪所测得的数据就按规定格式保存到 PC 卡上，需要时就可将该卡取出，插入到带 PC 卡接口的计算机上进行数据传输；另一种是利用全站仪的输出接口，通过电缆传输数据。这种方式需要使用传输软件，在数据通讯前，必须将全站仪和传输软件的数据通讯参数设置一致，才能进行数据传输。主要的数据通讯参数有波特率、通讯口、数据位、停止位、奇偶校验等。

### 9.2.3 GPS RTK

GPS RTK(Real Time Kinematic)能够实时获得测站点在指定坐标系中的三维定位结果，且具有厘米级的定位精度。随着 RTK 技术的不断发展和价格越来越低的 RTK 系列化产品的不断出现，GPS RTK 逐步在开阔地区取代全站仪进行数字化测图。用 RTK 测定点位不要求点间通视，仅需 1~2 人操作，便可完成测图工作，而且定位速度快，一般 1~2s 就能测定一个点位，大大提高了测图的工作效率。

### 9.2.4 电子手簿

全站仪一般都有与之匹配的电子手簿，能以各自设计的格式记录、存储观测数据和其他信息并加以处理。电子手簿既可以通过标准接口与全站仪、测距仪和电子经纬仪连接，也可以与计算机进行数据传输。电子手簿通常可分为固有程序和可编程序两种类型。固有程序是指电子手簿中已由厂家提供了测量程序，用户只需要按自己的需要调用即可。在进行各种野外测量(如导线测量、后方交会、碎部测量、放样测量等)时，都按电子手簿事先编好的测量操作程序进行，就可得到点的坐标和高程。可编程序型电子手簿除了具有获取和存储观测值功能外，没有包含编制好的测量程序，而是提供计算机高级语言模块，用户可根据需要自行编制测量程序，在测量时选择调用。这种方式更为灵活，但要求用户具有一定的计算机编程能力。也有一些复合型电子手簿，既有固定程序，也可以自行编程。

目前，我国的电子手簿多数是以袖珍计算机(主要有 PC-E500)或掌上电脑为依托进行开发。这些电子手簿容量大，功能全，价格低，符合我国的测量习惯，并采用汉字提示，使用灵活方便。但各厂家生产的专用电子手簿功能和操作方法有所不同，使用前必须仔细阅读使用说明书，才能掌握使用方法。

### 9.2.5　扫描数字化仪

扫描数字化仪简称扫描仪。扫描仪种类繁多，目前使用的扫描仪多数为 CCD 阵列(Charge Couple Device，电荷耦合传感器阵列)式扫描仪，如图 9-2 所示，主要由驱动滚筒、激光源和传感器阵列组成。其基本工作原理是用激光源经过光学系统照射原稿，使反射光反射到 CCD 阵列，CCD 将光带转变为模拟电子信号，此信号又被变换器转变为数字电子信号。CCD 感光阵列装置被分成数千个小单元，每个单元里积聚着一个小电荷，这个电荷会根据反射光落在单元里的多

图 9-2　CCD 阵列式扫描仪

少而发生变化，在一个极短暂的时间内，以 $10^{-6}$s 的速度完成测量后，扫描仪从传感器阵列的每个单元里收集电荷，并将它们转换成数字信号。扫描仪把数据组织成扫描线，这些扫描线就再现了被 CCD 阵列捕获的那些数据。

扫描仪的技术指标主要是分辨率、扫描速度和工作幅面。一般扫描仪的光学分辨率在 300 ~ 800dpi 之间，高的可以达 1200dpi 以上。扫描速度与扫描分辨率有关，扫描分辨率设定越高，扫描速度越慢。扫描仪的幅面一般为 A4 ~ A0。扫描仪扫描的图像为栅格数据，而数字地图通常使用矢量数据，因此，还要在计算机内对扫描的图像进行屏幕矢量化。由于在矢量化过程中，可以对屏幕上的图形局部任意放大，因此，可以获得较跟踪数字化更高的精度，作业效率也要高出 2 ~ 3 倍。因此，目前图形数字化通常采用扫描数字化的方法。

### 9.2.6　数控绘图仪

数控绘图仪简称绘图仪，它是数字化测图系统常用的输出设备。绘图仪可将计算机中绘制的数字地图绘在图纸上。绘图仪种类很多，按其工作原理可分为矢量绘图仪和栅格绘图仪。

#### 9.2.6.1 矢量绘图仪

矢量绘图仪按其外形可分为平台式绘图仪和滚筒式绘图仪。平台绘图仪的一般形状如图9-3所示,由绘图平台、绘图笔架、导轨、滑轨(横梁)、驱动装置和控制电路组成。绘图平台通常水平放置,以静电吸附或真空吸附固定图纸。横梁沿 $X$ 向导轨运动,而笔架沿 $Y$ 方向在横梁的导轨上移动。横梁和笔架在控制系统的控制下,由各自的驱动电机驱动,在 $X$、$Y$ 方向的移动产生矢量绘图。绘图笔在绘图时落下接触图纸,它的起落也由控制电路控制。平台式绘图仪速度较慢,但精度高。

图9-3 平台式绘图仪

图9-4 滚筒式绘图仪

滚筒式绘图仪的形状如图9-4所示。滚筒式绘图仪结构比较简单,图纸贴在滚筒上,工作时由滚筒带动图纸在 $X$ 方向做正、反旋转。绘图笔则在与滚筒轴线平行的导轨上做 $Y$ 方向运动,$X$、$Y$ 两方向的移动组合产生矢量绘图。滚筒式绘图仪可以在 $X$ 方向上绘制连续的长图,绘图速度高,但精度较低。绘图仪的主要技术指标包括:

(1)精度 矢量绘图仪精度包括:定位精度、重复精度、动态精度和总精度。通常以误差大小来描述精度的高低。

定位精度为绘图仪绘制某一坐标点时的定位误差,它包含重复误差及定位的系统误差。定位的系统误差可以通过软件修改 $X$、$Y$ 方向的长度比进行调整,重复精度是绘图仪在重复绘制线段时的误差;动态误差以绘图仪绘制直线的抖动、起调量以及圆的椭圆度来衡量;总精度是全长移动的累计误差,高精度绘图仪的总精度通常在0.1~0.15mm之间。

(2)速度和加速度 速度是指绘图头在做直线运动时能达到的最高速度,它取决于运动部件的质量和电机驱动功率。与速度相关的是加速度,通常高速的绘图仪加速度大,这样使绘图仪从低速达到高速的所需的时间短,即使在绘短线段时也可以达到很高的速度。绘图速度可以分级选择,针对使用的绘图笔和绘图纸进行调整。

(3)分辨率 对于矢量绘图仪,分辨率为绘图笔一次移动的步距。每接受一个脉冲,绘图笔在 $X$ 或 $Y$ 方向上可移动的距离称为步距。步距越小,绘图精度越高,所绘图形的曲线越光滑。步距的范围在 0.001~0.1mm 之间。对于栅格和喷墨绘图仪,分辨率为像元大小,通常用 dpi 表示。用于制图的栅格绘图仪的分辨率为 40 点/mm

(0.025mm/点)~72 点/mm(0.014mm/点),即在 1 000dpi 以上。喷墨绘图仪一般在 300~600dpi 之间,高质量的喷墨绘图仪分辨率可达到 1 200dpi 甚至更高。

(4)幅面 幅面指绘图仪最大有效绘图面积,是反映绘图仪大小的指标,厂家标称的幅面一般用最大绘图的长、宽表示,而平常则用纸张标号来表示绘图仪的大小。绘图仪常用的幅面为 A1 或 A0,而滚筒式绘图仪或喷墨绘图仪可以在宽度一定的前提下,绘出更长的连续的图形。

### 9.2.6.2 栅格绘图仪

目前,使用较多的栅格绘图仪是彩色喷墨绘图仪,它由栅格数据的像元值控制喷到纸张的墨滴大小。喷墨绘图仪采用的是打印机的原理,因此也称为大幅面打印机。喷墨绘图仪工作时打印笔沿笔架运动,逐行以点阵打印图形。新型的喷墨绘图仪采用了静电绘图技术,取消了抬笔、落笔等机械动作,使绘图速度大大提高。喷墨绘图仪通常可装入黄、青、红、黑 4 种墨水,能产生几百种颜色甚至真彩色;能选择 3 种绘图速度(最高、正常、最低),以得到不同的打印质量(快速、正常、最佳);能在多种介质(绘图纸、普通纸、半透明纸、透明聚酯薄膜等)上绘图。喷墨绘图仪还能够完成区域填充、改变线条宽度、绘制阴影等一般笔式绘图仪不能进行的操作。由于具有这些优点,喷墨绘图仪的使用越来越广泛。

## 9.3 数字化测图的软件环境

### 9.3.1 数字化测图软件的功能

数字化测图软件是数字化测图系统的灵魂,它应当具有如下功能:

#### 9.3.1.1 数据采集功能

它可以与全站仪、红外测距仪、电子经纬仪及电子手簿组合,按照一定的格式采集数据,可以接收 GPS 的数据,也可以利用已有的航摄照片,或在原有的图件上进行数字化采集。

#### 9.3.1.2 数据输入功能

数据输入是将采集的数据转换成测图软件所能接受的图形数据文件,即按点、线、面的 $x$、$y$ 坐标分层次输入计算机,并自动生成各种特征文件。同时,还可以输入属性数据,即按用途、要求输入所需的物体特征,如建筑物类别、注记、说明等有关属性。

#### 9.3.1.3 编辑处理功能

系统能对输入的外业采集和数字化方法得到的数据进行存储、检索、提取、复制、合并、删除和生成符合规范要求的地图符号,从而保证数据的正确性和完善性。

较高级的编辑功能还包括对地物、地貌特征及其他各种特征的分解和合并，曲线光滑、畸变消除、投影变换、直角改正以及根据同一级数据生成不同需要的专题图等。

#### 9.3.1.4 数据管理功能

数据管理依靠地图数据库等技术来实现。数据库的内容包括：特征码、制图要素的坐标串、制图要素的属性以及要素间的相互关系等。其功能主要有数据的添加、修改与删除；汉字的输入与输出；数据的分类统计；显示与打印统计报表；绘制地形图与地籍图；分层检索等。

#### 9.3.1.5 整饰功能

具有图幅间的拼接、绘制图廓、方格网、图名、图廓坐标、比例尺、标注测量单位和日期等功能。并且用户界面应当良好，操作简便，易于掌握。

#### 9.3.1.6 数据的输出功能

数据输出包括数据打印、图形输出和数据共享等。数据打印是将各种表册输出；图形输出是将存储于计算机系统中的数字地图按一定的比例转换为纸质图形。

### 9.3.2 数字化测图系统软件

目前，国内市场上已推出了很多数字化测图软件，其中比较有代表性的如南方测绘仪器公司研制的 CASS 地形地籍成图软件、武汉瑞德公司的 RDMS 数字测图系统、北京清华山维的 EPSW 电子平板测图系统等。这些测图软件在数字化测图实践中各有特点，而南方测绘仪器公司的 CASS 地形地籍成图软件在生产中应用最为广泛。该公司最近推出的地形地籍成图软件 CASS 7.0 的功能更完善，使用更加方便。CASS 7.0 的主要特点为：具有完备的数据采集、数据处理、图形生成、图形编辑及图形输出功能，能方便灵活地完成数字化地形图与地籍图的测绘工作，还具有土方量算、断面图绘制、宗地图绘制、地籍表格制作、图幅管理以及与 GIS 接口等功能。

## 9.4 数字化测图的作业流程

根据数字化测图的工作程序，数字化测图工作可分为：①野外数据采集；②内业编辑成图；③图面检查；④绘图输出与野外实地调绘检查；⑤根据调绘结果修改错误及图形整饰与分幅；⑥绘制输出数字图成果，并刻录数字图光盘等。

数字化测图总体上可以分为数据采集、数据处理和图形输出三个阶段。数据采集阶段是通过野外和室内电子测量与记录获取数据，并按照应用程序所规定的格式记录以便计算机能够接受；数据处理阶段是在人机交互方式下通过程序进行处理，例如坐标转换、地图符号生成、注记配置、图廓生成等步骤，将采集的数据转换为地图数据；地图数据的输出则包括用绘图仪绘制地形图、打印机输出报表和建立数据库。

## 9.4.1　野外数据采集

野外数据采集时，可将全站仪和 GPS RTK 结合使用。在开阔地段(主要是田野、公路、河流、沟、渠、塘等)可用 GPS RTK 进行数据采集；对于树木较多或房屋密集的村庄等可先用 GPS RTK 测定图根点，然后通过全站仪采集碎部点。

### 9.4.1.1　野外数据采集的原理

(1)点的描述　传统的测图方法在外业只测得点的三维坐标，然后由绘图员按坐标(或角度与距离)将点展绘到图纸上，再根据测点与其他点的关系连线，按点(地物)的类别加绘图示符号，这样通过一点一点地测绘，生产出一幅幅地形图。数字测图是将野外采集的成图信息通过计算机软件自动处理(自动识别、自动检索、自动连线、自动调用图示符号等)，经过编辑，最后自动绘出所测的地形图。因此，对于点必须同时给出点位信息和图形信息，以便计算机识别和处理。数字化测图中的点测绘必须具备三类信息：

①测点的三维坐标信息；

②测点的属性信息，即点的特征信息(地物点、地貌点、……)；

③测点的连接信息，即相关的点如何连成一个地物或地貌。

测点的三维坐标信息可使用测量仪器如全站仪、GPS RTK 得到，最终以 $X$、$Y$、$Z$($H$)坐标表示。测点的属性信息是用编码表示的，通过编码就知道它是什么点，图式符号是什么。反之，外业测量时知道测的是什么点，就可以给出该点的编码并记录下来。因此，数字化测图软件必须建立一套完善的图式符号库，只要知道编码，就可以从库中调出相应图式符号并绘制成图。测点的连接信息，则是用连接点和连接线型表示的。

若在外业测量时，将上述三类信息都记录下来，经过计算机软件的处理(自动识别、检索、调用图式符号等)后，将自动绘出所测的地形图或地籍图。

(2)地形编码　计算机是通过测点的属性信息来识别测点是哪一类特征点，用什么符号来表示的。为此，在数字化测图系统中必须设计一套完整的地物编码来替代地物的名称和代表相应的图示符号，以表明测点的属性信息。

地形图的地形要素很多，《1∶500、1∶1 000、1∶2 000 地形图图式》(GB7929—1989)将它们总结归类，并规定出用以表达的图示符号。所公布的地形图图式符号约有 410 个，独立要素约有 600 个。对数字化测图软件来说，首先应考虑到外业的方便，以最少位数的数码来代表点的地形分类属性，以地形图图式作为地形点属性编码的依据是适宜的。因此，对每一个地形要素都应赋予一个编码，使编码和图式符号一一对应。图 9-5 为部分编码举例。

①地形编码设计应遵循的原则　地形编码设计应遵循一致性的原则，要求野外采集的数据或测算的碎部点坐标数据，在绘图时能唯一地确定一个点；符合国标图式分类，符合地形图绘图规则；尊重传统方法，简练，便于操作和记忆，比较符合测量员的习惯；编码结构充分灵活，适应多用途数字测图需要，便于在地理信息管理、规划

| 编码 | 名称 |
|------|------|
| 100 | 天文点 |
| 101 | 三角点 |
| 102 | 小三角点 |
| 103 | 土堆上三角点 |
| 104 | 土堆上小三角点 |
| 105 | 导线点 |
| 106 | 埋石图根点 |
| 107 | 小埋石图根点 |
| 108 | 水准点 |

| 编码 | 名称 |
|------|------|
| 301 | 纪念碑 |
| 303 | 塑像 |
| 321 | 水塔 |
| 327 | 路灯 |
| …… | …… |

图 9-5　编码举例

设计等后续工作中能进一步扩展信息编码；便于计算机处理。

②现有系统所采用的地形编码方案

三位整数编码：三位整数是最少位数的地形编码，且三位整数足够对全部地形要素进行编码。它主要参考地形图图式符号，对地形要素进行分类、排序编码。

按照《1:500、1:1 000、1:2 000 地形图图式》，地形要素分为十大类：

①测量控制点；②居民地；③工矿企业建筑物和公共设施；④独立地物；⑤道路及附属设施；⑥管线与垣栅；⑦水系及附属设施；⑧境界；⑨地貌与土质；⑩植被。

在每一大类中又有许多地形元素，在设计三位整数编码时，第一位为类别号，代表上述大类，第二、三位为顺序号，即地物符号在某大类中的序号。例如，编码101，1 为大类，即控制点类，01 为图式符号中顺序为 1 的控制点，即三角点(图9-5)，102为小三角点。又如 201 为居民地类的一般房屋中的混凝土房。每一大类中的符号编码不能多于 99 个。通过统计，符号最多的是第 7 类(水系及附属设施)，超过 99，有130 多个。符号最少的是第一类(控制点)，只有 9 个。此外，测图系统中，一些特殊的线、层等也需要设系统编码；一些制作符号的图元及线型(虚线、点划线等)也需要设编码。因此，在实际测图软件的编码系统中，为了用三位编码概括以上需要，在上述十大类的基础上作了适当的调整。如在 EPSW 系统中，水系及附属设施的编码就分为两段，由 700～799，再由 850～899。1 类控制点的编码少，就将植被放在 1 类编码中，编码为 120～189，而将绘制符号的图式都放在 0 类。由于以前编码没有统一标准，各系统详细的编码需参阅各自测图系统的编码表。

三位整数编码具有编码位数少，简单方便，操作人员易于记忆和输入；按图式符号分类，符合测图人员的习惯；与图式符号一一对应，编码带有图形信息；计算机可自动识别，自动绘图等优点。

四位整数编码：《地形要素分类与代码 GB14804—93》采用四位整数编码，地形编码制定的原则同前，只是考虑到系统的发展，多留一些编码的冗余，以便编码的扩展。此外，还考虑到与原图式中编号的相似性，原图式的编号就有 3 位，在一个编号下还要细分几种类型，如图式中烟囱及烟道的编号为 327，此编号下还分 3 种：A 烟囱，B 烟道，C 架空烟道。若采用三位编码，则按顺序依次编下去，而四位编码则可编为 3271，3272，3273。

由于测图系统的编码早已就绪，且三位比四位终究少一位。因此，一些测图系统野外测量的编码仍采用三位整数编码，操作、记忆都很方便。三位和四位在编码的思路和原则上是一致的，所以，在需要统一时，通过转换程序，即可以方便地将三位码转换为四位国标码。

"无记忆编码"：目前，无记忆编码在数字化测图软件中应用得越来越广泛。在数字化测图软件中，将每一个地物编码和它的图式符号及汉字说明都编写在一个图块里，形成一个图式符号编码表，存储在计算机内，只要按一个键，编码表就可以显示出来。用户只要用光笔或鼠标点中所要的符号，其编码将自动送入测量记录中，无需记忆编码，随时可以查找，还可以对输入的实体的编码进行修改。而且在实际应用中，对于一些常用的编码如导线点、图根点、一般房屋、界址点等等，多用几次也就记熟了。

数字化测图的成果作为 GIS 的前端数据，3 位数编码远远不够，也不十分规则，一般需要 6 位，随着 GIS 的广泛的建立，数字化测图的编码如何适应 GIS 的要求，如何形成统一的国标，还有待进一步的探讨。

(3)连接信息 连接信息可分解为连接点和连接线型。

当测点是独立地物时，只要用地形编码来表明它的属性，即可知道这个地物是什么，应该用什么样的符号来表示。但是，如果测的是一个线状或面状地物，就需要明确本测点与哪个点相连，以什么线型相连，才能形成一个地物。所谓线型是指直线、曲线或圆弧线等。如图 9-6 所示的大厅，测第 2 点，必须与 1 点以直线相连，3 点须与 2 点直线相连，5 点与 4 点、4 点与 3 点则以圆弧相连，5 点与 1 点以直线相连。有了点位、编码，再加上连接信息，就可以正确地绘出房屋大厅(地物)了。

图 9-6  房屋大厅示意

综上所述，对每一个点来说，获取了描述点的 3 类信息，就具备了计算机自动成图的必要条件。

### 9.4.1.2  野外数据采集的模式

野外数据采集的作业模式，取决于使用的仪器和数据的记录方式。目前，野外数据采集主要有两种模式：电子平板测绘模式和草图法数字测记模式。

(1)电子平板测绘模式  电子平板测绘模式是用笔记本电脑模拟测图平板，在野外直接将全站仪与装有测图软件的笔记本电脑连接在一起，测量数据实时传入笔记本电脑，现场加入地理属性和连接关系后直接成图。

电子平板测绘模式实现了数据采集、数据处理、图形编辑实时同步完成。这种作业模式的优点是精度高，可及时发现并纠正测量错误，外业工作完成，图也基本完成，从而实现了内外业一体化。缺点是由于全站仪测量测程较长，绘图员观察地形、地物，现场绘图较困难，对作业员技术要求高。此外，笔记本电脑的性能和过重的外业工作负担可能是这种作业模式广泛推广的主要障碍。

目前，利用掌上电脑开发的野外采集成图软件，充分发挥了传统电子手簿的优点，并加入了实用的图形绘制与编辑功能，具有完整的图形符号库，独立地物、线状地物、面状地物都可以在屏幕上绘出，基本具备了电子平板的主要功能。利用掌上电脑和测图软件中的图形符号能够直接测绘地形图，不需要记忆和输入编码，能够完成大部分的成图工作，最后再将数据文件传入计算机，经过少量编辑处理即可生成数字化地形图。但掌上电脑体积小，虽然便于携带，显示屏幕范围却有限，在图形显示方面还不能满足用户的需要。

（2）草图法数字测记模式　草图法数字测记模式是一种野外测记、室内成图的数字测图方法，使用的仪器是带内存的全站仪、GPS RTK。当使用全站仪进行野外采集时，数据记录在全站仪的内存中，而当用 GPS RTK 进行野外采集时，数据记录在电子手簿上。两种方式在野外数据采集时都同时配画标注测点点号的工作草图。每天测完后，在室内通过通信电缆或 PC 卡将野外采集的数据传输到计算机，再结合工作草图利用数字化成图软件对数据进行处理，最后经人机交互编辑形成数字地图。这种作业模式的特点是精度高、内外业分工明确，便于人员分配，从而提高工作效率。

数字化测图需对各地物特征点按一定的规则赋予编码。按采集数据时是否输入确定特征点间相互关系的编码将数据采集分为编码法和无码法两种方式。

编码法是通过约定的编码来表示地形实体的地理属性和测点的连接关系的。野外测量时，除将碎部点的坐标数据记录在全站仪的内存中或 RTK 的电子手簿中，还需人工输入对应的编码，数字化成图软件通过对编码的处理就能自动生成数字地形图。对于复杂区域，还需绘制简易工作草图用于内业处理后的图检查和编辑时参考。一般而言，如果观测人员经验丰富且能熟练地使用相应数字化成图系统的编码方法，适合采用编码法。

无码作业是用草图来描述测点的连接关系和实体的地理属性。野外测量时，仅将碎部点的坐标和点号数据记录，在工作草图上绘制相应的比较详细的测点点号、测点间的连接关系和地物实体的属性，在内业工作中，结合工作草图利用数字化成图软件进行处理。无码作业采集数据比较方便、可靠，这是目前大多数数字化成图系统和作业单位的首选作业方式。

### 9.4.1.3　全站仪采集碎部点的方法

使用全站仪进行数据采集，若采用草图法，则需要 1 人观测，1~3 人画草图（记录员），1~3 人立棱镜，同时，作业人员需随时用对讲机保持联系。全站仪采集碎部点的方法如下：

（1）安置全站仪　将全站仪安置在测站点上，对中、整平后量取仪器高。开机，在"数据采集"里新建工程文件或打开已有的工程文件。

（2）定向　输入测站点的点号、坐标$(x, y, h)$、仪器高，后视点的点号、棱镜高，并照准后视点后输入后视点的坐标$(x, y)$或后视点坐标方位角。

（3）检核 可将棱镜立于第三个已知点进行测量，并和已知数据进行比对检查，若两者之间的较差满足要求即可进行下面的碎部点测量工作，否则，应检查原始数据，找出原因。也可在定向后测一次后视点的坐标并和已知数据进行比对检查。

（4）碎部点测量 全站仪数字化测图一般情况下采用的是极坐标法，其基本原理与白纸测图一样。碎部点测量时，观测员照准碎部点棱镜，如果棱镜高改变，则重新输入棱镜高，在全站仪上按操作键完成测量及记录工作。记录员在棱镜处通过绘制草图的方法记录测点所测内容以及与其他碎部点之间的相互关系。

当记录员确定当前测站所能测得的点已全部测完后，通过观测员迁站，一个测站的工作结束。

由于全站仪在几百米距离内测距精度较高，因此，一般图根控制点的密度相对于白纸测图的要求大大减少。当在测量碎部点并不关心碎部点点号时，或者碎部点点号没有特定要求时，可以选择点号自动累计方式，这样将可以避免同一数据中出现重复点号；当不能采用自动累计方式时，可以采用点号手工输入方式。

除极坐标法外，数字化测图还提供丈量法测定碎部点。它能够根据外业所测的基本点及丈量的边长或观测方向，用解析法求出其他碎部点的坐标，并记入碎部点数据库。碎部测量时，许多隐蔽的点是无法利用极坐标法测量出来的，特别是在居民区，实际作业中很多点往往需要用丈量法计算出来。因此，丈量法在实际作业中显得非常重要。丈量法的方法主要有：边长交会、直角折线、线上一点、矩形两点、矩形第四点、两点距离、垂线足点、两直线交点等。目前的测图软件都提供了多种丈量法。

丈量法应用举例：

直角折线（图9-7）：已知起点 $A(x_A, y_A)$，止点 $B(x_B, y_B)$，$AB$ 两点间水平距离为 $d_{AB}$，野外测得过 $B$ 的垂直距离 $D$，求 $P$ 点坐标。

计算公式：

$$d_{AB} = \sqrt{(x_B - x_A)^2 + (y_B - y_A)^2}$$

$$x_P = x_B + \frac{D(y_B - y_A)}{d_{AB}}$$

$$y_P = y_B + \frac{D(x_B - x_A)}{d_{AB}}$$

图9-7 直角折线

注：沿 $A$ 至 $B$ 方向，在 $B$ 处右转90°，$D$ 为正，左转90°，$D$ 为负。

为了提高作业效率，减少外业工作时间，个别局部区域的碎部测量可采用"自由设站"的作业方法。自由设站即为任意设站，以假定坐标系进行测量，然后通过两个以上的公共点（既有正确坐标，又有假定坐标），将任意设站测得的数据转换到正确的坐标系统中。利用图形编辑软件中的转换功能可以很方便地解决这一问题。

### 9.4.1.4 GPS RTK 野外数据采集

GPS RTK 主要在开阔地区使用。采用 RTK 进行地形图测绘，可以不进行图根控制测量，它是利用分布在测区的一些（至少2个）基本控制点的坐标数据来校正 GPS

RTK 流动站测得的 WGS84 坐标而获得各碎部点的所需的测量坐标。GPS RTK 的基准站可同时向在一定范围内的多个流动站发送差分信号。因此，GPS RTK 的多个流动站可同时进行碎部测量。GPS RTK 野外数据采集的过程如下：

（1）基准站设置　在进行作业前，首先要架立基准站并进行设置。GPS RTK 定位的数据处理过程是基准站和流动站之间的单基线处理过程，基准站和流动站的观测数据质量及无线电的信号传播质量对定位结果的影响很大。因此，基准站点位的选择就非常重要。基准站上空应尽量开阔，在基准站 GPS 天线的 5°～15° 高度角以上不能有成片的障碍物；为减少各种电磁波对 GPS 卫星信号的干扰，在基准站周围约 200m 的范围内不能有强电磁波干扰源，如大功率无线电发射设施、高压输电线等；基准站应远离对电磁波信号反射强烈的地形、地物如高层建筑、成片水域等；为了提高 GPS RTK 作业效率，基准站应选在交通便利、上点方便的地方；由于电台信号传播属于直线传播，所以为了基准站和流动站数据传输距离更远，基准站应该选择在地势比较高的测点上。另外，基准站点位应考虑到 GPS 电台的功率和覆盖能力，尽量使测区中的流动站都能接收到信号。基准站可以架设在已知点上，也可以架设在未知点上。南方灵锐 S82 GPS RTK 一体化测量系统的组成如图 9-8 所示。基准站架设的具体方法为：首先在基准站点安置脚架，安装上基座，

**图 9-8　南方灵锐 S82 基准站和移动站的组成**

再将基准站主机装上连接器置于基座之上，对中整平，然后将电台与发射天线连接好，最后用电缆将电台、GPS 接收机和电瓶连接起来。此时，应注意正负极。开机，如果数据链指示灯每 5s 快闪 2 次且状态指示灯每秒闪 1 次，就表示此时正常发射差分信息并且动态数据链正常，否则，要检查设置是否正确。

（2）流动站设置　南方灵锐 S82 流动站设置的具体方法为：连接碳纤对中杆、流动站主机和天线，完毕后开机。如果数据链指示灯每秒闪 1 次且状态指示灯每秒闪 1 次，就表示此时正常接收差分信息并且动态数据链正常。然后进行手簿和流动站 GPS 接收机的连接。打开 GPS 手簿，在主菜单中选择"工程"，进入子菜单，选择"新建工程"，在"新建工程"子菜单中建立工程文件，选择椭球系，进行投影参数设置，如果有四参数或七参数，可直接输入使用，如果没有，则先不用输入。工程文件建好后，选择"设置"主菜单，进入子菜单，选择"其他设置"，输入流动站天线高并选择直接显示实际高程。设置完成后，在手簿下方查看是否是固定解，如显示无数据，则在"设置"主菜单下选择"连接仪器"子菜单进行连接，直到显示为差分解或固定解为止。

由于 GPS 测量结果属于 WGS-84 坐标系，而实际操作中，需要的是地方或国家平面坐标。因此，在测量前，必须进行坐标转换。坐标转换方式有四参数法和七参数法。四参数法主要包括 2 个平移参数 $\Delta x$、$\Delta y$，一个旋转角度 $\theta$，一个尺度参数 $\lambda$。七

参数法包括 3 个平移参数 $\Delta x$、$\Delta y$、$\Delta z$，3 个旋转参数 $\omega_x$、$\omega$、$\omega_z$ 和 1 个尺度参数 $\lambda$。因此，四参数法至少需要 2 个已知控制点的坐标，七参数法至少需要 3 个已知控制点的坐标。以四参数法为例：在固定解状态下，首先在已知平面坐标的 2 个控制点上测得 WGS-84 坐标，然后在"设置"主菜单下选择子菜单"求转换参数"，输入 2 个控制点的已知平面坐标，并从坐标管理库中选择对应的 WGS-84 坐标，即可求出四参数。接下来就可以进行野外数据采集。

(3)碎部点数据采集　进行碎部点数据采集时，测量人员只需在地形特征点上立流动站，当手簿显示为固定解时，按测量键并输入相应的点号、特征编码，保存数据。同时，另一测量人员画草图，以便内业检查成图情况。

#### 9.4.1.5　野外数据采集注意事项

无论是全站仪采集碎部点还是 GPS RTK 采集碎部点，与传统方法一样，都是采集地形、地物的特征点。另外，计算机编辑成图软件具有移动、旋转、镜像、复制、隔点正交闭合、属性匹配、微导等功能，因而可以灵活利用这些方法，处理具有相同形状或对称性的地形、地物，从而有效地减少野外数据采集工作量，提高工作效率。对于规则地形、地物(如建筑物)与平板测图一样，可以较多地利用丈量方法。由于绘图软件自动绘制等高线时先要根据高程点生成不规则三角网(TIN)，因此，当需要勾绘等高线的区域内有陡坎时，除坎上要采集高程点外，坎底也要采集高程点，或者量取坎高，在内业处理时输入。否则，坎上的点会和远离坎相对较为平缓处的点构成三角形边，使得等高线反映不出在陡坎处密集，其余地方较为稀疏的特征。

### 9.4.2　数据处理

数据处理是数字化测图系统中的重要环节。因为数字化测图中数据类型涉及面广，信息编码复杂，其数据采集方式和通讯方式形式多样，坐标系统往往不一致，这对数据的应用和管理是不利的。因此，对数据进行加工处理，统一格式，统一坐标，形成结构合理、调用方便的分类数据文件，是数字化测图软件中不可缺少的组成部分。处理后的数据可以用于各种计算、分析，如 DTM 建模。

#### 9.4.2.1　数据预处理

数据预处理的目的主要是对所采集的数据进行各种限差检验，消除矛盾并统一坐标系统。其具体内容大体上包括以下几个部分：

(1)对采集并传输到计算机内的原始数据进行合理的筛选、分类处理，并对外业观测值的完整性以及各项限差进行检验。

(2)对于未经平差计算的外业成果实施平差计算，从而求出点位坐标。

(3)对于带高程的坐标数据进行过滤，剔除几乎重合的数据和粗差，进行必要的数据加密等。

预处理后的数据信息，将形成具有一定格式的数据文件如控制点文件、地物碎部点文件、界址点文件等。

### 9.4.2.2 数据处理

经预处理之后的数据,已进行了分类,形成了各自的文件。但这些数据文件还不能直接用来绘图,真正可用来绘图的文件,尚需进一步处理才行。数据处理模块主要应包含以下几个部分:

(1)对碎部地物点数据文件作进一步处理,检验其地物信息编码的合法性和完整性,组成以地物号为序的新的数据文件,并对某些规则地物进行直角化处理,以方便图形数据文件的形成。

(2)对界址点数据文件作进一步处理,界址点测量的数据结构一般采用拓扑结构,界址点信息编码亦应按此结构的要求进行设计和输入。在数据处理时,软件首先应对信息编码的正确性进行检验,然后自动连接成界址链。这种数据结构,不仅体现了多边形的形状,而且便于根据观测数据计算出各宗地的面积,同时,通过输入界址链的左、右宗地号,可清楚地反映各宗地的毗邻关系。

(3)根据新组成的数据文件,由文件中的信息编码和定位坐标,再按照绘制各个矢量符号的程序,计算出自动绘制这些图形符号所需要的全部绘图坐标(高斯直角坐标),最终形成图形数据文件。

### 9.4.2.3 数字地面模型建立

DTM 最初是麻省理工学院 Miller 教授等于 1956 年提出来的。此后,它被用于各种线路的设计,各种工程面积、体积、坡度的计算,任意两点间可视性判断及绘制任意断面图。在测绘中被用于绘制等高线、坡度坡向图、立体透视图,制作正射影像图与地图的修测等。

DTM 是地形表面形态等多种信息的一个数字表示。严格地说,DTM 是定义在某一区域 $D$ 上的 $m$ 维向量有限序列:

$$\{V_i, \ i=1, \ 2, \ \cdots, \ n\}$$

其向量 $V_i=(V_{i1}, \ V_{i2}, \ \cdots, \ V_{in})$ 的分量为地形 $X_i$,$Y_i$,$Z_i$($(X_i, \ Y_i)\in D$)、资源、环境、土地利用、人口分布等多种信息的定量或定性描述。DTM 是一个地理信息系统的基本内核,若只考虑 DTM 的地形分量,我们通常称其为 DEM(Digital Elevation Model,数字高程模型),其定义如下:

DEM 是表示区域 $D$ 上地形的三维向量有限序列,$\{V_i=(X_i, \ Y_i, \ Z_i), \ i=1, \ 2, \ \cdots, \ n\}$,其中 $(X_i, \ Y_i)\in D$ 是平面坐标,$Z_i$ 是对应的高程。当该序列中各向量的平面点位呈规则格网排列时,则其平面坐标 $(X_i, \ Y_i)$ 可省略,此时 DEM 就简化成一维向量序列 $\{Z_i, \ i=1, \ 2, \ \cdots, \ n\}$。实际应用中常习惯将 DEM 称为 DTM,但二者并不完全相同。

建立 DTM 的方法是将采集的地物、地貌的三维坐标数据,由计算机识别碎部点的编码信息,将相应的地物点连接成地物,地貌特征点连接成地性线,并组成规则矩形格网或不规则三角网等形式的 DTM,以便根据任一点的平面坐标来内插求得该点的高程,从而绘制等高线。

DTM 有多种表现形式，主要有规则矩形格网和不规则三角网 TIN 等。其中矩形格网 DTM 是将一系列高程采样点按一定格网形式有规则的排列。矩形格网存储量小，便于使用和管理，但有时不能准确地表示地形的结构和细部，导致基于 DTM 描绘的等高线不能准确表示地貌。不规则三角网 TIN(Triangle Irregulation Network)是直接利用测区的特征点，构造出邻接三角形组成的格网形结构，其优点是三角形格网的顶点全部为实测碎部点，插绘的等高线精度高，算法简单，减少了模型中错误的发生。

### 9.4.3 图形输出

绘制出清晰、准确的地图是数字化测图工作的主要目的之一，因此，图形的处理和输出模块也就成为数字化成图软件中不可缺少的重要组成部分。各种测量数据和属性数据，经过数据处理之后所形成的图形数据文件的数据是以高斯直角坐标形式存放的，而图形输出无论是在显示器上显示图形，还是在绘图仪上自动绘图，都需进行坐标的转换。另外，还有图形截幅、绘图比例尺确定、图式符号注记及图廓整饰等内容，都是计算机绘图不可缺少的内容，现简介如下：

#### 9.4.3.1 图形截幅

在数字化地形测量野外数据采集时，常采用全站仪等设备自动记录或手工输入实测数据，并未在现场成图，因此，对所采集的数据范围需要按照标准图幅的大小或用户确定的图幅尺寸进行截取，对自动成图来说，这项工作就称为图形截幅。也就是将图幅以外的数据内容截除，把图幅以内的数据保留，并考虑成图比例尺和图名图号等成图要素，按图幅分别形成新的图形数据文件。

图形截幅的基本思路是，首先根据四个图廓点的高斯直角坐标，确定图幅范围；然后对数据的坐标项进行判断，利用在图幅矩形框内的数据以及由其组成的线段或图形，组成该图幅相应的图形数据文件，而在图幅以外的数据及由其组成的线段或图形，则仍保留在原数据文件中，以供相邻图幅提取。图形截幅的原理和软件设计的方法很多，常用的有四位码判断截幅、二位码判断截幅和一位码判断截幅等方式。

#### 9.4.3.2 图形显示与编辑

要实现图形屏幕显示，首先要将用高斯直角坐标形式存放的图形定位，并将这些数据转换成计算机屏幕坐标。高斯直角坐标系 $X$ 轴向北为正，$Y$ 轴向东为正，对于一幅图来说，向上为 $X$ 轴正方向，向右为 $Y$ 轴正方向。而计算机显示器则以屏幕左上角为坐标系原点$(0,0)$，$X$ 轴向右为正，$Y$ 轴向下为正，$X$、$Y$ 坐标值的范围则以屏幕的显示方式决定。因此，只需将高斯坐标系的原点平移至图幅左上角，再按顺时针方向旋转 $90°$，并考虑两种坐标系的变换比例，即可实现由高斯直角坐标向屏幕坐标的转换。

在屏幕上显示的图形可根据野外草图或原有地图进行检查，若发现问题，用程序可对其进行屏幕编辑和修改。经检查和编辑修改而准确无误的图形，软件自动将其图形定位点的屏幕坐标再转换成高斯坐标，连同相应的信息编码保存于图形数据文件中，或组成新的图形数据文件，供自动绘图时调用。

### 9.4.3.3 绘图仪自动绘图

数据经数据处理、图形截幅、屏幕编辑后即可利用绘图仪输出地形图。绘图仪绘图同样存在坐标系的转换问题，一般绘图仪的原点在图板中央，横轴为 $x$ 轴，纵轴为 $y$ 轴。当绘图仪通过 RS—232C 标准串行口与微机连通后，用驱动程序启动绘图仪，再经初始化命令设置，其坐标原点和坐标单位将被确定。

实际绘图时，用户可通过软件自行定义并设置坐标原点和坐标单位，以实现高斯坐标系向绘图坐标系的转换，称为定比例。通过定比例操作，用户可根据实际需要来缩小或者扩大绘图坐标单位，以实现不同比例尺下不同大小图幅的自动输出。

## 9.4.4 CASS 作图

通过全站仪和 RTK 采集的数据，可转换成 CASS 格式在 CASS 软件中进行成图。CASS 的数据格式为："点号，编码，$y$，$x$，$h$"。下面以 CASS7.0 来说明编辑地形图的过程。

### 9.4.4.1 定显示区

当测量范围较大时，计算机屏幕显示全图时局部不够清晰。为了编辑成图方便，可设定显示区，使计算机显示所设定的区域。当图幅面积不大时，此步骤可以省略。进入 CASS7.0 后移动鼠标至"绘图处理"项，选择子菜单"定显示区"，在弹出的对话窗中选择相应的文件即可。

### 9.4.4.2 展点

该项工作是将测点展绘到计算机屏幕上以点号标注，作为屏幕绘图的定位依据。在主菜单"绘图处理"下选择子菜单"展野外测点点号"项，输入对应的坐标数据文件名后，便可在屏幕上展出野外测点的点号。

### 9.4.4.3 设定定点方式

定点方式有两种："测点点号"和"坐标定位"方法。设定定点方式时，只需在屏幕菜单中选择"测点点号 \ 坐标定位"选项即可。两者的差别在于，如果选择"坐标定位"，则通过屏幕鼠标定点，为了准确定点，这时可将对象捕捉打开，设定相应的捕捉方式；而选择"测点点号"时，则通过键盘输入点号定点。这样，在测点不是很密集的情况下，可选择"坐标定位"，而当测点较密集时可选择"测点点号定位"。两种方式可以相互切换，如果选择"测点点号"方式，要转入"坐标定位"方式时，只需在命令行里键入"P"，就实现了切换。如果要再次切换到测点点号时，重复上述操作即可。

### 9.4.4.4 绘平面图

如图 9-9 所示，92，45，46，13，47，48 号点是平行等外公路的一边，19 为公路

**图 9-9 外业作业草图**

对边上的一个测点。定点方式选择"点号定位"，绘制过程如下：

在右侧屏幕菜单中选择交通设施，找到"平行等外公路"并选中，命令区提示：

绘图比例尺 1: 输入 500，回车。

点 P/ < 点号 > 输入 92，回车。

点 P/ < 点号 > 输入 45，回车。

点 P/ < 点号 > 输入 46，回车。

点 P/ < 点号 > 输入 13，回车。

点 P/ < 点号 > 输入 47，回车。

点 P/ < 点号 > 输入 48，回车。

点 P/ < 点号 > 回车

拟合线 < N > ？输入 Y，回车。

说明：输入 Y，将该边拟合成光滑曲线；输入 N(缺省为 N)，则不拟合该线。

1. 边点式/2. 边宽式 < 1 > ：回车(默认 1)

说明：选 1(缺省为 1)，将要求输入公路对边上的一个测点；选 2，要求输入公路宽度。

对面一点

点 P/ < 点号 > 输入 19，回车。这时平行等外公路就做好了。

草图中49，50，51，52，53，为一层数为7的多点混凝土，定点方式为点号定位，绘制过程如下：

选择右侧屏幕菜单的"居民地"选项，也可在命令行里输入命令"ff"，选择"多点混凝土房屋"。命令区提示：

第一点：

点P/<点号>输入49，回车。

指定点：

点P/<点号>输入50，回车。

闭合C/隔一闭合G/隔一点J/微导线A/曲线Q/边长交会B/回退U/点P/<点号>输入51，回车。

闭合C/隔一闭合G/隔一点J/微导线A/曲线Q/边长交会B/回退U/点P/<点号>输入J，回车。

点P/<点号>输入52，回车。

闭合C/隔一闭合G/隔一点J/微导线A/曲线Q/边长交会B/回退U/点P/<点号>输入53，回车。

闭合C/隔一闭合G/隔一点J/微导线A/曲线Q/边长交会B/回退U/点P/<点号>输入C，回车。

输入层数：<1>输入7，回车。

当使用"隔一点"功能时，可输入J命令，该功能在于当输入下一点（如图9-9中的52号点）后系统会自动算出一点，使该点与前一点（如图中的51号点）及输入点（如图9-9中的52号点）的连线构成直角。输入C时，表示闭合。这时层数为7的多点混凝土房屋就做好了。

"微导线"功能由用户输入当前点至前一点的连线与当前点至下一点连线的角（度）和当前点至下一点的距离（米），输入后软件将计算出下一点并连线。对于"微导线"功能来说，要求输入角度时若输入K，则可直接输入转角；若直接用鼠标点击，则只可确定垂直和平行方向。该功能特别适合知道角度和距离但看不到点的位置的情况，如房角点被树或路灯等障碍物遮挡时。

类似以上操作，分别利用右侧屏幕菜单绘制其他地物。

在"居民地"菜单中，用3、39、16三点完成利用三点绘制2层砖结构的四点房；用76、77、78绘制四点棚房。

在"地貌土质"菜单中，用54、55、56、57绘制拟合的坎高为1米的陡坎；用93、94、95、96绘制不拟合的坎高为1米的加固陡坎。在测量中实际的坎并不都是一样高的，为保证后续等高线生成的正确性，要求在能够去的地方，坎上、坎下都要测量，此时不需输入坎高，而不能去的地方，应测量坎高并输入其值。

在"独立地物"菜单中，用69、70、71、72、97、98分别绘制路灯；在"植被园林"菜单中，用58、80、81、82绘制菜地，要求边界不拟合，并且保留边界。

为加快绘图速度，可使用一些快捷命令，如坎的快捷命令"K"，斜坡"XP"，反向"h"，"f"复制，"V"查询属性，"S"属性匹配，"per"垂直，"W"围墙，"J"接起，等等。

### 9.4.4.5 绘等高线

平面图绘好后，即可绘制等高线。方法如下：

(1)选取主菜单"编辑"下的子菜单"删除"下的"删除实体所在图层"，在图面上点取任何一个点号的数字注记，所展点的注记将被删除。

(2)展高程点。选取主菜单"绘图处理"下的子菜单"展高程点"，在弹出的数据文件对话框中选择相应的文件，将高程点全部展出来。

(3)建立 DTM。如果地貌有明显的山脊和山谷或变坡线，应根据所展的点用复合线将地性线画出。这样可以避免所建立的三角网在山谷处出现"悬空"或在山脊处出现"切割"的现象。选取主菜单"等高线"下的子菜单"建立 DTM"，这时有两种建立 DTM 的方式，分别为由数据文件生成 DTM 和由图面高程点生成 DTM。如果选择由数据文件生成，则在坐标数据文件名中选择坐标数据文件，此时如果数据量较大，计算机性能一般，则无法生成；如果选择由图面高程点生成，则在绘图区选择参加建立 DTM 的高程点，可用闭合的复合线确定建模范围。

选择好建立 DTM 的方式后，在结果显示栏里选择显示建三角网结果，并选择建模过程考虑陡坎(在建立 DTM 前系统自动沿着陡坎的方向插入坎底的点，这样新建的坎底点就参与三角网组网的计算)和建模过程考虑地性线。

(4)生成等高线。如图 9-10 所示，生成三角网后可根据现实地貌，进行三角形的删除、过滤以及增加等修改操作，并将修改结果存盘(使用主菜单"等高线"下的"修改结果存盘")。之后就可以选取主菜单"等高线"下的"绘制等高线"，对等高距进行设置后便可生成等高线，然后删除三角网，生成的等高线见图 9-11。

**图 9-10 三角网**

**图 9-11 等高线**

（5）等高线的修饰。在"等高线"菜单下的"等高线修剪"中有"批量修剪等高线"、"切除指定二线间等高线"和"切除指定区域内等高线"三个子菜单。可通过这几个菜单进行等高线的修剪。如可用"切除指定二线间等高线"来切除等高线穿过道路的部分。等高线修剪完后，要对计曲线进行注记。方法是由低到高画一条复合线，然后使用"等高线注记"下的"沿直线高程注记"即可。

### 9.4.4.6 加注记

通过屏幕菜单的"文字注记"项来进行文字注记。

### 9.4.4.7 加图框

首先在"文件"菜单下"CASS参数配置"中对图框进行设置，包括测绘单位、成图日期、坐标系、高程基准、图式、测量员、绘图员、检查员以及密级。然后在"绘图处理"菜单下选择相应的图幅，根据提示即可将图框绘出。

## 9.5 地图扫描数字化

扫描数字化是利用扫描仪获取地图数据的方法，先利用扫描仪将地形图扫描，形成按一定的分辨率且按行和列规则划分的栅格数据。栅格数据的标准文件格式有TIFF、BMP、JPG等。扫描仪获取的是栅格数据，而数字地图应用时，需要矢量数据。这样就要将扫描的栅格图像数据转换成矢量图形数据，即以坐标方式记录图形要素的

图 9-12　扫描屏幕矢量化原理框图

几何形状。这个转换过程称为矢量化。矢量化的工作一般采用扫描屏幕数字化的方法，通常需要人机交互来完成。其原理框图如图 9-12。

预处理主要是指消除噪声和图像配准。噪声是指那些不属于地图的斑点、污渍和其他模糊不清的东西形成的像元。图像配准是在扫描后形成的栅格图像中选取一定数量的控制点，将它们的坐标指定为原地图中对应点的坐标。控制点可以是经纬线网格的交点、公里网格的交点或者是一些典型地物的坐标。图像配准的实质是坐标变换，而控制点的数目则取决于使用哪一种数学方法来实现坐标转换。需要注意的是过多的控制点并不一定能够保证高精度的配准，选取控制点时应尽可能使控制点均匀分布于整个栅格图像，而不是只在图像的某个较小区域选择控制点。

坐标变换的方法很多，主要有仿射变换、二次多项式变换等。若采用仿射变换，则可根据数字化四个图廓点的坐标采集和键盘输入相应点高斯坐标的对应关系，求出坐标系的平移、旋转等参数，最后使两坐标系统一。仿射变换的原理是：如图 9-13 所示，设 $x$，$y$ 为数字化坐标，$X$，$Y$ 为理论坐标，$m_1$，$m_2$ 为地图横向和纵向的长度变化比例，两坐标系夹角为 $\theta$，原点 $O'$ 相对于理论坐标系原点平移了 $a_0$，$b_0$，则根据图形变换原理，得出坐标变换公式：

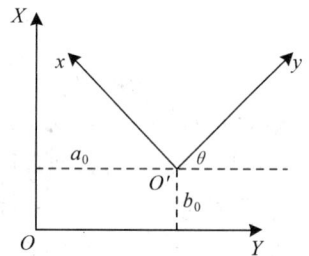

图 9-13　仿射变换原理

$$X = (m_1\cos\theta)x + (m_2\sin\theta)y + a_0$$
$$Y = (m_2\cos\theta)y - (m_1\sin\theta)x + b_0 \qquad (9\text{-}1)$$

式中，设 $a_1 = m_1\cos\theta$，$b_1 = -m_1\sin\theta$，$a_2 = m_2\sin\theta$，$b_2 = m_2\cos\theta$，则式 (9-1) 可以简化为：

$$\begin{cases} X = a_0 + a_1x + a_2y \\ Y = b_0 + b_1x + b_2y \end{cases} \qquad (9\text{-}2)$$

式 (9-2) 中含有 6 个参数 $a_0$、$a_1$、$a_2$、$b_0$、$b_1$、$b_2$，因此，要实现仿射变换，需要知道不在同一直线上的 3 对控制点的数字化坐标及其理论值，才能求得上述 6 个待定参数。实际应用中，通常利用 4 个以上的点来进行。

此外部分矢量化软件需要将数据处理成特定的格式。

细化就是寻找扫描图像线条的图形原骨架（中心线），将占多个栅格宽度的图形要素缩减为只有单栅格宽度的过程。细化后，要能保证线段的连通性，由于图像上难免存在一些断点和毛刺，因此，需要进行线段修补和毛刺删除，要求细化的结果是原曲线的中心。

矢量化是指将栅格图像数据转换为矢量图形的过程。矢量化前应新建数字化图层，即对要数字化的要素进行分层并确定其图层名称，然后即可进行矢量化。一般的线段可做到自动跟踪矢量化，但由于地图上线划分布比较复杂，地物要素多样或相互重叠、交叉，并且还有一些不需要矢量化的文字符号、注记等，使得全自动跟踪矢量化十分困难。因此，实际操作中一般采用人机交互与自动跟踪相结合的方法完成地图的矢量化，由于这一过程是在屏幕上进行的，故也称屏幕数字化。

线段跟踪算法的操作步骤如下：

① 给定线段的起点，记录其坐标；

② 以此点为中心，按 8 个方向的邻近像素，搜索下一个未跟踪的点，如果没有点则退出，若有点，则记下它的坐标(搜索方向)；

③ 将找到的点作为新的判别中心，转向第 2 步操作，依次循环，直到追踪到另一端点(结束点)，线段上所有点被自动跟踪出来；

④ 追踪结束。

矢量化后还应进行注记符号的输入及适当的检查与编辑工作，完成图形的数字化。

数字化时公共边的采集需要做特殊规定：如图9-14所示，在采集多边形 $A$ 时，可沿多边形 $A$ 的边界1、2、3、4、5、6、7、8、9、1 分别采集，构成面并计算面积，但采集多边形 $B$ 时，若同样沿多边形 $B$ 的边界6、10、11、12、8、7 分别采点然后计算面积，则可能由于采点误差无法保证多边形 $A$ 与 $B$ 的公共边8、7、6 完全重合而采集为8′、7′、6′，这就会导致所采集的多边形出现间隙或相互重叠，所计算的多边形面积无法满足要求，图形输出时公共边也不能吻合，并且会造成数据冗余。因此，必须找出一种既能对公共边只采集一次，又能满足多边形自动闭合的采点和计算方法。该方法采集的步骤如下：

① 沿多边形 $A$ 的边界采集1、2、3、4、5、6、7、8、9 各点。

② 沿多边形 $B$ 采集6、10、11、12、8 各点；结点6、8 只需捕捉，不必重新采集，公共边上的第 7 点由程序自动组合到 $B$ 多边形内。

③ 同理采集其他多边形。

为保证采集的正确，采集时应注意以下事项：

第一，始终沿顺时针方向采集；

第二，多边形采集时，一个多边形采点完后应接着采集下一个相邻的多边形，不跳跃多边形采集；当一组多边形采点结束后，最后形成的外环多边形面积理论上应等于所含的内部各相邻多边形面积之和，由此可检验多边形采点正确与否。

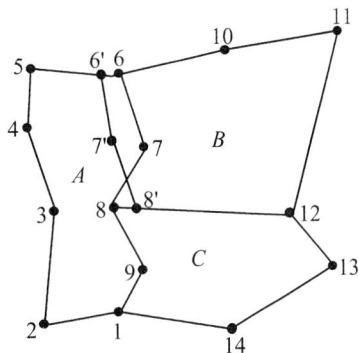

图 9-14　多边形数字化采集

第三，对结点的采集，凡第二次或两次以上的采集由程序自动组合到多边形，每次对该点进行捕捉，结点间公共边上的点不需采集；

扫描数字化自动化程度高，劳动强度小，随着矢量化软件的逐渐成熟，扫描屏幕数字化已经成为地图数字化的主流。目前国内流行的矢量化软件主要有 Able 公司的 R2V、南方测绘仪器公司的 CASSCAN、武汉瑞德测绘自动化公司的 Rdscan、清华山维公司的 EPSCAN、北京吉威公司的 Geoscan 等。

## 思考题

1. 什么是数字化测图？
2. 什么是全野外数字化测图？有何特点？
3. 数字化测图系统由哪些硬件组成？
4. 数字化测图软件应具备哪些功能？
5. 简述数字化测图的作业流程。
6. 简述地图扫描数字化的原理。
7. 简述 RTK 野外数据采集过程。

## 本章可供参考书目

1. 数字测图原理与方法 . 潘正风，杨正尧，程效军，等 . 武汉大学出版社，2004.
2. 数字测图原理与方法 . 高井祥，肖本林，付培义，等 . 中国矿业大学出版社，2005.
3. 大比例尺数字化测图技术 . 李玉宝，曹智翔，余代俊，等 . 西南交通大学出版社，2006.
4. 数字测图 . 杨晓明，王军德，等 . 测绘出版社，2000.
5. 测量学 . 卞正富 . 中国农业出版社，2002.

# 第 **10** 章
# 地形图的识读与应用

本章主要介绍了地形图的分幅与编号方法;地形图上的图外注记、地物、地貌及社会经济要素的识读;在地形图上进行基本量算的原理与方法;地形图在工程中的具体应用;地形图野外应用的基本技能及在地形图上进行面积量算的原理与方法等内容。通过本章的学习,使学生根据不同专业的要求,对地形图进行灵活的应用。

## 10.1　地形图的分幅与编号

地形图是具有丰富信息量的载体。在地形图上除表达比例尺、地物、地貌等基本要素外，还应对地形图按一定的规则进行分幅与编号，以方便地形图的测绘、识读、查询、应用和保管。

通常较大区域地形图的测绘，一般无法在一张图纸上进行，需统一分块编号进行，即对地形图实施分幅和编号。所谓地形图的分幅，是指将一个测区规定实地范围的大小或规定图幅的大小，按一定规则进行单位划分，每一个单位为一个图幅；而地形图的编号，是指为了区分不同的图幅，按一定的规则给每个幅图一个相应的编号。常见的地形图分幅方法有梯形分幅和矩形分幅两种。梯形分幅用于国家基本比例尺地形图按规定实地范围的大小划分图幅，而矩形分幅则用于工程上常用的大比例尺地形图按规定图幅的大小划分图幅。

### 10.1.1　梯形分幅法

梯形分幅法是目前世界上许多国家的地形图及大区域小比例尺分幅地图所采用的主要分幅形式。它是以一定经纬差的梯形实地范围划分图幅，由经纬线构成每幅地形图图廓的分幅方法，故此法也可称为经纬线分幅法或国际分幅法。

#### 10.1.1.1　国际梯形分幅法

按国际上规定，全球1:100万地形图的世界地界实行统一的分幅与编号。1:100万的地形图是以经差6°、纬差4°分幅。自赤道起，向南、北两极每隔纬度4°为一横列，到南北纬88°止，将南北半球各分为22个横列，依次以拉丁字母 $A$，$B$，$C$，…，$V$ 表示，以极点为圆心，纬度88°的圆用 $Z$ 表示，88°以上单独为一幅；由西经180°起算，自西向东，将整个地球表面用子午线分成60纵行，每一纵行经差为6°，依次以阿拉伯数字1，2，3，…，60表示（北半球在英文字母前加N，南半球加S。我国国土在北半球，故省去字母"N"）。如图10-1所示其每一梯形小格为一幅1:100万地形图，每1:100万图幅的编号由该图所在的横列字母和纵行阿拉伯数字组成。

若已知某地的经纬度，可以从图10-1中直接查取其所在1:100万地形图图幅编号，也可以通过下式计算得出：

$$\left.\begin{aligned}横列号 &= \text{INT}\left(\frac{\varphi}{4°}\right) + 1 \\ 纵行号 &= \text{INT}\left(\frac{\lambda}{6°}\right) + 31\end{aligned}\right\} \tag{10-1}$$

式中：$\varphi$——某地纬度；

　　　$\lambda$——某地经度。

图10-2为我国领土的1:100万地形图的分幅编号。根据某点的经纬度($\lambda$，$\varphi$)，利用式(10-1)可求算出该点1:100万地形图的横列号与纵行号，即可确定该点所在的

图 10-1 北半球东侧 1:100 万地图的国际分幅与编号

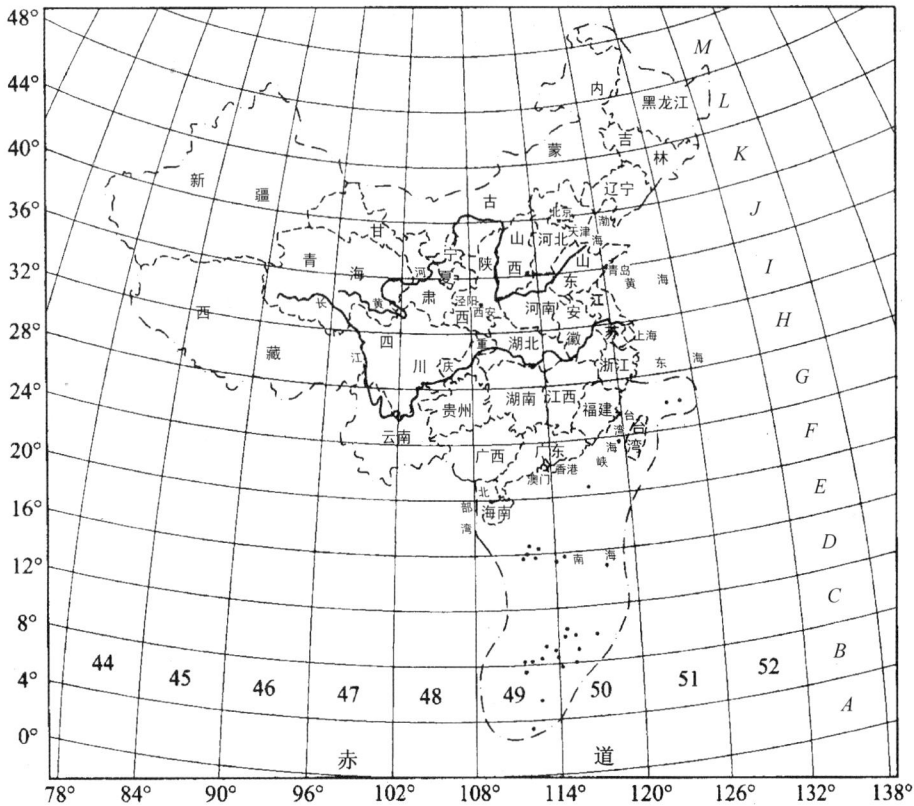

图 10-2 中国领土 1:100 万地形图的国际分幅编号

图幅位置。

例如某地 $K$ 点的地理位置为北纬 $31°54'50''$，东经 $104°29'00''$，则 $1:100$ 万图幅编号的横列号 $= \mathrm{INT}\left(\dfrac{31°54'50''}{4°}\right) + 1 = 8$，第 8 个字母为 H；纵行号 $= \mathrm{INT}\left(\dfrac{104°29'00''}{6°}\right) + 31 = 48$，该点 $1:100$ 万地形图编号为 H-48，图幅的经度在 $102° \sim 108°$，纬度在 $28° \sim 32°$。

$1:100$ 万以下地形图的分幅体系及 $K$ 点所在各种比例尺地形图的编号见图10-3。

注：方框中为 K 点各种比例尺图幅的编号

**图10-3　地图国际分幅法分幅框图**

(1)$1:50$ 万、$1:25$ 万、$1:20$ 万、$1:10$ 万地形图的分幅与编号　这 4 种比例尺的地形图编号都是在 $1:100$ 万图幅号后分别加上自己的代号组成。$1:50$ 万地形图的分幅是按经差 $3°$、纬差 $2°$ 将一幅 $1:100$ 万地形图划分成四幅，其编号是在 $1:100$ 万地形图的编号后分别加上 $A$、$B$、$C$、$D$ 代号；$1:25$ 万地形图的分幅是按经差 $1°30'$、纬差 $1°$ 将 $1:100$ 万地形图分为 16 幅；$1:25$ 万地形图的编号是在 $1:100$ 万地形图的图号后加上带方括号的阿拉伯数字[1]，[2]，[3]，…，[16]；$1:20$ 万地形图分幅是以经差 $1°$、纬差 $40'$ 将一幅 $1:100$ 万地形图划分为 36 幅，其编号是在 $1:100$ 万地形图的图号后面加上带圆括号的阿拉伯数字(1)，(2)，(3)，…，(36)；$1:10$ 万地形图是按经差 $30'$、纬差 $20'$ 划分，故一幅 $1:100$ 万地形图包括 144 幅 $1:10$ 万地形图，图幅编号是在 $1:100$ 万地形图图幅编号后面用一横短线分别连接 1，2，3，…，144。$K$ 点的以上几种比例尺地形图的分幅编号具体见图10-3、图10-4 和图10-5。

地面点 $(\lambda, \varphi)$ 在由 $1:100$ 万图幅直接分出的各种比例尺地形图编号的序号可由如下公式计算：

$$序号 = \mathrm{INT}\left(\frac{1:100\,万_{北图廓纬度} - \varphi}{\Delta\varphi} \times \frac{4°}{\Delta\varphi}\right) + \mathrm{INT}\left(\frac{\lambda - 1:100\,万_{西图廓经度}}{\Delta\lambda}\right) + 1 \quad (10\text{-}2)$$

式中：Δφ——分出图幅的纬度差；

Δλ——分出图幅的纬度差。

例如 K 点 1:10 万地形图编号的序号为：

$$序号 = INT(\frac{32° - 31°54'50''}{20'}) \times \frac{4°}{20'} + INT(\frac{104°29'00'' - 102°}{30'}) + 1 = 5$$

K 点所在 1:10 万的图的编号为 H-48-5，见图 10-3 和图 10-4。

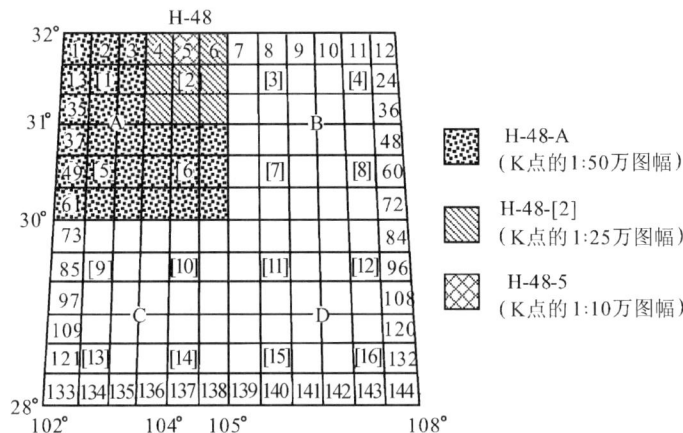

图 10-4　1:50 万、1:25 万和 1:10 万地形图的分幅与编号

图 10-5　1:20 万地形图的分幅与编号

（2）1:5 万、1:2.5 万、1:1 万地形图的分幅与编号　　1:5 万和 1:1 万地形图编号都在 1:10 万图幅号后加上自己的代号组成。即由一幅 1:10 万地形图按经差 15'、纬差 10'分割为 4 幅 1:5 万地形图，其代号是在 1:10 万的代号后分别 A、B、C、D 表示；由一幅 1:10 万地形图按经差 3'45''、纬差 2'30''直接分割成 8 行、8 列，共分 64 幅 1:1 万地形图，其编号是在 1:10 万地形图图幅编号后面用一短横线分别连接（1），（2），（3），…，（64）。

由一幅 1:5 万地形图按经差 7'30''、纬差 5'分割为 4 幅 1:2.5 万地形图，分别用 1、2、3、4 表示；1:2.5 万地形图的编号在 1:5 万地形图图幅编号后面用一短横线分别连接 1、2、3、4。

1:5 万～1:1 万地形图的编号均采用从左到右、从上到下的顺序编号。

$K$ 点的 1:5 万、1:2.5 万及 1:1 万地形图的分幅编号具体见图 10-3、图 10-6。地面点 $(\lambda, \varphi)$ 在由 1:10 万图幅直接分出的 1:5 万、1:1 万地形图编号的序号可由下式计算：

$$序号 = \mathrm{INT}(\frac{1:10 万_{北图廓纬度} - \varphi}{\Delta\varphi}) \times \frac{20'}{\Delta\varphi} + \mathrm{INT}(\frac{\lambda - 1:10 万_{西图廓经度}}{\Delta\lambda}) + 1 \qquad (10\text{-}3)$$

上式中：$\Delta\varphi$、$\Delta\lambda$ 与式(10-2)含义相同。

$K$ 点 1:1 万地形图编号的序号计算为：

$$序号 = \mathrm{INT}(\frac{32° - 31°54'50''}{2'30''}) \times \frac{20'}{2'30''} + \mathrm{INT}(\frac{104°29'00'' - 104°}{3'45''}) + 1 = 24$$

$K$ 点所在的 1:1 万图幅的编号为 H-48-5-(24)，见图 10-3 和图 10-6。

图 10-6　1:5 万、1:2.5 万和 1:1 万地形图的分幅与编号

（3）大比例尺地形图的分幅和编号　1:5 000 比例尺的地形图是在 1:1 万地形图的基础上进行分幅编号。每幅 1:1 万地形图是以经差 1'52.5''、纬差 1'15''分成 4 幅 1:5 000地形图，其编号是在 1:1 万地形图的编号后加上小写拉丁字母 a、b、c、d（图 10-7）；每幅 1:5 000 地形图以经差 37.5''、纬差 25''分成 9 幅 1:2 000 地形图，其编号是在 1:5 000 地形图的编号后加上各自的图幅代号 1，2，3，…，9（图 10-8）。

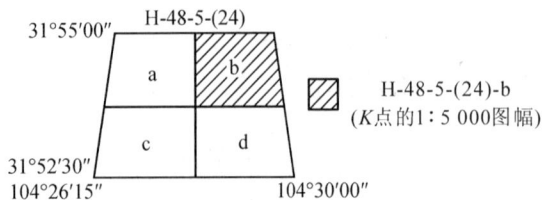

图 10-7　1:5 000 地形图分幅与编号

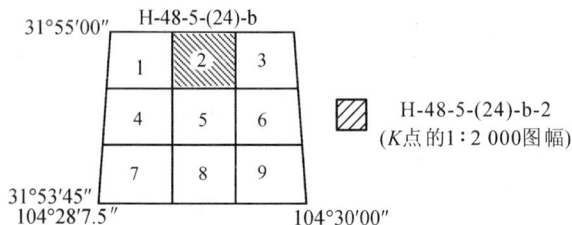

图 10-8　1:2 000 地形图的分幅与编号

如果已知某地的经、纬度就可以算出该地相应的 1:100 万图幅的图幅号，然后根据上述地形图分幅和编号规则，即可求出所需比例尺的图幅号，反之按图幅的统一划分和编号方法，即可根据其图幅编号确定该图幅包含的实地范围及地理位置。

### 10.1.1.2　1993 年以后新的数字式地形图分幅编号

我国 1992 年 12 月发布了《国家基本比例尺地形图新的分幅与编号 GB/T13989—1992》的国家标准，自 1993 年 3 月起实施。新测和更新的基本比例尺地形图，均须按照此标准进行分幅和编号。新的分幅编号对照以前有以下特点：

①1:5000 地形图列入国家基本比例尺地形图系列，使基本比例尺地形图有 1:100 万、1:50 万、1:25 万、1:10 万、1:5 万、1:2.5 万、1:1 万及 1:5 000 八种。

②分幅虽仍以 1:100 万地形图为基础，经纬差也没有改变，但划分的方法不同，即全部以 1:100 万地形图为基础加密划分而成。此外，过去的列(纬)、行(经)现在改称行、列。

③编号仍以 1:100 万地形图编号为基础，后接比例尺的代码，再接相应比例尺图幅的行(纬)、列(经)所对应的代码。因此，所有 1:5 000～1:50 万地形图的图号均由 5 个元素 10 位代码组成。编码系列统一为一个根部，编码长度相同，计算机处理和识别十分方便。

(1)分幅　1:100 万地形图的分幅按照国际 1:100 万地形图分幅的标准进行，其他比例尺以 1:100 万为基础分幅，1 幅 1:100 万的地形图分成其他比例尺的地形图的情况见表 10-1 和图 10-9。

表 10-1　1:100 万的地形图分成其他比例尺的地形图的情况

| 比例尺 | 1:100 万 | 1:50 万 | 1:25 万 | 1:10 万 | 1:5 万 | 1:2.5 万 | 1:1 万 | 1:5 000 |
|---|---|---|---|---|---|---|---|---|
| 行列数 | 1×1 | 2×2 | 4×4 | 12×12 | 24×24 | 48×48 | 96×96 | 192×192 |
| 图幅数 | 1 | 4 | 16 | 144 | 576 | 2304 | 9216 | 36 864 |
| 经　差 | 6° | 3° | 1°30′ | 30′ | 15′ | 7′30″ | 3′45″ | 1′52.5″ |
| 纬　差 | 4° | 2° | 1° | 20′ | 10′ | 5′ | 2′30″ | 1′15″ |

(2)编号　1:100 万地形图的编号与国际分幅编号一致，只是行和列的称谓相反，1:100 万地形图的图号是由该图所在的纬行序号(字符码)和经列序号(数字码)组合而成，中间不再加连字符。如 K 点 1:100 万地形图编号为 H48。

1:50 万～1:5 000 比例尺地形图的编号均由 5 个元素(五节)10 位代码构成，即 1:100万地形图的纬行序号(第一节字符码 1 位)，经列序号(第二节数字码 2 位)，比例尺代码(第三节字符 1 位)，相应比例尺图幅在 1:100 万地形图里的行号(第四节数字码 3 位)及列号(第五节数字码 3 位)，共 10 位，见表 10-2。

| 列　　序 | | | | | | | | | | | | 比例尺 |
|---|---|---|---|---|---|---|---|---|---|---|---|---|
| 001 | | | | | | 002 | | | | | | $\frac{1}{50万}$ |
| 001 | | | 002 | | | 003 | | | 004 | | | $\frac{1}{25万}$ |
| 001 | 002 | 003 | 004 | 005 | 006 | 007 | 008 | 009 | 010 | 011 | 012 | $\frac{1}{10万}$ |
| 001 | 002 003 | 004 005 | 006 007 | 008 009 | 010 011 | 012 013 | 014 015 | 016 017 | 018 019 | 020 021 | 022 023 024 | $\frac{1}{5万}$ |
| 001 · · · · 012 | | 013 · · · · · 024 | | 025 · · · · · 036 | | 037 · · · · · 048 | | | | | | $\frac{1}{2.5万}$ |
| 001 · · · · · 024 | | 025 · · · · · 048 | | 049 · · · · · 072 | | 073 · · · · · 096 | | | | | | $\frac{1}{1万}$ |
| 001 · · · · · 048 | | 049 · · · · · 096 | | 097 · · · · · 144 | | 145 · · · · · 192 | | | | | | $\frac{1}{5000}$ |

图 10-9　1993 年以后采用的分幅行列编号法

表 10-2　10 位代码的构成

| 字符码 1 位 | 数字码 2 位 | 字符码 1 位 | 数字码 3 位 | 数字码 3 位 |
|---|---|---|---|---|
| 英文字符 | 2 位阿拉伯数字 | 英文字符 | 3 位阿拉伯数字 | 3 位阿拉伯数字 |
| 纬行代码 | 经列代码 | 比例尺代码 | 行代码 | 列代码 |

地理位置为 $(\lambda，\varphi)$ 的地面点所在图幅编号的 10 位代码计算的方法步骤如下：

①根据式(10-1)可计算出第一节字符码(纬行代码)和第二节数字码(经列代码)，并由下式算得相应 1:100 万图幅左上角的起算纬度 $\varphi_{北图廓}$ 和起算经度 $\lambda_{西图廓}$。

$$\left. \begin{array}{l} \varphi_{北图廓} = \mathrm{INT}\left(1 + \dfrac{\varphi}{4°}\right) \times 4° \\[2ex] \lambda_{西图廓} = \mathrm{INT}\left(\dfrac{\lambda}{6°}\right) \times 6° \end{array} \right\} \tag{10-4}$$

②按比例尺选择第三节比例尺的代码(表 10-3),而后根据比例尺查得与比例尺相应图幅的纬差 $\Delta\varphi$ 和经差 $\Delta\lambda$。

表 10-3 各种比例尺的比例尺代码

| 比例尺 | 1:50 万 | 1:25 万 | 1:10 万 | 1:5 万 | 1:2.5 万 | 1:1 万 | 1:5 000 |
|--------|---------|---------|---------|--------|----------|--------|---------|
| 比例尺代码 | B | C | D | E | F | G | H |

③计算与比例尺相应的第四节行代码,计算公式为:

$$行代码 = \text{INT}\left(\frac{\varphi_{北图廓} - \varphi}{\Delta\varphi}\right) + 1(不足 3 位向前补零) \tag{10-5}$$

④计算与比例尺相应的第五节列代码,其计算方法为:

$$列代码 = \text{INT}\left(\frac{\lambda - \lambda_{西图廓}}{\Delta\lambda}\right) + 1(不足 3 位向前补零) \tag{10-6}$$

根据上面的方法,计算 $K$ 点的 1:1 万图幅编号的 10 位代码步骤如下:

前面已计算出 $K$ 点的 1:100 万图幅编号纬行代码为 H,经列代码为 48。1:1 万的比例尺代码为 G,经度差 $\Delta\lambda = 3'45''$,纬度差 $\Delta\varphi = 2'30''$。

$$起算纬度 \ \varphi_{北图廓} = \text{INT}\left(1 + \frac{31°54'50''}{4°}\right) \times 4° = 32°$$

$$起算经度 \ \lambda_{西图廓} = \text{INT}\left(\frac{104°29'00''}{6°}\right) \times 6° = 102°$$

$$行代码 = \text{INT}\left(\frac{32° - 31°54'50''}{2'30''}\right) + 1 = 003$$

$$列代码 = \text{INT}\left(\frac{104°29'00'' - 102°}{3'45''}\right) + 1 = 040$$

则 $K$ 点的 1:1 万图幅编号的 10 位代码为:H48G003040。

## 10.1.2 矩形分幅法

由于一般行业所需测绘和使用的地形图涉及的测区范围较小,图件比例尺通常要求是大于 1:1 万的大比例尺,分幅通常要求采用矩形或正方形分幅的方法进行。它是以直角坐标的整千米数或整百米数的坐标线来划分图幅,其中正方形分幅最常用。分幅一般是一分为四,如图 10-10 所示。一幅 40cm × 40cm 的 1:5 000 地形图分成 4 幅 50cm × 50cm 的 1:2 000 地形图,再将一幅 1:2 000 地形图分成 4 幅 1:1 000 地形图,以此类推;一幅 1:1 000 的地形图又可分成 4 幅 1:500 的地形图,图中划斜线部分已明确表示出相应的分幅。因此,一幅 1:5 000 地形图分成 4 幅 1:2 000 地形图,16 幅 1:1 000 地形图和 64 幅 1:500 地形图。各比例尺的图幅规格见表 10-4。

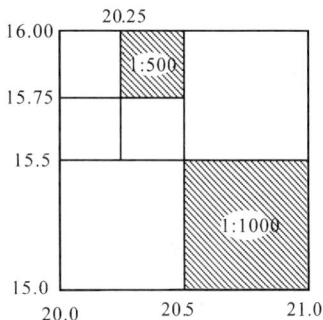

图 10-10 矩形分幅法

表 10-4　矩形及正方形分幅的图廓规格

| 比例尺 | 矩形分幅 | | 正方形分幅 | | |
|---|---|---|---|---|---|
| | 图幅大小<br>（cm × cm） | 实地面积<br>（km²） | 图幅大小<br>（cm × cm） | 实地面积<br>（km²） | 一幅 1：5 000 图<br>所含幅数 |
| 1：5 000 | 50 × 40 | 5 | 40 × 40 | 4 | 1 |
| 1：2 000 | 50 × 40 | 0.8 | 50 × 50 | 1 | 4 |
| 1：1 000 | 50 × 40 | 0.2 | 50 × 50 | 0.25 | 16 |
| 1：500 | 50 × 40 | 0.05 | 50 × 50 | 0.0625 | 64 |

　　矩形或正方形分幅的图幅编号，一般采用该图幅西南角的坐标值来表示。如图 10-10 所示的 1：2 000 比例尺图幅，该西南角顶点坐标为 $X = 15.0 \text{km}$，$Y = 20.0 \text{km}$，则其编号为 15.0 ~ 20.0。编号时，1：5 000 地形图，坐标取至 1km；1：2 000、1：1 000 地形图坐标取至 0.1km；1：500 地形图坐标取至 0.01km。

　　某些测区根据用户要求，需测绘几种不同比例尺的地形图。为了方便测绘、管理、拼接、编绘、应用地形图，应以最小比例尺的正方形或矩形地形图为基础，进行分幅与编号。例如，测区内要分别测绘 1：500、1：1 000、1：2 000 和 1：5 000 比例尺的地形图（可能不重合），应以 1：5 000 比例尺的地形图为基础，进行分幅与编号。

　　带状测区或小面积测区的地形图编号可采用流水编号法或行列编号法。流水编号法按测区统一顺序编号，一般从左到右，从上到下用数字 1，2，3，4，…编定，如图 10-11 "× × -8"，其中"× ×"为测区地名。行列编号法一般以字母（如 A，B，C，D，…）为代号的横行由上到下排列，以数字 1，2，3，…为代号的纵列从左到右排列来编定的，先行后列，如图 10-12 中的 A - 4。

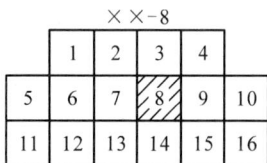

图 10-11　流水编号法　　　　图 10-12　行列编号法

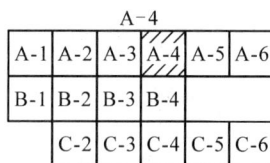

## 10.2　地形图的识读

　　地形图所表达的内容非常丰富，除包括地物、地貌、社会经济要素外，还包括其他相关注记。为能正确应用地形图，首先就必须掌握识读地形图的基本方法。地形图上的地物和地貌不是直观的景物，在其图廓内外有各种标志和注记说明，熟悉这些标志和注记说明，正确判断其间的相互关系和所表示的自然形态，才能正确使用地形图。地形图识读包括地形图的图外注记（或要素）的阅读和图廓内要素的阅读。

　　地形图的图廓外注记是对地形图及地形图所表示的地物、地貌的必要说明，是阅读地形图的直接依据，要求准确无误。识读地形图时，首先要了解地形图测图的时间和测绘单位，以判断地形图的新旧情况和适用程度；然后要了解地形图的比例尺、坐标系统、高程系统和基本等高距、坡度尺以及图幅范围和接图表。地形图的图廓内注记一般分为名称注记、说明注记和数字注记 3 种。名称注记是用文字来注明相应符号和专有名称，如村庄、河流的名称；说明注记是用补充说明相应符号的不足，以简注形式说明某一特定的事物，如矿井符号内加"煤"字，这就明确指出是煤矿井；数字注记是用数字指出图上某要素的数量特征。这些注记都是对地形图上地物、地貌的进一步说明，其作用在于指明物体的专门名称和具体特征，以补充符号的不足，它们与地物符号和地貌符号一起属于图廓内的要素，作为对地物地貌判读的依据。图廓内要素的阅读主要是对有关地物、地貌和社会经济要素的判读。

## 10.2.1 地形图的图外注记

### 10.2.1.1 图名、图幅号

在北图廓外的图幅正中央注记有本幅图的图名和图号以及行政区划注记。一幅地形图的图名是以本幅内最大的村镇、工厂、机关、行政区、名胜等的名称来命名，或以最主要、最突出的地物、地貌等的名称来命名。

图号注记在图名的正下方，它反映地形图所在区域，按一定规则的统一编号，图名和图号均注记在北图廓外中央。行政区划注记在图号下方，反映本图所涉及的省、市、县等的范围。

### 10.2.1.2 接图表与接图号

由于一幅图表示的实地范围有限，实际上经常需要把相邻几幅图拼接起来使用。因此，在北图廓的左上方绘有九个小格的接图表，在中间一格画有斜线的代表本幅图，四周八个格分别注明相邻图幅的图名或图号，按此可拼接相邻图幅。另外，中比例尺图还在东、西、南、北图廓线中间注记有相邻图幅的图号，即接图号，以进一步表明本图与四邻图幅的相互关系。

### 10.2.1.3 比例尺

南图廓外正中央绘注直线比例尺和数字比例尺，是地形图的重要内容之一，是图上和实地数学换算的依据。根据直线比例尺可用图解法确定图上的直线距离，或将实地距离换成图上长度。地形图上的地物和地貌大都是按照实地位置和大小，以一定比例尺缩绘在地形图上的。比例尺越大，表示地面的情况越详细，表示地物、地貌的精度也就越高，但一幅图反映的实地范围也就越小。

### 10.2.1.4 磁北标志

在地形图的南、北图廓线上都绘有一个小圆圈，分别注有磁北($P'$)和磁南($P$)，$P'P$ 两点的连线就是本幅图的磁北线。

在图 10-13 中，用 3 种基线的方向表示了磁北、真北和坐标北的三者关系。磁偏角在不同的地点有不同的大小和偏向，即使在同一地点，也还有长期变化和周日变化

图 10-13　三北方向图

之分。一般在测图过程中，通过测定图幅内各埋石点的磁偏角，取这些磁偏角的平均值作为图幅的磁偏角。

坐标纵线偏角是图幅子午线平均值对轴子午线的收敛角。图幅离轴子午线越远，纬度越高，坐标纵线偏角越大。其角值可根据经、纬度算出。对于1:2.5万或更小比例尺的图幅，要求在图下方绘出磁偏角及坐标纵线偏角的示意图，至于1:1万或更大比例尺的图幅则一般不要求绘制。在3个偏角中只要知道其中2个，就可求得第三个。子午线收敛角一般可从坐标表中查出，磁偏角可实测获得，由此即可求出磁坐偏角。它们之间的关系为：磁坐偏角 = 磁偏角 − 坐标纵线偏角。

#### 10.2.1.5　坡度尺

坡度尺是两点间的高差 $h$（等高距或5倍等高距）在一定的情况下，根据其坡度与平距成反比的原理制作的图示线尺。坡度尺绘在南图廓外左侧，用于直接量算图上线段的坡度。坡度尺上竖直方向为相邻2条等高线或相邻6条等高线之间的图上间距 $d$（图上平距），水平方向表示相邻两条等高线或相邻六条等高线之间的直线倾斜角 $\alpha$。量取坡度时，先用卡规卡出图上相邻两条等高线或两相邻六条等高线之间的间距 $d$ 后，然后到坡度尺上进行比对（图10-14），即可获得相应的直线倾斜角 $\alpha$，再由关系式 $i = \tan\alpha \times 100\%$ 就能得出以百分率表示的坡度 $i$。

图 10-14　坡度尺

#### 10.2.1.6　说明注记

测图日期、测绘单位、坐标系统等一般注在南图廓的左下方或右下方。现将各说明注记介绍如下：

（1）测图日期、制图出版年月　地形图的详略程度不仅取决于测图比例尺的大小，而且与用图的目的、要求有着密切的关系，测绘单位可供用图部门的需要参考取舍。从测图年月和制图出版年月可以判断地形图的新旧，并作为成图后地物、地貌可能发生局部变化的对照。

（2）测图单位　通常将其注明在西图廓图外下方，如"×××省测绘局"。

（3）坐标系统和高程系统　国家基本地形图平面位置采用1954年北京坐标系、1980年国家大地坐标系；高程采用1956年黄海高程系、1985年国家高程基准。城市大比例尺地形图常采用各城市的独立坐标系统。一些小范围测图还采用了假定坐标系。采用的坐标系统不同，地面上同一点的平面坐标和高程是不同的，用图时必须注意。

(4)等高距　用等高线表示地貌的详细程度与等高距的大小有关，等高距越小就越能详细反映地貌的细节。对于同一比例尺的测图来说，选择等高距过小时会成倍增加测绘的工作量。对于山区有时会因等高距过小，导致等高线过密而影响图的清晰度。为了测图统一和用图方便，一个测区一般应采用同一等高距进行测图，但在大面积测图时，有时地面倾角相差过大时，则可允许以图幅为单位分区采用不同的等高距。等高距的选择应该根据地貌类型和比例尺大小按相应的"规范"执行。

(5)图式版本说明　如图幅是标明"1988 年版图式"，是为了用图者在图上阅读地物时可参阅 1988 年出版的地形图图式，以便正确了解各种地物符号的意义。

### 10.2.1.7　公里方格网

公里方格网又叫平面直角坐标网、坐标网、公里网。图幅上有纵横正交的平面直角坐标格网，其纵横线分别平行于 $X$ 轴和 $Y$ 轴。通常坐标线只在图廓绘制一小段，并注上以公里为单位的坐标值。它们之间的间隔是整公里数，因而叫公里方格网。公里数的注记是在内外图廓线之间，纵横注记的字头一律向北。

### 10.2.1.8　图廓及经纬度注记

图廓是指图幅四周的范围线，有内图廓、外图廓之分。内图廓是一幅图的测图边界线，对于梯形图幅，四周边界是上下两条纬线和左右两条经线所构成，经纬线的长度由经纬差和比例尺决定。对于矩形图幅，四周边界由平行于 $X$ 轴的两条直线和平行于 $Y$ 轴的两条直线构成。它们是本幅图所表示地面范围的界线，它的四角都注明相应的经纬度，如图 10-15 所示，此图幅的内图廓西界经度为 $106°15'$，南界纬度为 $29°40'$.相邻图幅的拼接就是以内图廓线为拼接线。外图廓线平行于内图廓线，外图廓线没有数学意义，它只是为了整个图幅装饰美观而绘制的。对于通过内图廓线的重要地物(如道路、境界、河流等)和跨图幅的村庄，都要在内、外图廓间注明。

图 10-15　图廓及经纬度注记

### 10.2.1.9 分度带

分度带是由黑白相间的线条组成，以内图廓线的角点经度为起点，一般每一整分处绘一短线，所以一个黑白间隔表示 1′ 的经差。若将上下、左右的相对应的分度点连接起来就形成了表示地理坐标的经纬网。因此，分度带的作用可使用图者在地形图上能够确定图上任意一点的地理坐标。

### 10.2.1.10 颜色

为了使地形图上显示的地形醒目易读，国家基本地形图的颜色为四色套印。地物符号和注记用黑色，地貌为深棕色，水涯线用绿色，水部面积涂以浅蓝色，林区面积以浅绿色表示。也有两色套印的基本图，地貌为棕色，其他为黑色。

### 10.2.1.11 地形图的保密等级

地形图的保密等级一般可分为绝密、机密、秘密三级。保密的等级注在北图廓外的右方。凡是国家基本图，重要军事设施以及边防要塞所在的地形图等均属之，用时要妥善保管，严防失密。在实验室、课堂所展示的地形图为教学用图，其保密等级也会在北图廓处右边标注出。

## 10.2.2 地物判读

判读图面上所表示的地物，主要依靠各种地物符号和注记符号。符号是地形图的语言，有了它就能在某种程度上反映出地物的外表特征，使用图时一目了然，能了解它所代表的地物。地物符号一般都能反映出地物的外形特征，可以直观地表示出地物的分布情况。这些符号的图形大小、颜色、意义在国家测绘总局颁布的"地形图图式"中都有具体的规定，它们都是识图和用图的工具。应注意的是，对于那些不依比例尺符号和半依比例尺符号，要了解表示地物实际位置的定位点，在判读地物和在地形图上量测地物间的距离、地物本身的面积时，一定要知道各种地物符号表示相应地物在图上的真实位置，这样才能对地形进行正确的识读和应用。在第八章中已介绍了各种地物符号，依比例符号是某些地物的轮廓较大，如房屋、运动场、湖泊等，其形状和大小可以按测图比例尺缩绘到图纸上，再配以特定的符号说明；但非比例符号是用夸张的手法将地物表示在图上，如独立房屋、独立树等。有些地物无法将其形状和大小按比例尺缩绘到图纸上，而该地物又很重要(如三角点、导线点、水准点等)必须表示出来，则不管实际尺寸，只用规定的符号表示。符号的中心位置与实际地物中心位置的关系也随不同地物而异，在测绘或读图时应注意，这里就不再赘述。半依比例符号是对于一些带状延伸的地物如道路、管道等，其长度可按比例尺缩绘，而宽度无法按比例尺缩绘，半依比例符号的中心线即是地物的中心线。

对于半依比例尺符号或不依比例尺符号。半依比例符号主要是指一些线状地物，其长度在图上按比例尺绘出，其宽度则不能依比例绘出，只在一定位置注记其相应宽度，甚至不注记宽度，如铁路、公路、河流、沟渠等。不依比例尺符号主要是一些独立地物，其面积在实地很小，无法按比例尺标注在图上，只在图上相应位置用符号表示。

另外，要注意地物符号的主次让位问题。例如铁路和公路的并行，地形图上是以铁路中心位置绘制铁路符号，而公路符号让位，掌握符号之间不准重叠，低级给高级让位的原则；其次还应充分利用地物符号的颜色和注记来帮助判读，有时也可对应实地进行判读。

### 10.2.3 地貌判读

在国家基本地形图中，采用等高线表示地貌，这样就方便了各项工程、建设规划等设计量度。判读地貌，首先要熟悉等高线表达地貌要素及地性线，表示基本地形的方法以及等高线的性质，便可找出地貌的规律：由山脊线就能看出山脉连绵，由山谷线便可了解水系分布；由山峰鞍部、洼地和特殊地貌，则可以看出地貌变化。要想从曲折致密、看似纷乱的等高线中判读整个地貌分布组成情况，一般先分析它的水系，就是在图上根据河流的位置找出最大的集水线，称一等集水线；在一等集水线的两侧可以找出二等集水线，同样也可以找出三等集水线……。不同等级的集水线又形成相互联系的网络，形状如树枝。俗话说"无脊不成谷"，在集水线中间总是由明显或不明显的山脊分开，这些如树枝状的网脉又分布在各山谷线之间，这样再与各种地貌形态联系起来，就可对整个地貌有比较完整的了解。总之，判读地貌要从实际出发，从整体到局部；先纵观全局，再分析细部。

判读地貌时，对等高线性质的了解十分重要。要知道怎样用等高线表示典型地貌。例如通过等高线疏密及图形特征确定大的地貌类型——山地、平原、丘陵等的分布。如山地等高线数量多而且密集；丘陵等高线间距较大，且多呈闭合图形；平原等高线平直、稀疏；盆地等高线多呈闭合图形，外面高，中间低。然后找出最高点和最低点，确定山脊线和山谷线，研究山脊和山谷的形态特征，山坡的坡形和坡度等。最后分析地形起伏的特征及分布规律。

水系走向对地貌总的地势判读是很有帮助的，若一幅图中水系的流向是由北向南，则可以判断北方向南方的地势是越来越低。

### 10.2.4 社会经济要素的阅读

社会经济要素是地形图上的重要内容之一，由于地形图是反映一地区真实情况，就必然会包含社会经济要素。社会经济要素一般包含居民地、交通网络、境界线、重要管线(如通讯线、高压电线、输油管线)等。

#### 10.2.4.1 居民地

要了解居民地的位置、名称、类型(城乡)、行政级别和人口数量，以及分布密度的差异情况。居民地的情况及分布特点对地区的自然条件、经济、社会政治和文化发展程度有密切的关系。

#### 10.2.4.2　交通网络

道路网络在地形图上分成铁路、公路、乡村路和人行小路。要了解各类交通线的分布与密度，交通线与居民地的联系以及与地形的关系。交通线的等级、密度也是地区经济文化发展现状和水平的标志之一。

#### 10.2.4.3　境界线

境界线有两类，一是国家内部各行政区域的划分界线；二是国境线。境界线是了解各行政区的范围以及国防的边界，最重要的是国界，一个国家领土的界线。明确各级行政界线一般分为三级：省、市、县（自治区、自治州、自治县），均以相应的境界符号表示在地形图上，符号两边各注以相应的名称，如四川省、湖北省等。阅读境界线的目的在于明确各级行政区包括的范围、相互位置及面积对比，注意各级境界线必须按相关规定进行表达。

#### 10.2.4.4　重要管线

各种线路或重要经济管道，均有相应符号表示在地形图上。通过了解地形图上的输电线、通信线等管线的布设，使读图者能很快地了解到该地居民的照明、通信、能源、供给等情况。

在阅读过程中，有些情况在图上能迅速了解到，如城镇、水库、电站、工厂等的分布。但由于图上不可能反映详尽，在图上阅读不出的，如人口数量、生活水平、人的职业、路面的现时状况等。阅读地形图时，一定要把握相关要素的联系，把握全局，还要根据要求，就某些方面，重要阅读地形图的某些内容，这样才能取得规律性的认识。

图 10-16 是某地区一幅 1:2 000 地形图的西南角部分，通过阅读，我们获得了以下信息：高家庄位于图的东南部，庄北有清水河，由西北向东南流，近于正北中部斜穿东图边中部。对岸东图边的农机厂内，有高大的烟囱，沿河铁路在厂南通过，沿路低压线从中接入高家庄，再接通河南面沿河低压线。铁路之上有公路，至厂前转向南行，穿过铁路下堤后平行而去；公路两旁均有行道树。铁路堤下与河岸线之间，上游为旱地，下游是菜地。公路中部的路堑山坡上，有测量 7 号埋石图根点。

厂和庄的小路及人渡过庄后南行后山，庄西小溪在菜窖旁转向庄前流入清水河，溪有拱桥通接沿河小路。西图边的山脊伸向古塔堡，两面各地的小溪汇合于堡下流入清水河，其上有石桥继续沿河通行。石桥向河下流附近有分路口，南行沿溪而上，再转向西上至鞍部分路，一条西行，另一条南行。鞍部北面有土地庙，南面山堡上有 $A_{51}$ 三角点，凤凰岭上有 5 号埋石点，其余庄前、庄后和古塔山脊的坡地上有 102、105、103 三个图根点。102 点南有砖瓦窑，西有坟地。高家庄周围有护庄树，庄东为苹果园；凤凰岭周围有灌木林，古塔堡周围有疏林。

从地势上看，本图西南部山岭较高，最高处在南图廓边上，可从等高线查出 207m 高程；清水河最低处高程不到 180m。由此可见，图中最大高差不超过 28m。山

图 10-16 地形图的识读

高 家 庄

21.0—10.0

1:2000

1978年10月经纬仪极坐标法测图。
任意直角坐标系，坐标起点以"小北山"为原点起算。
1956年黄海高程为等高距1米。1972年版图式。

岭走向约与清水河平行，岭中有比较明显的鞍部，南面凤凰岭山脊向北延伸，四面山脊向东北延伸至古塔堡下，其中都有不明显的鞍部，其余还有不明显的山脊。故清水河南面地形变化较大，形成三条较大山谷，谷中均有小溪，古塔堡西北的小溪，源头上有两处冲沟。山岭、山脊坡度较陡，溪河附近较缓，高家庄坐落在较大的平缓地带。根据等高线平距 $d$ 和等高距 $h$，可得地面坡度 $\alpha = \tan^{-1}\dfrac{h}{d}$，倾角一般在 $5° \sim 25°$，属浅丘地貌。河北面山坡无明显变化，东北角最高高程不到 181m，最大高差不超过 11m，地面坡度均匀，一般在 $5° \sim 8°$。

综合上述，高家庄庭院整齐，周围青山绿水，果树、林木、砖瓦窑、供电线分布其中，对岸又有农机厂，铁路、公路都通，还有可供耕作的平缓土地。天然地理环境，是发展农、林、牧、副业的好地方，交通方便，城乡产销密切，庄民安居乐业，生活较为富裕。

## 10.3　地形图的一般应用

### 10.3.1　求图上任一点的高程

根据地形图上的等高线及高程注记，就可确定图上任一点的高程，如图 10-17 所示，$A$ 点恰好在 69m 等高线上，则 $A$ 点的高程就等于该等高线的高程。

如果所求点不在等高线上，如图 10-17 中 $B$ 点位于两条等高线之间，则过 $B$ 点作一条大致垂直于相邻等高线的线段 $mn$，量取 $mn$ 和 $mB$ 的图上长度，则 $B$ 点的高程为：

$$H_B = H_m + \frac{mB}{mn}h \qquad (10\text{-}7)$$

式中：$H_m$——$m$ 点等高线高程；

　　　$h$——等高距，图中 $h = 1\text{m}$。

若所求点正好在山脊线或山谷线上，则过所求点连接相邻等高线凸向变化处的线段，可采用内插法求其高程。

通常可根据相邻等高线的高程用目估法来确定点的高程。例如图 10-17 中 $B$ 点的高程可估计为 67.7m，其高程精度低于等高线本身的精度。规范中规定，在平坦地区等高线的高程中误差不超过 1/3 等高距，丘陵地区不超过 1/2 等高距，山区不超过一个等高距。由此可见，用目估法确定点的高程是允许的。

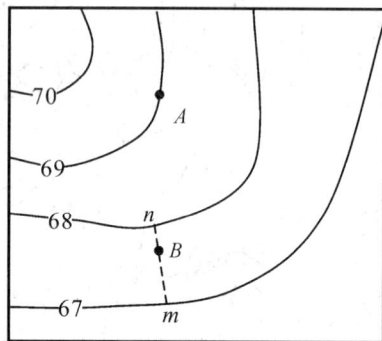

图 10-17　在地形图上求地面点的高程

## 10.3.2 求图上任一点的坐标

坐标有地理坐标和平面直角坐标之分。1:5 000 及小于该比例尺的地形图，采用经纬线图廓，纳入国家统一分幅编号系统，均可量取图上任一点的地理坐标；1:100 000 及大于该比例尺的地形图，都有平面直角坐标网，可量取图上任一点的平面直角坐标。

### 10.3.2.1 量算图上点的地理坐标

**图 10-18 在地形图上求地面点的地理坐标**

如图 10-18 所示，要求 M 点的经纬度，根据图四角的经纬度注记和外图廓内侧黑白相间的分度带(每段间隔表示经纬差 1′)。先定 M 点所在方格 O 点的纬度为北纬38°56′，经度为东经115°16′。然后以对应的分度带用直尺绘出相邻 1′的经纬网格，再画两条平行于经线和纬线的直线(虚线)，设量得经差 1′的长度为 N = 32mm，纬差 1′的长度为 K = 37mm，平行纬线的 aM 为 n = 18mm，平行经线的 bM 为 L = 10mm。则 M 点经纬度按下式计算：

$$\left.\begin{array}{l} \lambda_M = \lambda_0 + \dfrac{n}{N}60'' \\[3mm] \varphi_M = \varphi_0 + \dfrac{L}{K}60'' \end{array}\right\} \tag{10-8}$$

将量得数据代入计算，式中 $\lambda_0$、$\varphi_0$ 为 M 点所在格西南角 O 点地理坐标。

$$\lambda_M = 115°16' + \frac{18}{32} \times 60'' = 115°16'33.8''(东经)$$

$$\varphi_M = 38°56' + \frac{10}{37} \times 60'' = 38°56'16.2''(北纬)$$

### 10.3.2.2 图上点的平面坐标量算

图上量算点的坐标，图上量距精度可达 0.1mm，实地距离则随比例尺而异，比例尺愈大，图上量测的精度愈高。

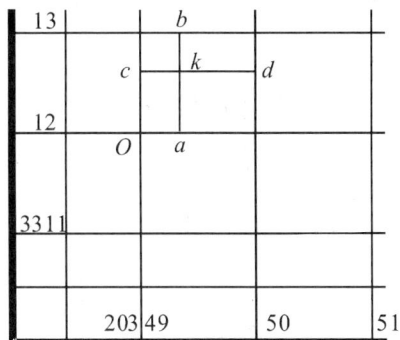

**图 10-19 在地形图上确定点的坐标**

欲求图 10-19 中 k 点的平面坐标，可在 a 点所在小方格，过 k 点分别作平行于 x 轴和 y 轴的两个线段 ab 和 cd，再用三棱尺选与图相同的比例尺量 ak 和 ck 得实地长度，设 ak = 632m，ck = 361m，则

$$x_k = x_0 + ak = 3\ 312km + 632m = 3\ 312\ 632m$$

$$y_k = y_0 + ck = 20\ 349km + 361m = 20\ 349\ 361m$$

式中：$x_0$，$y_0$——k 点所在小方格西南角 O 点平面坐标；

20——投影带号。

　　若在复制图上量取，需考虑图纸伸缩的影响。如果图上绘有直线比例尺，可用卡规分别卡 $ak$ 和 $ck$ 线段长，移到直线比例尺上读出 $ak$ 和 $ck$ 的实地长度，因为同一图纸伸缩大致相差不大。如图 10-19 无直线比例尺，还要量取小方格的两线段 $ab$ 和 $cd$，按下式计算则可消除图纸伸缩误差。

则
$$\left.\begin{array}{l} x_k = x_0 + \dfrac{Ml}{ab} \times ak \\[2mm] y_k = y_0 + \dfrac{Ml}{cd} \times ck \end{array}\right\} \tag{10-9}$$

式中：$l$——方格理论边长；

　　　$M$——地形图比例尺分母。

### 10.3.3　图上量测直线的长度、方位角及坡度

#### 10.3.3.1　量测直线长度

　　(1)直线量测　用卡规在图上卡取两端点长度，移至该图直线比例尺上比量，得其实地水平距离，也可用毫米尺量取图上直线长度，按图比例尺换算为水平距离，若图纸伸缩较大时，不宜用此法。

　　(2)间接测量　当图纸伸缩较大，两点相距较远或位于不同图幅上时，如图 10-20 所示，可分别量测 $A$、$B$ 两点 $x_A$、$y_B$ 的坐标值，则可按下式计算水平距离 $D_{AB}$。

$$D_{AB} = \sqrt{(x_B - x_A)^2 + (y_B - y_A)^2} \tag{10-10}$$

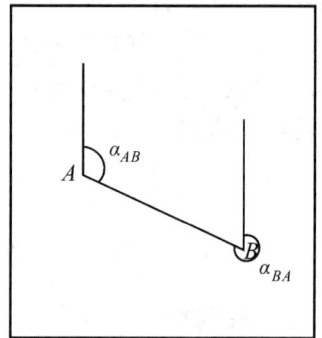

图 10-20　在地形图上确定
直线的方位角

#### 10.3.3.2　量测直线方向的方位角

　　(1)直接量角　如图 10-20 所示，求直线 $AB$ 的方位角时，先过 $A$、$B$ 两点作坐标格网纵线的平行线，再用量角器在 $A$ 点量测 $\alpha'_{AB}$ 在 $B$ 点量 $\alpha'_{BA}$。同一直线的正、反方位角之差应为 $180°$，由于量角存在误差，可按下式计算 $\alpha_{AB}$。

$$\alpha_{AB} = \frac{1}{2}(\alpha'_{AB} + \alpha'_{BA} \pm 180°) \tag{10-11}$$

式中，当反方位角 $\alpha'_{BA}$ 大于 $180°$ 取"$-$"号，小于 $180°$ 取"$+$"号。

　　(2)间接量角　已量得图 10-20 中的 $A$、$B$ 两点坐标值，可按下式计算方位角 $\alpha_{AB}$。

$$\alpha_{AB} = \tan^{-1}\frac{y_B - y_A}{x_B - x_A} \tag{10-12}$$

　　当直线较长时，用此法可取得较好结果，但 $\alpha_{AB}$ 取值时，一定要根据 $A$、$B$ 两点图上的相关位置进行确定。

#### 10.3.3.3　量测直线两端点之间的坡度

　　直线两端点的高差 $h$ 与水平距离 $D$ 之比称直线的坡度 $i$，一般用百分率(%)表示。

先求直线两端点的高差，然后按下式可计算出直线两端点的坡度。

$$i = \frac{h}{d \cdot M} \tag{10-13}$$

式中：$d$——直线两端点的图上距离；

$M$——地形图比例尺分母。

设图 10-17 的比例尺为 1:1 000，若图上量得 $mn$ 长为 12mm，$mn$ 的高差为 1m，则该线段的地面坡度为：

$$i = \frac{h}{d \cdot M} = \frac{1}{0.012 \times 1\,000} = \frac{1}{12} = 8.3\%$$

如果两点间的距离较大，中间通过疏密不等的等高线，则上式求得的坡度是两点间的坡度。要求地面平均坡度，应按等高线的疏密变化，应分段量测，结果取其平均值。

## 10.4　地形图在工程中的应用

### 10.4.1　地形图在线路工程中的应用

#### 10.4.1.1　按一定方向绘制纵断面图

在各种线路工程设计中，需要了解沿线路方向的地面起伏情况，为了进行填挖方量的概算及合理地确定线路的纵坡，常利用地形图绘制沿指定方向的纵断面图。

如图 10-21 所示，欲沿 $MN$ 方向绘制纵断面图，可在图纸或毫米方格纸上绘出 $MN$ 水平线（图 10-22），过 $M$ 点作 $MN$ 的垂线作为高程轴线，为了明显地反映地面的起伏变化，一般高程比例尺比水平比例尺大 10～20 倍，并在高程轴线上注明高程，起始值按沿线上的最低高程以下 2～3 根等高线的高程值确定。然后用卡规在地形图上从 $M$ 点分别卡出至 $a$，$b$，$c$，…，$l$，$N$ 各点的距离，并分别移到图 10-22 上由 $M$ 点沿 $MN$ 方向截出相应的 $a$，$b$，$c$，…，$l$，$N$ 等点。再在地形图上依次读取各点等高线高程，按高程轴线向上逐一画出相应的垂线。最后用光滑的曲线将各高程线顶点连接起来，即得 $MN$ 方向的纵断面图。

纵断面过山脊、山顶或山谷处的高程变化点（如 $f$、$h$ 之间的山脊最高点 $g$ 及 $i$、$k$ 之间的山谷最低点 $j$）的高程，可按比例内插法求得。

#### 10.4.1.2　在地形图上求地面坡度线

（1）求最大坡度线　从斜坡上一点出发，向不同的方向，地面坡度大小是不同的，其中有一个最大坡度。降雨时、水沿着最大坡度线，流向下方，斜坡上的最大坡度线，是坡面点垂直于水平线的直线，也就是垂直于地形图上等高线的直线。故图上求任一坡面上点的最大坡度线。就是从该坡面点起，在等高线间找出连续的最短距离（即等高线间的垂直线），构成坡面上的最大坡度线。如图 10-21 所示，欲求由 $p$ 点引一最大坡度线，则从 $p$ 点向下一条等高线作垂线交于 $q$ 点，由 $q$ 点再作下一条等高线

图 10-21  地形图在线路工程中的应用

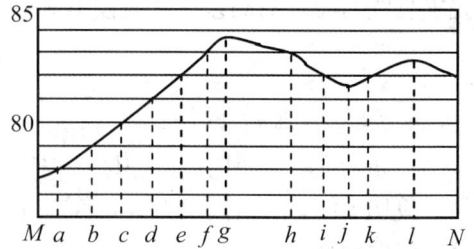

图 10-22  按一定方向绘制纵断面图

的垂线交于 $r$ 点，同法直至 $t$ 点，则连 $p$、$q$、$r$、$s$、$t$ 即为 $pt$ 的最大坡度线。

（2）按限制坡度在图上选定最短路线  在道路、管线、渠道等工程设计时，都要按某一限制坡度选择一条最短路线或等坡度线。

如图 10-21 所示，若地形图比例尺为 1∶2 000，等高距为 1m。从公路上 $A$ 点到高地 $B$ 点，设计一条限制坡度不大于 5% 的公路线。根据式（10-13）求出该路线经过相邻等高线之间的最小图上平距 $d$：

$$d = \frac{h}{i \cdot M} = \frac{1}{0.05 \times 2\ 000} = 0.01\text{m} = 1\text{cm}$$

于是，用卡规卡 1cm，以 $A$ 点为圆心画弧交 81m 等高线上于 1 点，该脚不动移另脚截 82m 等高线上于 2 点，依此类推直至 $B$ 点附近为止。然后连接 $A$，1，2，…，$B$，便得符合限制坡度的路线。为了少占农田、建筑费用最低，避开崩裂或塌方地带等，确定一条最佳路线，还需另选一条比较，如 $A$，1′，2′，…，$B$。

若遇等高线之间的平距大于 1cm，所卡半径不与相邻等高线相截时，表明坡度小于限制坡度，则按路线方向最短距离绘出。

## 10.4.2  地形图在水利工程中的应用

### 10.4.2.1  在地形图上确定汇水面积

汇水面积是指雨水（含雪水）依地势能汇入一山塘、水库、甚至溪河的集水范围。修筑道路跨越溪河及山谷时，必须修建桥梁或涵洞，桥涵孔径的大小，取决于汇水面积和流经桥涵的水流量大小来确定。

欲修建水库选择库址，汇水面积的大小是水库蓄水的主要水源之一。图 10-23 中 $AB$ 处设计一座水坝，首先在地形图上求出该水库的汇水面积，再按该区的全年降雨量资料，根据水量决定坝高、容积和灌溉范围。

汇水面积的边界线，由一系列的分水线连接而成。其勾绘要点是：

（1）边界线由指定点（$A$）出发，经若干分水线后，最后又回到起点，形成一条闭合环线。

（2）勾绘时，由坝端和经过分隔不同流水方向的每个鞍部起，分别作处处与等高线垂直线，上至山脊勾出分水线。

（3）两由低到高作出的边界线互为交点处，就是边界线在高处改变方向点。

图 10-23 中的虚线，即为水库的汇水面积边界线。该边界线与水坝构成的闭合环

线范围计算面积，即为所求的汇水面积，可用求积仪法量算出来。

### 10.4.2.2 利用等高线计算水库容积

在水库设计时，坝的溢洪道高程确定，就确定了水库的淹没面积，淹没面积以下的蓄水量，就是水库的库容。在图 10-23 中设溢洪道的高程为 120m，该高程为设计淹没线，可按各条等高线求出各自包围的面积。设从上至下各层的面积为 $S_1$，$S_2$，$\cdots$，$S_n$，$S_{n+1}$；$h$ 为等高距，$h'$ 为 $S_{n+1}$ 最低一条等高线与库底的高差。相邻等高线之间容积及最低一条等高线与库底之间的容积分别为：

图 10-23 地形图在水利工程中的应用

$$V_1 = \frac{S_1 + S_2}{2} \cdot h$$

$$V_2 = \frac{S_2 + S_3}{2} \cdot h$$

$$\vdots$$

$$V_n = \frac{S_n + S_{n+1}}{2} \cdot h$$

$$V'_n = \frac{S_{n+1}}{3} \cdot h' (库底容积)$$

则库容为

$$V' = V_1 + V_2 + \cdots + V_n + V'_n = \left( \frac{S_1}{2} + S_2 + \cdots + S_n + \frac{S_{n+1}}{2} \right)h + \frac{S_{n+1}}{3}h'$$

$$(10\text{-}14)$$

若溢洪道高程不等于图上某等高线高程时，则按溢洪道高程内插出水库淹没线，并量其面积设为 $S_0$，淹没线与下面第一条等高线之间的高差为 $h_0$，其之间容积 $V_0 = \frac{S_0 + S_1}{2} \cdot h_0$ 单独计算后，将结果加入库容中去。

### 10.4.2.3 在地形图上确定施工界线

施工界线为地面工程构筑物的设计面与地面的交线。目的在于确定填挖方的范围，计算土方量和指导施工。

地貌用等高线表示，土工构筑物的表面(一般为平整坡面)，也用等高线来表示。求施工界线，主要求土工构筑物表面的等高线与地形图上相应高程的等高线的各交点，把一系列交点连接成线，即得施工范围的界线。

如图 10-23 中的 AB 水坝，设计坝顶高程为 122m，坝顶宽 3m，坝内外边坡高宽比均为 1:1，地形图的比例尺为 1:5 000，等高距为 5m，求水坝施工界线。其作法步骤：

(1)在地形图上按设计轴线位置，画出坝顶宽度，坝顶长度以山谷两边山坡上内插的 122m 等高线为界。

(2)根据水坝边坡比得坡度 $i = \dfrac{h}{D} = 1$，坝顶两侧的第一条平行线，$h_0 = 122\text{m} -$ $120\text{m} = 2\text{m}$，$D_0 = \dfrac{h_0}{i} = \dfrac{2\text{m}}{1} = 2\text{m}$ 化为图上长 $d_0 = \dfrac{D_0}{M} = \dfrac{2\ 000}{5\ 000} = 0.4\text{mm}$，故按 $0.4\text{mm}$ 量即为 120m 的坝边坡的第一条等高线，应与上 120m 等高线相交，得两交点。

(3)以后各条等高线的等高距为 5m，同理计算出水坝边坡各条等高线的平距 $d =$ 1mm，按 120m 量第二条平行线的高程为 115m，与相应等高线交出另两点，依此类推，得出所有交点。

(4)将各交点连成平滑曲线，即得坝体的施工界线。

水坝的施工界线，又称为水坝坡脚线，是修好水坝脚和河床的交线。在地形图上确定坝坡脚线后，根据图上位置，在实地标定水坝施工的范围。

## 10.5　地形图的野外应用

在工程建设和资源调查过程中，常需持地形图进行野外作业，利用地形图实地判读，因地形图只反映成图时的地物和地貌，以后改变的情况和各种专业所需要的地面点位，都需标定在地形图上，反映出现状的实际情况，如工厂选址、实地选线、土壤调查、土地利用现状调查和土地利用的规划、设计、施工放样等。实际地形图野外应用中，都需先定向而后定点位。

### 10.5.1　地形图实地定向的方法

地形图定向，就是使地形图的图上方向线与实地相应的方向线一致，以便于图的判读、测设地面点位及放样等工作。

#### 10.5.1.1　方位点定向

若地形图测绘年限较久，新建地物或变更地貌需要补测于原图上，就可以采用方位点定向。定向时，先将图纸上北、下南、左西、右东与实地方向大致一致正放，同时在图上和实地寻找有方位目标的独立物体，如烟囱、水塔、旗杆或独立树等作为目标，并根据附近房屋一边的延距点、道路或河流的交叉点等作为测站点，置平图纸于站点上，用三棱尺边缘靠准站点和某目标点上，首先，从站点至目标看三棱尺的上棱边，转动图纸直到瞄准目标点为止。然后，保持图纸不动，将三棱尺边缘靠准图上另一目标点瞄准实地相应目标检查定向，此时三棱尺的棱边应恰好通过站点，否则找第三目标予以纠正。

#### 10.5.1.2　磁针定向

在地形图对照实地踏勘判读，特别在地物稀少的山区和森林区，常采用磁针定向。定向时，将长罗盘盒的边缘靠准磁子午线，置平图纸，徐徐转动图纸，使磁针与罗盘零直径相重合，即完成磁针定向工作。当图上无磁子午线时，可将长盒罗针置于定好向的图纸上，移动长盒罗针使磁针北端与罗盘零直径重合，然后靠长盒边缘划出磁子午线，作为以后磁针定向的依据。该法不能用于对磁针有吸引的铁件或高压电力线附近。

### 10.5.1.3　已知直线定向

利用图上的线状地物，如铁路、高压电线、公路、河流、土堤等的直线部分，按特征点(拐弯点、交叉点)在实地应找其相应部分，转动地形图使图上线段与实地相应线段重合或平行时，地形图按已知直线定向即告完成。

如在实地只是野外对照判读，则对点定向目估即可；若是实地测定地面点在地形图上的位置时，必须将地形图固定在图板上，按平板仪测量的方法，进行精确定向后方能测定点位。

## 10.5.2　在地形图上确定地面点位置的方法

用图者站立点和观察目标点在图上确定点位的方法有直接判定法、极坐标法、距离交会法和透明纸后方交会法。

### 10.5.2.1　直接判定法

将地形图定向后，待定地面点靠近明显地物(如道路交叉点、河流交汇点、房屋、桥梁、独立树等)、地貌(如山顶、鞍部、山脊和山谷明显转折或坡度变换处等)特征点的相互关系，直接确定图上待定点的位置。

### 10.5.2.2　极坐标法

选已知直线上定点，如图 10-24 所示，在房屋长边延长线上定 $A$ 或两房屋连线之间定 $B$，量出点至房角的距离，安平测图板于点位上，用卡规按成图直线比例尺卡相应长度，在已知直线截取图上站点，用远处明显点(房角)与已知直线相符，即可按平板仪法测定新增地物。

### 10.5.2.3　距离交会法

根据附近 2~3 个明显点至待定点的距离，在图上交会出点位。如图 10-25 所示，先在实地量得道路交叉点和房角至 $A$ 点的距离，如分别为 50m 和 78m，然后用卡规卡出各自半径，按相应明显点为圆心分别划弧，在图上交出 $A$ 点的位置。

图 10-24　利用极坐标法在地形图上
确定地面点位置

图 10-25　利用距离交会法在
地形图上确定地面点位置

(a)　　　　　　　　(b)

图 10-26　利用透明纸后方交会法在地形图上
确定地面点位置

#### 10.5.2.4　透明纸后方交会法

在图板上用胶带纸固定一张透明纸，其上任意标出一点 $P$，用三棱尺紧贴 $P$ 点分别瞄准地面明显点 $A$、$B$、$C$ 三点划 3 条方向线，如图 10-26(a) 所示。然后取下透明纸，蒙在地形图上移动，使 3 条方向线恰好通过图上相应的明显点 $a$、$b$、$c$ 为止[见图 10-26(b)]，此时把 $P$ 点刺于图上，得待定点在图上点位。最后用任一方向进行图纸定向，另两方向作为检核。

## 10.6　在地形图上量算面积

在工农业各种建设规划设计中，如农业土地利用、水库汇水、灌溉、植树造林等面积，工业厂区、矿山分布、城镇居民地等面积，常利用地形图量算轮廓范围内的面积，方法简便而快速，故得到广泛的应用。下面介绍几种常用的方法。

### 10.6.1　解析法

解析法是采用平面几何求积公式计算土地面积的方法。这里只介绍任意多边形已知各顶点的坐标，可利用各点坐标以解析法计算面积。

如图 10-27 所示的多边形 $ABCD$，各点坐标 $A(x_1、y_1)$、$B(x_2、y_2)$、$C(x_3、y_3)$、$D(x_4、y_4)$ 可在地形图上量或实测。由图上可知，多边形 $ABCD$ 的面积 $P$ 为：

$$P = (ABB_1A_1 + BCC_1B_1 + CDD_1C_1) - ADD_1A_1$$

这 4 个面积代入坐标计算都是梯形面积，梯形面积等于"两底和之半乘高"。

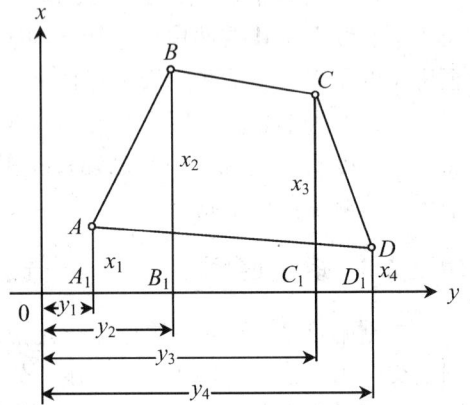

图 10-27　利用图形转折点
坐标计算图形面积

$$P = \frac{1}{2}\big[ (x_1 + x_2)(y_2 - y_1) + (x_2 + x_3)(y_3 - y_2) +$$

$$(x_3 + x_4)(y_4 - y_3) - (x_1 + x_4)(y_4 - y_1)\big]$$

上式整理后可得：

$$P = \frac{1}{2}\big[ x_1(y_2 - y_4) + x_2(y_3 - y_1) + x_3(y_4 - y_2) + x_4(y_1 - y_3)\big]$$

或　　　　$$P = \frac{1}{2}\big[ y_1(x_4 - x_2) + y_2(x_1 - x_3) + y_3(x_2 - x_4) + y_4(x_3 - x_1)\big]$$

以上两式均可直接用来计算多边形 $ABCD$ 的实地面积，它们与多边形的边数、形状、坐标轴的相对位置等都无关，而且具有一定规律性，因此对任意闭合多边形，其坐标计算面积公式可写成：

$$P = \frac{1}{2}\Big[ x_1(y_2 - y_n) + \sum_{i=2}^{n-1} x_i(y_{i+1} - y_{i-1}) + x_n(y_1 - y_{n-1})\Big] \tag{10-15}$$

或　　　　$$P = \frac{1}{2}\Big[ y_1(x_n - x_2) + \sum_{i=2}^{n-1} y_i(x_{i-1} - x_{i+1}) + y_n(x_{n-1} - x_1)\Big] \tag{10-16}$$

式中：$n$——闭合多边形顶点个数。

将以上公式整理，便得出如下记忆更简便的闭合多边形面积计算公式：

$$S = \frac{1}{2} \times |a - b| \tag{10-17}$$

上式中的 $a$ 和 $b$ 可由表10-5中斜线两端的坐标值相乘后取代数和求得。即：

$$a = x_1 y_2 + x_2 y_3 + \cdots + x_i y_{i+1} + \cdots + x_{n-1} y_n + x_n y_1$$

$$b = y_1 x_2 + y_2 x_3 + \cdots + y_i x_{i+1} + \cdots + y_{n-1} x_n + y_n x_1$$

**表10-5　利用闭多边形拐点坐标计算面积**

随着电子计算机的广泛应用，采用解析法计算面积快速而简便。地形图上一块由曲线围成的面积，可由近似直线标出若干转折点来代替，各点坐标可用数字化仪或手扶跟踪数字化器在图上量取读得各点的 $x$、$y$ 坐标，按式（10-15）或式（10-16）可以在新一代程序型计算器上编制计算程序，就可以方便而快速地得到多边形的面积。例如在 $fx-5800P$ 型计算器上可编制如下计算程序：

"N ="：? →N：N→Z：0→U：0→V：0→W：Lbl 1："X ="：? →X："Y ="：? →Y：W + (XV - UY)→W：If Z = N：Then X→S：Y→T：X→U：Y→V Else X→U：Y→V：IfEnd：Z - 1→Z：If Z≠0：Then Goto 1 Else Abs(W + SY - TX)÷2→S："S ="：S ◢

使用上述程序时，先输入闭合多边形顶点个数 $N$，然后依次输入其顶点坐标 $x$、$y$，输入数据完毕，计算器即可自动计算出多边形的面积。

使用程序计算多边形面积，不但简单、方便，而且可以保证计算结果正确，在生产上已得到广泛应用。

### 10.6.2　图面量算法

图面量算法是采用图解法、方格法、平行线法、求积仪法在地形图上直接量算面积。

#### 10.6.2.1　图解法

在地形图上测定图形面积时，如果面积是由简单几何图形组成，如矩形、三角形、梯形及任意四边形等，则面积可利用这些几何图形的面积公式直接计算。计算时所需的几何要素可在地形图上直接量取，图上量测线段长应精确到 0.1mm。

几种常用的几何图形面积计算公式见表 10-6。

表 10-6　常用几何图形计算面积公式

| 名　称 | 几何图形 | 量取元素 | 面积($S$)计算公式 |
|---|---|---|---|
| 矩　形 | | $a$、$b$ | $S = ab$ |
| 三角形 | | $b$、$h$ | $S = \dfrac{1}{2}bh$ |
| 梯　形 | | $a$、$b$、$h$ | $S = \dfrac{a+b}{2}h$ |
| 任意四边形 | | $d_1$、$d_2$、$\varphi$ | $S = \dfrac{1}{2}d_1 d_2 \sin\varphi$ |

对于复杂图形，可分割成简单图形进行量算，在对三角形面积量算时，取量算元素 $b \times h$ 应尽量使 $b:h$ 其比值接近于 1，这样可提高三角形面积量算精度。

#### 10.6.2.2　方格法

当地形图上的面积图形的边界是由不规则的曲线构成时，如果用上述的图解法求面积就显得不太合适，而用方格法就比较方便。

采用这种方法测定图形面积，需要预备一张透明纸或透明胶片，上面画出(或刻

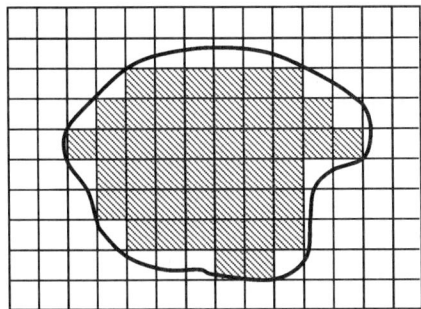

图 10-28 方格网法量算图形面积

上)一定边长的方格网。使用时，先将它蒙在待测面积的图形上(图 10-28)。蒙图时，应适当调整方格纸位置，使待测图形内整格数最多，然后再数出图形范围内整方格数 $N$ 和破方格数，并将破方格数以 0.1 格的读数精度凑整成整格数 $n$，方格数乘以每一小格所代表的实地面积 $d^2M^2$，便得到图形的实地面积值 $S$，即

$$S = (N + n)d^2M^2 \qquad (10-18)$$

式中：$d$——方格的边长；

$M$——地形图比例尺分母。

同一图形应当测定两次，第二次测定时，应将第一次测定蒙上的方格网改变一下位置，重新数出图形范围内的整格数和凑整格数，两次测定的结果若在表 10-7 所规定的误差范围内，即可取平均值计算面积。

表 10-7　两次量算面积允许误差表

| 图形图上面积（$mm^2$） | <50 | 50～100 | 100～400 | 400～1 000 | 1 000～3 000 | 3 000～5 000 | >5 000 |
|---|---|---|---|---|---|---|---|
| 允许误差 | 1/20 | 1/30 | 1/50 | 1/100 | 1/150 | 1/200 | 1/250 |

### 10.6.2.3　平行线法

如图 10-29 所示，将绘有等间距 1mm 或 2mm 平行线的透明纸或膜片蒙到被测图形上，若使透明纸的某两条平行线切于图形边界，将图形分割成一系列等高的梯形，量取各梯形中位线相加得总长并与高(平行线间距)相乘，就可以获得图形面积，故又称积距法。

实际蒙图时，应使图形边界线最高点及最低点都正好落在两条平行线之间的中心位置上，如图 10-29 所示，各梯形中位线就是图形所截的各平行线，量算总长

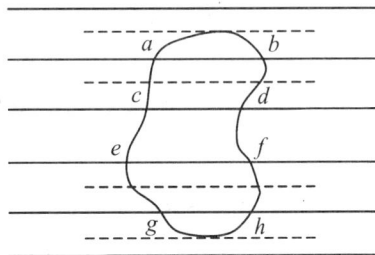

图 10-29　平行线法量算面积

$$L = ab + cd + ef + \cdots$$

若地形图比例尺分母为 $M$，平行线间距为 $d$，则图形的实地面积为

$$s = L \cdot d \cdot M^2 \qquad (10-19)$$

### 10.6.2.4　求积仪法

求积仪是一种测定图上不规则图形面积的仪器，其基本原理是定积分求面积按极坐标法来实现。求积仪有机械求积仪和电子求积仪两种类型，机械求积仪在生产中已很少使用，在此不再赘述。电子求积仪具有操作简便、量测快速、精度较高、适用性

广等优点，在生产中已得到广泛的使用。

（1）KP-90 型电子求积仪

①仪器结构和主要技术指标　日本 KP-90 型电子求积仪，属动极式数字化求积仪，其仪器外形如图 10-30 所示，它由动极轴、电子计算器、跟踪臂三部分组成。动极轴的两端为金属滚动轮，可在垂直于动极轴的方向上滚动，计算器与动极轴之间由活动枢纽连接，跟踪臂与计算器固连在一起，右端为放大透镜，其作用是它来跟踪描迹被测图形。

**图 10-30　KP-90 型电子求积仪**

仪器的底面有一个积分轮，它随跟踪放大镜的移动而转动，并获得一种模拟量；微型编码器将模拟量转换成电量，测量得到的数据经专用电子计算器运算后，直接以 8 位数液晶显示出面积值，其单位有公制、英制、日制 3 种。

该仪器具有高精度高效率、直观性强等特点，对面积量算，可作平均值测量、累加测量、双比例尺测量等，并对测量数据作暂时性保存。

仪器面板上设有 22 个键和一个显示窗，显示窗上部为状态区，用来显示电池、存储器、比例尺、暂停及面积单位，下部为数据区，用来显示量算结果和输入值（图 10-31）。该仪器具体操作如下：

● 按 ON 键接通电源。

● 按 C/AC 键，显示屏和存储器清零。

● 输入比例尺：按数字键输入被测图纸比例尺分母 M 值后，按 SCALE 键即可。若需查看输入的比例尺分母是否正确，按 R-S 比例尺确认键可显示已拨入数字平方或相乘。如已拨数字键 2 000，按此键得 4 000 000（即 2 000$^2$），然后测量某一面积，其结果则为实地面积。若先拨入一个数据，按 SCALE 键，再拨入另一个数据再按 SCALE 键，此时按 R-S 键，则得此二数的乘积。新一代 KP-90N 型电子求积仪的 R-S 键已不起作用。使用该仪器输入图形比例尺时，按 SCALE 键后，输入图形一个方向的比例尺分母；再按 SCALE 键后，又输入图形另一方向的比例尺分母；最后按 SCALE 键即可。

图 10-31　KP-90 型电子求积仪的操作面板与显示屏

●选定面积显示单位：连续按 UNIT-1 键，在显示屏上可提供公制、英制和日制面积单位，可任选其一。接着按 UNIT-2 键可在前者选定的单位制内显示具体的面积单位，如公制下显示 $cm^2$、$m^2$、$km^2$，任选其一。

②图形面积的量测　使用电子求积仪进行面积测量时，先将测量面积的图件粘在图板上，使图板大致处于水平位置，并试放仪器在图形轮廓的中间偏左处，要使跟踪臂的放大镜上下移动的幅度，够得上图形的上下轮廓线，然后在图形轮廓线上标记起点（为了减少跟踪描迹放大镜前后两次描迹该点产生的重合误差对面积测定的影响，选定仪器描迹被测图形的起点应使仪器的动极轴与跟踪臂大约成90°角），接着按启动键 START ，计算器发出音响以示量测开始，手握跟踪描迹放大镜，使红圈中心沿图形轮廓线顺时针方向跟踪描迹一周，停止后显示屏上显示的数字即是实地面积值。

若对某一图形重复量测，在每次量测结束按 MEMD 键进行贮存，最后按 AVER 键显示平均面积值。若连续量测若干小图形面积并求其和时，当测完第一块面积后按 HOLD 键，可显示的第一块面积值暂时固定保留，当把仪器安置于第二块面积上之后，再按 HOLD 键以解除固定，继续量测时可自动累加，照此可量至最后一块图形，最后显示的数字就是总面积值。

在累加测量时，若测量中发生错误操作（如跟踪错误等），可按 C/AC 键消去错误数据，利用 HOLD 键的固定机能作用，错误操作前的正确数据再次显示出来，即可继续进行下面的累加测量。

（2）其他数字化求积仪　除 KP-90 型电子求积仪外，目前日本牛方商会还推出了 X-PLAN 型系列的多功能求积仪，如 X-PLAN380F（图 10-32），是集数字化和计算机处理功能于一体，是一种十分现代、方便的量测图形的工具。X-PLAN380F 之所以是一种多功能仪器，在于它不仅能测量面积，还可以量测直线、曲线的长度与弧长，并测定其图形拐点坐标等，还可以通过连接一个小型打印机打印出测量结果，同时也可以

图 10-32　X - PLAN380F 多功能求积仪

通过 RS232C 接口接收来自外部计算机的指令或向计算机传输指令输出量测结果。X-PLAN380F 的使用十分简便，进行直线测量时，只需对准其端点；在进行几何曲线测量时，只需对准曲线的端点和一个中间点，就可快速测算出曲线的半径和弧长；对于不规则的曲线的测量，通过跟踪方式就能测量其长度，其分辨率高达 0.05mm。由于 X-PLAN380F 是一种较先进的数字求积仪，具有数字化仪的功能，对于图纸上任意点相对于坐标原点和坐标轴的坐标的计算相当方便快捷。这些仪器由于读数轮不直接和图纸表面接触，适用于有微小褶皱，质地较脆，表面粗糙的图纸。

如图 10-33 所示，一被测图形 $B$ 与 $C$ 之间为圆弧连接（$P$ 为圆弧中点），$D$ 与 $E$ 之间是任意曲线连接，其他均为直线连接。利用 X-PLAN380F 求积仪量算该图形实地面积的操作方法如下：

图 10-33　面积量算

- 描迹杆上的电源开关向上提起即可开机。

- 按仪器面板上的条件设定键 SET，在显示窗中出现 AREA 之前，一直按 NO 键直到显示 AREA 按 YES 键选定面积测量 AREA 模式；接着一直按 NO 键直到显示面积单位选择 UNIT 时，选定需要的面积单位按 YES 键显示 SCALE RATIO Y，再按 YES 键显示 RX 时，按数字键输入被测图形 $X$ 方向的比例尺分母，继续按 YES 键显示 RY 时，按数字键输入被测图形 $Y$ 方向的比例尺分母；最后按 YES 键可选择测定出的面积小数的取位及被测图形拐点是否需要自动编号等。

- 将描迹镜中心红点对准被测图形起点 $A$，按 S/P 开始测量键，$A$ 至 $B$ 之间是直线连接不需描迹，直接将描迹镜中心红点对准 $B$ 点按 S/P 点式测量键（开始测量键和点式测量键都是 S/P）。

- $B$ 至 $C$ 之间是圆弧连接同样不需描迹，直接将描迹镜中心红点对准 $B$ 与 $C$ 之间的圆弧中点 $P$ 并按描迹杆上的 ARC 圆弧测定模式命令键后，圆弧测定模式指示灯亮红色，再将描迹镜中心红点对准 $C$ 点后按点式测量键 $\boxed{\text{S/P}}$，圆弧测定模式指示灯熄灭，并切换至点式测量模式。

　　$C$ 与 $D$ 之间为直线连接，只需将描迹镜中心红点对准 $D$ 点后按点式测量键 $\boxed{\text{S/P}}$ 即可。

　　$D$ 与 $E$ 之间是任意曲线连接，应先按描迹杆上的 $\boxed{\text{CONT}}$ 连续测定模式命令键后，连续测定模式指示灯亮红色，再将描迹镜中心红点沿曲线描迹至 $E$ 点，再按 $\boxed{\text{CONT}}$ 键，连续测定模式指示灯熄灭，并切换至点式测量模式。

　　$E$ 到 $F$ 与 $F$ 回到 $A$ 都是直线连接，按上面的方法采用点式测量一直返回到被测图形起点 $A$ 即可测出该图形的面积。

　　X-PLAN380F 数字化求积仪，除了能量测面积外，还能用作数字化仪、展点仪、量角仪、线长仪等仪器使用，其功能非常完善。

　　(3)光电测积仪　光电测积仪主要有光电面积测量仪、智能化面积测量仪和密度分割仪 3 种，具有高效率、高精度等优点，但一般价格较昂贵。光电测积仪是利用光电扫描地形图上待测图形，通过转换处理，变成脉冲信号而快速、精确、方便地计算出待测图形面积。

　　①GDM-1 型光电面积测量仪　GDM-1 型光电面积测量仪由光子系统、扫描系统、电子系统和电源四部分组成。该仪器由武汉测绘科技大学研制，武汉光学仪器厂生产。该仪器的工作原理为：把待测图形利用光点进行分解，将它分成许多小单元(像元和像点)，利用光电器件对各个小单元进行识别，经过光电变换，即根据图像的黑白程度不同，反射光的强度不同，把图像上各点光强的变化转化为光电流大小的变化，再经过放大、整形，变成电位的脉冲信号，从而驱动电子计数器计数，以达到自动测量面积的目的。

　　②ZML-1 型智能化面积测量仪　由长沙市东风电器厂生产。采用滚筒式光电扫描方式，先勾画出所有待测图形的轮廓线，线粗大于或等于 0.3mm。根据需要对待测图形进行分类和编号，然后实现图幅坐标化，最后通过计算机对图形进行判断处理，计算出面积或者长度，逐个逐类输出数据。

　　③密度分割仪　如日本 KIM070 公司制造的 PHOSDAC-1200 型。主要功能是用遥感技术对单张透明片或非透明片进行等密度分割并分别着以彩色，以提高研究人员对图像的分析判读能力。密度分割仪与光电面积测量仪原理基本相同，也是应用光电扫描方法求积的。不同之处在于密度分割仪可以对图面上的不同密度等级的面积同时进行扫描，从而得出各自的面积数据。

　　该仪器量算面积的基本原理是用一个光导摄像管对安放在光箱测图台上的图像进行光电扫描，把图像上每一点的密度变换为模拟电压信号，这种信号经过模拟交换，或为具有不同电平等级的数字信号，然后经过彩色编码电路的处理，用不同色彩表示不同电平等级的信号，这样就在彩色电视监视器的屏幕上出现了一幅经过分割的等密度假彩色图像，在这种图像上具有相同色彩的部分就具有相同的密度，通过电子求积装置可以显示出各种彩色面积的百分比。

此外，还可利用计算机和数字长度—面积量测仪进行图形面积的量算，具体内容可参阅相关书籍。

#### 10.6.2.5 利用计算机软件量算面积

绘图软件或地理信息系统软件中有相应的功能实现面积的量算。

（1）使用 AutoCAD AutoCAD 是最常用的绘图软件之一。待求面积的图形可以是任意多边形或任意曲线围成的闭合图形。

执行 AutoCAD 的面积命令 Area 或点取图标 ▦ ，命令行提示及操作过程如下：

命令：Area

指定第一个角点或[对象(O)/加(A)/减(S)]：O(选择图形的闭合边界)；

选择对象：点取多边形上的任意点；

显示实体面积如 76 028.859(单位为 $m^2$)、周长 = 1 007.345(单位为 m)。

（2）使用南方测绘数字地形地籍成图系统 CASS CASS 是测绘中常用的绘图软件。待求面积的图形同样可以是任意多边形或任意曲线围成的闭合图形。

点取：工程应用/查询实体面积(命令：areauser)；

命令行提示选择：①选取实体边线，②点取实体内部点1(选择1)；

命令行提示：请选择实体(点取选择待求面积的图形边界)；

命令行显示：显示实体面积如 4 280.30$m^2$。

### 10.6.3 面积量算中的几项改正

在地形图上量算面积时，由于地面高程、倾斜及图纸变形等因素，都将对面积量算精度产生影响，因此在必要时还应考虑这些因素对面积的影响，并予以改正。

#### 10.6.3.1 地面高程变化的影响

地形图上高程系统是以平均海水面起算的。当被测图形的面积位于海拔高度千米以上的高原地区时，高程将对面积产生影响。如果将大地水准面近似为椭圆柱体表面，则有：

$$\frac{L}{L_0} = \frac{R + H}{R} = 1 + \frac{H}{R} \tag{10-20}$$

式中：$L$——地球表面的长度；

$L_0$——投影到椭圆柱体表面的长度；

$H$——表示量测图形的平均高程；

$R$——地球半径。

由于相似图形面积之比等于相应边平方之比的原理，则有：

$$\frac{P}{P_0} = \left(\frac{L}{L_0}\right)^2 = 1 + \frac{2H}{R} + \frac{H^2}{R^2}$$

由于 $H \ll R$，可将上式右侧最后一项去掉不计，则得：

$$P' = P_0 + P_0 \frac{2H}{R} \tag{10-21}$$

式中：$P$——地球表面的图形面积；

　　$P_0$——图形在椭圆柱体表面上的投影面积；

　　$\dfrac{2H}{R}$——图形面积由椭圆柱体表面化为水平投影的改正系数。

根据不同的高程 $H$，可以得到不同的改正系数，在图上 1 500m 以内高程面上测定的面积，其面积改正系数为 1/2 100。如果要求测定面积的精度不超过 1/2 000，则可不考虑高程对面量算影响的改正。

#### 10. 6. 3. 2　地球表面倾斜的影响

地球表面在通常情况下既不是一个水平面，也不是一个平面，它是一个十分复杂的曲面，当所测图形被看成一倾斜面或近似倾斜面时，则应以下式计算所测图形的实地面积。

$$P_2 = P + P\frac{\alpha^2}{2} \tag{10-22}$$

式中：$P_2$——自然地表面的面积；

　　$P$——水平面积；

　　$\alpha$——地表面倾斜角（弧度为单位）；

　　$\dfrac{\alpha^2}{2}$——倾斜自然地表面的面积改正系数。

在实际工作中，可根据倾斜角的大小，求出不同的改正系数，并可制定成相应的改正系数表，然后进行面积改正。

#### 10. 6. 3. 3　图纸变形的影响

在地形图上测定面积，不论采用哪种方法，图纸变形都将影响面积量算精度。当图纸变形后在图上量得的实地直线长度为 $L$，相应实地水平长度为 $L_0$ 时，则有：

$$\gamma = \frac{L - L_0}{L} \tag{10-23}$$

式中：$\gamma$——图纸变形系数，在同一幅图中可以根据方格网的理论长度、实际长度计算出该图幅平均长度变形系数 $\gamma_0$，则改正后的面积值为：

$$P_0 = P + 2P\gamma_0 \tag{10-24}$$

式中：$P_0$——因图纸变形而改正后的面积值；

　　$P$——在图上所测出的面积值。

上式适用于任何形状的图形面积量算因图纸变形改正，并与图形在图上所处的方位无关。

---

### 思考题

1. 地形图分幅与编号的方法有哪些？各如何进行分幅与编号？

2. 地形图图廓外注记有哪些？各有何作用？

3. 试述 KP–90N 型求积仪与 X–PLAN380F 型求积仪量算面积的操作方法。

4. 试述利用计算机软件量算面积的操作方法。

5. 面积量算中有哪几项改正？

6. 在地形图上可进行哪些要素的量测？如何进行？

7. 举例说明地形图在工程中的应用。

8. 在野外如何使用地形图进行定向、定点？

9. 已知某地经度为东经 100°36′，纬度为北纬 26°38′，求该地所在 1:100 万、1:10 万、1:5 万、1:2.5 万地形图的分幅编号。

10. 地形图上一个五边形地块，其各顶点顺时针方向的编号和坐标分别为：A（426.00，873.00）、B（640.93，1 068.43）、C（843.40，1 264.26）、D（793.64，1 399.14）、E（389.97，1 307.88），试计算该五边形的面积。

11. 设某点的地理坐标为：E121°22′35″，N28°45′24″。试求该点按国际分幅法所在 1:100 万、1:10万和 1:1 万地形图图幅号及 1993 年以后 1:10 万和 1:1 万新的数字式地形图分幅编号的 10 位代码。

12. 如图 1 所示，在 1:2 000 图幅坐标方格网上，量测出 $ab=2.0$cm，$ac=3.4$cm，$ad=3.8$cm，$ae=5.2$cm。试计算 $A$，$B$ 两点的坐标、长度 $D_{AB}$ 及其坐标方位角 $\alpha_{AB}$。

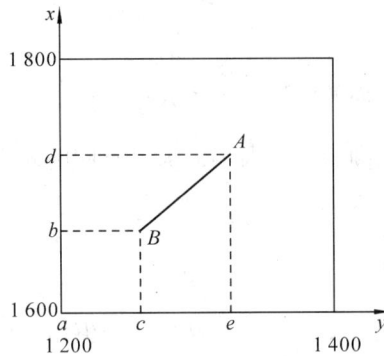

图1

## 本章可供参考书目

1. 地图概论. 尹贡白，王家耀，田德森，等. 测绘出版社，1999.

2. 大比例尺地学图形全解析基本原理及其应用. 卢秀山，成枢，徐泮林. 地震出版社，1998.

3. 测量学. 2 版. 李修伍. 中国林业出版社，1992.

4. 测量学. 2 版. 河北农业大学. 中国农业出版社，2000.

5. 测量学. 胡肃宇. 湖南地图出版社，1996.

6. 测量学试题与解答. 陈学平. 中国林业出版社，2002.

# 第11章
# 施工测量

本章主要介绍了施工测量的基本概念、测设的基本工作及点位测设的方法；施工控制网、厂房控制网的建立及工业与民用建筑的施工测量；线路工程中的中线测量、圆曲线测设、线路纵、横断面测量、线路施工测量、建筑变形测量及竣工测量。通过本章的学习，使学生掌握工程施工测量的原理与基本技能。

## 11.1　概述

测图工作是以地面控制点为基础，测量出控制点至周围各地形特征点的距离、角度、高差等数据，并按一定比例尺将地形特征缩绘在图纸上，绘制成图；即从地面已有的地物、地貌到图纸。

施工测量是根据图纸上建筑物的设计尺寸，计算出各部分特征点与控制点之间的距离、角度、高差等放样数据，然后以地面控制点为基础，将建筑物的特征点用测量放样的方法在实地标定出来，以便进行施工；与测图工作相反，是从设计图纸到实地。

施工测量贯穿于整个施工建设过程中，从建立施工控制网、场地平整、建筑物定位、基础施工到建筑物构件与工业设备的安装，都需要进行测量，才能使建筑物的尺寸、位置符合设计要求。有些工程项目，还需测绘竣工图，作为工程项目运营管理的基础技术资料。有些大型或特殊建筑物在使用期间，还需定期地进行变形监测，为建筑物的维护和安全提供可靠的数据保障。

施工测量也必须遵循"由整体到局部"的组织实施原则，以避免放样误差的积累。施工测量的精度包括两种不同的要求：第一种是各建筑物主轴线相对于场地主轴线或它们相互之间位置的精度要求；第二种是建筑物本身各细部之间或各细部对建筑物主轴线相对位置的放样精度要求。一般来说，第二种精度高于第一种精度要求，因为各建筑物主轴线的误差只关系到整个建筑物（群）的微小偏移，而建筑物各部分之间的位置及尺寸，按照设计有严格要求，破坏了相对位置及尺寸会造成工程事故。

施工放样是在现场作业的，不仅要排除烟雾、粉尘、水汽、噪声、车来人往等的干扰，而且必须与很多工种密切配合，协同工作。对于施工测量人员而言，除了必须具备测量知识外，还要有工程施工方面的知识。

## 11.2　测设的基本工作

测设是施工测量的主要任务。测设的基本工作主要有水平角、水平距离和高程的测设。

### 11.2.1　水平角的测设

测设某一已知水平角度，就是从一个确定的起始方向开始，按某一已知角值来测定另一方向，如图 11-1(a)所示，$OA$ 为一个确定的起始方向，要在 $O$ 点测设 $\beta$ 角。方法是在 $O$ 点安置经纬仪，以正镜（盘左）照准 $A$ 点，将水平度盘读数配置为零，然后顺时针旋转照准部，使度盘读数为 $\beta$ 时，在视线方向上定出 $B'$ 点；然后用倒镜（盘右）同法定出另一点 $B''$。取 $B'$、$B''$ 的中点 $B$，则 $\angle AOB$ 为需测设的 $\beta$ 角。

如图 11-1(b)所示，若需精确测设水平角，在上述测设该角后，用精密方法（采用精密仪器、多个测回）测量计算得该角值为 $\beta'$，计算角差 $\Delta\beta = \beta - \beta'$。概量水平距离 $D_{OB}$，在 $B$ 点上沿垂直 $OB$ 方向 $BB_0$ 量取距离 $d$：

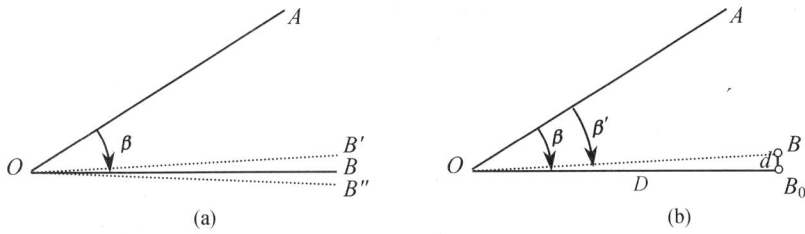

图 11-1　水平角测设的方法

$$d = D_{OB} \times \tan\Delta\beta \approx \frac{\Delta\beta}{206\ 265''} \times D_{OB} \qquad (11\text{-}1)$$

则 $\angle AOB_0$ 为精确测设的 $\beta$ 角。当 $\Delta\beta > 0$ 时，向外量垂距 $d$；当 $\Delta\beta < 0$ 时，向内量垂距 $d$。

为了检查所测设水平角是否满足所需要的精度要求，还应该对 $\angle AOB_0$ 进行检查测量，将测量结果与设计水平角 $\beta$ 比较，若较差小于工程规范规定的限差，则认为所测设的水平角满足要求，否则，应重新作垂线改正 $B_0$ 点的位置，直到满足要求为止。

### 11.2.2　水平距离的测设

测设某一已经确定的水平距离，是从一点开始，按给定的方向进行水平距离丈量，求得线段的另一端点。

#### 11.2.2.1　用钢尺丈量进行水平距离的测设

将经纬仪安置在直线的起点上并标定直线的方向，在该方向上打入尺段桩和终点桩，用钢尺量取各桩之间的距离。若测设的精度要求较高，应考虑钢尺量距精密方法的三项改正，根据丈量的结果与已知长度的差值 $\Delta D$，在终点桩上修正初步标定的位置，若差值 $\Delta D$ 较大，则需换桩重新进行标定。最后一个尺段应量出的水平距离为 $\Delta D$，在考虑钢尺量距三项改正的情况下，则在地面上应实际量出的距离为：

$$\Delta D_{应量} = \Delta D - (\Delta D_l + \Delta D_t + \Delta D_h) \qquad (11\text{-}2)$$

式中：$\Delta D_l$——尺长改正；

　　　$\Delta D_t$——温度改正；

　　　$\Delta D_h$——高差改正。

如图 11-2 所示，设给定地面两点的水平距离为 24.000m，所用钢尺的名义长度为 30m，该钢尺在 20℃ 的温度条件下检定获得的实际长度为 29.996m，钢尺的膨胀系数为 $1.25 \times 10^{-5}$，用水准测量测得 $AB$ 两点高差为 1.2m，测设时的温度为 26℃。则用钢尺测设的 3 项改正数为：

图 11-2　用钢尺丈量进行水平距离的测设

$$\Delta D_l = 24 \times \frac{29.996 - 30}{30} = -0.003\text{m}$$

$$\Delta D_t = 1.25 \times 10^{-5} \times (26 - 20) \times 24 = +0.002\text{m}$$

$$\Delta D_h = -\frac{1.2^2}{2 \times 24} = -0.030\text{m}$$

因此，地面上应实量的距离为：

$$D' = 24 - (-0.003 + 0.002 - 0.030) = 24.031\text{m}$$

### 11.2.2.2 用测距仪进行水平距离的测设

当用电磁波测距仪或全站仪进行已知长度测设时，一般只要移动反光镜的位置，就可确定终点桩上的标志位置。当最后的距离差较小时，也可用钢尺丈量改正确定终点桩的位置。

## 11.2.3 高程的测设

在施工测量中，经常要在地面上或建筑物上设置一些给定高程的点(或线)。如图 11-3 所示，设 $A$ 为水准点，已知其高程为 $H_A$，今欲在墙上测设高程为 $H_B$ 的 $B$ 点。安置水准仪于 $A$、$B$ 两点间，先在 $A$ 点上立标尺，得后视读数为 $a$，然后按下式计算出前视读数 $b$：

$$b = H_A + a - H_B$$

标尺紧靠墙壁竖直上下移动，直至前视读数等于 $b$ 时，靠标尺底端在墙上画一横线，即为高程为 $H_B$ 的标高线。

当欲测设的已知高程点在较深的基坑内时，可利用水准仪按图 11-4 所示的方法，根据地面水准点 $A$ 的高程 $H_A$ 及观测数据 $a$、$b$、$c$、$d$ 测出基坑内 $B$ 点高程 $H_B$：

$$H_B = H_A + a - (b - c) - d$$

当需要向建筑物上部传递高程时，一般可沿柱子、墙边或从楼梯口用钢尺垂直向上量取高度，将高程传递上去。

当把地面上已知高程传递到基坑内或建筑物上部时，即可按上述方法测设基坑内的设计高程或建筑物上部的设计标高。

图 11-3 给定高程点的测设

图 11-4 基坑内高程的测设

# 11.3 点的平面位置测设

测设点的平面位置的方法有多种，通常是通过角度和距离放样来实现的，测设时应根据控制网布设情况、放样的精度和施工场地的条件来选择。

## 11.3.1 直角坐标法

直角坐标法是根据直角坐标原理，利用纵横坐标之差，测设点的平面位置。直角坐标法适用于已测设出建筑方格网或建筑基线的建筑施工场地放样。

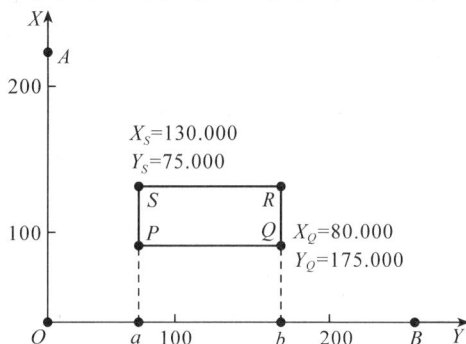

**图 11-5 直角坐标法测设点的平面位置**

如图 11-5 所示，$OA$、$OB$ 为建筑物相互垂直的主轴线，它们的方向与建筑物相应的两轴线方向平行。根据设计图上给定一房屋角点 $P$、$Q$、$R$、$S$ 位置及 $S$、$Q$ 两点的坐标，可从 $OA$ 和 $OB$ 放样出 $P$、$Q$、$R$、$S$ 各点的实地位置。

### 11.3.1.1 计算测设数据

根据 $S$、$Q$ 两点的坐标及建筑物的墙轴线与坐标格网线平行的关系可得出建筑物的长度 $ab = Y_Q - Y_S = 100.000\mathrm{m}$，宽度为 $X_S - X_Q = 50.000\mathrm{m}$；$Oa = 75.000\mathrm{m}$，$Ob = 175.000\mathrm{m}$，$ab = 100.000\mathrm{m}$。

### 11.3.1.2 点位的测设方法

（1）安置经纬仪于 $O$ 点，照准 $B$，由 $O$ 点沿视线方向测设水平距离 75.000m，定出 $a$ 点，继续向前 100.000m，定出 $b$ 点。

（2）安置经纬仪于 $a$ 点，照准 $B$，向左测设（左拨）90° 水平角，由 $a$ 点沿视线方向测设距离 80m，定出 $P$ 点，再向前测设 50m，定出 $S$ 点。

（3）安置经纬仪于 $b$ 点，照准 $B$，可按上述同样的方法在实地定出 $Q$、$R$ 点。

（4）检查 $SR$ 和 $PQ$ 的边长是否等于设计长度 100m，误差在规定的范围内（根据工程的性质不同，误差应达到 1/2 000 ~ 1/5 000）即可。

### 11.3.2  极坐标法

极坐标法是根据一个水平角和一个水平距离来测设点的平面位置。

如图 11-6 所示，已知控制点为 $P$、$Q$，在 $P$ 点附近欲测设一点 $A$，$P$、$Q$ 两点的坐标值分别为 $(x_P, y_P)$、$(x_Q, y_Q)$，待测设点 $A$ 的设计坐标为 $(x_A, y_A)$。

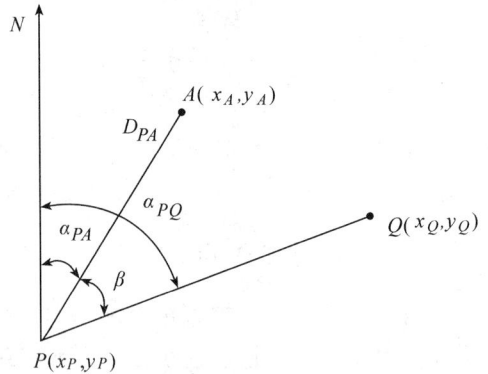

图 11-6  极坐标法测设点位置

#### 11.3.2.1  计算测设数据

$$\left.\begin{aligned} \alpha_{PQ} &= \tan^{-1}\frac{y_Q - y_P}{x_Q - x_P}, \alpha_{PA} = \tan^{-1}\frac{y_A - y_P}{x_A - x_P}, \beta = \alpha_{PQ} - \alpha_{PA} \\ D_{PA} &= \sqrt{(x_A - x_P)^2 + (y_A - y_P)^2} \end{aligned}\right\} \tag{11-3}$$

#### 11.3.2.2  测设方法

置经纬仪于 $P$ 点，照准 $Q$ 点，向左测设水平角 $\beta$ 瞄准 $PA$ 方向，在此方向上测设水平距离 $D_{PA}$，即可在实地定出 $A$ 点。

### 11.3.3  全站仪法

各厂家生产的全站仪在放样模式下进行点位测设的具体方法有所差异。下面以南方测绘仪器公司生产的 302 型全站仪为例介绍全站仪测设点位的方法步骤。

(1)在已知控制点 $A$ 安置全站仪，进行对中、整平。如图 11-7 所示。

(2)按☆键输入测设时的温度、气压等气象参数。

(3)按 S.O(放样)键，在放样模式下输入测站点及后视点的坐标后，屏幕显示"照准后视点及 HB"(HB 为测站点至后视点方向的方位角)，此时需要将望远镜瞄准后视点后按 F4(是)即可。

(4)按 F3 输入放样点坐标，屏幕显示"放样参数计算 HR、HD"(HR 为测站点至待放样点方向的方位角，HD 为测站点至待放样点的距离)；按 F4(继续)，屏幕显示"角度差 dHR 调整为零"，此时应转动照准部将角度差 dHR 调整为零；按 F2(距离)，屏幕显示"dH"(图 11-7 中的 $D_{P'P}$)为立棱镜的点至待放样点的距离差，若 dH >0，表示棱镜应沿望远镜照准的方向向内移 dH 距离值(直到 dH 为 0)到达待放样点；若 dH <0，表示棱镜应沿望远镜照准的方向向外移 dH 距离值。若通过移动棱镜使 dH 刚好为 0 有一定的难度，可在 dH 接近于 0 时棱镜立两点，然后用小钢卷尺在两点的连线上根据 dH 的正负改正立镜位置即可获得待放样点的点位。

(5)按 F4(换点)输入另一待放样点的坐标，按第 4 步方法放样即可。

图 11-7 全站仪法测设点位

图 11-8 角度交会法测设点位

### 11.3.4 角度交会法

角度交会法又称方向线交会法。当不便量距或测设的点位远离控制点时，采用角度交会法较为适宜。如图 11-8 所示，根据控制点 $A$、$B$、$C$ 的坐标及 $P$ 点的设计坐标，参照公式 (11-3) 计算出现场测设数据 $\beta_1$、$\gamma_1$、$\beta_2$、$\gamma_2$ 角值。然后将经纬仪分别安置在 $A$、$B$、$C$ 3 个控制点上测设 $\beta_1$、$\gamma_1$、$\beta_2$、$\gamma_2$ 各角，方向线 $AP$、$BP$、$CP$ 的交点即为所求的 $P$ 点。

若 3 条方向线不相交于一点时，会形成一个三角形，称为误差三角形。当误差三角形的周长不超过精度要求范围时，可取误差三角形的重心作为 $P$ 点的点位，否则应重新交会。

### 11.3.5 距离交会法

当地面平坦、量距方便，且待测设点离控制点的距离不超过一个尺段可采用此法。如图 11-9 所示，根据控制点 $A$、$B$ 的坐标及 $P$ 点的设计坐标，参照公式 (11-3) 计算出现场测设数据 $D_{AP}$、$D_{BP}$。然后使用两把钢尺，分别使尺的零刻度线对准 $A$、$B$ 两点，同时拉紧、拉平钢尺，分别以 $D_{AP}$、$D_{BP}$ 为半径在地面上画弧，两弧线的交点即为 $P$ 点的实地位置。

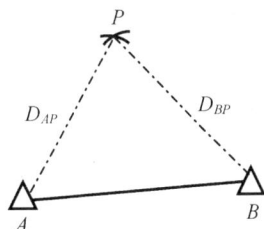

图 11-9 距离交会法测设点

### 11.3.6 用 GPS RTK 放样点位

GPS RTK 定位技术不仅可以用来快速测定地面点的位置，而且在工程放样中也得到广泛的应用。利用 GPS RTK 定位技术测设地面点位置的具体方法如下：

① GPS 基准站工作以后，在 RTK 流动站的数据采集手簿中选择测量中的"点放样"，进入放样模式，在该模式下输入或调用已存储好的放样点坐标，按"确认键"便开始放样，手簿屏幕显示当前流动站立点与放样点之间的纵横坐标差 $dx$、$dy$。

②根据纵横坐标差 $dx$、$dy$ 来变动流动站位置。若 $dx$ 显示为正时，RTK 移动站需要向南移动，反之向北移动；若 $dy$ 显示为正时，棱镜需要向西移动，反之向东移动；当 $dx$ 与 $dy$ 同时都等于零或在规定的限差范围之内时，则 RTK 流动站所立点的位置即为待测设点实地位置。

## 11.4 建筑施工测量

### 11.4.1 施工控制网的建立

#### 11.4.1.1 坐标系统

施工控制网的坐标系统是根据厂区总平面图所确定的独立坐标系统,其坐标轴的方向与建筑物主轴线的方向平行,坐标原点设在总平面图的西南角,使所有建筑物的设计坐标均为正值。因此,施工坐标系统与设计坐标系统是一致的。施工坐标系统与测量坐标系统之间的关系,通常由勘测设计单位给出关系数据或坐标转换公式。

#### 11.4.1.2 厂区控制网

工业场地上的施工控制网一般分两级布设:厂区控制网和厂房矩形控制网。前者用来放样厂房轴线、皮带运输机和管道等,后者则用来放样建筑物的细部位置。

厂区控制网可采用不同的布网形式:对于地势平坦、建筑物布置规则而且密集的工业场地,可采用建筑方格网,使放样工作简单方便;对于地势平坦,建筑物布置不很规则的工业场地,可采用一般的导线网,使网点的布设比较灵活;当建筑场地的地形起伏较大,既无光电测距仪,又不便于采用丈量法量距时,则采用三角网较合适。

建筑方格网是由正方形或矩形的格网组成的工业建设场地用的施工控制网。下面介绍建筑方格网的布设和测设方法:

(1)建筑方格网的布置和主轴线的选择 建筑方格网的布置是根据建筑设计总平面图上各建筑物、构筑物和各种管线的布设,结合现场的地形情况拟定的,布置时应先选定方格网的主轴线(图 11-10 中 AOB、COD),然后再布置其他的方格点。格网可布置成正方形或矩形。当场地面积较大时,方格网常分两级布置,首级为基本网,可采用"十"字形、"口"字形或"田"字形,然后再加密补充。当场地面积不大时,尽量布成全面格网。布网时应注意以下几点:

①方格网的主轴线应布设在整个厂区的中部,并与主要建筑物的基本轴线平行;

②方格网的转折角应严格成 90°;

③方格网的边长一般为 100～200m,边长的相对精度依工程要求而定,一般为 $\frac{1}{10\ 000} \sim \frac{1}{20\ 000}$,个别的要求更高些。为了便于设计和使用,方格网的边长尽可能为 100m、50m 或 10m 的整倍数;

④相邻方格点间应保持通视,桩点位置要不受施工影响而能长期保存。为此各点应埋设固定的混凝土桩或石桩等。

(2)施工坐标和测量坐标的换算 当场地较大、主轴线较长时,一般只测设其中的一段(如图 11-10 中 AOB 段),A、O、B 是主轴线的定位点,称为主点。主点间的距离不宜过短,一般不小于 400m,使主轴线的定向有足够的精度。

主点的施工坐标一般由设计单位提出,否则可在总平面图上用图解法求得。当施

图 11-10 建筑方格网

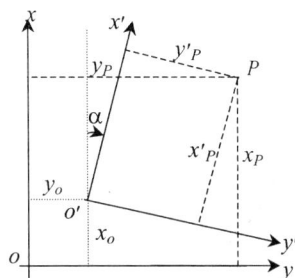

图 11-11 坐标换算

工坐标和测量坐标系统不一致时，还要进行坐标换算，使坐标系统一致。

如图 11-11 所示，设已知 $P$ 点的施工坐标为$(x'_p, y'_p)$，如将其换算为测量坐标$(x_p, y_p)$，可以按下式计算：

$$\left. \begin{array}{l} x_P = x_0 + x'_P \times \cos\alpha - y'_P \times \sin\alpha \\ y_P = y_0 + x'_P \times \sin\alpha + y'_P \times \cos\alpha \end{array} \right\} \quad (11-4)$$

如果要将 $P$ 点的测量坐标$(x_p, y_p)$换算为施工坐标$(x'_p, y'_p)$，则可按下式计算：

$$\left. \begin{array}{l} x'_P = (x_P - x_0) \times \cos\alpha + (y_P - y_0) \times \sin\alpha \\ y'_P = -(x_P - x_0) \times \sin\alpha + (y_P - y_0) \times \cos\alpha \end{array} \right\} \quad (11-5)$$

（3）建筑方格网主轴线的测设　图 11-12（a）中 1、2、3 为测量控制点，$A$、$O$、$B$ 为主轴线的主点。首先将 $A$、$O$、$B$ 三点的施工坐标换算为测量坐标，再根据它们的坐标计算出放样数据 $D_1$、$D_2$、$D_3$ 和 $\beta_1$、$\beta_2$、$\beta_3$，然后按极坐标法分别测设出 $A$、$O$、$B$ 3 个主点的概略位置，以 $A'$、$O'$、$B'$ 表示，如图 11-12（b），并用混凝土桩把它们固定下来。桩的顶部常设置一块 10cm × 10cm 的铁板供调整点位用。由于误差的原因，3 个主点一般不在一条直线上，因此要在 $O'$ 点上安置经纬仪，精确地测量 $A'O'B'$ 的角值。如果它和 180° 之差超过规定时，应进行调整。调整时，$A'$、$O'$、$B'$ 点应进行微小的移动使成一直线。设三点都移动一个微小的距离 $\delta$，$\delta$ 值可按下式计算：

由于：$\mu = \dfrac{2 \times \delta}{a} \times \rho''$，$\gamma = \dfrac{2 \times \delta}{b} \times \rho''$，$\dfrac{\gamma}{\mu} = \dfrac{a}{b}$，$\dfrac{\gamma}{\mu + \gamma} = \dfrac{a}{a+b}$，$\dfrac{\mu}{\mu + \gamma} = \dfrac{b}{a+b}$

而：$\mu + \gamma = 180° - \beta$

因此：$\gamma = \dfrac{a}{a+b} \times (180° - \beta) = \dfrac{2 \times \delta}{b} \times \rho''$，$\mu = \dfrac{b}{a+b} \times (180° - \beta) = \dfrac{2 \times \delta}{a} \times \rho''$

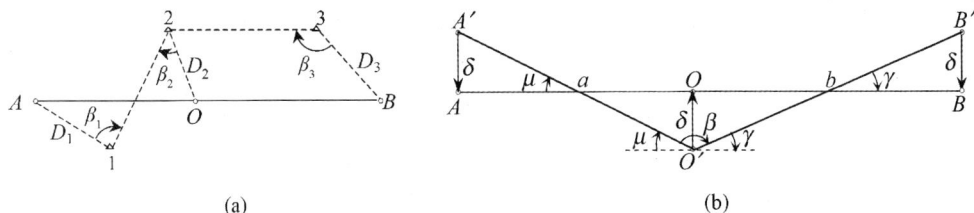

(a)

(b)

图 11-12 主轴线的测设

由以上任一式可得：
$$\delta = \frac{a \times b}{2 \times (a+b)} \times \frac{180° - \beta}{\rho''} \qquad (11\text{-}6)$$

移动 $A'$、$O'$、$B'$ 三点以后再测 $\angle A'O'B'$，如测得的结果与 $180°$ 之差仍然超过限差时，应再进行调整，直到误差在容许范围内为止。定好 $A$、$O$、$B$ 3 个主点后，将仪器安置在 $O$ 点，再测设与 $AOB$ 轴线相垂直的另一主轴线 $COD$（图 11-13）。先瞄准 $A$ 点，分别向右、向左转 $90°$，在地上定出 $C'$ 和 $D'$ 点，再用多个测回法较精确地测出，$\angle AOC'$ 和 $\angle AOD'$，分别算出它们与 $90°$ 之差 $\varepsilon_1$、$\varepsilon_2$，并按下式计算出改正值 $l_1$、$l_2$。

$$l_1 = d_1 \cdot \frac{\varepsilon_1''}{\rho''}, \quad l_2 = d_2 \cdot \frac{\varepsilon_2''}{\rho''} \qquad (11\text{-}7)$$

先用水平角精密测设的方法改正 $C'$ 及 $D'$ 可定出 $C$、$D$ 两点。然后再实测改正后的 $\angle COD$，其角值与 $180°$ 之差不应超过规定的限差。

最后自 $O$ 点起，用钢尺分别沿直线 $OA$、$OC$、$OB$ 和 $OD$ 量取主轴线的距离，丈量精度一般为 $\dfrac{1}{10\,000} \sim \dfrac{1}{20\,000}$，

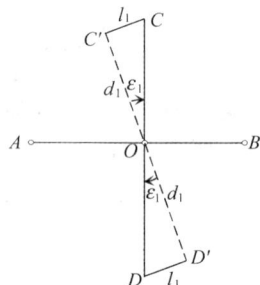

**图 11-13　垂直轴线的测设**

最后在桩顶的铁板上正式刻出 $A$、$O$、$B$、$C$、$D$ 的点位。

（4）方格网的测设　在主轴线测定以后，便可测设方格网。在主轴线的 4 个端点 $A$、$B$、$C$、$D$ 上分别安置经纬仪（图 11-14），每次都以 $O$ 点为起始方向，分别向左、右测设 $90°$ 角。这样就交会出方格网的 4 个角点 1、2、3、4。为了进行检核，还要量出 $A1$、$A4$、$D1$、$D2$、$B2$、$B3$、$C3$、$C4$ 各段的距离，并放样周边方格点。量距精度要求和主轴线相同。如果根据量距所得的角点位置和角度交会法所得的角点位置不一致时，则可适当地进行调整，以确定 1、2、3、4 点的最后位置，并同样用混凝土桩标定。上述构成"田"字形的方格点，作为基本方格点。此后再以基本方格点为基础，加密方格网中其余各点，并用大木桩或混凝土桩标定。

（5）高程控制　在建筑场地上，一般用三、四等水准测量建立高程控制点。水准点的密度应尽可能满足安置一次仪器即可测设所需高程点。建筑方格网点一般也可兼做高程控制点，其中有选择地将方格网的高程点组成水准线路，其余的点可作为支水准线路来测定。

此外，为了测设方便和减少误差，在厂房的内部或附近应专门设置设计标高为 ±0 的水准点（一般以底层建筑物的地坪标高为 ±0）。但要注意各建筑物的 ±0 标高不一定是统一的绝对高程，应严格加以区别。

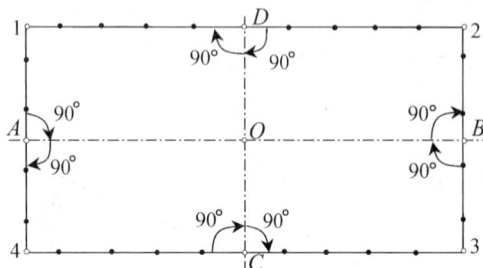

**图 11-14　方格网的测设**

### 11.4.1.3 厂房控制网

厂房柱列轴线的放样工作是在厂房控制网的基础上进行的。为此要先设计厂房控制网角点的坐标，再根据建筑方格网(图11-15)用直角坐标法把厂房控制网测设在地面上，然后按照厂房跨距和柱子间距，在厂房控制网上定出柱列轴线，作为基坑放样和检查的依据。

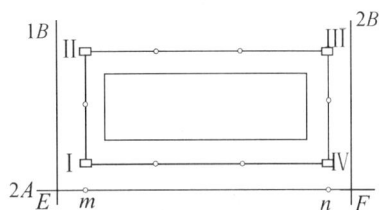

**图11-15 厂房控制网测设**

如图11-15所示，先根据厂房4个角点的坐标，在基坑开挖线以外1.5m的距离设计厂房矩形控制网4个角点Ⅰ、Ⅱ、Ⅲ、Ⅳ的坐标。测设时安置经纬仪在方格点$E$上，瞄准另一方格点$F$，用钢尺从$E$点沿$EF$方向精确测设一段距离等于Ⅰ、$E$两点的横坐标差，定出$m$点。同样从$F$点测设一段距离等于$F$、Ⅳ两点的横坐标差，定出$n$点。然后将仪器安置在$m$点，根据$mF$方向用正倒镜测设270°角，定出$m$Ⅱ方向，沿此方向精确测设距离$m$Ⅰ及$m$Ⅱ，在地面上定出Ⅰ、Ⅱ两点，打入大木桩并在桩顶画"十"标明厂房控制网的两个角点。同法再安置仪器于$n$点，定出Ⅲ、Ⅳ两点。最后仔细丈量控制网各边的长度，检查其是否与设计长度相符。如果误差不超过$\frac{1}{10\ 000}$，再检查∠ⅠⅡⅢ、∠ⅡⅢⅣ是否为90°，误差应不超过±10″。当检查符合精度要求后，则以ⅠⅡ、ⅠⅣ两方向为依据，按设计长度改正各边长，并在桩顶上钉小钉，标明4个角点的位置。然后用钢尺在控制网的各边上每隔柱子间距(一般6m)的整倍数(如24m、48m)钉出距离指标桩，最后根据距离指标桩按柱子间距或跨距定出柱列轴线桩(称为控制桩)，在桩顶钉上小钉，标明柱列轴线方向，作为基坑放样的依据。定轴线控制桩时应当注意检核，避免搞错。

上述方法一般用于小型或设备基础较简单的中型厂房。对于大型和设备基础复杂的中型厂房，则应先测设厂房控制网的主轴线，再根据主轴线测设厂房控制网。

## 11.4.2 杯型基础及柱子安装测量

### 11.4.2.1 基坑放样

在基坑开挖前，按照厂房基础平面图中所示的柱基位置，安置经纬仪在各控制桩上，依柱列轴线在地面上交出有关的柱基定位点，然后按照基础施工放样图的有关尺寸，用特制角尺，根据定位轴线和定位点放出基坑开挖线，用白灰标明开挖范围，并在坑的四周定4个定位小木桩，桩顶钉小钉作为修坑和立模的依据。

### 11.4.2.2 基坑操平

当基坑挖到一定深度后应在坑壁四周离坑底设计标高0.3~0.5m处设几个水平桩，作为基坑修坑和清底的标高依据。此外还应在基坑内测设出垫层的标高，即在坑底设置小木桩，桩顶等于垫层的设计标高。

### 11.4.2.3　基础模板的定位

垫层打好以后，根据坑边定位小桩用拉线的方法，吊垂球把柱基定位线投到垫层上，用墨斗弹出墨线，用红漆画出标记，作为柱基立模板和布置钢筋的依据。立模板时将模板底线对准垫层上的定位线，并用垂球检查模板是否竖直。最后将柱基顶面设计标高测设在模板内壁上。

### 11.4.2.4　柱子安装测量

柱子安装应满足以下设计要求：牛腿面标高必须等于它的设计标高，柱脚中心线必须对准柱列中心线，柱身必须竖直。

（1）吊装前的准备工作　柱子吊装以前，应根据轴线控制桩把定位轴线投测到杯形基础的顶面上，并用墨线标明。同时还要在杯口内壁测设一条标高线，使从该标高线起向下量取一个整分米数，即到杯底的设计标高。并在柱子的三个侧面弹出柱中心线，每一面又须作出小三角形标志，以便安装校正。

（2）安装柱子时的竖直校正　柱子插入杯口后则用楔子临时将其固定，首先使柱身基本垂直，然后再敲击楔子，使柱脚中心线对准杯形基础上所标的柱列中心线，偏差不超过中心线 ±5mm。柱脚位置确定后，接着进行柱子竖直校正，这时用两台经纬仪分别安置在互相垂直的两条柱列中心线上，离开柱子约为柱高的 1.5 倍处。先瞄准柱子下部的中心线，再抬高望远镜，看柱子上部中心线是否在同一竖直面内，如果不在，就由吊装人员进行校正，直到互相垂直的两个方向都符合要求为止。正镜观测柱子定位后，立即用倒镜检查，如有偏差，取其中数进行调整。柱子上下中心线偏差不超过柱高的 1/1 000。

基础中心线及标高测设的容许误差见表 11-1。

表 11-1　基础中心线及标高测设的容许误差　　　　　　　　　　　　　　　　mm

| 项　　　目 | 基础定位 | 垫层面 | 模板 | 螺栓 |
| --- | --- | --- | --- | --- |
| 中心线端点测设 | 5 | 2 | 1 | 1 |
| 中心线投点 | 10 | 5 | 3 | 2 |
| 标 高 测 设 | 10 | 5 | 3 | 3 |

## 11.4.3　民用建筑施工测量

### 11.4.3.1　民用建筑主轴线测设

民用建筑主轴线是房屋放样的基本依据，如图 11-16 所示，根据施工场地的地形条件可布设成：（a）三点直线形，（b）三点直角形，（c）四点丁字形，（d）五点十字形。无论采用哪种形式，主轴线的点数不得少于 3 个。

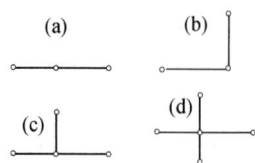

图 11-16　民用建筑主轴线测设

（1）根据控制点测设主轴线　当建筑区有控制点时，

可根据控制点和建筑物主轴线上各点的设计坐标用角度交会法或极坐标法,将主轴线测设于地面上。如果建筑区已有建筑方格网时,则利用方格网采用直角坐标法来测设主轴线更为方便。

(2)根据"建筑红线"测设主轴线 在城镇建房要按照统一的规划进行。建筑用地的边界,要经城镇规划部门和设计部门共同商定,并由规划部门在现场直接放样出来。图11-17中的Ⅰ、Ⅱ、Ⅲ三点即为规划部门在地面上标定的3个边界点,其连线称为"建筑红线"。建筑物的主轴线,应根据红线来标定。此时可采用经纬仪测设直角配合量距(量取$d_1$、$d_2$)的平行线推移法来确定主轴线上$A$、$O$、$B$三点的位置。再安置经纬仪于$O$点,检查$\angle AOB$与$90°$之差不得超过$\pm 20''$,否则需要检查推平行线时的测量数据。

在建筑群内新建或扩建时,也可以根据原有建筑物的轴线,把它延长或配合放样直角和距离的方法确定新建筑物的位置。

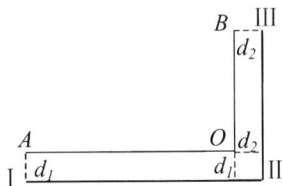

图 11-17　根据红线测设主轴线　　　　图 11-18　房屋基础施工测量

### 11.4.3.2　房屋基础施工测量

如图11-18所示,根据主轴线$AOB$首先将房屋外墙轴线的交点测设于地面上,并用小木桩在其顶面钉一小钉作为标志。交点间的距离要用钢尺检测,其误差不得超过设计长度的$\frac{1}{2\,000}$。检查无误后,根据轴线用石灰在地面上撒出基槽开挖边线,以便开挖。为了给基槽开挖后提供恢复轴线的依据,还要在轴线的延长线上加打引桩。引桩应设在基槽开挖边线以外$2\sim 4m$处。

当基槽开挖到接近设计深度时,为了控制槽底的标高,应利用水准仪在墙壁拐角处和每隔$3\sim 5m$处测设一些同样标高的水平小木桩(图11-18),作为在清理槽底和打基础垫层时的高程依据,其标高的容许误差为$10mm$。

垫层打好后,根据龙门板上的轴线钉,用经纬仪或悬吊垂球的方法把轴线点投测到垫层上,经量距检查确认无误后,用墨线弹出中心线和基础边线,以便砌筑基础。

### 11.4.3.3　墙体施工测量

(1)墙板轴线及边线放样 根据轴线控制桩在基础上放样墙板纵横轴线、墙板两侧边线、门洞口位置线等,均用墨线标出(图11-19)。墙板纵横轴线的控制线,每栋

①墙板中线
②墙板两侧边线
③墙板编号
④墙板端头线
⑤门洞口位置

图 11-19　墙板放样

图 11-20　用控制线放样墙板

建筑物不少于 4 条(图 11-20)。其他轴线可根据控制线用钢尺丈量来测定。当遇到障碍物或建筑物长度超过 50m 时,应增加辅助控制桩(图 11-20 中的 $A$、$B$、$C$)。中间各房间的尺寸,应按整尺中分,不要逐间丈量,以免误差积累。

(2)高层轴线投测　当建筑物结构逐步升高时,须将轴线逐层向上投测,其精度必须保证高层结构竖向偏差的容许值(高层升板结构各层为 6mm)以内。

①经纬仪投测法　一般可采用 $J_6$ 级经纬仪进行投测,将高层建筑四廓的轴线,延长到建筑物的总高度以外,或附近建筑物顶面上,然后在延长的轴线上安置经纬仪,按正倒镜分中,向上逐层投测。

②垂线法　用直径 0.5 ~ 0.8mm 的钢丝悬吊 10 ~ 20kg 特别重锤,逐层将基础轴线向上引测。为防止风吹晃动可使用挡风屏。实践证明,这种方法精度比较可靠。

③激光铅垂仪法　激光铅垂仪是由氦氖激光管筒,悬挂在万向支架上构成。激光管可以自由摆动,静止时激光束处于铅垂方向。铅垂精度为 $20''$,即高度每 100m 的平面偏差为 10mm。在高层建筑的四个墙角外 1 ~ 2m 处的轴线延长线上安置激光铅垂仪用尾光对中后即可向上投出激光束,在施工层上的相应处设置接收靶,即可传递轴线或检查竖向偏差。对于电梯间、高烟囱和电视塔等施工,只需在构筑物底部的中心安置一台激光铅垂仪,并在施工层上相应的中心位置设置接收靶即可控制竖向偏差。

(3)标高传递及标高控制线放样　第一层标高应根据地面已知标高点来测定。墙板吊装前,在墙板两侧边线内的两端各铺一块灰饼(水泥砂浆),以控制标高。灰饼位置可与吊点位置相对应。灰饼厚度用水准仪操平来确定。注意墙板安装时,灰饼需有一定的强度,不致改变标高。

墙板安好一半以上时,即可开始进行楼板找平层施工,此时操平放样应紧密配合。找平层用 1:2.5 水泥砂浆,厚度超过 3cm 时,应改为碎石混凝土。抹找平层时可用靠尺,靠尺下端对准在墙板上顶部弹出的水平线,上端对准楼板底标高,用砂浆抹平。找平层的容许偏差不得超过 5mm。抹好的找平层要妥善保护,不准踩踏。

墙板吊装就位后,用间距尺杆测量顶部的开间距离,用靠尺测量墙板面和立缝的垂直度(图 11-21),并检验相邻两块墙板接缝处是否平整,如有误差,则调整临时固定器或用撬棍作少许调整。

2 层以上的墙板轴线不得由下层用垂吊法引测,而

靠尺
垂球线
分划尺
垂球
墙板

图 11-21　靠尺测量

必须用经纬仪由基础轴线桩直接往上引测，以避免误差积累。轴线偏差不得超过
2mm。当遇有连续偏差时，应从建筑物中间一条轴线向两侧调整。2 层以上的标高可
由基础标高线沿墙角或从楼梯口、电梯间用钢尺直接丈量，把标高传递上去。每栋在
相隔 2~3 层时应自基础标高线拉通尺复核一次楼层净高。为满足每层施工的需要，
应利用水准仪测设出标高控制线，楼层传递水平线等，同时用墨线弹出施工部门要求
的轻墙板线、楼梯控制线、阳台分户线、烟道线等。

## 11.5 线路测量

公路、城市道路等线形延伸的工程，平面线形均要受到地形、地物、水文、地质
及其他因素的限制而改变线路方向。在直线转向处要用曲线连接起来，这种曲线称为
平面曲线。线路测量包括线路中线测量、线路纵断面测量和线路横断面测量。

### 11.5.1 中线测量

#### 11.5.1.1 交点和转点的测设

在进行线路中线测量时，应先定出线路的转折点，这些转折点称为交点，它是中
线测量的控制点。交点的测设可采用现场标定的方法，即根据既定的技术标准，结合
地形、地质等现场条件，定出线路交点的位置。这种方法不需测地形图，比较直观，
但只适用于等级较低的公路。对于高等级公路或地形复杂、现场标定困难的地段，应
采用图上定线的方法，先在实地布设沿着待施工线路的导线，测绘大比例尺地形图
（通常为1:1 000 或1:2 000 地形图），在图上定出线路走向，再到实地放线，把交点
在实地标定下来。

线路测量中，当相邻两交点互不通视时，需要在其连线或延长线上定出一点或数
点以供交点、测角、量距或延长直线时瞄准使用，这样的点称为转点。

#### 11.5.1.2 转角的测定

在线路转折处，为了测设曲线，需要测定转角。所谓转角，是指线路由一个方向
偏转至另一方向时，偏转后的方向与原方向间的夹角，以 $\alpha$ 表示。如图 11-22 所示，
当偏转后的方向位于原方向左侧时，为左转角；当位于原方向右侧时，为右转角。在
线路测量中，转角通常是通过观测线路的水平
右夹角 $\beta$ 计算求得。当水平右夹角 $\beta < 180°$ 时，
为右转角，此时：

$$\alpha_y = 180° - \beta \qquad (11-8)$$

当水平右夹角 $\beta > 180°$ 时，为左转角，此
时：

$$\alpha_z = \beta - 180° \qquad (11-9)$$

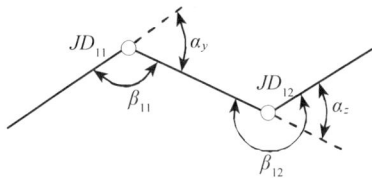

图 11-22 线路转角

### 11.5.1.3   里程桩的设置

在线路交点、转点及转角测定后，即可进行实地量距、设置里程桩、标定中线位置。里程桩亦称中桩，桩上写有桩号，表示该桩至线路起点的水平距离。如某桩距线路起点的水平距离为 1 234.56m，则桩号记为 K1 + 234.56。

里程桩分为整桩和加桩两类。整桩是按规定每隔 20m 或 50m，桩号为整数而设置的里程桩。百米桩和公里桩均属于整桩，一般情况下均应设置。加桩分为地形加桩、地物加桩、曲线加桩和关系加桩。地形加桩是于中线地形变化点设置的桩；地物加桩是在中线上桥梁、涵洞等人工构造物处，以及与公路、铁路交叉处设置的桩；曲线加桩是在曲线起点、中点、终点等设置的桩；关系加桩是在转点和交点上设置的桩。

定桩时，对起控制作用的交点桩、转点桩以及一些重要的地物加桩，如桥位桩、隧道定位桩等均应用方桩。在距方桩20cm 左右设置指示桩，上面书写桩的名称和桩号。钉指示桩时要注意字面应朝向方桩，在直线上应打在线路的同一侧，在曲线上则应打在曲线的外侧。除此之外，其他的桩一般不设方桩，直接将指示桩打在点位上。

里程桩的设置是在中线丈量的基础上进行的，一般是边丈量边设置。丈量一般使用钢尺，简易公路可用皮尺或测绳。

## 11.5.2   曲线测设

圆曲线是指具有一定半径的圆弧线，是线路转弯最常用的曲线形式。圆曲线的测设一般分两步进行：先测设曲线的主点，即曲线的起点、中点和终点；然后在主点之间进行加密。按规定桩距测设曲线的其他各点，称为曲线的详细测设。

### 11.5.2.1   圆曲线测设元素

如图 11-23 所示，设交点 JD 的转角为 $\alpha$，圆曲线半径为 $R$，则曲线的测设元素计算公式为：

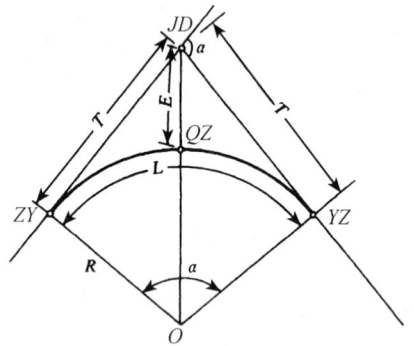

图 11-23   圆曲线

$$\left.\begin{array}{ll} \text{切线长：} T = R \times \tan\alpha & \text{曲线长：} L = R \times \alpha \times \dfrac{\pi}{180°} \\[3mm] \text{外矢距：} E = R \times \left(\sec\dfrac{\alpha}{2} - 1\right) & \text{切曲差：} D = 2 \times T - L \end{array}\right\} \quad (11\text{-}10)$$

### 11.5.2.2   圆曲线主点的测设

（1）圆曲线主点里程的计算   交点 JD 的里程由中线丈量中得到，根据交点的里程和圆曲线测设元素，即可算出各主点的里程。由图 11-23 可知：

$$ZY_{里程} = JD_{里程} - T \qquad\qquad YZ_{里程} = ZY_{里程} + L$$

$$QZ_{里程} = YZ_{里程} - \frac{L}{2} \qquad JD_{里程} = QZ_{里程} + \frac{D}{2}(校核)$$

（2）圆曲线主点的测设　将经纬仪置于交点 $JD_i$ 上，望远镜照准后交点 $JD_{i-1}$ 或此方向上的转点，量取切线长 $T$，得曲线起点 $ZY$，插一测杆。然后用钢尺丈量 $ZY$ 至最近一个直线桩的距离，如两桩号之差等于所丈量的距离或相差在容许范围内，即可在测钎处打下 $ZY$ 桩。如超出容许范围，应查明原因，以确保桩位的正确性。设置终点时，将望远镜照准前交点 $JD_{i+1}$ 或此方向上的转点，往返量取切线长 $T$，得曲线终点，打下 $YZ$ 桩。设置中点时，可自交点沿分角线方向量取外距 $E$，打下 $QZ$ 桩。

### 11.5.2.3　圆曲线上对桩距的要求

在圆曲线的主点设置后，即可进行曲线的详细测设。详细测设所采用的桩距 $l_0$ 与曲线半径有关，一般有如下规定：

当 $R \geqslant 100\text{m}$ 时，$l_0 = 20\text{m}$；当 $25\text{m} < R < 100\text{m}$ 时，$l_0 = 10\text{m}$；当 $R \leqslant 25\text{m}$ 时，$l_0 = 5\text{m}$。

按桩距 $l_0$ 在曲线上设桩，通常有两种方法：

（1）整桩号法　将曲线上靠近起点 $ZY$ 的第一个桩的桩号凑整成为 $l_0$ 倍数的整桩号，然后按桩距 $l_0$ 连续向曲线终点 $YZ$ 设桩。这样设置的桩均为整桩号。

（2）整桩距法　从曲线起点 $ZY$ 和终点 $YZ$ 开始，分别以桩距 $l_0$ 连续向曲线中点 $QZ$ 设桩。由于这样设置的桩均为非整桩号，因此应注意加设百米桩和公里桩。

圆曲线详细测设一般均采用整桩号法。

### 11.5.2.4　切线支距法

切线支距法是以曲线的起点 $ZY$ 或终点 $YZ$ 为坐标原点，以切线为 $x$ 轴，过原点的半径为 $y$ 轴，按曲线上各点坐标 $x$、$y$ 设置曲线。

如图 11-24 所示，设 $P_i$ 为曲线上欲测设的点位，该点至 $ZY$ 点或 $YZ$ 点的弧长为 $l_i$，$\varphi_i$ 为 $l_i$ 所对的圆心角，$R$ 为圆曲线半径，则 $P_i$ 的坐标可按下式计算：

$$x_i = R \times \sin\varphi_i \qquad y_i = R \times (1 - \cos\varphi_i) \qquad (11\text{-}11)$$

式中：

$$\varphi_i = \frac{l_i}{R} \times \frac{180°}{\pi}$$

切线支距法测设曲线，为了避免支距过长，一般由 $ZY$、$YZ$ 点分别向 $QZ$ 点施测。其测设步骤如下：

（1）从 $ZY$（或 $YZ$）点开始用钢尺或皮尺沿切线方向量取 $P_i$ 的横坐标 $x_i$，得垂足 $N_i$。

（2）在各垂足 $N_i$ 上用方向架定出垂直方向，量取纵坐标 $y_i$，即可定出 $P_i$ 点。

（3）曲线上各点设置完毕后，应量取相邻各桩之间的距离，与相应的桩号之差作比较，若较差均在限差之内，则曲线测设合

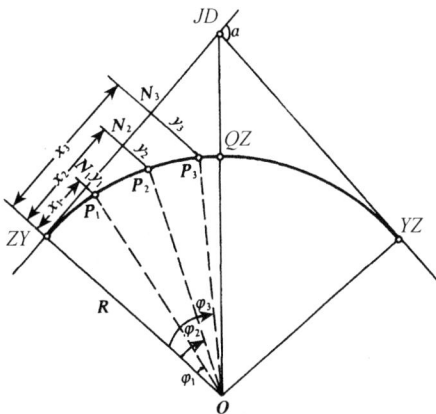

图 11-24　切线支距法测设圆曲线

格；否则应查明原因，予以纠正。

这种方法适用于平坦开阔的地区，具有测点误差不累积的优点。

### 11.5.2.5　偏角法

偏角法是以曲线起点 $ZY$ 或终点 $YZ$ 至曲线任一待定点 $P_i$ 的弦线与切线 $T$ 之间的弦切角（这里称为偏角）$\Delta_i$ 和弦长 $c_i$ 来确定 $P_i$ 点的位置。如图 11-25 所示，根据几何原理，偏角 $\Delta_i$ 等于相应弧长所对的圆心角 $\varphi_i$ 之半，即

$$\Delta_i = \frac{\varphi_i}{2} = \frac{l_i}{R} \times \frac{90°}{\pi}$$

弦长 $c_i$ 可按下式计算：

$$c = 2 \times R \times \sin \frac{\varphi}{2} \qquad (11\text{-}12)$$

如将上式中 $\sin \frac{\varphi}{2}$ 按三角级数展开，

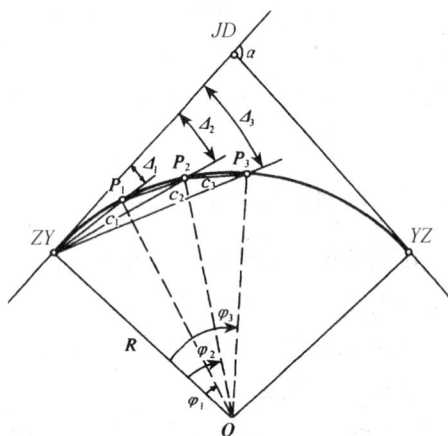

图 11-25　偏角法测设圆曲线

并以 $\varphi = \dfrac{l}{R}$ 代入，则

$$c = 2R \times \left[ \frac{\varphi}{2} - \frac{\left(\frac{\varphi}{2}\right)^2}{3!} + \cdots \right] = 2R \times \left[ \frac{l}{2R} - \frac{l^3}{48R^3} + \cdots \right] = l - \frac{l^3}{24R^2} + \cdots$$

弧弦差：

$$\delta = l - c = \frac{l^3}{24R^2} \qquad (11\text{-}13)$$

在实际工作中，弦长 $c$ 可通过式(11-12)计算，也可先按式(11-13)计算弧弦差 $\delta$，再计算弦长 $c$。

由于经纬仪水平度盘是按顺时针方向注记，因此测设曲线时，如果偏角的增加方向与水平度盘一致，也是顺时针方向增加，称为正拨；反之称为反拨。对于右转角，仪器置于 $ZY$ 点上测设曲线为正拨，置于 $YZ$ 点上则为反拨。对于左转角，仪器置于 $ZY$ 点上测设曲线为反拨，置于 $YZ$ 点上则为正拨。正拨时，望远镜照准切线方向，如果水平度盘读数配置在 0°00′00″，各桩的偏角读数就等于各桩的偏角值。但在反拨时则不同，各桩的偏角读数应等于 360° 减去各桩的偏角值。

偏角法不仅可以在 $ZY$ 和 $YZ$ 点上测设曲线，而且可在 $QZ$ 点上测设，也可在曲线任一点上测设。它是一种测设精度较高，适用性较强的常用方法。但这种方法存在着测点误差累积的缺点，所以宜从曲线两端向中点或自中点向两端测设曲线。

### 11.5.2.6　缓和曲线

车辆在曲线上行驶，会产生离心力，由于离心力的作用，车辆将向曲线外侧倾倒，影响车辆的安全行驶和顺适。为了减小离心力的影响，路面必须在曲线外侧加

高，称为超高。这就需要在直线与圆曲线之间插入一段曲率半径由无穷大逐渐变化至圆曲线半径 $R$ 的曲线，使超高由零逐渐增加到 $h$，同时实现曲率半径的过渡，这段曲线称为缓和曲线。

缓和曲线可采用回旋线(亦称辐射螺旋线)、三次抛物线、双纽线等线型。我国公路和铁路系统中，均采用回旋线作为缓和曲线。当水平曲线半径小于不设超高的最小半径时，应设缓和曲线。四级公路可不设缓和曲线，只设圆曲线。

### 11.5.3 线路纵断面测量

线路纵断面测量又称中线水准测量，它的任务是在道路中线测定之后，测定中线各里程桩的地面高程，绘制线路纵断面图，供线路纵坡设计之用。

为了提高测量精度和有效地进行成果检核，纵断面测量一般分为两步进行。第一步是沿线路方向设置水准点，建立线路的高程控制，称为基平测量；第二步是根据基平测量建立的水准点的高程，分段进行水准测量，测定各里程桩的地面高程，称为中平测量。

#### 11.5.3.1 基平测量

水准点是线路高程测量的控制点，在勘测和施工阶段都要使用，因此根据需要和用途可布设永久性水准点和临时性水准点。在线路的起、终点、大桥两岸、隧道进出口以及一些需要长期观测高程的重点工程附近均应设置永久性水准点。在一般地区也应每隔 5km 设置一个永久性水准点。永久性水准点应埋设标石，也可设置在永久性建筑物上或用金属标志嵌在基岩上。为便于引测，还需沿线布设一定数量的临时性水准点。临时性水准点可埋设大木桩，桩顶钉入钉子作为标志也可利用其他稳固、明显地物。

基平测量时，首先应将起始水准点与附近国家水准点进行联测，以获取国家统一高程基准的高程。尽量构成附合水准线路。当线路附近没有国家水准点或引测困难时，则可参考地形图选定一个与实地高程接近的值作为起始水准点的假定高程。

#### 11.5.3.2 中平测量

中平测量一般是以两相邻水准点为一测段，从一个水准点开始，逐个测定中桩的地面高程，直至附合于下一个水准点上。在每一个测站上，应尽量多的观测中桩，还需在一定距离内设置转点。相邻两转点间所观测的中桩，称为中间点。由于转点起着传递高程的作用，在测站上应先观测转点，后观测中间点。转点读数至毫米，视线长不应大于 150m，水准尺应立于尺垫、稳固的桩顶或坚石上。中间点读数可至厘米，视线也可适当放长，立尺应紧靠桩边的地面上。

中平测量只作单程观测。一测段观测结束后，应先计算测段高差。它与基平所测测段两端水准点高差之差，称为测段高差闭合差，其绝对值不得大于 $50\sqrt{L}$ mm，否则应重测。中桩地面高程误差不得超过 $\pm10$cm。

### 11.5.3.3 纵断面图的绘制

纵断面图是沿中线方向绘制的反映地面起伏和纵坡设计的线状图，它表示出各路段纵坡和中线位置的填挖尺寸，是道路设计和施工中的重要文件资料。

如图 11-26 所示，在上半部从左至右有两条贯穿全图的线。细的折线表示中线方向的实际地面线，是以里程为横坐标，高程为纵坐标，根据中平测量的中桩地面高程绘制的。为了反映地面的起伏变化，一般里程比例尺取 1:5 000、1:2 000 或 1:1 000，而高程比例尺则比里程比例尺大 10 倍，取 1:500，1:200 或 1:100。粗的折线是包含竖曲线在内的纵坡设计线，是在设计时绘制的。此外，图上还注有水准点的位置和高程，桥涵的类型、孔径、跨数、长度、里程桩号和设计水位，竖曲线示意图及其曲线元素，同公路、铁路交叉点的位置、里程及有关说明等。

图的下部注有有关测量及纵坡设计的资料，主要包括以下内容：

①直线与曲线　按里程表明线路的直线和曲线部分。曲线部分用折线表示，上凸表示线路右转，下凸表示线路左转，并注明交点编号和圆曲线半径，带有缓和曲线的应注明其长度。在不设曲线的交点位置，用锐角折线表示。

②里程　按里程比例尺标注百米桩和公里桩。

③地面高程　按中平测量成果填写相应里程桩的地面高程。

④设计高程　根据设计纵坡和相应的平距推算出的里程桩设计高程。

⑤坡度　从左至右向上斜的直线表示上坡(正坡)，下斜的表示下坡(负坡)，水平的表示平坦。斜线或水平线上面的数字表示坡度值(百分数)，下面的数字表示水平距离。

**图 11-26　线路纵断面图**

⑥土壤地质  说明标明路段的土壤地质情况。

纵断面图的绘制可按下列步骤进行：

①按照选定的里程比例尺和高程比例尺绘制表格  填写里程、地面高程、直线与曲线、土壤地质说明等资料。

②绘出地面线  首先选定纵坐标的起始高程，使绘出的地面线位于图上适当位置。一般将以 10m 整倍数的高程定在 5cm 方格的粗线上，便于绘图和阅图。然后根据中桩的里程和高程，在图上按纵、横比例尺依次点出各中桩的地面位置，再用直线将相邻点连接起来，就得到地面线。在高差变化较大的地区，如果纵向受到图幅限制时，可在适当地段变更图上高程起算位置，此时地面线将构成台阶形式。

③根据设计的纵向坡度计算设计高程  当线路的纵坡确定后，可根据设计纵坡和两点间的水平距离，由一点的高程计算另一点的设计高程。

设：设计坡度为 $i$，起算点的高程为 $H_0$，推算点的高程为 $H_P$，推算点至起算点的水平距离为 $D$，则

$$H_P = H_0 + i \times D \qquad (11\text{-}14)$$

式中，上坡时 $i$ 为正，下坡时 $i$ 为负。

④计算各桩的填挖尺寸  同一桩号的设计高程与地面高程之差，即为该桩号的填土高度（正号）或挖土深度（负号）。在图上填土高度应写在相应点纵坡设计线之上，挖土深度应写在相应点纵坡设计线之下。也有在图中专列一栏注明填挖尺寸的。

⑤在图上注记有关资料  如水准点、桥涵、竖曲线等。

## 11.5.4  线路横断面测量

横断面测量是测定中线各里程桩两侧垂直于中线的地面高程，绘制横断面图，供路基设计、计算土石方数量以及施工放边桩之用。

由于横断面测量是测定中桩两侧垂直于中线的地面线，因此首先要确定横断面的方向，然后在此方向上测定地面坡度变化点的距离和高差。横断面测量的宽度，应根据路基宽度、填挖尺寸、边坡大小、地形情况以及有关工程的特殊要求而定，一般要求中线两侧各测 10 ~ 50m。横断面测绘的密度，除各中桩应施测外，在大中桥头、隧道洞口、挡土墙等重点工程地段，可根据需要加密。对于地面点距离和高差的测定，一般只需精确至 0.1m。

### 11.5.4.1  横断面方向的测定

（1）直线段横断面方向的确定  直线段横断面方向与线路中线垂直，一般采用方向架测定。如图 11-27 所示，将方向架置于桩点上，方向架上有两个相互垂直的固定片，用其中一个瞄准该直线上任一中桩，另一个所指方向即为该桩点的横断面方向。

（2）圆曲线上横断面方向的确定  圆曲线上一点的横断面方向即是该点的半径方向。如图 11-28 所示，将求心方向架置于 ZY（或 YZ）点上，用固定片瞄准切线方向（如交点），则另一固定片 cd 所指方向即为 ZY（或 YZ）点的横断面方向，此时保持方向架

图 11-27 直线段横断面方向的确定

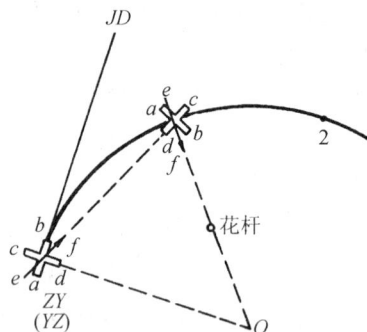

图 11-28 圆曲线上横断面方向的确定

不动,转动活动片 *ef* 瞄准 1 点,并将其固定,然后将方向架搬至 1 点,用固定片 *cd* 瞄准 *ZY*(或 *YZ*)点,则活动片 *ef* 所指方向即为 1 点的横断面方向。在测定 2 点的横断面方向时,以固定片 *cd* 瞄准 1 点,*ab* 片的方向即为切线方向。此后的操作与测定 1 点横断面方向时完全相同,保持方向架不动,用活动片 *ef* 瞄准 2 点并固定之。将方向架搬至 2 点,用固定片瞄准 1 点,活动片 *ef* 的方向即为 2 点的横断面方向。如圆曲线上桩距相同,在定出 1 点横断面方向后,保持活动片 *ef* 原来位置,将其搬至 2 点上,用固定片瞄准 1 点,活动片 *ef* 即为 2 点的横断面方向。

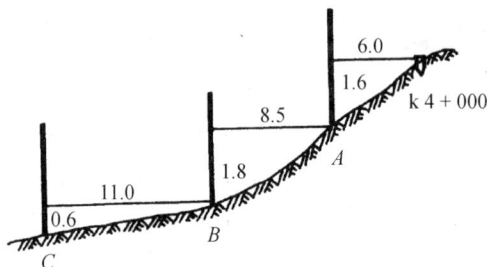

图 11-29 花杆皮尺法测量横断面

### 11.5.4.2 横断面的测量方法

(1)花杆皮尺法 如图 11-29,*A*,*B*,*C*,……为横断面方向上所选定的变坡点,将花杆立于 *A* 点,从中桩处地面将皮尺拉平量出至 *A* 点的距离,并测出皮尺截于花杆位置的高度,即 *A* 相对于中桩地面的高差。同法可测得 *A* 至 *B*、*B* 至 *C*……的距离和高差,直至所需要的宽度为止。中桩一侧测完后再测另一侧。

记录表格如表 11-2 所示,表中按线路前进方向分左侧、右侧。分数的分子表示测段两端的高差,分母表示其水平距离。高差为正表示上坡,为负表示下坡。

表 11-2　线路横断面的测量记录表

| 左 | | 侧 | 桩号 | 右 | | 侧 | |
|---|---|---|---|---|---|---|---|
| … | … | … | … | … | … | | |
| $\dfrac{-0.6}{11.0}$ | $\dfrac{-1.8}{8.5}$ | $\dfrac{-1.6}{6.0}$ | k4 +000 | $\dfrac{+1.5}{4.6}$ | $\dfrac{+0.9}{4.4}$ | $\dfrac{+1.6}{7.0}$ | $\dfrac{+0.5}{10.0}$ |
| $\dfrac{-0.5}{7.8}$ | $\dfrac{-1.2}{4.2}$ | $\dfrac{-0.8}{6.0}$ | k3 +980 | $\dfrac{+0.7}{7.2}$ | $\dfrac{+1.1}{4.8}$ | $\dfrac{-0.4}{7.0}$ | $\dfrac{+0.9}{6.5}$ |

（2）水准仪法　在平坦地区可使用水准仪测量横断面。安置水准仪，后视中桩水准尺读取后视读数，求得视线高程后，前视横断面方向上各变坡点上水准尺得各前视读数，视线高程分别减去各前视读数即得各变坡点高程。用钢尺或皮尺分别量取各变坡点至中桩的水平距离。根据变坡点的高程和至中桩的距离即可绘制横断面。

（3）经纬仪法　在地形复杂、山坡较陡的地段宜采用经纬仪施测。将经纬仪安置在中桩上，用视距法测出横断面方向各变坡点至中桩的水平距离和高差。

### 11.5.4.3　横断面图的绘制

横断面图一般采用现场边测边绘的方法，以便及时对横断面进行核对。但也可在现场记录（表 11-2），回到室内绘图。绘图比例尺一般采用 1∶200 或 1∶100。图绘在毫米方格纸上。绘图时，先将中桩位置标出，然后分左、右两侧，按照相应的水平距离和高差，逐一将变坡点标在图上，再用直线连接相邻各点，即得横断面地面线。图 11-30 为横断面图，上绘有路基断面设计线。

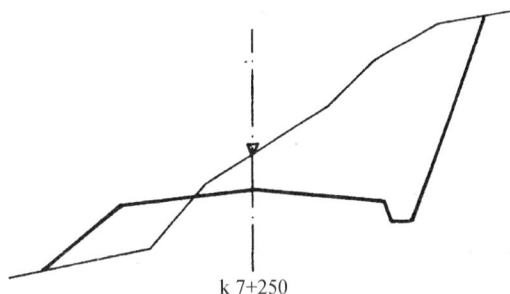

图 11-30　线路横断面

## 11.5.5　线路施工测量

线路施工测量包括恢复线路中线、路基边桩的测设、竖曲线的测设等工作。

### 11.5.5.1　线路中线的恢复

从线路勘测到开始施工这段时间里，往往会有一些中桩丢失。在施工之前，应根据设计资料进行恢复工作，并对原来的中线进行复核，以保证线路中线位置准确可靠。恢复中线所采用的测量方法与线路中线测量方法基本相同。此外，对线路水准点也应进行复核，必要时还应增设一些水准点以满足施工需要。

### 11.5.5.2　路基边桩的测设

路基边桩测设就是在地面上将每一个横断面的路基边坡线与地面的交点用木桩标

定出来。边桩的位置由两侧边桩至中桩的距离来确定。常用的边桩测设方法如下：

（1）图解法 直接在横断面图上量取中桩至边桩的距离，然后在实地用皮尺沿横断面方向测定其位置。当填挖方不很大时，采用此法较简便。

（2）解析法

①平坦地段路基边桩的测设 填方路基称为路堤，如图 11-31 所示，路堤边桩至中桩的距离为：

$$D = \frac{B}{2} + m \cdot h \tag{11-15}$$

挖方路基称为路堑，如图 11-32，路堑边桩至中桩的距离为：

$$D = \frac{B}{2} + S + m \cdot h \tag{11-16}$$

式中：$B$——路基设计宽度；

　　　$1:m$——路基边坡坡度；

　　　$h$——填土高度或挖土深度；

　　　$S$——路堑边沟顶宽。

以上是断面位于直线段时求算 $D$ 值的方法。若断面位于曲线上有加宽时，在以上述方法求出 $D$ 值后，还应于曲线内侧的 $D$ 值中加上加宽值。

图 11-31 路 堤

图 11-32 路 堑

②倾斜地段路基边桩的测设 在倾斜地段，边桩至中桩的距离随着地面坡度的变化而变化。如图 11-33，路堤边桩至中桩的距离为：

斜坡上侧：
$$D_{上} = \frac{B}{2} + m \cdot (h_{中} - h_{上})$$

斜坡下侧：
$$D_{下} = \frac{B}{2} + m \cdot (h_{中} + h_{下}) \tag{11-17}$$

如图 11-34，路堑边桩至中桩的距离为：

斜坡上侧：
$$D_{上} = \frac{B}{2} + S + m \cdot (h_{中} + h_{上})$$

斜坡下侧：
$$D_{下} = \frac{B}{2} + S + m \cdot (h_{中} - h_{下}) \tag{11-18}$$

式中：$B$，$S$，$m$——已知；

　　　$h_{中}$——中桩处的填挖高度，亦为已知；

图 11-33 倾斜路堤

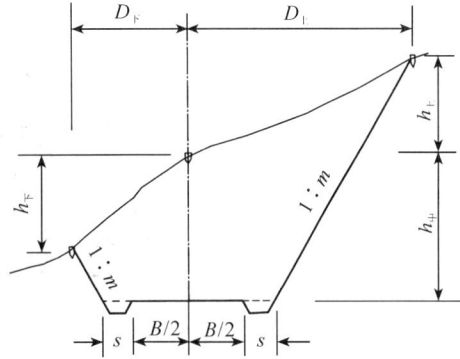

图 11-34 倾斜路堑

$h_上$，$h_下$——斜坡上、下侧边桩与中桩的高差，在边桩未定出之前则为未知数。因此在实际工作中采用逐渐趋近法测设边桩。先根据地面实际情况，并参考路基横断面图，估计边桩的位置。然后测出该估计位置与中桩的高差，并以此作为 $h_上$、$h_下$，代入式(11-17)或式(11-18)计算 $D_上$、$D_下$，并据此在实地定出其位置。若估计位置与其相符，即得边桩位置。否则应按实测资料重新估计边桩位置，重复上述工作，直至相符为止。

### 11.5.5.3 竖曲线的测设

在线路纵坡变更处，为了行车的平稳和行车视距的要求，在竖直面内应以曲线衔接，这种曲线称为竖曲线。竖曲线有凸形和凹形两种，如图 11-35 所示。

图 11-35 竖曲线

竖曲线一般采用圆曲线，这是因为在一般情况下，相邻坡度差都很小，而选用的竖曲线半径都很大，因此即使采用二次抛物线等其他曲线，所得到的结果也与圆曲线十分近似。

如图 11-36 所示，两相邻纵坡的坡度分别为 $i_1$、$i_2$，竖曲线半径为 $R$，则测设元素为：曲线长：$L = R \cdot \alpha$，由于竖曲线的转角 $\alpha$ 很小，故可认为：$\alpha = i_1 - i_2$。

于是曲线长：

$$L = R \cdot (i_1 - i_2) \tag{11-19}$$

切线长：$T = R \cdot \tan \dfrac{\alpha}{2}$，因 $\alpha$ 很小，$\tan \dfrac{\alpha}{2} = \dfrac{\alpha}{2}$，则

$$T = R \cdot \frac{\alpha}{2} = \frac{L}{2} = \frac{1}{2}(i_1 - i_2) \tag{11-20}$$

又因为 $\alpha$ 很小，可以认为：$DF = E$，$AF = T$

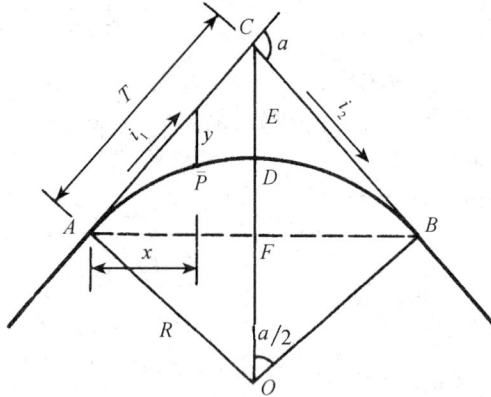

图 11-36　竖曲线要素

根据 △ACO 与 △ACF 相似，可以列出：$R:T = T:2E$

所以外矢距：

$$E = \frac{T^2}{2R} \qquad (11\text{-}21)$$

同理可导出竖曲线上任一点 $P$ 距切线的纵距（亦称高程改正值）计算公式：

$$y = \frac{x^2}{2R} \qquad (11\text{-}22)$$

式中：$x$——竖曲线上任一点 $P$ 至竖曲线起点或终点的水平距离；

　　　$y$——在凹形竖曲线中为正号，在凸形竖曲线中为负号。

## 11.6　建筑变形测量

建筑变形包括沉降和位移。沉降观测是在高程控制网的基础上进行，位移观测是在平面控制网的基础上进行。建筑变形测量是每隔一定时期，对控制点和观测点进行重复测量，通过计算相邻两次测量的变形量及累积变形量来确定建筑物的变形值和分析变形规律。建筑变形测量应严格按照《建筑变形测量规程》（JGJ/T8—97）的规定进行。

### 11.6.1　沉降观测

在建筑物施工过程中，随着上部结构的逐步建成、地基荷载的逐步增加，将使建筑物产生下沉现象。建筑物的下沉是逐渐产生的，并将延续到竣工交付使用后的相当长一段时期。因此建筑物的沉降观测应按照沉降产生的规律进行。沉降观测在高程控制网的基础上进行。

在建筑物周围一定距离、基础稳固、便于观测的地方，布设一些专用水准点，在建筑物上能反映沉降情况的位置设置一些沉降观测点，根据上部荷载的加载情况，每隔一定时期观测水准点与沉降观测点之间的高差一次，据此计算与分析建筑物的沉降规律。

专用水准点分水准基点和工作基点。每一个测区的水准基点不应少于 3 个，对于小测区，当确认点位稳定可靠时可少于 3 个，但连同工作基点不得少于 2 个。工作基点与联系点布设的位置应视构网需要确定。工作基点位置与邻近建筑物的距离不得小于建筑物基础深度的 1.5～2.0 倍。

在建筑物上布设一些能全面反映建筑物地基变形特征并结合地质情况及建筑结构特点的沉降观测点。

高差观测宜采用水准测量方法。一般应布设为闭合环、结点网或附合水准路线。水准测量的精度等级是根据建筑物最终沉降量的观测中误差来确定的。建筑物的沉降量分绝对沉降量 $s$ 和相对沉降量 $\Delta s$。绝对沉降的观测中误差 $m_s$，按低、中、高压缩性地基土的类别，分别选 0.5mm、1.0mm、2.5mm；相对沉降（如沉降差、基础倾斜、局部倾斜等）、局部地基沉降（如基础回弹、地基土分层沉降等）以及膨胀土地基变形等的观测中误差 $m_{\Delta s}$，均不应超过其变形允许值的 1/20，建筑物整体变形（如工程设施的整体垂直挠曲等）的观测中误差，不应超过其容许垂直偏差的 1/10，结构段变形（如平置构件挠度等）的观测中误差，不应超过其变形容许值的 1/6。

沉降观测成果处理的内容是，对水准网进行严密平差计算，求出观测点每期观测高程的平差值，计算相邻两次观测之间的沉降量和累积沉降量，分析沉降量与增加荷载的关系。

## 11.6.2　位移观测

建筑物的位移观测包括主体倾斜观测、水平位移观测、裂缝观测、挠度观测、日照变形观测、风振观测和场地滑坡观测。位移观测是在平面控制网的基础上进行，其坐标计算应采用严密平差法。

基准点、工作基点以及联系点、检核点和定向点，应根据不同布网方式与构形，每一测区的基准点不应少于 2 个，每一测区的工作基点亦不应少于 2 个。

平面控制网的精度等级是根据建筑物最终位移量的观测中误差来确定的。位移量分绝对位移量 $s$ 和相对位移量 $\Delta s$。绝对位移观测中误差 $m_s$ 一般是根据设计、施工要求，并参照同类或类似项目的经验选取。相对位移、局部地基位移的观测中误差 $m_{\Delta s}$，均不应超过其变形允许值分量的 1/20；建筑物整体性变形的观测中误差，不应超过其变形容许值分量的 1/10；结构段变形的观测中误差，不应超过其变形容许值分量的 1/6。

引起建筑物主体倾斜的主要原因是基础的不均匀沉降。主体倾斜观测是测定建筑物顶部相对于底部或各层间上层相对于下层的水平位移与高差，分别计算整体或分层的倾斜度、倾斜方向以及倾斜速度。对具有刚性建筑的整体倾斜，亦可通过测量顶面或基础的相对沉降间接确定。

裂缝观测是定期测定建筑物上裂缝的变化情况，产生裂缝的原因主要与建筑物的不均匀沉降有关，因此，裂缝观测通常与沉降观测同步进行，以便于综合分析，及时采取工程措施，确保建筑物的安全。当建构筑物多处产生裂缝时，应进行裂缝观测。裂缝观测应测定建筑物上的裂缝分布位置，裂缝的走向、长度、宽度及其变化程度。

观测数量视需要而定，主要的或变化大的裂缝应进行观测。

变形观测的周期应视变形情况、变形速度而定。通常开始可半个月测一次，以后一个月左右测一次。当发现变形加大时，应增加观测次数，直至几天或逐日一次的连续观测。

## 11.7　竣工测量

竣工测量的目的是检验建筑物的平面位置与高程是否符合设计要求，作为工程验收及营运管理的基本依据。竣工测量的成果是竣工总图，其作用如下：

①将设计变更的实际情况测绘到竣工总图上，为工程验收提供基础资料。

②将地下管网等隐蔽工程测绘到竣工总图上，为日后的检查和维修工作提供准确的定位。

③为项目扩建提供原有各建筑物、构筑物、地上和地下各种管线及交通线路的坐标、高程等资料。

新建项目竣工总图的编绘，最好是随着工程的陆续竣工同步进行。一面竣工，一面利用竣工测量成果编绘竣工总图。如发现地下管线的位置有问题，应及时到现场查对，使竣工总图能真实地反映实际情况。竣工总图的编绘，包括室外实测和室内资料编绘两方面的内容。

### 11.7.1　竣工测量

在每个单项工程完成后，应由施工单位进行竣工测量，提出工程的竣工测量成果。其内容如下：

①工业厂房及一般建筑物　包括房角坐标，各种管线进出口的位置和高程，并附房屋编号、结构层数、面积和竣工时间等资料。

②铁路和公路　包括起止点、转折点、交叉点的坐标，曲线元素，桥涵等构筑物的位置和高程。

③地下管网　窨井、转折点的坐标，井盖、井底、沟槽和管顶等的高程，并附注管道及窨井的编号、名称、管径、管材、间距、坡度和流向。

④架空管网　包括转折点、结点、交叉点的坐标，支架间距，基础面高程。

⑤其他　竣工测量完成后，应提交完整的资料，包括工程的名称，施工依据，施工成果，作为编绘竣工总图的依据。

### 11.7.2　竣工总图的编绘

编绘竣工总平面图时，需要在施工过程中收集一切有关的资料，包括设计总平面图、系统工程平面图、纵横断面图及变更设计的资料、施工放样资料及施工检查测量与竣工测量资料等。编绘竣工总平面图的方法步骤如下：

#### 11.7.2.1　编绘前的准备

(1)确定竣工总平面图的比例尺　在通常情况下，要求竣工总平面图的比例尺为

1:500或1:1 000，但有时由于工程的性质及具体的特殊要求，也可采用更大或更小的比例尺。

（2）绘制底图 编绘时，先在图纸上精确绘制坐标方格网，再将设计总平面图上的图面内容，按其设计坐标用铅笔展绘在图纸上，以此为底图，用红色数字在图上表示出设计数据。

### 11.7.2.2 竣工总平面图的编绘

每项工程竣工后，根据竣工测量成果，用黑色在底图上绘出该工程的实际形状，并将其坐标和高程标注于图上。黑色与红色数据之差，即为施工与设计之差，随着施工的进展，在底图上将铅笔线都绘成黑色线。经过整饰和清绘，即成为完整的竣工总平面图。

竣工总平面图的符号应与原设计图的符号一致。原设计图上没有的图例符号，可使用新的图例符号。竣工总平面图上一般要用不同的颜色表示不同的工程对象。

厂区地上和地下的所有建筑物、构筑物绘在一张竣工总图上时，如果线条过于密集而不醒目，则可采用分类编图，如综合竣工总图、交通运输竣工总图和管线竣工总图等。

### 11.7.2.3 检查验收

竣工总平面图编绘完成后，应经原设计单位及施工单位技术负责人审核。

## 思考题

1. 施工测量与地形测图有什么区别？

2. 测设的基本工作有哪些？是如何实施的？

3. 测设点位的方法有哪几种？各适用于什么场合？

4. 何谓厂房控制网和厂区控制网？它们有何区别？是如何建立的？

5. 道路中线测量的内容是什么？

6. 什么是线路的转角？如何确定转角是左转角还是右转角？

7. 里程桩应设置在中线的哪些地方？

8. 如何确定圆曲线上的桩距？

9. 什么是整桩号法设桩？什么是整桩距法设桩？两者各有什么特点？

10. 已知交点的里程桩号为 k4 + 300.18，测得转角 $\alpha_{左} = 17°30'$，圆曲线半径 $R = 500m$，若采用切线支距法并按整桩号法设桩。试计算各桩坐标。并说明测设步骤。

11. 已知交点的里程桩号为 k10 + 110.88，测得转角 $\alpha_{左} = 24°18'$，圆曲线半径 $R = 400m$，若采用偏角法按整桩号设桩。试计算各桩的偏角及弦长（要求前半曲线由曲线起点测设，后半曲线由曲线终点测设）。并说明测设步骤。

12. 什么是正拨？什么是反拨？如果某桩点的偏角值为 3°18'24″，在反拨的情况下，要使该桩点方向的水平度盘读数为 3°18'24″，在瞄准切线方向时，度盘读数应配置在多少？

13. 线路纵断面测量的任务是什么？如何进行线路纵断面测量？

14. 纵断面图如何绘制？

15. 横断面测量的任务是什么？横断面测量的施测步骤如何？

16. 横断面测量的方法有哪几种？各适用于什么情况？

17. 横断面图如何绘制？

18. 试述路基边桩的测设方法。

19. 什么是竖曲线？竖曲线的测设元素及竖曲线上桩点高程如何计算？

20. 建筑变形测量的目的是什么？主要包括哪些内容？

21. 编绘竣工总图的目的是什么？有何作用？

## 本章可供参考书目

1. 测量学 . 钟孝顺，聂让 . 人民交通出版社，2000.

2. 测量学 . 合肥工业大学，等 . 中国建筑工业出版社，1995.

3. 测量学 . 覃辉，等 . 中国建筑工业出版社，2007.

# 第 **12** 章

# 土地整治测量

本章主要介绍了土地平整工作中的水准测量方法及利用方格网法进行土方量的计算；坡改梯田工作中的梯田设计及梯田放样测量。通过本章的学习，使学生掌握土地整治工作中的土地平整测量及坡改梯田测量的方法。

土地整治是一项增加耕地面积、改善农业生产基本条件并提高土地产出率的一项重要措施。土地整治中的测量工作称为土地整治测量，土地整治测量的内容主要有土地平整测量、坡改梯田测量及灌排设施的施工放样测量。本章主要介绍土地平整测量及坡改梯田测量，对于灌排设施的施工放样测量可参照第 11 章施工测量的方法进行。

# 12.1　土地平整测量

土地平整是土地整治工作中经常遇到的一个问题。土地平整是一项改善农业生产环境的措施，坡耕地经平整后具有保水、保土、保肥、防碱保苗、利于机械化耕作、充分利用灌排系统及更好轮作等优点。同时土地平整也是土地开发工作中的一项重要内容，所谓的"三通一平"中的"一平"就是指土地平整，土地平整是土地增值的一个重要手段。

土地平整因地形、施工条件、规格及要求各异，其采用的方法也不尽相同。现将常用的土地平整方法介绍如下。

## 12.1.1　合并田块的平整测算方法

因机耕和灌溉需要，将 5 块高程不同、面积不等的田块合并成一个大田块，如图 12-1 所示。5 个田块的面积分别为 $S_1$、$S_2$、$S_3$、$S_4$、$S_5$，其高程可用水准测量测出，田面比较平坦可只测地段中间有代表性一点，若田面有较均匀的坡度，可在田块两端各设一点取其高程平均值，作为代表本田块的高程，田块的高程可以是假定高程或联测附近水准点，经测得各田块代表高程分别为 $H_1$、

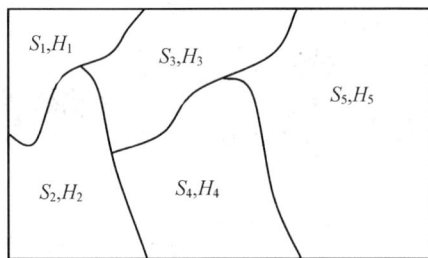

**图 12-1　合并田块的平整**

$H_2$、$H_3$、$H_4$、$H_5$。设田块合并后的大田块高程为 $H_m$，这样各个田块挖（填）土方量分别为：

第一田块：$V_1 = S_1(H_1 - H_m)$

第二田块：$V_2 = S_2(H_2 - H_m)$

第三田块：$V_3 = S_3(H_3 - H_m)$

第四田块：$V_4 = S_4(H_4 - H_m)$

第五田块：$V_5 = S_5(H_5 - H_m)$

根据挖填平衡（总挖填土方量相等）原则得：

$$V_1 + V_2 + V_3 + V_4 + V_5 = 0$$

即　　$S_1(H_1 - H_m) + S_2(H_2 - H_m) + S_3(H_3 - H_m) + S_4(H_4 - H_m) + S_5(H_5 - H_m) = 0$

$$H_m = \frac{S_1 H_1 + S_2 H_2 + S_3 H_3 + S_4 H_4 + S_5 H_5}{S_1 + S_2 + S_3 + S_4 + S_5} = \frac{\sum S \cdot H}{\sum S} \tag{12-1}$$

上式表明，为满足土方平衡条件，平整后的田面高程并不是各田块高程的简单算

术平均值，而是取其带权平均值。

用求出的设计高程 $H_m$ 分别减去每块田的高程，即得每块田的挖方深度或填方高度，在每个田块里标明，作为施工的依据。

## 12.1.2 方格水准测量法计算土方

方格水准测量是在待平整的土地上先建立方格网，然后用水准测量测定各方格点的高程，进而计算设计高程与挖、填高，最后进行土方计算。该方法适用于地形复杂而地块面积较大的土地平整。其具体步骤是：

### 12.1.2.1 布设方格网

在地块边缘(渠道边或路边)用标杆定出一条基准线。根据地形起伏变化和对测量精度的要求，在基准线上每隔一定的距离(如5m、10m、20m、50m 等)打上木桩。桩间距愈短，量测土方量的精度愈高，但测量计算工作量愈大。在平整方案中根据需要合理选择桩距，然后用经纬仪或用皮尺按勾股定理在各木桩上作基准线的垂线，延长各垂线，再在各垂线上按规定的间距设点打入木桩，这样就在平整地块上构成了方格网。方格网横行各桩点用 $A$，$B$，$C$，…表示，方格网纵行各桩点用 1，2，3，…表示，这样方格网每个桩点有确定的点号，如 $B_4$、$D_6$ 等，如图 12-2 所示。

为了便于现场记录和室内计算，应按比例(1:500~1:2 000)绘一草图，在草图内应注明方格网中各桩位的编号、比例尺、指北方向及平整区域内的明显地物(如道路、电杆等)。

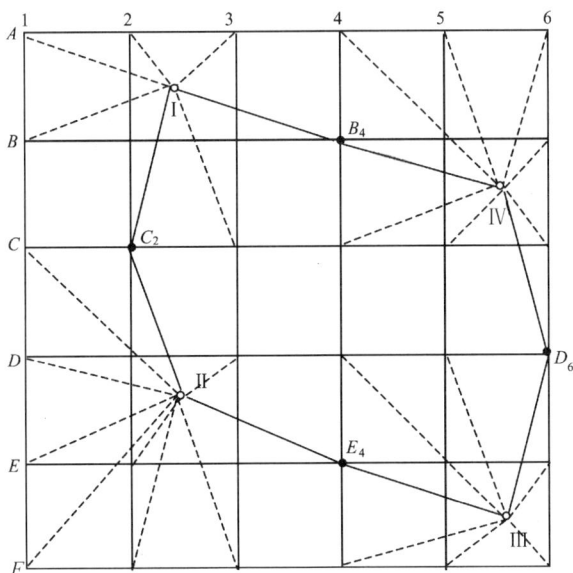

图 12-2 方格网面水准测量

### 12.1.2.2 方格网面水准测量

进行面水准测量前，首先要决定高程起算点。平整后的地面要求高程一定时，必须设法与测区附近的国家水准点连测，引接起算高程。平整后地面高程可以为任意时，可在测区附近设置一临时水准点或可利用方格网中任意一桩点，假设其高程，作为全测区统一高程的依据。

方格网范围不大，桩点间高差也不大时，水准仪可安置于测区中心能测量全方格网各桩点高程，测量工作较简单。如果桩点间高差较大或者测区范围宽广，可在方格网内测设一条闭合水准路线。如图 12-2 中的 Ⅰ、Ⅱ、Ⅲ、Ⅳ 为测站，一个测站可同时测定若干个桩点的高程。利用 $C_2$、$E_4$、$D_6$、$B_4$ 等桩点作传递高程的转点构成闭合路线。根据需要引测国家水准点的高程到 $C_2$ 桩位，或者假定 $C_2$ 桩点为某一高程值。测量后按等外水准测量成果计算的方法推算 $E_4$、$D_6$、$B_4$ 等转点的高程。然后将转点高程加上后视读数获得测站的视线高程，将每站视线高程减去各桩点的前视读数，即可获得该站各前视点的高程。

面水准测量读至厘米已足够，扶尺者若遇到方格网中个别桩点在局部凹凸处，可在附近高程有代表性地面点立尺。尺子都竖立于桩点地面，在各木桩顶平地面时，才立尺于桩顶。

### 12.1.2.3 计算设计高程

计算设计高程的方法有如下两种方法：

(1) 算术平均值法 如图 12-3 所示，取各桩点高程平均值作为土地平整设计的高程。即：

$$H_{设} = \frac{[H]}{n} \qquad (12-2)$$

式中：$H_{设}$——土地平整设计高程（土地平整后的高程）；

$\quad [H]$——各桩点高程总和；

$\quad n$——桩点的个数。

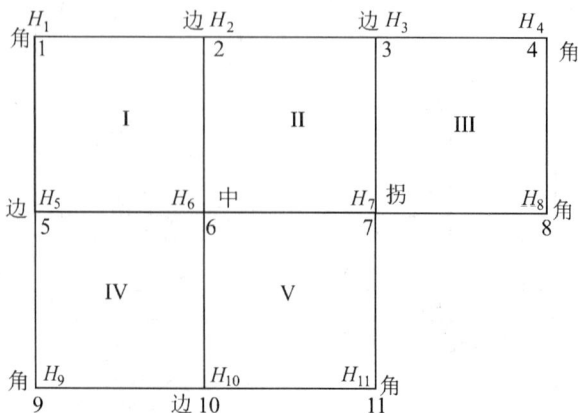

**图 12-3 设计高程计算略图**

此法计算简便，但精度低。仅适用于地面坡度比较均匀的大面积方形或矩形地块。

（2）带权平均值法　带权平均值法的思路是先求方格网中每个方格的平均高程，然后将所有方格的平均高程再在整个方格网中取平均值即获得土地平整的设计高程 $H_{设}$。在图 12-3 中，如将方格网各桩点分成转角上的点、边缘上的点、中间的点及拐角上的点，它们的高程分别为 $H_{角}$、$H_{边}$、$H_{中}$ 及 $H_{拐}$，按照上面的思路，则带权平均值法计算土地平整的设计高程的公式为：

$$H_{设} = \frac{1}{4N}\left(\sum H_{角} + 2\sum H_{边} + 3\sum H_{拐} + 4\sum H_{中}\right) \tag{12-3}$$

式中：$N$——方格网中方格的个数。

### 12.1.2.4　计算施工高度

将地面各桩点的实测地面高程减去土地平整的设计高程即为施工高度，也称为挖填高度。即

$$h = H_{地面} - H_{设} \tag{12-4}$$

式中：$h$——施工高度（挖填高）。$h$ 为正，表示挖深；$h$ 为负，表示填高。

（1）平整成水平面施工高度计算法　当平整后地面为水平面时，按式（12-3）得出的设计高程就是土地平整后的地面高程。因此，平整成水平面的各桩点的施工高度很容易求出，因为设计高程是一个唯一的参照标准。

（2）平整成单向或双向斜平面施工高度计算法　当平整后地面为单向或双向斜平面时，设计高程（带权平均值）不是平整后整个方格网的地面高程，而是把它作为方格网中心位置的地面高程，这样做的优点是无论水平面向任何方向怎样倾斜，挖、填土方仍可保持平衡。即使方格网中心位置无桩位，但仍应定为设计高程所在点。如图 12-4 所示，方格网边长为 20m，方格网中心的设计高程为 $H_0$。要求平整后的斜平面自西向东及由北向南双向倾斜，坡度都是 $-0.1\%$。由于该方格网中心无桩位，首先设

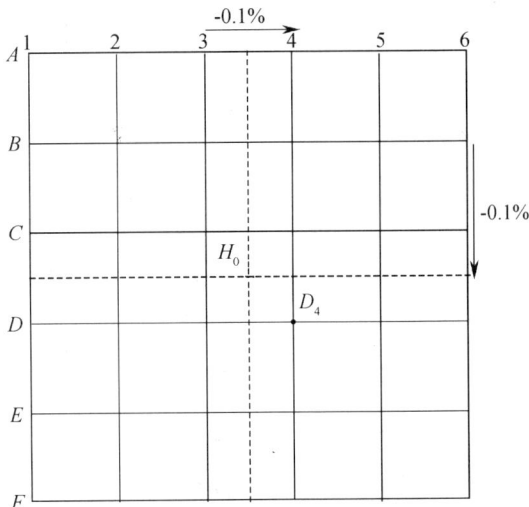

图 12-4　斜平面施工高度

法求出方格网中心附近桩位的设计高程。图中以 $D_4$ 桩位为对象。中心点的设计高程向东移动 10m 到第 4 列方格线上，根据倾斜坡度，该点设计高程应为 $H_0$ 减去 1cm；从这点向南移动 10m 到 $D_4$ 桩位，其高程又需减去 1cm，则 $D_4$ 桩位设计高程是 $H_0$ 减去 2cm。已知方格边长 20m，相邻桩位高差 2cm。即从 $D_4$ 桩位起，向西、向北到相邻桩位设计高程应增加 2cm；向东、向南至相邻桩，其设计高程应减少 2cm。依此类推，可算出每个桩位的设计高程。每个桩位上的地面高程减去该桩位设计高程就是每个桩位上的施工高度。

土地平整成单向或双向斜平面的测算工作比较繁琐，但是这样做的优点是，不仅满足了灌排要求，而且，各桩位上的施工高度因要成斜平面都相应减小了，工程量也随之减少，达到节省投资和缩短工期的目的。

### 12.1.2.5　计算零点位置和确定填挖边界

在相反符号施工高度的相邻桩位之间，必定有一个不挖不填的点称为"零点"。把相邻的零点连接起来，就是填挖分界线。

(1)在图纸上计算零点位置确定填挖边界　如图 12-5 所示，零点至填挖高桩位的距离 $x$ 按下式计算：

$$x = \frac{Lh_1}{h_1 + h_2} \tag{12-5}$$

式中：$h_1$，$h_2$——桩位施工高度(均用绝对值)；

　　　　$L$——方格边长。

图 12-5　求零点位置

图 12-6　填挖边界线

把方格网内相邻零点用直线连接起来构成施工零线，即填挖边界线，如图 12-6 所示。

(2)在地面上确定零点位置和填挖边界线　为了施工方便，须将零点位置和填挖分界线在地面上标出，其方法有两种。

①根据图上计算零点位置的数据，相应地在地面上量出，将相邻零点用白灰线撒接成填挖线。

②如果地面平整成水平面，用水准仪直接在地面上确定零点位置。具体做法是，在方格网内适当位置安置水准仪，照准一已知高程点(可以是任一桩位点)读取后视读数，并计算其视线高程，然后利用视线高程减去设计高程，得出零点应有的前视尺面读数。在水准尺上该读数处做一标记，移动水准尺，当水准仪的水平视线正好对准标

尺上标记时，此时立尺点即为零点位置。用此法找出许多零点位置，用白灰撒接起来便为填挖边界线。

### 12.1.2.6　土方量计算

由于地面高低起伏变化很复杂，只能用简单的几何体公式近似计算土方量。比较精确的算法是根据方格点处的填挖高，分别计算方格中的填挖方量，然后求总和。

计算土方量的公式是底面积乘以平均高(即平均填挖高)可根据表 12-1 所列公式进行。

**表 12-1　近似计算土方量公式**

| 底面积图形 | 体积图形 | 说明 | 土方计算方式 |
|---|---|---|---|
| $L$ $L$ $L$ | $h_3$ $h_2$ $h_4$ $L$ $h_1$ | 底面为正方形的四方棱柱体 | $V = L^2 \cdot \dfrac{h_1 + h_2 + h_3 + h_4}{4}$ |
| $L$ $a$ $b$ | $h_2$ $h_1$ $a$ $L$ $b$ | 底面为直角梯形的截棱柱体 | $V = \dfrac{a+b}{2} \cdot L \dfrac{h_1 + h_2}{4}$ |
| $a$ $b$ | $a$ $h$ $b$ | 底面为直角三角形的锥体 | $V = \dfrac{ab}{2} \cdot \dfrac{h}{3}$ |
| $L$ $a$ $L$ $b$ | $h_1$ $h_2$ $L$ $b$ $h_3$ | 底面为直角五边形的截棱柱体 | $V = \left[ L^2 - \dfrac{(L-a)(L-b)}{2} \right] \cdot \dfrac{h_1 + h_2 + h_3}{3}$ |

按表中的计算公式，可逐个计算出各个小方格内的填挖土方量。理论上讲，算出的总填方量和总挖方量应相等。但由于使用的公式是近似的，故一般有些出入。如果填挖方量相差较大，经复算又无误时，需要修正设计高程。修正后的设计高程 $H'_{设}$ 可由下式求得：

$$H'_{设} = H_{设} + \frac{V_{挖} - V_{填}}{S} \tag{12-6}$$

式中：$H_{设}$——第一次计算的设计高程；

$V_{挖}$——挖方总量；

$V_{填}$——填方总量(用绝对值)；

$S$——平整地块总面积。

用改正后的设计高程，重新确定填挖界线，再计算土方量，直到填、挖基本平衡为止。

【例】一地块已布设方格网，方格网边长为 20m，各网点高程已用水准仪测出，如图 12-7 所示。现将该地块平整成西低东高(坡度为 0.1%)北低南高(坡度为 0.2%)的双向斜面,试计算各桩点挖填高度和总土方量。

(1)计算设计高程 根据图 12-7 所示高程得:$\sum H_{角} = 8.46$,$\sum H_{边} = 16.59$,$\sum H_{拐} = 0$,$\sum H_{中} = 8.4$,故

$$H_{设} = \frac{1}{4 \times 9}(8.46 + 2 \times 16.59 + 3 \times 0 + 4 \times 8.4) = 2.09m$$

(2)计算各桩点挖、填高度 该地块方格网中心为 $P$ 点(实地无桩位),该点的设计高程为 $H_{设}(2.09m)$,中心点 $P$ 的设计高程向东移动 10m 到方格 $Q$ 点,$H_{Q设} = 2.09 + \frac{1}{1\,000} \times 10 = 2.10m$,$Q$ 点沿方格线向南移到 $C_3$ 桩位,则 $H_{C3设} = 2.10 + \frac{2}{1\,000} \times 10 = 2.12m$。根据题意,南北相邻桩点高差为 $\frac{2}{1\,000} \times 20 = 4cm$,由南向北相邻桩位高程递减 4cm;东西相邻桩位高差为 $\frac{1}{1\,000} \times 20 = 2cm$,自西向东相邻桩点高程递增 2cm,再根据 $C_3$ 桩点设计高程可推算出方格其余各桩点的设计高程,如图 12-7 所示。

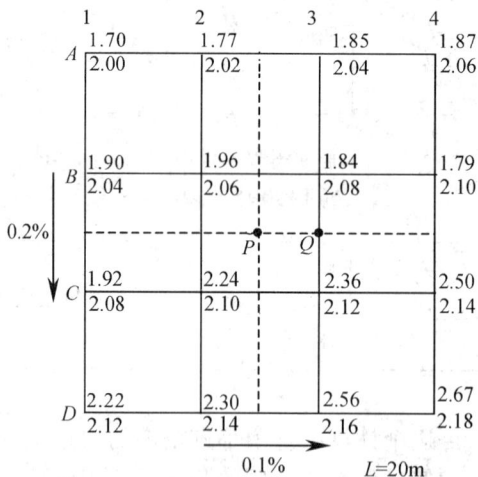

**图 12-7 平整地块方格网桩点的地面高程与设计高程**

将各桩点地面高程减去相应的设计高程即可得各桩点的挖、填高度,如图 12-8 所示。

(3)计算零点位置确定填挖边界线 根据公式 $x = \frac{Lh_1}{h_1 + h_2}$ 计算出挖填高符号相反的相邻桩点的零位置。如图 12-8 中的 $Z_1$、$Z_2$、$Z_3$、$Z_4$、$Z_5$ 为零点,将 $Z_1$、$Z_2$、$Z_3$、$Z_4$、$Z_5$ 连接起来即为填挖边界线。

(4)计算土方量 根据表 12-1 中的公式分别计算出每一方格填、挖土方量 $V_{填}$、$V_{挖}$。如 $C_1C_2D_2D_1$ 方格的土方量计算如下:

$$V_{填} = \frac{10.67 \times 12.31}{2} \times \frac{-0.16}{3} = -3.50m^3$$

**图 12-8 平整地块填挖边界线及填挖土方量**

$$V_{挖} = \left(20 \times 20 - \frac{10.67 \times 12.31}{2}\right) \times \frac{0.10 + 0.16 + 0.14}{5} = +26.75 \text{m}^3$$

其余方格填、挖土方量计算结果如图 12-8。

(5)统计土方量 平整地块总填方量 $V_{填} = -79 - 78 - 93 - 27.64 - 7.79 - 13.23 - 3.50 = -302.16 \text{m}^3$

平整地块总挖方量 $V_{挖} = 2.54 + 10.29 + 15.56 + 26.75 + 94 + 149 = 298.14 \text{m}^3$

修正后的设计方程 $H'_{设} = 2.09 + \dfrac{298.14 - 302.16}{9 \times 20 \times 20} = 2.09 \text{m}$

通过计算表明,修正后的设计高程与原设计高程相等,说明该地块平整挖、填平衡符合要求。否则应按修正后的设计高程重新计算土方量。

# 12.2 坡改梯田测量

坡耕地虽然具有通风良好,光照充分的优越条件。但在坡面上不仅耕作不便,而且还存在由于受到雨水的冲刷,水、土、肥流失严重,使本身就很瘠薄的土层被冲得愈来愈浅,最后无法耕种而弃耕。解决这一问题的最好方法是把坡耕地改造成水平梯田,它是改善山区农业生产环境条件必须采取的而且是一项有效的措施。

梯田应规划在 15°以下的坡耕地上,大于 15°的以上的坡地原则上应退耕还林,发展山区果林业。梯田规划要因地制宜地实行山、水、园、林、路、电统筹兼顾。为了耕作方便,能灌能排,应使梯田集中连片。

## 12.2.1 梯田设计

水平梯田主要由梯田面、梯田坎和梯坎侧坡三部分组成(图 12-9)。

梯田设计主要是确定梯面宽、梯坎高和梯坎侧坡 3 个要素的规格。如图 12-9 所

**图 12-9　梯田的结构**

示，梯面宽指梯田内边缘至外边缘的宽度，也指从事耕作时人、畜、机械通行的有效宽度。梯坎高为上、下相邻的台梯田面的垂直距离。梯坎侧坡是指梯田坎的坡度，它的陡缓取决于土质情况和梯坎的高度。

梯面宽、梯坎高及梯坎侧坡三者之间有着密切关系，如图 12-10 所示，设地面坡度为 $1:m$，梯壁坡度为 $1:n$，梯面宽为 $B$，梯坎高为 $H$，梯壁占地宽为 $b$，则它们之间有如下一些关系：

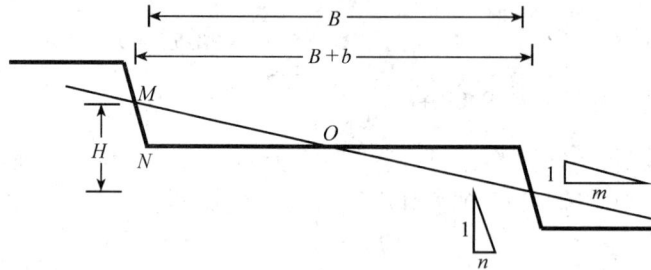

**图 12-10　梯田结构关系**

$B.$ 梯面净宽　$b.$ 梯壁占地宽　$H.$ 梯坎高　$m.$ 地面坡比系数
$n.$ 梯壁坡比系数　$B+b.$ 梯面毛宽

#### 12.2.1.1　计算梯壁占地宽 $b$

$$H:b = 1:n$$
$$b = nH \tag{12-7}$$

若整治区域内的梯壁坡度不变，则全部梯壁占地宽则为：

$$\sum b = n \cdot \sum H \tag{12-8}$$

#### 12.2.1.2　计算梯田面毛宽 $B+b$

$$H:(B+b) = 1:m$$

$$B + b = mH \tag{12-9}$$

由式(12-7)和式(12-9)得

$$\frac{b}{B + b} = \frac{nH}{mH} = \frac{n}{m} \tag{12-10}$$

上式表明，梯壁占地宽与梯面毛宽之比即梯壁占地率由梯壁坡度与地面坡度来确定。

### 12.2.1.3　计算梯田总面积的土地有效利用率

设梯田平均长度为 $L$，则梯壁占地面积为 $bL$，梯田总面积为 $(B+b)L$，由此可得梯田总面积的土地有效利用率为：

$$F = \frac{bL}{(B+b)L} = \frac{b}{B+b} = \frac{n}{m} \tag{12-11}$$

式中：$F$——梯面总面积的土地有效利用率。

### 12.2.1.4　计算梯面宽和梯坎高

在图 12-10 中 $\triangle MNO$ 有：$1:m = H:(B+b)$

将 $b = nH$ 代入上式得：

$$\left. \begin{array}{l} B = (m-n)H \\ H = \dfrac{B}{m-n} \end{array} \right\} \tag{12-12}$$

上式表明了梯坎高、梯面宽、地面坡度、梯壁坡度四者的关系。

根据式(12-12)可进行梯面宽、梯坎高与梯坎侧坡的选择与设计。

(1)确定梯面宽度　在一定坡度上的地面上修筑梯田，梯面宽是与梯坎高成正比的。即坡面愈宽、梯坎愈高，梯田稳定性差且工作量也大。因此，在选择适宜的梯面宽时，应结合种植的作物和耕作对宽度的要求、地面坡度的陡缓、土层的厚度、土地有效利用率等因素综合考虑。

(2)梯坎高的选择　梯坎高与梯面宽、地面坡度密切相关。为取得较宽的梯面而需修筑较高的梯坎，对于通常采用半填半挖式的梯田的稳定性就降低。如果考虑梯田稳定而修筑较低的梯坎，梯面宽就要受到约束。梯坎高度还受到地面坡度陡缓很大的影响。修筑梯坎的材料在一定程度也限制坎高。用土修建的梯坎高度一般不超过 2m，用石块垒砌的也不要超过 3m 高。

(3)梯坎侧坡的设计　设计梯坎的侧坡，应考虑土质情况、梯坎高、修筑材料和施工方法等因素。梯壁修筑陡缓直接影响梯田稳定性和梯壁占地多少。用石块垒砌的梯壁分内外侧坡。梯坎高在 3m 以下的，外侧坡坡度采用 60°~75°，在砂质或暴雨强度较大的地区，外侧坡坡度采用 45°左右为宜。为了防止梯坎崩塌，可在原地面开挖处设置一道宽为 0.2~0.5m 的护坎，使梯壁稳固(图 12-11)。

图 12-11 梯田护坎

## 12.2.2 计算土石方量

在修筑梯田前，应计算出工程的土石方量，为预算工程费用及制定施工计划提供依据。如图 12-12 所示，对于半填半挖式的梯田断面，填挖土方量大致相等，图中需填需挖的双方各形成一个面积相同的三角形。因挖方是工程中的主要工作量，估算土石方量一般都以挖方量为主。

图 12-12 梯田挖填方断面

在图 12-12 中，挖方面积 $S_{\triangle MON}$ 乘以梯田长度 $L$ 即为挖方量，即

$$V = \frac{1}{2} \times \frac{1}{2}B \times \frac{1}{2}H \cdot L = \frac{1}{8}BHL \tag{12-13}$$

每亩梯田面积为 $B \times L$ 等于 $666.7\text{m}^2$，则

$$B = \frac{666.7}{L}$$

将 $B$ 值代入式(12-13)得出计算 $V$ 值的公式：

$$V = 83.3H \tag{12-14}$$

上式表明，每亩半填半挖的梯田的挖方量是梯坎高的 83.3 倍。例如，梯坎高 1m，修建 $1\text{hm}^2$ 的半填半挖式梯田的挖方量约为 $1\,250\text{m}^3$。对石方需用量、田埂填方量及水沟挖方量等的方量计算方法同样是先求出横断面面积，再乘以梯田长度即得。

### 12.2.3　梯田放样

梯田放样就是用测量的方法，把表示梯面中点的线或者是表示梯坎中点的线标定到坡面上，并撒上白灰作标志。以梯面宽为依据的放样要求测设出梯面中点线；而以梯坎高为依据的放样是放出梯坎中点线。根据梯面中点线沿水平方向向上挖到梯面宽的一半为止；而根据梯坎中点线按设计的梯壁外侧坡坡度要求，向下开挖到满足梯坎高的一半为止。这两种线都是施工开挖线。梯面中点线要求梯面等宽；梯坎中点线则要求梯坎等高。具体选用哪种方法放样，要根据梯田的设计要求。施工人员按线开挖，局部地段因地形复杂变化较大可在施工时再作临时调整。

梯田种植等高种植为主，不论放出哪一种中点线，其实质都是要求在坡面上有规则地定出一条条等高线。因此，梯田放样的主要内容是测定基线和等高线。

#### 12.2.3.1　测定基线

在耕作区内地面坡度一致的地方，基线可设在坡面的中部以便从基线向两侧测定等高线。如图 12-13 所示，基线的顶端与环山大道相连，下端直指山脚。在基线首末端插上标杆以便在测量基线时定向。根据设计的每级梯田总宽，从基线上端开始逐级向下用距离丈量或光电测距的方法测设水平距离为每级梯田毛面宽 $B+b$，以获得每级梯田的上、下两端点，即为基点。基点应从上

图 12-13　测定基线

到下依次打桩编号。在基线上从上往下测设基点时，遇到局部凸起或凹下去的特殊地面，基点可略向左右移动，使其地面能代表周围地面的高程。若耕作区面积大，坡度变化复杂，用梯田毛面宽测设基点有困难时，可用梯田田坎高来测设基点，强调等高不等宽，可以很方便地解决这一问题。

#### 12.2.3.2　测定等高线

测定等高线就是分别按各基点（基$_1$、基$_2$、……）的地面高程测设出每一耕作区坡地上等高的地面点，将这些点连接起来就成了一条等高线。测定等高线一般用水准仪进行高程点测设的方法进行，其步骤如下：

（1）如图 12-14 所示，已测设出基$_1$、基$_2$、基$_3$等基点后，在适当位置安置水准仪，整平后，照准立于基点上的标尺读数。如基$_1$上的标尺读数为 $a_1$。

（2）移动标尺到离基点 10～15m 的 $A$ 点处。标尺移动的距离视具体地形条件而定。如水准仪照准 $A$ 点水准尺上的读数也为 $a_1$，则 $A$ 点与基$_1$点等高，此时在立尺点上打木桩或用石灰作标记并编号。若所立的标尺读数大于 $a_1$，说明立尺点位置低，扶尺员应把标尺向上移动。反之，若标尺读数小于 $a_1$，立尺员应把标尺往下移动，直到中丝

**图 12-14　测设等高线**

读数等于 $a_1$ 为止。标尺应立于坡度均匀的地方，而不能立于土坑、土埂或高程突然变化的地方。

（3）再次移动标尺到相距 $A$ 点 10～15m 的 $B$ 处，同样的方法测设出等高点 $B$，并打桩编号，依次测设出其他等高点直到转点为止。

（4）若用 5m 塔尺测量，一个测站可以观测 3～4 个基点的等高线，只要使各个点与其相应的基点读数相同即可。例如基$_2$的读数为 $a_2$，则该等高线的各等高点读数都是 $a_2$ 即可。

（5）当标尺离仪器的距离较远读数有困难时，可将仪器搬到适当位置，安置整平仪器后，立尺于各个等高线转点处（即各条等高线最末的立尺点处），读取尺上的读数。例如基$_1$的等高线搬站后转点上标尺读数为 $a'_1$，则可用来 $a'_1$ 来测设其他的等高线点，直到另一转点为止。

（6）用上述方法，从上到下测设整个耕作区所有基点的等高线上的等高点。

### 12.2.3.3　调整等高线

按照上述方法测出的等高线，因有些等高点受局部地形的影响，其高程失去了代表性，使等高线过于弯曲形成一条折线而不是一条圆滑曲线。为了尽量使田面等宽，保证梯壁圆滑饱满，应调整等高点。如图 12-15 所示，（a）为实测等高线，（b）为调整后的等高线。把(b)中的局部凹处的等高点 $B$ 向下移到 $B'$，将局部凸出的某高点 $E$ 往上移至 $E'$，这样就使该等高线成为一条圆滑的等高线。

调整等高点的原则是大弯就势，小弯取直，不能把地势本身具有较大弯度的等高线强行拉直，造成大填方或大挖方的工程问题。在一般情况下，等高点向高处调整（挖进）比向低调整（填出）要好，梯壁更稳固。调整的等高点要少，高程变动要小，同一等高线上相邻几个等高点不宜一起调整。调整等高点时，还应考虑保持一致的梯面宽，即等高线间的水平距离要大致相等。

图 12-15　调整等高点

图 12-16　调整等高线

尽管作了上述等高点的调整，但由于地形变化，在地面坡度突然变陡变缓的地方需要进行等高线的取舍。如图 12-16 所示，在 A 处地面坡度变陡，同样高的梯坎，梯田变窄，当其宽度小于相邻两基点的距离的一半时，则可舍去该段等高线，将该等高线的上、下相邻两级梯田合成一级，俗称"减行"。同样，在 B 处地面坡度变缓，等高的梯坎，使梯面变宽，若两相邻等高线距离超过两基点距离 1.5 倍时，此时，可内插一条等高线，将其分成两层梯田，俗称"加行"。

### 12.2.3.4　标定梯田开挖界线

调整后的等高线点，可连成圆滑的曲线。这些调整后的曲线就是梯田开挖界线。标定等高线的方法，是以小绳子沿梯田开挖线拉成圆滑的曲线，在绳子的位置上撒上石灰或锄成一条小土沟。开垦时按石灰线或小土沟线作为梯田田坎外侧坡的中点连线，即为上填下挖的分界线。

## 思考题

1. 合并田块平整土地测量时，当田块较平整时，每块田测 1 个点，其高程值 $H_i$ 及面积 $S_i$ 注于图上(图 1)。试计算 4 块田合并平整后田面的设计高程值 $H_0$。

2. 某地块建立方格网，方格边长为 10m，测得各方格点的高程如图 2 所示(单位为 m)。试求：

（1）平整土地设计高程；

（2）在各方格点旁的括号内标出挖填高度；

（3）在图上标出填挖分界线(注明它到方格顶点的距离)；

（4）分别计算每个方格填挖的土方量及该地块总填挖土方量。

3. 若把图 3 所示的地块，平整成西高东低，坡度为 1/400 的斜面，试求出各桩点的填(挖)高度和总土方量(图中标注高程单位为 m，方格边长为 20m)。

4. 在坡度为 10° 的坡地上设计梯田面宽 10m，田坎外侧坡为 75°。试计算每级梯田田坎高和开

图 1

图 2                                           图 3

垦前山坡的斜距，田坎外侧坡宽和田坎占地百分率。

5. 在坡度为 12° 的坡地上开垦梯田，设计田坎高为 2m，田坎外侧坡为 65°，求开垦后梯田田面宽、田坎外侧坡宽和田坎占地百分率。

6. 用水准测量测设梯田等高线，下一站的后视读数应与前一站的前视读数相等吗？

7. 等高点的调整和等高线的取舍应注意哪些问题？

## 本章可供参考书目

1. 测量学 . 卡正富 . 中国农业出版社，2002.

2. 测量学 . 河北农业大学 . 中国农业出版社，1990.

3. 测量学 . 西南农业大学 . 中国农业出版社，1984.

1. 宁津生，陈俊勇，等. 2004. 测绘学概论. 北京：武汉大学出版社.

2. 王侬，过静珺. 2001. 现代测量学. 北京：清华大学出版社.

3. 卡正富. 2002. 测量学. 北京：中国农业出版社.

4. 徐行. 1997. 园林工程测量. 哈尔滨：哈尔滨地图出版社.

5. 许筱阳，夏友福. 1994. 测量学. 西安：陕西科学技术出版社.

6. 合肥工业大学等. 1990. 测量学. 北京：中国建筑工业出版社.

7. 聂让. 2001. 高等级公路控制测量. 北京：人民交通出版社.

8. 同济大学，清华大学. 1991. 测量学. 北京：测绘出版社.

9. 章书寿，等. 1991. 测量学教程. 北京：测绘出版社.

10. 朱鸿禧，等. 1995. 测量学. 徐州：中国矿业大学出版社.

11. 胡肃宇. 1996. 测量学. 湖南：湖南地图出版社.

12. 葛吉琦，徐行. 1997. 地籍测量. 哈尔滨：哈尔滨地图出版社.

13. 周忠谟. 1997. GPS 卫星测量原理与应用. 北京：测绘出版社.

14. 过静珺. 2000. 土木工程测量. 武汉：武汉工业大学出版社.

15. 曹冲. 2000. GPS 的应用现状和发展前景. 全球定位系统(4)：2－11.

16. 曹冲. 2000. 送走 GPS 的十年，迎来 GLONASS 的十年. 全球定位系统(1)：1－3.

17. 徐庆荣，等. 1988. 地形图的绘制. 北京：测绘出版社.

18. 杨晓明，王军德，等. 2000. 数字测图. 北京：测绘出版社.

19. 潘正风，杨德麟，等. 1996. 大比例尺数字测图. 北京：测绘出版社.

20. 边馥苓. 1997. 地理信息系统原理与方法. 武汉：武汉测绘科技大学出版社.

21. 武汉测绘科技大学《测量学》编写组(陆国胜修订). 1991. 测量学. 北京：测绘出版社.

22. 张祖勋，张剑清. 1997. 数字摄影测量学. 武汉：武汉大学出版社.

23. 郭达志，盛叶华，等. 1997. 地理信息系统基础与应用. 北京：煤炭工业出版社.

24. 尹贡白，王家耀，田德森，等. 1999. 地图概论. 北京：测绘出版社.

25. 卢秀山，成枢，徐泮林. 1998. 大比例尺地学图形全解析基本原理及其应用. 北京：地震出版社.

26. 李修伍. 1992. 测量学. 2 版. 北京：中国林业出版社.

27. 朱德海. 2000. 土地管理信息系统. 北京：中国农业大学出版社.

28. 陈静生，汪晋三. 2001. 地学基础. 北京：高等教育出版社.

29. 淑梅. 1990. 地图学基础. 北京：高等教育出版社.

30. 龚剑文. 1989. 地图量算. 北京：测绘出版社.

31. 陈改英. 2001. 测量学. 北京：气象出版社.

32. 聂永奎. 1981. 测量与规划. 北京：农业出版社.

33. 詹长根. 2001. 地籍测量. 武汉：武汉大学出版社.

34. 陆漱芬. 1987. 地图学基础. 北京：高等教育出版社.

35. 张力果，赵淑梅. 1983. 地图学. 北京：高等教育出版社.

36. 金瑾乐，孙达，林增春. 1987. 地图学. 北京：高等教育出版社.

37. 张奠坤，杨凯元. 1986. 地图学. 西安：陕西人民出版社.

38. 马永立. 1999. 地图学教程. 南京：南京大学出版社.

39. 高井祥，张书华，汪应宏，等. 1998. 测量学. 徐州：中国矿业大学出版社.

40. 顾孝列，鲍峰. 1999. 测量学. 2 版. 上海：同济大学出版社.

41. 谷达华. 2002. 自由测站定位法野外数据处理的研究. 西南农业大学学报.

42. 徐绍铨，等. 2003. GPS 测量原理及应用. 武汉：武汉大学出版社.

43. 李征航，黄劲松. 2005. GPS 测量与数据处理. 武汉大学出版社.

44. 潘正风，杨正尧，程效军，等. 2004. 数字测图原理与方法. 武汉：武汉大学出版社.

45. 高井祥，肖本林，付培义，等. 2005. 数字测图原理与方法. 徐州：中国矿业大学出版社.

46. 李玉宝，曹智翔，余代俊，等. 2006. 大比例尺数字化测图技术. 成都：西南交通大学出版社.

47. 陈学平. 2002. 测量学试题与解答. 北京：中国林业出版社.